研究生教学用书

教育部研究生工作办公室推荐

U0383841

生态工程学

Science of Ecological Engineering

钦　佩　安树青　颜京松　主编

（第四版）

南京大学出版社

内 容 提 要

本书是我国生态工程学领域的经典教科书,是教育部研究生办公室推荐的研究生教学用书。当然,也适用于本科生教学使用。本书的主要内容为:前五章是有关生态工程学的理论和方法部分;包括生态工程的定义、由来和发展,原理,模型、设计和能值分析。后五章是有关生态工程学的应用部分;包括在生态恢复、污染物治理与资源化利用、复合农业、城镇发展以及海滨生态系统等方面的生态工程技术及其应用实例。其中理论部分有相应实例的剖析,应用部分有相关理论的阐述;这有利于读者更好地了解这门新学科,更好地消化有关内容。本书第四版在第三版基础上又做了不少更新和补充,尤其是第5章和第10章。本书可作为高等学校生态、环科、农学、林学等专业的本专科生和研究生的教科书,也可作为有关专业科技人员的科研和科技开发参考用书。

图书在版编目(CIP)数据

生态工程学 / 钦佩,安树青,颜京松主编. —4 版.
—南京:南京大学出版社,2019.6(2021.11 重印)
ISBN 978-7-305-22251-1

Ⅰ. ①生… Ⅱ. ①钦… ②安… ③颜… Ⅲ. ①生态工程—高等学校—教材 Ⅳ. ①X171.4

中国版本图书馆 CIP 数据核字(2019)第 103464 号

出版发行　南京大学出版社
社　　　址　南京市汉口路 22 号　　　　邮　编　210093
出 版 人　金鑫荣

书　　　名　生态工程学(第四版)
主　　编　钦　佩　安树青　颜京松
责任编辑　刘　飞　蒋　平　　　　编辑热线　025-83592146
照　　排　南京紫藤制版印务中心
印　　刷　南京京新印刷有限公司
开　　本　787×960　1/16　印张 23　字数 420 千
版　　次　2019 年 6 月第 4 版　2021 年 11 月第 2 次印刷
ISBN　978-7-305-22251-1
定　　价　58.00 元

网址:http://www.njupco.com
官方微博:http://weibo.com/njupco
官方微信号:njupress
销售咨询热线:(025)83594756

四版前言

从 1998 年本书第一版问世以来,已走过 20 年。回顾 2008 年第三版出版以来的十年,变化何其大? 全球变化和世界经济发展已让我们目不暇接。从 1997 年制定了《京都议定书》到 2015 年 12 月 12 日在巴黎气候变化大会上通过了《巴黎协定》,全球大多数国家达成共识:将 21 世纪全球平均气温上升幅度控制在 2 摄氏度以内,并将全球气温上升控制在前工业化时期水平之上 1.5 摄氏度以内。然而一纸协定是何等脆弱,换届后的美国特朗普政府于 2017 年 6 月公然宣布退出,这种在保护地球环境中开倒车的行为显然拖了世界潮流的后腿。

随着经济发展,中国二氧化碳的排放量在迅猛增加。面对这一变化,中国政府积极应对,不仅立法机构很快批准了《巴黎协定》,而且加大力度,付诸行动。截至 2017 年底,我国碳强度已经下降了 46%,提前 3 年实现了下降 40% 至 45% 的上限目标;我国森林蓄积量已经增加 21 亿立方米,超额完成了 2020 年的目标;我国可再生能源占一次能源消费比重达 13.8%,距离所承诺的 2020 年达到 15% 还有一定距离,但是 2020 年这个目标肯定能完成。力争在一段时间内逐渐解决温室气体的问题,为人类做出自己应有的贡献。

对于我们这样一个有 13 亿人口大国来说,尽量做到资源的最大节约和污染物的资源化利用,势在必行。各行各业都要追求高效率、低消耗、低排放。对于生态学界,更应有所动作。即加强生态工程学知识的教育和普及,推广运用生态工程技术,为我国建设生态文明,在"基本形成节约能源资源和保护生态环境的产业结构、增长方式、消费模式"中做出应有贡献。

为此,我深感到出版本书第四版的必要,更新有关知识和研究案例,调整并增补相关内容,以适应形势发展和社会需求。第四版新增的章节内容有:第五章"生态系统能值分析"中补充"5.3.3 互花米草生态系统最大功率化研究";第十章中补充"10.3.6.3 互花米草与野放麋鹿"等。第四版为了帮助读者扩大视野,助力自主学习,还应用新技术增加了相关研究和成果的链接:

链接 1 Integrated water quality, emergy and economic evaluation of three bioremediation treatment systems for eutrophic water;链接 2 Emergy evaluation of Mai Po mangrove marshes;链接 3 互花米草在江苏省滩涂开发中的作用;链接 4 科技先锋特辑—痴迷于解风草的科学家;链接 5 The positive and negative effects of exotic Spartina inChina;链接 6 Spartina alterniflora invasions in the Yangtze River estuary;链接 7 Maximizing empower on a human—

dominated planet：The role of exotic Spartina；链接 8 The annual habitat selection of released Père David's Deer in Dafeng Milu National Nature Reserve；链接 9 我国培育耐盐水稻新品系获重大进展；链接 10 Ecological engineering through the biosecure introduction of seashore mallow to saline land in China over 20 years。

第四版的更新、增补和调整工作由作者钦佩独立完成，不到之处恳请读者谅解。在第四版的编著过程中，引用南京大学盐生植物实验室研究生王金丽的研究成果"互花米草生态系统最大功率化研究"和研究生纪一帆、吴宝镭的研究成果"互花米草与野放麋鹿"，在此一并表示感谢。

钦佩

二〇一九年三月于南大

三 版 前 言

从 1998 年本书第一版问世以来,已走过十年。虽然 2002 年出了第二版,但由于第二版是应教育部研究生工作办公室推荐为"研究生教学用书",故按要求未做大的改动和增补。然而,十年的变化何其大? 全球变化和世界经济发展已让我们目不暇接。从 1997 年制定了《京都议定书》,规定在 2012 年前全球 30 多个国家要按照各自减排目标削减温室气体的排放。而 2000 年全球排放的二氧化碳仍有 235 亿吨。迄今为止,发达国家仍然是以二氧化碳为主的温室气体主要排放国,美国是世界上头号排放大国。然而,事态严重的是,包括中国在内的一些发展中国家的排放总量也在迅速增长。2000 年,美国的二氧化碳排放量为中国的二氧化碳排放量的 2 倍;据预测,按现在的发展速度,到 2010 年和 2020 年,这倍数将分别降低至 1.4 倍和 1.3 倍,这说明了中国二氧化碳的排放量在迅猛增加。面对全球变化,国际合作活动也变得非常活跃,主要有联合国里约清洁开发机制和有助于减排的贸易等。我国近年来,清洁开发项目已经有所进展,国家鼓励并重点投资开发核能、氢能,进一步开发水电、生物质能、太阳能、风能、地热能,结合生态工程技术,采取多元化的路径,力争在一段时间内逐渐解决温室气体的问题,为人类做出自己应有的贡献。

对于我们这样一个有 13 亿人口大国来说,尽量做到资源的最大节约和污染物的资源化利用,势在必行。各行各业都要追求高效率、低消耗、低排放。对于生态学界,更应有所动作。即加强生态工程学知识的教育和普及,推广运用生态工程技术,为我国建设生态文明,在"基本形成节约能源资源和保护生态环境的产业结构、增长方式、消费模式"中做出应有贡献。

为此,我深感到出版本书第三版的必要,更新有关知识和研究案例,调整并增补相关内容,以适应形势发展和社会需求。第三版新增的章节内容有:第五章"生态系统能值分析",包括第一节"能值概念与能值理论";第二节"能值分析方法"和第三节"能值分析案例:海滨自然保护区的能值分析";第六章"生态系统恢复"的第五节"海滨盐土生态系统修复";第七章"污染物治理生态工程与循环经济"的第二节"可持续发展战略的操作"和第六节"生物质能";第九章"城镇发展生态工程"的第五节"南京市住宅小区的生态健康评价"。此外,在相应章节增加的重要内容有:第一章"概论"第三节"生态工程的发展与应用"中增加了"全球变化与我国经济发展对生态工程的需求";第八章第五节"农业产业化经营与生态农业技术"增加了"有机农业模式和农业循环经济模式";第十章第三节"米草生态工程"中增加了"对互花米草实施生态控制"等。第三版还调整了原第三章"生态工程模型"的内容,改第三节为"生态工程中常用试验设计方法";删去了原第五章后的附加内容"能值分析方法"和原第八章后的附加内容"地理信息系统技术"。

第三版的更新、增补和调整工作由作者钦佩独立完成,不到之处恳请读者谅解。在第三版的编著过程中,万树文博士提供了"生态工程中常用试验设计方法"的编撰素材,研究生李卓然、张茜、张洁、孙东林和姚成参与了有关事务工作以及第一章、第七章和第九章的有关内容更新,在此一并表示感谢。

钦 佩
二〇〇八年五月于南大

第 二 版 序

回溯生态学的发展历史我们可以看到,生态学在其产生之初就与社会的发展和生产实践有着紧密的联系,并随着社会的发展不断创新,逐渐完善。在生态学发展的初期,即 19 世纪,其研究内容侧重于生物有机体与其周围环境之间的相互关系。到了 20 世纪中期,由于人口急剧增长所带来的压力以及经济发展和技术进步这样的双刃剑所产生的负面效应,社会发展中出现了 PRED(人口—资源—环境—发展)之间不能相互协调的综合征。在这样的背景下,生态学在社会上被重新定位。它摆脱了长期困扰其发展的自然主义倾向的束缚,把研究系统之外的人变成生物圈之内的人,把人类及其生产活动列入生态学研究的复合系统之中,在解决当前的社会问题中充分发挥其原有的科学积累,并广泛吸收、融会自然科学、经济科学、社会科学和技术科学的精华,这使生态学得以迅速发展,并以崭新的面貌登上当代科学的舞台,由过去备受争议的丑小鸭经过现实的锻炼脱颖而出,逐渐成为引人注目的白天鹅。尽管它的羽翼还不够丰满,结构还不够完善,但它充满了活力,面对着无限的发展空间,前途一片光明。

在不断的探索和实践过程中,生态学逐渐分化出许多分支学科,生态工程学就是其中的一个突出代表。尽管朴素的生态工程概念早已渗透在人类的长期活动实践中,但作为一门学科的出现则仅有 30 年的历史。生态工程学是以生态学的基本理论为基础,广泛地吸收系统科学、工程技术科学以及信息技术的精华,结合工农业生产和实践的需要而发展起来的一门边缘性学科,目前它已成为生态学研究中的热点和前沿。

生态工程学近年来在国际上发展很快,不仅在工农业生产、城乡建设以及环境治理的实践中发挥了巨大的作用,同时也发表了大量的科学论文和有关专著,并出版了专业的刊物,它标志着这门年青学科的茁壮成长,并发挥着愈来愈重要的作用。

生态工程思想在我国有着悠久的历史,天人合一的系统论思想在我国古已有之,并渗透到生产、生活和文化的多个领域。新中国成立后以马世骏先生为代表的许多生态学家将这一思想提高到理论的高度,把生态学中的整体、协调、自生、再生等基本理论应用到农业发展、防护林营造、病虫害防治以及城市建设、环境治理等工作实践中,达到了经济效益、环境效益和社会效益三赢的成效。

目前人类正面临着全球环境变化以及经济全球化的问题,而我国社会经济目前正处在快速发展时期,面临着加入 WTO 后的机遇与挑战,大规模的生态建设、环境治理以及西部大开发等工程正在实施,在这种情况下,生态工程学面临的不仅仅是挑战,更是难得的发展机遇。

我们很高兴地看到国家教委在 1995 年的《高校教学大纲》中已将"生态工程学"列入生态专业本科生的专业课程,同时钦佩、安树青、颜京松等专家已于1998 年出版了我国第一本《生态工程学》专著,它不仅可以作为高等院校生态、环保、农学、林学等专业的学生教材,同时也为专业人员进行科学研究和技术开发提供了参考资料。2001 年教育部又通过正式审定,将《生态工程学》列入推荐的研究生教学用书,并按统一要求再版。在本书再版之际,特此为序,望此书在今后的教学和生态建设中发挥更大的作用。

李文华

2002 年 4 月 22 日

序

　　世纪之交,中国正在迅速城市化和工业化,经济总量快速增长,城市基础设施大规模建设,居民生活质量明显上升。这一快速的工业化、城镇化进程主要是在东部沿海及内陆部分人口密集地区展开的。强烈的现代化需求、密集的人类活动、快速的结构性增长和高物耗、高污染型的产业发展对城镇及区域生态环境的胁迫效应以正反馈的形式发展。水体、大气、土壤和生境的严重污染,农田、森林、草原、湿地的生态破坏,环境事故、生态灾难、生态难民及自然灾害频率的不断增加,生物多样性、水源涵养能力、生态服务功能及生态系统健康的持续下降给人民身心健康、国家环境安全和经济的持续发展造成了严重的威胁。

　　为此,国家不得不明令取缔、关闭和停产 15 类污染严重的乡镇企业。这些企业所蒙受的昂贵的经济损失宣告了传统的"先污染、后治理、先规模、后效益"的工业化模式在 20 世纪 90 年代中国的不可行性。

　　为了改善城乡生态环境,一些大中城镇投巨资兴建了一批污水、垃圾和烟尘治理工程,一些老大难的环境污染企业也被责令限期治理其环境问题。这种投资多、能耗大、运营成本高、且在有长期积累的后工业化国家所实施的末端治理工程,虽可取得明显的局部环境效益,但对长期亏损的国有企业,粗放型乡镇企业和举步维艰的各级城市基础设施建设来说,却是一个沉重的经济包袱。西方发达国家经过两个多世纪的产业革命和社会发展,以掠夺殖民地生态资源为代价,实现了农业社会向工业社会,乡村社会向城市社会的过渡,中国要在 50 年时间内达到中等发达国家的水平,我们既没有全球广阔的殖民地生态资源,也没有两个多世纪的时间跨度。早期工业化国家的环境污染和殖民地国家生态破坏的环境代价是我们的子孙后代所难以承受的。为顺利实现第三步战略转移,中国的科技工作者必须寻求一条新的产业革命和生态建设之路,从认识论、方法论和技术手段三方面去探索实现环境与经济协调发展的中国现代化模式。

　　90 年代兴起的产业生态学正是在这种形势下脱颖而出的一门研究社会生产活动中自然资源从源、流到汇的全代谢过程,组织管理体系以及生产、消费、调控行为的动力学机制,控制论方法及其与生命支持系统相互关系的系统科学,它被列入美国 21 世纪环境科学研究的优先领域。其核心是推进产业生态工程。

　　生态工程是近年来异军突起的一门着眼于生态系统持续发展能力的整合工程和技术,它根据整体、协调、循环、自生的生态控制论原理去系统设计、规划和调控人工生态系统的结构要素、工艺流程、信息反馈关系及控制机构,在系统范围内获取高的经济和生态效益。不同于传统末端治理的环境工程技术和单一部门内污染物最小化的清洁生产技术,生态工程强调资源的综合利用、技术的系统组合、学科的边缘交叉和产业的横向结合,是中国传统文化与西方现代技术有机结合的产物。

从经典物理学发展起来的自然科学及其工程技术在推动产业革命、促进现代化进程方面立下了不朽功勋。但正是其还原论的学科分类将学科之间、部门之间、企业之间以及人与自然间的联系割裂开来,使现代产业形成链状而非网状结构、开环而非闭环代谢,造成了当代严峻的环境污染和生态破坏问题。传统环境工程脱离生态系统的整体代谢过程,通过高投入、高能耗方式对废弃物进行末端治理。而 80 年代以来兴起的清洁生产技术,从改革内部工艺着手,使废弃物减量化和环境影响最小化,但对于部门外的资源、环境及其他部门的共生关系却涉及甚少。

生态工程的概念是著名生态工程学家 H. T. Odum 及马世骏教授于 60 年代及 70 年代提出来的。但各自的侧重点却不同。西方生态工程理论强调自然生态恢复,强调环境效益和自然调控。中国生态工程则强调人工生态建设,追求经济和生态效益的统一和人的主动改造与建设,被认为是发展中国家可持续发展的方法论基础。

城乡环境污染及其所造成的生态破坏是工业革命和殖民主义的副产品。随着大工业的发展,专业化分工越来越细,经济效益成为企业生产的唯一目标。企业从遍布全球的自然生态系统中无偿或低偿地索取资源,并将生产和消费过程中未被有效利用的大量副产品以污染物或废弃物的形式排出厂外,形成环境问题。其实质是资源代谢在时间、空间尺度上的阻滞或耗竭,系统耦合在结构、功能关系上的错位和失谐,社会行为在经济和生态关系上的冲突和失调。人们只看到产业的经济过程,而忽视其生态过程;只重视产品的物理功能,而忽视其生态功能;只看到污染物质的环境负价值,而忽视其资源的正价值。城市环境问题的根源是产业和产品结构的不合理,科技支撑力的不适应,条块分割的管理体制,以产量产值为主的政绩考核指标和目标单一的短期行为,以及生态意识低下、生态教育落后的国民素质。

我国国有大中型企业基本上是 50 年代以来为适应计划经济的需求,在苏联体制影响下建立起来的。其原有产品结构单一,技术装备落后,管理体制僵化,企业活力低下,已不能适应当前市场经济发展的需求,离国际 ISO14000 标准相差甚远,在投资企业的环境整治方面显得力不从心。

80 年代以来蓬勃兴起的、目前已与国有企业二分天下的乡镇企业机制灵活,市场竞争力强;但技术装备落后,物耗能耗大,环境污染严重,对区域生态破坏显著;急需根据当地生态条件调整结构,改革工艺,引进技术,更新换代,促进企业的规模化、现代化和生态化。

近30年来,我国环境科学和生态科学队伍逐渐壮大,目前各级部门从事生态环境研究、管理、监测与教学的科技人员达数十万,但其学科发展远不适应于国家生态建设的需求。多数生态学家埋头于纯自然生态研究,环境学家则热衷于末端治理;而从事国民经济建设所真正急需的生态建设的认识论、方法论和技术手段研究的专业人员极少。

与典型的高新技术相比,生态工程通常是常规、适用技术的组装,其投资少,周期短,技术要求和人员素质不必过多追求高、精、尖。其实质是用生态经济手段解决环境问题,从系统整合中获取资源效益。生态工程研究与开发对于我国乡镇企业的更新换代,国有大中型企业的改造转轨无疑是一个重大的机会,也将为发展中国家提供一条依靠本地资源,促进城乡环境与经济持续发展的新路。

70年代以来,我国生态工程理论和实践研究取得长足的发展,成为中国生态学领先国际前沿的少数几个领域之一。但在技术手段、装备水平、推广规模、科研力度及社会认可方面却远远滞后于国家"可持续发展"战略的要求。特别是迄今为止,还没有一本系统的生态工程领域的教学参考书,生态工程专业技术人员更是寥寥无几。钦佩、安树青、颜京松编著的《生态工程学》一书正是顺应城乡生态建设对可持续发展技术的迫切需求,填补了我国这一领域教科书的空白,为大专院校师生提供了一本前沿领域的教学用书。作者均是多年从事生态工程教学、研究的第一线工作者,具有丰富的理论积累和实践经验。

全书共分九章。第一章系统综述了国内外生态技术和生态工程的发展过程及应用前景。第二章分别从生物学和工程学的角度阐述了生态工程的理论基础。城乡社会经济建设面临的是一个以人为中心的社会-经济-自然复合生态系统,其核心是人,动力是人,破坏力也是人。运用生态控制论原理去促进资源的综合利用,环境的综合整治及人的综合发展是生态工程的核心。生态学和工程学,或整体论科学与还原技术的有机结合,是生态工程建设的关键。生态工程的目的就是以复合生态系统理论和产业生态学方法为基础,促进硬技术的软组装和软科学的硬着陆,以生态经济效益解决环境问题;用生态建设促进产业发展,实现发展问题的科学化、系统化与生态化。

生态工程的方法论基础是系统工程。本书第三、四章从方法论的层面阐述了生态工程的设计和建模方法。新一轮的产业革命的先锋是生态科学的革命,著名生态学家 E. P. Odum 1997 年最新出版的《生态学:科学和社会的桥梁》一书称生态学是一门独立于生物学,甚至自然科学之外的有关人类社会持续发展的系统科学;一门天人关系的系统哲学、改造自然的系统工程学和欣赏自然的系统美学,面对还原论与整体论,物理学与生物学,经济学与环境学,工程学与生物学的矛盾,生态科学的方法论正在面临一场新的革命;从结构的量化走向关系的序化;从数学优化走向生态进化;从人工智能走向生态智能。人们通过测度城乡生态系统的属性、过程、结构与功能去辨识系统的时(届际、代际、世际)、空(地域、流域、区域)、量(各种物质、能量的代谢过程)、构(产业、体制、景观)及序(竞争、共生与自生序)的生态持续能力。完成这场科学与社会关系领域的革命,需要进行科研体制、发展战略和资源分配的大力度改革与重组。

检验一门新兴学科是否具有生命力的唯一标准是实践,本书第五章至第九章分别从生态恢复生态工程、环境治理生态工程、农林复合生态工程、城镇发展生态工程及海滩生态工程等方面介绍了我国城乡各类生态工程的评价、规划、设计、建设与管理方法。作者通过大量的实例揭示了生态工程建设在城乡可持续发展中的广泛应用前景,认为有着几千年"天人合一"人类优良生态传统的中华民族必须,也一定能够走一条非常规的现代化道路,开展一场中国式的产业革命、科技革命和体制改革,实现有中国特色的社会主义市场经济条件下的可持续发展。在这几章中,作者还结合实例,融汇了生态工程学有关理论、原理,并介绍了多项重要的生态工程技术,便于读者更好地学习、理解、掌握与运用。

当前,"可持续发展"已成为国内外学术界、政府部门及各行业流行的口号,以及论文、会议、报刊中出现频率很高的术语。可持续发展的实现需要扎扎实实的行动和行之有效的方法。《生态工程学》一书的出版向全社会揭示了中国式社会主义市场经济条件下可持续发展的技术路线和科学方法。虽然由于时间和环境等原因,本书所总结的生态工程原理、方法和实例还有待进一步的充实、完善和提高,但本书的出版无疑将有利于推动中国生态工程的教学、研究和能力建设,为促进城乡可持续发展事业奠定一块基石。

王如松

1997 年 12 月 20 日

前　言

　　生态工程学现已发展成为当今生态学科的前沿领域。前美国生态学会主席 J. L. Meyer 在 1996 年美国生态学会年会的演讲中说，生态工程学、生态经济学、生态设计、产业生态学和环境伦理学是生态学的未来所在，她赞扬在这些领域辛勤工作的人们"正在创造一个可持续的社会"，她明确指出："生态工程学家解决河岸侵蚀问题的办法不是用混凝土，而是重建其原有的地貌和植被；这种研究不仅是一种试验，更代表了生态学原理的创造性应用。"鉴于生态工程学科的重要地位和飞速发展，国家教委在 1995 年的《高校教学大纲》中明确规定将"生态工程学"列入生态专业本科生的专业课程。然而，迄今为止尚未有一本"生态工程学"教科书问世。因而，紧迫感和责任心催促着我们动手编著这本《生态工程学》。我们开章明义交代出书的宗旨，就是希望这第一本生态工程学教科书能尽快投入到我国生态工程的教育和科研中去，为推动我国生态工程学的学科发展发挥其应有的作用。

　　本书的结构和主要内容是这样安排的：前四章是有关生态工程学的理论部分，包括生态工程的定义、由来、发展、原理、模型和设计。后五章是有关生态工程学的应用部分，包括在生态恢复、污染治理、复合农业、城镇发展以及海滩开发与管理等主要方面的生态工程技术及其有关应用。当然，理论部分也会有实例的剖析，应用部分也会有理论的阐述，这是为了帮助读者更好地了解这门新学科，更好地消化有关内容。

　　为了将最新的知识奉献给读者，我们尽量将国内外最新的生态工程技术及有代表性的研究应用辑选至书中，在此向本书引用的有关资料和研究的作者顺表谢意。由于作者水平有限，再加上编著时间仓促，不免有许多疏漏之处；在此，谨向广大读者和同仁深表歉意，敬请及时与我们联系，不吝指正为感。

　　本书的第一、二章由颜京松、安树青执笔，第三、四章由安树青执笔，第六章由颜京松、钦佩执笔，第五、七、八、九章由钦佩执笔。全书由钦佩、安树青统一编撰、定稿。

　　在本书的编写过程中，研究生张晟途、朱学雷、吕文良、杨晓梅、张久海、陈兴龙、李国旗、谈健康和万树文等同学帮助打字、绘图和校对，对他们的辛劳深表谢意。

作者

1997 年 12 月于南京大学

目　　录

第1章 概　论

　　早期的生态学只是一种观点,通过近一个世纪的努力,我们为复杂的自然现象建立生态学概念、方法和理论。即便如此,生态学也仅被为数不多的从事学术和应用研究的生物学家以及牧场、林业、渔业和狩猎区的管理人员所熟悉。时至今日,生态学已从朦胧走向光明。自20世纪60年代以来,人口危机、能源危机、粮食危机、资源危机,特别是生态环境危机已引起广大公众和政府的关注,生态学被视为解决这些危机的科学基础。因此,从那时起,生态学面临着两个发展方向,即从复杂的自然环境关系中逐步完善和发展生态学理论和方法,同时根据其理论和原则,对许多实际问题提供专门指导,解决现实和未来的生态环境危机。在此情况下,应用生态学应运而生。

　　近10年来,生态工程学发展为应用生态学的热点分支之一。它是一门新兴的多学科交叉渗透形成的边缘学科和综合工程学,它以复杂的社会-经济-自然复合生态系统为对象,应用生态系统中物种共生,物质再生循环,以及结构与功能协调等原则,结合系统工程最优化方法,以整体调控为手段,以人与自然协调关系为基础,高效和谐为方向,时空结合为主线,为人类社会及其自然环境双双受益和资源环境可持续发展而设计的具有物质多层分级利用,良性循环的生产工艺体系。以期同步取得生态环境效益、经济效益和社会效益。生态工程是一门实用技术,它已成功地用于废污水资源化处理、湖泊富营养化控制、热带森林管理、盐场管理、水产养殖、土地改良、废弃地开发和资源再生等方面,取得了显著的效益。

　　本章将分三节分别介绍生态工程技术及其与环境工程、生物工程、高新技术和清洁技术的区别;介绍生态工程产生的背景、途径和不同途径的特征;以及生态工程在中国和国外的发展和应用进展情况。

1.1　生态工程和生态技术

1.1.1　生态工程和生态技术

我国学者马世骏早在1954年曾提出生态工程一词,而公认的生态工程思想和生态工程(Ecological engineering, ecoengineering)名词仅在 30 多年前才提出,当时尚未成为一门学科,因为作为一门学科要有其特定研究对象、理论、方法。美国 H. T. Odum 首先提出了生态工程这一名词,并定义为"为了控制生态系统,人类应用来自自然的能源作为辅助能对环境的控制","人类利用少量的辅助能对环境进行管理,来控制以自然资源为基础的生态系统","管理自然就是生态工程,它是对传统工程的一个补充,是自然生态系统的一个侧面"(Odum 1962, 1963, 1971)。80 年代,欧洲的 Uhlmann(1983)、Straskraba(1984, 1985) 与 Gnauck(1985) 提出生态工艺技术,将它作为生态工程的同义词,并定义为"在环境管理方面,根据对生态学的深入了解,花最小代价的措施,对环境的损害又是最小的一些技术"或"基于生态学知识,利用技术手段管理生态系统,以减少管理费用,并减轻管理活动对环境的干扰"。我国著名生态学家马世骏(1984)为生态工程下的定义为:"生态工程是应用生态系统中物种共生与物质循环再生原理,结构与功能协调原则,结合系统分析的最优化方法,设计的促进分层多级利用物质的生产工艺系统。生态工程的目标就是在促进自然界良性循环的前提下,充分发挥资源的生产潜力,防治环境污染,达到经济效益与生态效益同步发展。它可以是纵向的层次结构,也可以发展为几个纵向工艺链索横向联系而成的网状工程系统。"熊文愈(1986)认为:"生态工程即生态系统工程,是系统工程和生态系统的结合,即利用分析、调整、决策、规划、模拟、预测、设计实施、管理和评价等系统工程技术,对生态系统进行设计和管理的技术。"美国 Mitsch(1988)以及他与丹麦 Jorgensen (1989)联合将生态工程定义为:"为了人类社会及其自然环境二者的利益而对人类社会及其自然环境进行设计","它提供了保护自然环境,同时又解决难以处理的环境污染问题的途径","这种设计包括应用定量方法和基础学科成就的途径"。后来又补充道"它是自我设计生态系统而用原始工具的技术。其成分主要是世界上所有的生物种类"(Mitsch 1991)。1993年,在为美国国会撰写的文件中,他又修改为"为了人类社会及其自然环境的利益,而对人类社会及其自然环境加以综合的且能持续的生态系统设计。它包括开发、设计、建立和维持新的生态系统,以期达到诸如污水处理(水质改善)、地面矿渣及废弃物的回收、海岸带保护等,同时还包括生态恢复、生态更新、生物控制等目的"(Mitsch 1993)。欧美学者认为:生态工程就是生态技术。我国学者坚持生态技术仅仅是生态工程的一个环节,不能代表生态工程这一多技术系统。

1989 年由中、美、丹、日等国生态学家合著的《Ecological engineering: an introduction to ecotechnology》一书在美国正式出版,较系统地阐述了生态工程研究对象、理论方法及一些案例,自此,生态工程学才成为一门学科。故其历史很短,是新生的学科。新生的事物往往是具有强的生命力和巨大的发展潜力,但是新生的事物往往有不够完善与成熟的一面。因此从事这门学科的研究与应用,一方面有广阔的天地可以大有作为,另一方面由于它目前还不够完善,就需要不断地创新和探索,来促使这门学科日臻完善。

1.1.2 生态工程、环境工程和生物工程

1.1.2.1 生态工程与环境工程的比较

环境工程这门学科是 60 年代建立起来的。而在此之前几十年曾被称为"卫生工程"。环境工程的目标很明确,就是利用一系列科学原理,去净化或防治环境污染。环境工程已有一系列有价值的环境技术,如"曝气池法"、"氧化塘法"、"砂滤法"、"活性污泥法"等等。而生态工程与其最大区别在于:生态工程考虑利用生态系统的自我设计特点,是有利于人类和自然两者的设计;生态工程的"工具箱"包括全世界能提供的所有生态系统、生物群落及物种。现今,我们正面临自然资源日趋匮乏、人口不断增长以及环境连年恶化等世界性难题。生态学家和环境学家们面临着严峻的挑战。约 20 年前,曾有人为完全解决环境污染问题提出"零排放",认为依靠环境技术是可以奏效的。事实上,这是不可能的。例如,我们在提供一种环境技术选择时,常常将污染物从一种介质(如空气)转移到另一种(如水)中去。我们必须寻找另外的办法,以减少污染物的转移,同时保护我们的自然生态系统和非再生性资源。生态技术和生态工程提供了这样的思路,即利用自然生态系统无废弃物和物质循环等特点来解决污染问题。同时,生态工程利用太阳能为基本能源,并保持或增加生态系统内部的物种多样性,而环境工程以化石能为基础能源,往往会改变或减少生态系统的生物多样性,如表1-1 所示。与环境工程和传统工程相比,生态工程是一类低消耗、多效益、可持续的工程体系。

表 1-1 生态工程与环境工程、生物工程和传统工程的比较

工程类型	传统工程	环境工程	生态工程	生物工程
基本单元	自然系统、社会系统	自然系统	生态系统	细胞
基本理论	工程学	环境科学	生态学	遗传学、细胞生物学
基本能源	化石能	化石能	太阳能	化石能
基本费用	大量	大量	合理	大量
设计特点	人为	人为	人类辅助下的自组织	人为
控制结构	任意	污染源	有机体	遗传结构
与自然关系	破坏	再污染	协调、无污染	干扰
生物多样性	减少	改变	保持或增加	改变

1.1.2.2 生态工程与生物工程

生物工程技术(狭义的)指通过改变基因结构开发新物种或新变异体,以满

足人类多种需要的先进技术。但生物工程的实施不可避免地对自然关系产生干扰,不可避免地改变了自然界的生物多样性结构,完全有可能对自然界乃至人类构成威胁。因此,生物工程产物的使用,必须首先进行小区域实验,进行其生态安全性评价,确信它对人类、自然界不构成威胁后,方可大规模推广利用。鉴于它潜在的危险,许多国家均以立法的形式对生物工程产物的利用加以管理。生态技术只是利用自然界现有的物种、现有的生态系统结构和功能,遵循生态工程原理和方法,经过合理的设计,以满足人类生态保护和发达经济需求的技术。两项技术的区别在于作用对象、所消耗能源、技术手段以及技术目标等方面(如表1-1)。

1.1.3 生态技术、清洁技术和高新技术

高新技术是高新技术产业的根本,也是一个国家和地区科技、经济和教育等综合实力的集中体现,其特点是高投入、高产出、短周期和高经济效益。而高新技术本身则具有先进性、尖端性、综合性和高层次的覆盖度。高新技术产业由于需要高强度的投入,将耗费大量的化石能,对自然环境的影响,或有时是破坏的作用,也是巨大的。考虑到传统技术企业和高新技术企业在运营过程中,往往对环境造成污染,一种新的技术——清洁技术应运而生,该技术也称零排放技术。即在原有的工厂运作过程的基础上,加配污染物处理系统,如污水处理系统、大气二氧化硫处理系统等。由此可见,清洁技术投入高、耗能大,其应用受到一定的限制。生态技术,被认为是又一次产业革命的基础,是利用生态系统原理和生态设计原则,如物质多层次分级利用原理、种群匹配原理等,从工厂使用的原料开始,系统全面地对工厂的运作过程进行合理设计,做到既有可观的经济效益和社会效益,又将其对环境的破坏作用维持在最小的水平,甚至根本杜绝对环境的破坏。

1.2 生态工程的产生背景

1.2.1 生态工程学产生的背景

生态工程是在 20 世纪 60 年代以来全球生态危机的爆发和人们寻求解决对策以及强调资源环境保护的宏观背景下应运而生的,它是应用生态学中一门多学科渗透的新的分支学科。

60 年代以来,全球生态危机表现为人口激增、资源破坏、能源短缺、环境污染和食物供应不足,所有这些虽然是人类面临的共同问题,但在不同的国家和地

区表现不尽相同(Pimentel et al 1984)。如在西方发达国家主要面临的是由于高度工业化和强烈集约型的农业经营带来的环境污染和其他社会问题。根据美国国家研究院5年的研究,在农耕区施用的化学氮肥中,70%并未被作物吸收,有的进入地下水系使之毒化,有的使土壤发生盐化,还有的进入大气,破坏了臭氧层。西方和美国的现代农业一方面污染了环境,另一方面还直接危害社会。如大量的动物性食源添加到配合饲料中可提前蛋、禽、肉、奶的上市期,然而这些制品的质量难如人意:奶中的激素含量严重超标,造成婴幼儿的性早熟,以及疯牛病蔓延所造成的一系列社会问题等等。美国农业部官员也发出呼吁:政府的政策应支持发展有机农业,因为它是克服现代农业引起的危机的根本途径。而在发展中国家,所面临的不是单纯环境污染问题,而是由于人口增长、资源破坏、生产不足和环境污染综合发作的"并发症"。某些国家或地区的落后、愚昧、贫穷交织在一起,使当地社会陷入"恶性循环"的泥潭而不能自拔。如人口增长→比例失调→近亲婚配和拐卖妇女儿童→人口素质下降→恶性增长;再如转轨刺激下的多种模式的经济并存下多种矛盾(资源浩劫、污染泛滥)→失业、生产不足→通货膨胀→消费停滞→泡沫经济→多矛盾激化等等。这些国家不但要保护资源和环境,更迫切的是要以有限的资源生产出足够的产品,达到高产、优质、低耗、高效以供养日益增长的人口。现实不容许这些国家仿效发达国家的模式,它们必须立足本地资源和条件去寻求适合于自己发展的途径和技术。生态工程恰恰就提供了这样的发展途径和技术,因而它的产生是必然的。

1.2.2　生态工程学的产生

就生态工程的实际应用来说,我国已有数千年的历史。基于我国是世界上最大的农业国,有数千年精耕细作的农作传统和经验。其中,"轮、套种制度"、"垄稻沟鱼"、"桑基鱼塘"等等就是相当成熟的生态工程模式。

然而,作为一个独特的研究领域,生态工程的研究迄今还不到30年的历史。它的产生有其科学理论基础和方法论基础。首先,二十世纪三四十年代以来,生态学研究的整个领域都取得了重大进展。生态学许多重要理论在这一时期得以形成。特别是生态系统概念的提出和生态系统生态学的建立,使生态学研究提高到一个崭新的水平。而且这一时期,整个科学技术与生产力进入一个突飞猛进的新时代,它不仅直接来自自然科学及技术手段的纵深突破,更主要的是各分支学科的横向渗透与交叉。生态工程导源于生态学,虽是应用生态学的一个分支学科,但其重要概念、理论、方法已经并正在被系统论、控制论、信息论、协同论、耗散结构论、突变论及混沌现象、自组织论等所渗透。正从过去传统的对自然界分门别类,且越分越细的研究倾向,变为以整体观、系统观为指导,在分析的基础上进行综合的突破;它将物理学、化学、生理学、毒理学、数学等自然科学的基础理论、成就以及农学、土壤学、水产学、畜牧学、林学、环保工程学、运筹学、计算科学等多种技术科学,和社会学、经济学等人文科学的成果吸收渗透进来,形成具有综合效益的新兴分支边缘学科。应用生态学的多分支,如农业生态学、城市生态学等也在这一时期迅速发展,并取得了许多重要成就,这些为生态工程概念的完善和生态工程学的建立奠定了科学基础。此外,系统科学的发展特别是生态工程学在各领域中的广泛应用为生态工程的研究也提供了理论和方法基础,发挥了重要作用。正如马世骏在 70 年代末预料的那样:"我们现在的生活状态已在相当长的时间内逾越了某种确定的概念水平,现代生态学阐明,在网状连接的结构内,一个新水平的复杂系统正从以前的非系统概念中上升出来,许多科学家预料此种相互作用的新结构及其理论,即将在今后数年中有所创造和突破。"

1962 年美国 H. T. Odum 首先使用了生态工程(Ecological engineering)一词。他将其定义为:"人类运用少量的辅助能而对那种以自然能为主的系统进行的环境控制。"1971 年他又指出"人对自然的管理即生态工程"。1983 年他又修改此定义为:"为了激励生态系统的自我设计而进行的干预即生态工程,这些干预的原则可以是为了人类社会适应环境的普遍机制。"之后,Mitsch 等人也提出了有关定义和概念。

马世骏教授早在 1954 年研究防治蝗虫灾害时,即提出调整生态系统结构、控制水位及苇子等改变蝗虫滋生地,改善生态系统结构和功能的生态工程设想、规划与措施。结果取得显著的生态效益和经济效益。1979 年,在中国环境科学学会成立大会上他作的《环境系统理论的发展和意义》报告提到生态工程理论在工业发展中的实践意义。他说:"在工业发展过程中,出现的环境干扰和迫切需要采取的保护政策,促使我们不得不在社会-经济-自然生态系统-资源物质系统之间,考虑多方面互相依赖的特点,从而在社会科学和自然科学之间产生新的杂交科学前沿,即社会-经济-自然生态系统的结合。"他又说:"连接多系统的循环关系,可以及时有效地把人类和动物的废物运回土壤,把工业废物分别加以分解或再生,这对持续地维持现代化都市的优良环境和支持郊区现代化农业是重要的,它依据的机理就是模拟自然生态系统长期持续链状结构的功能过程,可称为生态系统工程。"继而他又精辟地提出生态工程是生态学的原理在资源管理、环境保护和工农业生产中的应用,从而为引导国内外生态工程研究打开了思路,奠定了坚实的理论和实践基础。

1987 年由马世骏主编的《中国的农业生态工程》一书在我国出版。1989 年,马世骏及颜京松、仲崇信等教授参与美国 Mitsch, W. J. 和丹麦 Jorgensen, S. E. 主编,多国学者参编的世界上第一本生态工程专著《Ecological Engineering》,成为生态工程学作为一门新兴学科诞生的起点。应当指出,由于生态工程的真正内涵及其研究是从我国开始传到国外的,1984 年美国召开的一次生态学术讨论会上,当马世骏教授介绍了我国生态工程的思想和研究现状时,引起了与会学者的浓厚兴趣和广泛关注;1989 年 10 月美国密执安州立大学生态学家 Dean Haynes 教授来华讲学时,完整地引用了马世骏关于生态工程的定义。

生态工程是在 20 世纪 50 年代后期以来,科技突飞猛进、工业迅速发展,部分资源紧张,环境污染及破坏日益严重,全球生态危机激化,人们寻求解决对策和途径这一社会需求的动力牵引下应运而生的。同时,系统科学、控制论等理论的广泛应用,开拓了科学家的宇宙观,注意到整体、开放与动态,以及电子计算机和痕量物质分析等技术的发展,为进行复杂系统结构和功能的分析、模拟创造了条件,这些相邻学科发展的感召效应促使生态工程的产生。另外生态学本身的自我完善,由过去的更多地显示自然属性进而更强烈地显示它的社会属性;由深层解析置换了表象描述,由对人类社会的被动追随到主动参与。这些因素的共同作用,赋予生态工程以"增幅共振"的效果。全球生态危机和社会问题的主要表现是环境污染与破坏、人口激增、能源短缺、自然资源遭受破坏、食物不足等,这些虽是人类面临的共同问题,但它们在不同国家和地区的表现不尽相同。另外中国和欧美等西方国家生态工程产生的社会背景,包括社会、经济、历史、文化传统,科学技术发展程度和现状等有所不同,使所研究和应用生态工程的目的、理论基础,研究与应用的对象、设计原则、技术路线、生物多样性、能源、价值等方面各有特点,比较这些特点、相互学习、取长补短,将有利于促进生态工程在全世界的进步与发展。

1.2.2.1　西方生态工程学的产生

在西方发达国家和地区,生态危机主要表现在由高度工业化、城市化及强烈集约型的农业经营造成的环境污染和破坏日趋严重。近半个世纪以来,许多环保科技工作者、决策者和实践者不懈努力,探索治理与保护环境的各种途径和方法,试图达到无污染的零排放。实践揭示,按常规的环境工程途径和方法,虽然在局部环境治理与保护方面已有一些成效,但限于人力、物力和财力,难以全面地实现零排放目标,这在发展中国家更是如此。另按环境工程常规方法与途径治理污染,常常需要化石燃料或电能,为生产、供应这部分所需的能,往往又产生或增加另一类污染,将污染物从一种介质转移至另一种介质。为此,自 60 年代起,西方一些科技工作者试图运用生态和工程的某些原理和工艺来达到治理、保护和持续发展的目的,从而产生了生态工程。其重点是环境保护。在研究方法与成果方面,主要是研究、分析生态系统组成成分及机制,并在此基础上建立定量揭示系统的物流、能流和行为特征的动态模型与优化控制模型,并领先于世界。Jorgensen & Mitsch (1989)曾将生态工程原理归纳为 13 项并加以解释。即:① 生态系统结构和功能取决强制函数(Forcing function),如化学物质(包括水在内)输入及温度等;② 生态系统是自我设计(自我组织)系统;③ 在生态系统中物质是循环的;④ 生态系统协调需要生物功能和化学成分的一致性;⑤ 在生态系统中变化的过程具有随时间变化的特征;⑥ 生态系统成分具有空间范围;⑦ 生物和化学多样性对生态系统中缓冲能力(Buffering capacity) 的贡献;⑧ 生态系统在其地理边界上是极有价值的;⑨ 群落交错区(Ecotone)是一些生态系统间的过渡带;⑩ 一些生态系统和另一些生态系统是结合的;⑪ 具有脉冲形式的生态系统常具有高生产力;⑫ 生物相互联系,尤其是在生态系统中;⑬ 生态系统具有与其先前进化的关系相一致的反馈机制、复原及缓冲的能力。

　　近几十年来,西方生态工程正在从研究走向应用。如在美国加利福尼亚州南部河口区从属于不同水文周期的湿地,建立了利用湿生植物香蒲等去除重金属,改善水质,并进行复垦的生态工程(Brown 1991)。利用以蒲草为主的湿地处理煤矿含硫化铁酸性废水(Fennessy 1989)。在伊利湖北部老妇河河口区建立了应用湿地缓冲与净化入湖河水的生态工程,处理陆上流来的地表径流,以防止水体富营养化等(Etnier 1991)。在丹麦格雷姆斯湖(Glums)建立了防治富营养化的生态工程(Jorgensen 1976),还有人进行应用生态工程去除堆肥及土壤中的重金属的试验(Jorgensen 1993)。德国建立了以芦苇为主的湿地处理废水的生态工程(Etnier 1991)。在瑞典的 Stensund 学院已应用室内水生生物的生态工程,处理净化该校的生活污水(Guterstam 1991)。有人还研究并正在应用伊乐藻和刚毛藻植物为主的人工生态系统去除过多的氮、磷的生态工程(Gumbricht 1993)。在荷兰,已试用调控湖泊中生物种类结构(食物链网上一些环节)比例的方法防治富营养化(Richter 1986)。美国 1992 年提出的生产过程中废物产生与排放减量(Reduction)、废物回收(Recovery)、废弃物回用(Reuse)及再循环(Recycle)的环保 4 个 R 策略正在逐步实施,这些都是环保生态工程的重要措施。在西方应用生态工程实例较多、类型多样,限于篇幅此处不一一列举。但总的来说西方生态工程目前的应用范围比中国少。农业生态工程(包括有机农业、持续农业及现代农业),是以具体农牧场实践为主,对其研究以调查占较大比重。在研究方法与成果方面是对生态系统组成成分细节分析及机制研究较多。

1.2.2.2　中国生态工程学的产生

　　像中国这样的发展中国家面临的生态危机,不单纯是环境污染,而是由人口激增、环境与资源破坏、能源短缺、食物供应不足等共同组成的"并发症"。在此背景下,作为解决这一"并发症"的途径而产生的中国生态工程,不但要保护环境与资源,更迫切的要以有限资源为基础,高产、低耗、优质、高效、持续地生产出更丰富的产品与商品,以供应日益增多的人口的生活需要及其持续发展。实际状况不允许中国的生态工程仿效西方发达国家的模式,仅重点解决环境保护问题,而要立足本国情况,力求同步达到生态环境效益、经济效益和社会效益多目标,维护与改善生态系统,促进包括废物在内的物质良性循环,相互补偿,保证再生资源供给永续不断,人类生活与工作环境适宜与稳定,同时在经济方面有利,增产节耗,产品适销有出路,减亏增盈等。目前我国实际情况,使我们不可能生搬硬套发达国家防治环境污染的经验,单纯以治理污染为目的,不计较环保工程的投资和运转费用,也不强调环保工程商品生产以及实施、管理环保工程者(企业或事业单位)的直接经济收入。在社会效益方面,我国应充分发挥物质条件及科学技术的潜力,从社会需求出发,促使各种社会职能机构的社会效益提高,政策、管理、社会公益、道德风尚能为社会所认同,并有利于全社会的繁荣昌盛。我们的目标是自然-社会-经济系统的综合效益最高,而非单项效益最高。

中国是世界上历史悠久的农业大国,其传统农业已积累了丰富的精湛技术和优良经验。如轮种、套种制度,因时因地合理搭配种群,农渔、农畜、桑渔、林牧等综合生产与经营,有机肥还田,多层分级利用物质,再生循环维持地力,持续发展等这些都是符合生态学原理的。其中很多至今仍被广泛继承采用,且实践证明是有效的。它保证了中国以仅占世界 7% 的面积供养占全球 22% 的人口,且长期维持地力不衰。这些优良的传统农业经验本身就是朴素的自发生态工程,也是中国现代生态工程发展的重要基础。另外,中国古典哲学,如阴阳五行说中有关整体论、相生相克、阴阳调度、损其有余、益其不足等及事物运动不已、再生循环、平衡等思想,以及矛盾论、实践论中有关认识与实践的关系,事物变化中外因与内因的作用,以及"天人合一"的中国古代人类生态观的道理、事理、义理、情理的关系等,对中国生态工程理论的形成和发展,如整体、协调、自生、再生良性循环等,有极其重要的影响(王如松 1991, Yan & Zhang 1992)。由于中国研究与应用生态工程是多目标的,兼顾经济、生态环境和社会综合效益,故其形成与发展的基础除以生态学原理为主外,同时还吸收、渗透与综合了许多应用科学,如农、林、渔、养殖、加工、轻工以及环境工程等多种学科原理、技术和经验。生态工程在中国作为独特的研究领域及独立的学科,首先是马世骏于 1979 年提出的,并定义为:"生态工程是利用生态系统中物种共生与物质循环再生原理,结构与功能协调原则,结合系统最优化方法设计的分层多级利用物质的生产工艺系统。生态工程的目标就是在促进良性循环的前提下,充分发挥物质的生产潜力,防止环境污染,达到经济效益与生态效益同步发展。"(马世骏 1987,孙鸿良,颜京松等 1992, Yan 1993)中国生态工程自形成以来,历史虽很短,但其研究、实践与推广的进展却极其迅速。在研究方面,在多学科渗透和结合的基础上,着重于系统组分间关系的综合,探索系统的结构、功能和趋势,而不仅是系统组分的细节分析和数量的增减。有关中国生态工程的研究论文、经验总结报告,迄今已有 3 000 余篇,其中有关生态工程的原理、理论可归纳为整体、协调、自生、再生与循环,因地制宜(马世骏等 1987, Yan et al 1991,1993),以及社会-经济-自然复合生态系统的概念和相互关系等(马世骏 1984, Ma & Yan, 1989)。在生态工艺方面也初步总结出加环(生产环、增益环、减耗环、复合环和加工环);联结本为相对独立与平行的一些生态系统为共生网络;调整内部结构充分利用空间、时间、营养生态位,多层分级利用物质、能量,充分发挥物质生产潜力,减少废物,根据自然、经济(特别是市场)情况,因地制宜地促进良性循环;受破坏的生态系统的恢复和重建等(Yan 1989,1992)。研究与应用生态工程的范围很广,涉及农业、环保、林业、养殖等各个领域,分布区域也较广,全国除西藏及台湾外的所有省及自治区,都有研究与应用生态工程试点。自生态工程在中国正式产生至 1991年,仅 10 多年时间,有计划和组织的农业生态工程(或称生态农业)的试点县、乡、村或农场就有22 000多个,覆盖农田面积25 000 km^2 以上,内陆水体76 km^2,草地 912 km^2,人口约 2 581 万,另有近百个环境变化水体工程试点均不同程度地获得经济、生态环境和社会效益(孙鸿良等 1991,Yan et al 1992,1993)。特别是举世瞩目的中国五大防护林生态工程:三北(华北、西北、东北)防护林体系、太行山绿化工程、海岸带防护林体系、长江中上游防护林体系和农田林网防护林体系等,计划从 1978 年至 2050 年,人工造林 948 600 km^2,至 1991 年已完成191 045km^2,对减少径流泥沙,拦洪削减洪峰,防风固沙,改善保护区内农田小气候,促进农业增产及多种经营,已开始显示良好效益(Yan 1993)。环保生态工程类型多样,如湖北鸭儿湖治理有机磷和有机氯农药污染的生态工程(张角元等1982,孙美娟等 1982),苏州外城河葑门支塘污水资源化生态工程(Ma & Yan,1989,Yan,1987),一些酒厂、缫丝厂的废水处理和利用生态工程(颜京松1986),防治太湖局部水体饮用水源蓝藻暴发的生态工程(濮培民等 1993),以及多种多样的城市污水资源化的生态工程(国家环境保护局 1993),应用试点已超过百处。

1.2.3 中外生态工程特点的比较

除前述中国与西方生态工程的产生与发展历史背景、理论基础、主要目标和发展现状各有特点外,在应用对象、设计原则、技术路线等方面也各有特点(见表1-2)。

表 1-2 中国和西方生态工程比较

项　　目	欧　　美	中　　国
背　　景	经济及科学技术发达,生态危机主要表现在环境污染	经济及科学技术正在发展中,生态危机表现在人口众多、资源破坏、能源不足、食物不充裕和环境污染多方面
理论基础	生态学原理及生态控制论为主,综合多门自然基础学科	生态学原理及生态控制论为主,综合多门自然和应用技术学科及社会学科

表 1-2(续)

项　　目	欧　　美	中　　国
对　　象	以自然生态系统为主,或重建生态系统	以社会-经济-自然复合生态系统为主
目　　的	环境保护为主,偶兼顾经济效益	经济、生态、环境和社会的综合效益
设计原理	生态系统的自我设计为主,辅以人为干预	按预期经济、生态和社会的目的及规律,人为干预为主
技术路线	主要调控强制函数	主要通过生态工艺调控系统内结构功能
能　　源	太阳能为主,辅以化石燃料或电能及很少人力	太阳能为主,辅以人力及较少化石燃料或电耗
再生循环	可采用	绝对需要
商品生产	通常无	农、林、渔、畜禽产品及一些轻工原料
生物多样性	单纯	复杂
价　　值	美化环境,自然资源保护,少或无市场价值	高产、优质、低耗、高效生产商品,废物充分利用,环境保护

西方生态工程研究及处理对象,一般按自然生态系统来对待,如各类湖泊、草原、森林等,及一些人为(或称重建)生态系统,即在自然生态系统中加入或构造某些原本无的人为结构,如水利改造、土壤改良等工程需要的生态系统。中国生态工程研究与处理对象,不仅是自然或人为构造的生态系统,而更多的是社会-经济-自然复合生态系统。生态系统是一定空间和时间(其范围随研究目的而定,并非预先固定的)内,生物与非生物(物理的、化学的)成分相互联系、相互作用,能维持其中生物生存、繁衍的功能系统或单位。生态系统是宇宙的子集。而一些属于宇宙的成分,虽不属于所研究的生态系统,但却与生态系统相互作用的成分所组成的集合,为该生态系统的环境。当今在我们的地球上纯粹的自然生态系统是极少的,绝大部分生态系统或多或少地受到人类活动的影响。正如马世骏与王如松(1984,1989)所描述的社会-经济-自然复合生态系统(Social-Economic-Natural complex ecosystem)(简称 SENCE)那样,这一系统是以人的行为为主导,自然环境为依托,资源流动为命脉,社会体制为经络的半人工生态系统。它是在一定空间和时间内人群与人群,人群与自然环境及人为设备相互作用及其工作过程的集合。其结构可理解为 3 个关系圈的集合(图 2-1)。其核心圈是人类社会,包括组织机构及管理、思想文化、科技教育和政策法令,是 SENCE 的控制部分,为生态核。另一层次是内部环境圈,包括地理环境、生物环境和人工环境,是 SENCE 的内部介质,称生态基,常有一定的边界和空间位置。第三圈是外部环境,称为生态库,包括物质、能和信息,以及资金、人力的源;接纳该复合生态系统输出的"汇";以及存贮物质、能及信息的"槽","库"无确定的边界和空间位置,而是表示对内层生态基的相互关系,表达与生态库有联系的

"源"、"汇"和"槽"的影响范围。其物流、能流、价值流、信息流和人口流依赖于外部生态库的支持。SENCE 不同于自然生态系统的地方在于它有内外两层边界，内边界（即内部环境的边界），有特定的空间范围，但不是一个完整的功能实体，其物流、能流、价值流、信息流和人口流依赖于外部生态库的支持。外边界（即生态库的边界）是模糊边界，没有特定的范围，而是表示对内层生态活动的相互关系。研究 SENCE 的基本任务一是要搞清基与库之间 5 种功能流的动力学特征及库与基之间的作用关系；二是要弄清生态核与生态基之间的控制关系及调控办法。而生态工程研究的任务就是：① 系统辨识：定量研究这一系统中结构和功能及其物流、能流链网的各环节间相互关系与生态效应，以及自然与社会风险，从生态系统的物质平衡和包括从人体健康到全球变化在内的生态影响评价，并按其代谢（或转化、排放的物质）影响自然生态过程的程度进行分类。② 综合：在辨识基础上，设计、组合多种成分和技术，建立复合的体系。③ 调控：按生态控制论，调控与优化组合各种技术，用生态学手段去协调它们之间的关系，协调与提高多层分级利用原料、产品、副产品、废弃物、能量、空间、时间，促进良性循环（马世骏、王如松，1986，Ma & Wang 1990）。

中国和西方发达国家的生态工程各有特点。中国生态工程的独特理论和经验，已受到西方许多学者青睐，如美国著名生态学家 Bannthous（1990）评论在美国出版的世界上第一本国际性生态工程专著《生态工程》一书时说："该书中唯一能证明已成功的运用生态工程原理的研究是中国学者所提供的，即马世骏与颜京松合著的污水处理与利用，颜京松与姚宏禄合著的综合养鱼，以及仲崇信所著以大米草保护海岸带等章。感谢该书主编将这些中国的工作介绍给西方工作者，引起他们的重视。"1991 年在瑞典举行的污水处理生态工程国际学术大会论文集的编者将我国介绍生态工程在环境保护中的作用一文，誉之为生态工程的中国哲学，并对本文所引的中国生态工程的几个实例倍加赞赏。美国生态工程先驱者 H. T. Odum 教授说："生态工程之根在中国"。Mitsch 教授（1991）说："从综述的中国生态工程的理论，以及看到像中国那样人口众多且密集的国家，如何在保证保护资源和环境的同时，最大限度地利用自然景观的生态工程的途径和方法，使西方科学家获益匪浅。对中国生态工程技术的了解也大有收益，尤其是西方如在面临能源不足阶段而要发展持续经济时，中国这些生态工程和生态工艺经验是极其有用的。"西方生态工程的研究、理论和方法的贮备可指导生态工程的应用，特别是定量化、数学模型化及系统组分及其机制的分析等方面尤为突出，今后中西方在生态工程方面，继续加强交流，相互学习，取长补短，将有助于生态工程这一新兴学科和综合工程在全世界的普及、发展与提高。中国方面，在继承与突出中国生态工程的特色和先进性的同时，除进一步扩大应用范围与地区外，应学习西方之长，重视深入研究一些机制，以及定量化、规范化、系统化和完整化的样板实体,尽力避免在研究中过多的经验性和低水平重复的工作,在推广的同时,尽快促进中国生态工程的深入发展,在应用上提高技术水平。目前在中西方生态工程中有些实质相同的理论和相同的专业术语命名各异,这有碍相互交流,如欲将所有中西方生态工程专业名词立即统一起来,尚需做大量工作,但至少应先将有些虽以不同名称叙述的中西方生态工程中已有的和新建的理论,按共同的科学术语统一起来,这将有利于改善中西方在生态工程研究和应用方面的交流。

1.3　生态工程研究进展

1.3.1　国外生态工程研究进展

1.3.1.1　国外农业生态工程研究进展

从 20 世纪 30 年代起,大型农业机械的出现,化学工业的飞速发展,以及农业生物技术,尤其是新品种的不断涌现,使西方发达国家的农业劳动生产率大大提高,农畜产品也大幅度增加。这种以开发化石能源及工业技术装备为特征的农业为集约化农业,它在 60 年代达到鼎盛时期。但进入 70 年代后,随着集约化农业的普遍推行,其自身的问题逐渐暴露出来,这些问题包括:① 能耗高,随着石油大规模涨价而表现为农田能量投入产出比值下降;② 加剧了土地资源的衰竭,特别是水土流失、风蚀和地下水过量开采等;③ 动植物品种上的单一和结构上的单调,加重了病虫害和杂草的发生和蔓延;④ 大量化学物质的投入造成土壤、水体和农产品严重污染。这些问题不但影响到农业生产条件的维持能力,还威胁到农产品持续供应的可能性。为了解决这些问题,在西方发达国家中发展了多种形式的替代农业。其中包括综合农业、再生农业、有机农业、持久农业、生物农业、生物动力农业和自然农业等类型。各种替代农业都强调要充分发挥农业生态系统中的生物学过程,利用生物种群间的相生相克关系,调动共生互利关系和自我调节能力;强调运用生态系统中的能量转化和物质循环规律对维持与优化系统功能的作用;提倡最大限度地依靠作物轮作,加强对秸秆、家畜粪便、豆科作物、绿肥及其他有机废弃物的利用,培肥土壤;保持土壤肥力,持续地供给作物养分;提倡以生物防治措施来防治病虫害等,最终达到尽量避免大量使用无机化肥、农药、生长调节剂及家畜饲料添加剂等来维持农业生产的目的。在美国,主要以从事有机农业的研究和开发为特色。自 Roodale J.I. 于 1942 年创办第一家有机农场以来,从事有机农业的人已越来越多,至 80 年代末为 24 万,为美国农民的 1%。西欧各国侧重于生物农业和生物动力农业,约 1% 的农民参与了这项实验,其中畜牧业占很大的比重,农场类型有专业奶牛场、畜牧场、综合农场和种植场等。如荷兰国家实验农场对替代农业系统的比较研究开始于 1979 年,其中生物动力农场占地 22 ha,有 20 头奶牛,采用 10 年轮作,作物中 7% 作为饲料。据调查,澳大利亚的 50 个有机农场,面积最小的为 0.25 ha,最大的 5 000 ha。50 个农场包括五种类型:粮/羊型(24 个),牛/奶型(18 个),花/草/饲料型(3 个),养猪型(3 个),蔬菜型(2 个)。亚洲国家也开展了生态农场的研究和建设,其中著名的有菲律宾的马雅农场,泰国的蜀农场,这些都是实行立体种养与资源循环利用的典型。日本则致力于自然农业的研究。自然农业强调土壤生物在适宜条件下正常发展,使土壤肥沃,生产力提高。1988 年在我国举行的国际农业生态工程会议上,日本派出了最大的国外代表团,十几个成员都是研究自然农业的专家,他们带来一部录像片,名叫"活的土壤",强调保护与提高土壤质量的生物学过程。

可见,国外与农业生态工程有关的研究到目前为止是以具体农场或工厂的实践为主,而科研是在这一过程中进行的,其中调查研究占很大比重。近年来,越来越多的学者还试图通过实验农场的研究来建立一套替代农业的计算机信息系统和技术体系(Haynes,1989),以推动该项产业的发展。与此同时替代农业的发展逐渐引起了政府的重视。如 1980 年美国农业部组织了有机农业的调查并推荐有机农业模式;1985 年美国国会通过食物安全法,强调低投入农业对食物安全有利,表示政府越来越重视低投入农业的研究、教育和推广工作。

1.3.1.2　国外环保生态工程研究进展

这类工作在国外生态工程研究和应用中是较多的,反映国内外的侧重点有所不同。如在全世界发行的英文版"生态工程"专著中,12 项研究与应用实例内,有 9 项与环保及污染物处理与利用有关,特别是污染水处理与湖泊、海湾的富营养化防治更为突出。而传统的环保工程虽可防治局部环境污染,如处理污水时需动力能源和化学药品,而生产这些能源和化学药品又造成污染。而采用的环境保护生态工程,能源主要取自太阳能,设备或工具则多利用自然界存在的生物体(生物种群、群落乃至生态系统),这样投资少,运转费用低,既形成环保效益,又可有一些产品产生经济效益。在美国,污水处理生态工程已有多处。如 70 年代在佛罗里达 Garimsville 处种植柏树使之成为森林湿地,处理污水中的营养盐(去除污水中 50% 以上的有机质、营养盐和金属元素);在俄亥俄州,应用蒲草为主的湿地生态系统处理煤矿所排含有 FeS 酸性废水的生态工程(处理后废水铁含量减少了 50%~60%,但硫的去除率不高)。在马萨诸塞州,于沼泽及盐滩上建立生态工程,处理陆上的废水,防止海洋的富营养化。在丹麦,自 1972~1976 年就开始研究与试用 Glums 湖泊富营养化防止的生态工程,建立了生态模型,结果去除了进湖污水中 90%~98% 的磷,1976~1981 年又对该模型进行了改进与修正。在瑞典,污水处理的生态工程受到很大重视,应用机械法、生物法和化学法3个步骤处理污水,目前已使城市居民中80%的生活污水受到处理。瑞典仅800万人口,在80年代就为此类工程投资约5亿美元,其中包括若干污水处理生态工程,如利用污水作为肥料、农田灌溉处理净化污水,目前在波罗的海内海的"赤潮"已大为减少,甚至在其首都斯德哥尔摩海湾内的水都能游泳了。另建有许多温室,在室内培养多种水生植物,以净化污水。在荷兰,自70年代起,已试验调控一些小型湖泊生态系统的结构,增加直接摄食藻类以及在阳光和营养方面有竞争力的生物种类,防治水体富营养化,减少"水花"。另在一些居民区中建立了若干生活污水处理小型生态工程,以一些垂直分布的充气和厌气土壤滤器纵向组合构成,并据此在计算机上建立了营养盐流动的数学模型。德国也自70年代起应用以芦苇占优势的湿地来净化污水。爱沙尼亚利用种植水生维管束植物的湿地来净化污水。匈牙利自1972年起即开始应用中国传统的综合养鱼经验,用污水养鱼生态工程来处理污水。奥地利则利用种植物代替沉淀法处理山区生活污水。挪威已试验并扩大生态厕所,可输出90%的N和50%以上的P及有机质。1991年3月在瑞典举行的污水处理生态工程国际学术会议上,20多个国家的代表提出的30多篇报告反映各国在这方面进展很快,特别表现在揭示这类生态工程的机理,以及在各成分相互关系的定量基础上,运用计算机建立数学模型。

1.3.2　我国生态工程研究进展

H. T. Odum 在其《能量、环境和经济》中文版(蓝盛芳译,1992,东方出版社)的序中指出:"世界各大国中,中国的农业和水产养殖业系统在保持人类与地球的和谐关系上,具有最悠久的历史。世界上许多发达国家通过掠取其他国家资源而使经济过分发展起来;其他国家则因廉价出卖太多资源而陷入困境。中国不愿为小利而出卖资源,在利用本国资源方面有较好的经验。今后数十年,世界资源不能维持大多数地区的经济继续有较大增长。相信中国具有优良传统和方法,与自然界保持平衡。"

1.3.2.1　我国农业生态工程研究进展

我国农业生态工程的研究与进展取得了丰硕成果,令世界瞩目。自生态工程在我国正式提出(70年代末)至1991年,10多年的时间,有计划组织的农业生态工程(或称生态农业)的试点县、乡、村或农场就有2 000多个,覆盖农田面积达25 000 km² 以上,内陆水体76 km²,草地912 km²,受益人口约2 581万。特别是举世瞩目的中国五大防护林生态工程对减少径流泥沙,拦洪削减洪峰,防风固沙,改善保护区内农田小气候,促进农业增产及多种经营,已开始显示良好效益。我国农业生态工程的特点是:注重传统农业技术与现代技术的结合。我国传统农业中的许多精湛技术，由于符合生态学原理，在今天的农业实践中仍被证明是行之有效的。如稻田养鱼、桑基鱼塘，这些至少具有 10 个世纪历史的技术至今仍被我国南方许多地区广泛采用。而当代的生物技术、生态技术、化学技术、机械技术、环境治理工程技术以及小流域水土流失治理工程技术等现代技术也逐步被生态工程所采用。我国农业生态工程的研究目标是注重生态效益和经济效益的结合，强调提高生态效益是建筑在经济效益提高的基础上，强调农业生产与环境保护同步发展。

1.3.2.2　我国环保生态工程研究进展

环保生态工程是我国生态工程研究中发展较快的另一个领域。我国长期以来已有许多自发的废物利用、再生、循环的传统经验。如生活污水及粪便用作农田肥料或养蚯蚓、培植食用菌等，皆是祖先创造并留给我们的宝贵财富，也是发展生态工程的主要基础之一。但研究、设计与应用生态工程，以及在生态学原理指导下的工作则在 50 年代才开始。如前所述，马世骏等在 50 年代首先提出调控湿地生态系统的结构与功能来防治蝗虫灾害，60 年代调控污水养鱼开始较大规模的发展，70 年代中国科学院武汉水生生物研究所等单位对有机磷和有机氮严重污染的鸭儿湖的防治生态工程，80 年代初中国科学院南京地理所等单位又从生态系统水平研究实施了以凤眼莲为主的污水处理与利用生态工程，不仅治理了苏州、丹阳、山东、安徽等地的一些河道、湖泊和沟渠的有机污染，还增产了大量青饲料，推动了当地养殖业的发展。中国科学院沈阳应用生态研究所等单位，从 50 年代起，持续几十年研究了污水灌溉生态工程，并不断研究解决污灌中存在的问题，我国污灌面积从 60 年代的 42 000 ha，至 1977 年达到 105 333 ha，到 1984 年已发展到 1 400 000 ha。华东师范大学引进并筛选了光合细菌，研究揭示多种光合细菌的生活、繁殖条件及其动态，并试用其处理上海市居民粪便及一些工厂的有机废水。南京大学自 60 年代初，引种、研究并利用大米草、互花米草，人工建造海滩盐沼植被，调控海滩生态系统结构，保滩护堤，并分层多级的利用开发米草生物量，取得良好的生态、经济和社会效益。我国环保生态工程的特点：以整体观为指导，研究和处理对象是生态系统或复合生态系统，全面规划一个区域，而并非某些局部环境或生态系统中的某一部分，其目的是多目标的，即同步取得生态、经济和社会效益；以调控生态系统内部结构与功能为主，来提高生态系统的自净能力与环境容量，对外因（污染控制、输入物质与能源的量）仅作为条件，因而并不单纯过分限制工厂、生活区的排污量，避免激化生产发展与环保的矛盾；通过分层多级利用，使污染物质资源化，变废为宝。我国环保工程粗略地可划分为 5 类：① 无（或少）废工艺系统，主要用于内环境治理，在一些工厂或工业城市中的废物再生和利用系统，如废热源的再利用，工业废物的净化再循环等。② 分层多级利用废物生态工程，使生态系统中的每一级生产中的废物

(下脚料)变为另一级生产过程的原料,使所有废物均被充分利用,如一些家畜(或家禽)养殖场所产生的粪便,配合沼气发酵,沼液无土栽培饲料或蔬菜,沼渣再制混合饲料或肥料等。③ 复合生态系统内的废物循环、再生系统,如桑基鱼塘生态工程。④ 污水自净与利用生态系统,充分利用污水中的有机成分作为营养源,既净化了污水,又利用了其中的营养元素和水资源,如污灌和污水养鱼技术。⑤ 城乡(或工、农、牧、副、渔)结合生态工程,在一定区域内,应用不同生态工程分层多级利用废物,实现 3 个效益,如城市粪便、垃圾、饲养场家禽家畜粪便等制作沼气,再做农田肥料或鱼饲料,一些食品及轻工工厂废物用作畜牧、水产养殖饲料,其废物再作肥料,以及一些废旧物资的回收、再生与利用等。

1.3.3　全球变化与我国经济发展对生态工程的需求

近百年来,温室气体的效应导致地表温度大体上升了 0.3 度～0.6 度,海平面大体上升 10～25 cm,冰川面积大面积减少,以及灾害性天气频频发生等等,全球气候变化引起全世界各国对能源与环保关系的进一步重视。1987 年联合国发布关于环境与发展问题的报告,1997 年制定了《京都议定书》,并于 2 月 6 号开始实施,规定在 2012 年前全球 30 多个国家要按照各自减排目标削减温室气体的排放。2000 年全球排放的 CO_2 共计 235 亿吨,迄今为止,发达国家仍然是以 CO_2 为主的温室气体主要排放国,美国是世界上主要头号排放大国。然而,事态严重的是,包括中国在内的一些发展中国家的排放总量也在迅速增长。2000 年,美国的 CO_2 排放量为中国的 CO_2 排放量的 2 倍;据国际上的预测,到 2010 年和 2020 年,这倍数将分别降低至 1.4 倍和 1.3 倍,这说明了中国 CO_2 的排放量在迅猛增加。面对全球变化,国际合作活动也变得非常的活跃,主要有联合国里约清洁开发机制和有助于减排的贸易等。我国近年来,清洁开发项目已经有所进展,国家鼓励并重点投资开发核能、氢能,进一步开发水电、生物质能、太阳能、风能、地热能,结合生态工程技术,采取多元化的路径,力争在一段时间内逐渐的解决温室气体的问题,为人类做出自己应有的贡献。

人口不足世界总人口 15% 的发达国家,在两百年的工业化过程中,已经消耗了近 50% 的地球上的化石资源。发展中国家要发展,决不能完全照搬发达国家所走过的资源高度消耗的模式。因此我们必须充分发挥包括生态工程在内的先进技术作用,寻求新型工业化的道路和发展模式。现在我国正值社会主义初级阶段,由于经济和利益导向,不少企业和地区追求近期、局部的利益,造成高消耗、高污染、低产出粗放型生产出大量污染,对资源和环境造成了严重的损耗和污染。社会上奢侈浪费的风气开始流行,甚至错误地认为超前消费乃至浪费可以拉动内需或者促进发展,这样一种观点是完全错误的。目前,我国单位 GDP 耗能比先进的工业型国家高出数倍,节能降耗是我国经济发展中的当务之急。

　　各行各业都要追求高效率、低消耗。各行各业都要采用国外最先进的指标参比的依据，查找原因、分析原因，分析措施，尽快把资源消耗损失降低到正常的水平。在我国社会经济发展中有两个高消耗的产业，一个是建筑业，一个是汽车业。这两大产业的发展，能够带动钢铁、水泥、玻璃、塑料、木材、电子设备等等14个产业的发展，从而成为国家工业化过程中，产业发展的引领行业和在一定时期里面的支柱产业。从建筑业来看，今后几十年我国仍然会保持一个持续发展的态势。因此，必须加快对节约能源资源的新型建筑材料的研究、开发及推广应用。目前，我国的建筑在隔热采光方面存在很多的缺陷，造成了能源的极大的浪费。为了减少能源的消耗，在建筑设计中要大力研究改进绝热，增强采光的途径，并尽量利用可再生能如太阳能来节约能源的消耗。我国正处于大规模基本建设的阶段，我们的大型项目现在往往要追求规模世界第一，设计外形世界第一，也是值得探讨的一个问题，就是要应该贯彻节约、节省资源的意识。大型公共基础设施在设计施工当中，都应该在满足功能需要、安全可靠的前提下，努力做到简洁实用、减少能源消耗，必须和生态环境相适应。比如地铁车站就不必要修建的像宫殿一样富丽堂皇。瑞典斯德哥尔摩的好多地铁车站就是未经过装修的原始结构，他们叫作生态车站，也别有风格。芬兰的赫尔辛基有一座巨石教堂，是利用山坡炸开石头以后，用巨石垒成的，石头和石头之间有很大的缝隙，所以里面像迷宫一样，隔热效果非常好，在芬兰那样高纬度地区，冬天也不需要加热，被称为生态建筑的典范。

　　汽车是最方便出行的机动工具，随着生活水平的提高，人们对于汽车的需求也日益增长。但是，大量发展私人轿车，除了在生产过程中，要消耗大量的高能耗的原材料，如钢铁、玻璃、塑料等材料以外，在使用中要修建停车场，还要修大量的公路，要占土地资源，在行驶当中要消耗大量汽油等燃料，所以，汽车发展必须从我们国情出发。对于我们这样一个有13亿人口大国来说，发展节约型公共交通体系，尽量做到资源的最大节约，势在必行。

　　照明材料的更新也有很大空间。如果全国的白炽灯都转为二极管节能材料的电灯，所节省的材料相当于两座三峡电站的发电量。显然，我们应该重视节能技术和节能产品的研发及推广，其重要性是不言而喻的。

　　节能降耗，公众的参与十分重要。2008年4月初，由国家环境保护部宣教中心与美国环保协会联合开展的"中国2008年社区千户家庭碳排放调查及公众教育项目"启动仪式在南京建邺区南湖街道沿河社区举行。CO_2 排放量（简称碳排量）是代表一年里，家庭能源消耗、交通和废物处置的过程中排放到空气里的 CO_2。美国环保协会主席戴维·亚德诺说，CO_2 等温室气体过度排放所造成的全球变暖已经威胁到人类生存。而个人和家庭行为的改变，其实也是实现全球控制温室气体排放的一个重要内容。国家环境保护部宣教中心主任焦志延表示，这项全国首次进行的家庭碳排放调查同时也是一个环保宣教活动，那就是——"鼓励公众参与，改变不可持续的生活方式和消费方式，用实际行动，改变生活习惯，改善我们地球，从现在做起，从你我做起"。CO_2 计算器根据您的住房结构、您的个人能源消耗量，您的环保习惯，以及您的个人交通习惯，对于控制您的 CO_2 排放量提供简而易行的指导。

1996 年 8 月在美国生态学会年会上，前美国生态学会主席 Judy Meyer 博士，在大会的报告"走出朦胧——面向未来的生态学(Beyond Gloom and Doom-Ecology for Future)"中，首先回顾了生态学这一学科定义与研究范围的发展过程，接着简要总结了近年来在全球变化及其他生态问题推动下，生态学在生态监测，包括全球变化、生物多样性保护、生态系统管理以及生态系统的恢复等领域的新进展。提出当今生态学发展方向，应能为可持续的未来提供理论基础与技术，因此应优先发展如下 5 个方面：生态工程(Ecological Engineering)、生态经济(Ecological Economics)、生态设计(Ecological Design)、产业生态学(Industry Ecology)和环境伦理学(Environmental Ethics)。生态工程是今后生态学发展重点的第一项。AT & T 公司技术环境部副总裁 Hentry，B.B. 博士称生态工程及生态产业是第二次产业革命，是实现产业持续发展的根本出路。

第2章 生态工程学原理

　　生态学和工程学,整体论科学与还原技术的有机结合,是生态工程建设的关键。运用生态控制论原理去促进资源的综合利用,环境的综合整治及人的综合发展是生态工程的核心。生态工程原理是实施生态工程的重要理论基础。针对生态工程的原理,Jorgensen 和 Mitsch (1989)已总结了 13 项,国际生态工程主席 Heeb 博士(1996)则总结出 50 多项。如生态系统结构和功能取决强制函数、生态系统是自我设计和自我组织的系统、生态系统协调需要生物功能和化学成分的一致性、生物和化学多样性对生态系统缓冲能力的贡献、具有脉冲形式的生态系统常具有高生产力和生态系统具有与其先前进化的关系相一致的反馈机制、复原及缓冲的能力等。由于生态工程学涉及生态学、生物学、工程学、环境科学、经济和社会等领域,原理众多,难以一一叙述。而我国学者(马世骏 1986、颜京松 1986、Ma & Yan 1989,Yan et al 1992)在系统生态学理论的基础上,吸收了中国传统哲学中有益的部分,根据我国朴素的生态工程实践经验,把生态工程原理总结为整体、协调、自生、再生循环等基本原理,对生态工程的原理做了精辟的论述和提炼。因此本章将以我国学者的观点为主线,分三节重点介绍其核心原理、生态生物学原理和系统工程学原理。

2.1　生态工程学的核心原理

2.1.1　整体性原理

2.1.1.1　整体论(Holism)和还原论(Reducism)

　　整体论和还原论是探索自然的二类不同的途径,也是科学方法论中长期争论的一个问题。生态学家所碰到的分歧大多由于他们各自站在整体论或还原论的立场。自 17 世纪牛顿首先提出运动定理以来,在科学研究中,实际上是还原论占据了优势。还原论认为宇宙是一个机械系统,最终能还原为一个决定性的力的控制下的个别微粒的行为。这样在研究中将一个整体的成分分开来研究,主要进行要素分析、定量表述,从而简化了研究,并更容易阐述科学结果,确信整个世界可还原为最简单的要素。这一科学方法对于探索出自然界中的支配关系实际是很有用的,例如在生态学中探索光的强度与初级生产力的关系;某种有毒物质的浓度与某种生物的死亡率的关系等。整体论者认为还原论的方法有其明显的不足,对一些从有机整体(系统)中分开来的成分的研究,是不能揭示复杂系统或有机整体的性质和功能的。例如不能按组成人体(或生物有机体)的所有细胞的性质来揭示人体的性质和功能;不能按构成一个建筑物的砖、石、沙、木、钢筋、水泥等建筑材料的性质和功能来说明该建筑物的性质和功能。因此,对一个系统的研究,要以整体观为指导,在系统水平上来研究。虽然这类研究目前是较困难的,但却是必要的。整体理论是综合了解系统如生物圈、生态系统整体性质以及解决威胁区域以致全球生态失调问题的必要基础。当然这并不意味对组成成分性质的研究和了解是多余的,因为对各成分的性质及与其他成分相互关系的了解越多,对系统的整体性质就能更好地了解。但是仅对一个生态系统成分的了解是不够的,因为这些研究不能解释系统的整体性质和功能,一个生态系统的成分是通过协同进化成为一个统一的不可分割的有机整体。

2.1.1.2　社会-经济-自然复合生态系统(Social-economic-natural compound ecosystem)

生态工程研究与处理的对象是作为有机整体的社会-经济-自然复合生态系统,或由异质性生态系统组成的、比生态系统更高层次水平的景观。它们是其中生存的各种生物有机体和其非生物的物理、化学成分相互联系、相互作用、相生相克、互为因果地组成的一个网络系统。一个生态系统的成分是通过协同进化成为一个统一的不可分割的有机整体,其中每一个成分,如一种生物或某一种化学物质(营养盐、污染物等)的表现、行为、动态、变化及功能,无一例外地、或多或少地、直接地或间接地受其他一些成分和过程的影响,反过来也影响其他的成分,它们是多种成分综合作用的效应,是两种或两种以上不同成分的合力,或相互激发与加强的结果,是多种成分的因果(剩余)体现。每种成分的特性、行为、动态、变化及功能,只能在此系统内表现和发展,而不能离开该系统和自然界单独表现和发展。例如在一个水体生态系统(池塘、湖泊或河流)内的一种营养元素的表现,化学形态、分布、浓度、动态及变化既受一些物理因素和过程,如沉淀、再悬浮、稀释、扩散的影响;又受一些化学因素和过程,如氧化或还原、化合或分解、络合或螯合等的影响;同时还受一些生物因素和过程,如某些生物的吸收或摄食、同化与异化的影响。另如其中某一种植物的存在、分布、密度、生长、生殖、生产力及对某些化学元素的富集等,要受到所在生态系统中水的深度、温度、透明度、多种营养盐及物质的化学形态、浓度及比量等物理、化学因素和过程的影响;同时也受其他生物与它的互利共生及竞争、排斥等作用的影响,而这些植物反过来也对水的流速、透明度,一些化学元素的化学形态、浓度、动态、分布等产生影响。一个系统的功能,即输入转化为输出机制,是组成系统的全部或大部分成分与强制函数综合的效应。当一个系统内结构间、功能间及结构与功能间协调时,其整体效应往往大于组成该系统的各种成分的效应的简单加和。但是,如反之,一个系统的结构间、功能间、结构与功能间不协调,则其整体效应往往小于组成该系统的各成分的效应的简单加和。因此,生态工程所研究或处理的对象是一个系统的整体,而不仅是其中某个组成部分的某种生物,或某种无机成分。社会-经济-自然复合生态系统(SENCE)由3类相互联系、互相作用、相生相克、互为因果的亚系统组成。其功能可用图(图2-1)来表示,其顶点人(H)、生产(P)、生活(L)、资源(R)、环境(E)、和自然(N)分别表示这一系统的控制、生产、生活、供给、接纳与还原的功能,它们可归纳为社会的、经济的、自然的3类功能,这3类功能相互联系、相互作用、相生相克构成了这种复合生态系统的复杂生态关系,包括人与自然之间的促进、抑制、适应、改造关系,人对资源开发、利用、加工、储存、保护与破坏,人类生产和生活活动中的竞争、共生、隶属关系等。图中分别代表人和自然、生产与生活,资源与环境3类主要矛盾和相互关系(Ma & Wang 1989)。因此,复合生态系统是一种特殊的人工生态系统,兼有自然和社

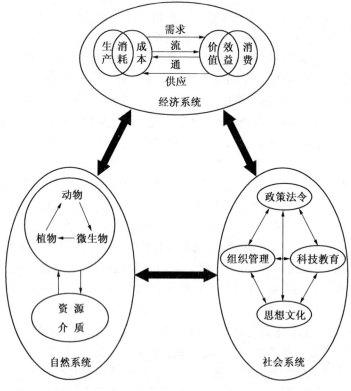

图 2-1　社会-自然-经济复合生态系统生态关系(改自马世骏 1984)

会两方面的复杂属性,一方面,人类在经济活动中,以其特有的智慧,利用强大的科学手段,管理和改造自然,使自然为人类服务,促使人类文明和生活持续上升。另一方面,人类来自自然界,是自然界进化的一种产物,其一切改造和管理自然的活动,都受到自然界的反馈约束和调节,不能违背自然生态系统的基本规律。这对矛盾冲突是复合生态系统的最基本特征之一。

　　生态工程是以整体观为指导,在系统水平上来研究,整体调控为处理手段。虽然这样研究与处理是较困难的,但却是必要的。整体理论是综合了解系统,如生物圈、生态系统整体性质,及解决受胁区域以致全球生态失调问题的必要基础。当然这并不意味对组成成分的研究和处理是多余的,因为对各成分的性质及与其他成分相互关系的了解越多,对系统的整体性质就能更好地了解。但是仅对一个生态系统成分的了解与处理是不够的,因为对单一成分孤立地研究与处理不能解释与改进系统的整体性质和功能。在研究、设计及建立一个生态工程过程中,必须在整体观指导下统筹兼顾。一个生态系统,或社会-经济-自然复合生态系统,在自然和经济发展中往往有多种功能,但其中各种功能的主次和大小常因地、因时而异。应按自然、经济和社会的情况和要求,确定其主次功能,在保障与发挥主功能的同时,兼顾其他功能。统一协调与维护当前与长远、局部与整体、开发利用与环境和自然资源之间的和谐关系,以保障生态平衡和生态系统的相对稳定性。防止片面追求当前的局部利益,牺牲了整体和长远利益,兴利却伴随着废利或增害,产生了一些不利于持续发展的问题与后果。

2.1.2　协调与平衡原理

2.1.2.1　协调原理(Harmony principle)

　　由于生态系统长期演化与发展的结果,在自然界中任一稳态(Homeostatic)的生态系统,在一定时期内均具有相对稳定而协调的内部结构和功能。生态系统的结构是组成该系统生物及非生物成分的种类及其数量与密度、空间和时间的分布与搭配、相互间的比量,以及各种不同成分间相互联系、相互作用的内容和方式。结构有其相对的稳定性,绝对的波动性、变异性和有限的自我调节性。结构是完成功能的框架和渠道,直接决定与制约组成各要素间的物质迁移、交换、转化、积累、释放和能流的方向、方式与数量,决定功能及其大小。它是系统整体性的基础。不同类的生态系统,不同时期、不同区域的同类生态系统,其结构可能不同,因此呈现不同状态和宏观特性,从而对自然界、人类社会、经济的支持、贡献和制约作用也不同。而生态系统的功能是接受物质、能量、信息,并按时间程序产生物质、能量、信息。概括来说,可谓"由输入转化为输出的机制,从而造成系统及其状态的变换"。它是组成系统的全部或大部分成分(状态变量)与由系统外输入及向系统外输出的物质、能量和信息的综合效应。例如物流(物质的迁移、转化、积累、释放、代谢等)、能流、信息流、生物生产力、自我调节、污染物的自净等。功能是维持结构的存在及发展的基础,但又是通过结构这一框架和渠道来实现的。一个生态系统的功能决定一个生态系统的性质、生产力、自净能力、缓冲能力,以及它对自然、人类社会、经济的效益和危害,也是该生态系统相对稳定和可持续发展的基础。在一个生态系统中,物质的迁移、转化、代谢、积累、释放等功能,在空间上、时间上要遵循一定的序列,按一定层次结构来进行,且各层次、环节间的量及物质和能的流通量也各有一定的协调比量。任何超越一个生态系统自我调节能力的外来干扰,破坏结构间协调、或功能间协调、或结构与功能间协调,势必破坏与改变该生态系统的原有性质及整体功能。例如在我国苏南及内蒙古等地区,原有许多水草型湖泊,但由于过量(超越水草的年生产量和再生量)利用,如滥捞水草作为肥料、饲料或过量放流草鱼、螃蟹等草食性动物,使水草量减少,破坏了原有水草与其他成分如营养盐,及以水草为饵料的水生动物的合适协调比量,削弱原来水体中通过水草迁移、转化、积累及输出氮、磷等营养元素的通道(营养链)及量比,使水体中浮游植物的量增加,促进了浮游植物的生产力和现存量,从而降低水的透明度及补偿深度(约为透明度的 2.5 倍处深度,该处光通量约为水表面光量的 1%)。原可供沉水植物生长繁衍的湖底层,由于补偿深度降低,落于补偿深度以外的区域,抵达该水层的光通量减少,已不能满足绝大多数种类的沉水植物的光合作用需要,进一步减少该处沉水植物的生产量,甚至使沉水植物在该水层处消失。全湖水草量进一步减少,浮游植物生产量和现存量进一步增加,湖水透明度及补偿深度随之进一步降低,如此恶性循环,导致全湖沉水植物消失,加速了富营养化过程,使这些湖由草型湖变为藻型湖,由中营养型或贫营养型湖变为富营养以致恶营养型湖,降低了生物多样性和水体对一些营养盐及有机质的自净能力,减小了水体的环境容量,恶化了水质。虽水量未变,但水质变差,削弱了这些湖泊作为生活及工业用水水源的社会经济功能。这类破坏生态系统结构和功能的教训很多,不一一列举,要从中吸取教训,明确维护生态系统结构与功能的协调性是生态工程的重要原则。

辩证唯物主义的哲学认为外因(强制函数)是变化的条件,内因(内部结构和功能)是变化的根据,外因通过内因才起作用。我们在污水处理和利用生态工程、农业生态工程等很多实践中,按照这一原则去设计、运行并取得成功的经验。例如在一些受污水体中,并没截污分流,来控制外来污染物的量,而是调控受污水体内部结构,如种植或养殖一些水生动植物,增加或扩大一些有机质及营养盐在该生态系统中迁移、转化、积累和输出的环节、途径和数量,提高了该水体自净能力及环境容量,不仅净化与改善了水质,改善了生物多样性,而且化害为利,增产了青饲料及鱼鸭等产品和产量。又如在一些农田中,在种植面积不变,施肥量及其他强制函数不增加情况下,调整内部结构,即通过轮种、套种、间种、改良作物品种等措施,使结构间、功能间、结构与功能间更加协调,充分发挥物质生产潜力,既增加产量又保护了水、土资源及生物多样性。

2.1.2.2　平衡原理(Balance principle)

生态系统在一定时期内,各组分通过相生相克、转化、补偿、反馈等相互作用,结构与功能达到协调,而处于相对稳定态。此稳定态是一种生态平衡。生态平衡就整体而言可分为:① 结构平衡:生物与生物之间、生物与环境之间、环境各组分之间,保持相对稳定的合理结构,及彼此间的协调比例关系,维护与保障物质的正常循环畅通。② 功能平衡:由植物、动物、微生物等所组成的生产-分解-转化的代谢过程和生态系统与外部环境、生物圈之间物质交换及循环关系保持正常运行。但由于各种生物的代谢机能不同,它们适应外部环境变化的能力与大小不同,加之气象等自然因素的季节变化作用,所以生物与环境间相互维持的平衡不是恒定的,而是经常处于一定范围的波动,是动态平衡。③ 收支平衡:生态系统是一开放系统,它不断地与外部环境进行物质和能量的交换,并有趋向输入与输出平衡的趋势,如收支失衡就将引起该生态系统中资源萧条和生态衰竭(Ecological exhaustion)或生态停滞(Ecological stagnancy)。当一个生态系统中物质的输入量大于输出量,且超越生态系统自我调节的能力时,过度输入的物质和能将以废物的形式排放到周围环境中,或是以过剩物质的形式积蓄于生态系统中,这样就造成收支失衡,原有协调结构与功能失调,导致环境污染,这种状况即生态停滞。其指标可以按输入与输出的某些物质的比量来计测,即在一定时期,某些物质的输入量与输出量的比例大于 1。当生态停滞严重时,如水体接受过量废水中的一些物质(污染质),其量超越该水体可迁移、转化、输出的量,出现收支失衡,导致污染,这就应当增支节收,恢复收支平衡。一方面调整并协调内部结构和功能,改善与加速生态系统中物质的迁移、转化、循环、输出,以增加过剩物的输出,同时,另一方面控制过剩物的输入。在一个生态系统中某些物质的输出量大于输入量,其比例小于 1,此种状况即生态衰竭,如过度放牧、过度捕捞等,这是以破坏资源及环境,牺牲持续发展为代价,来获取一时的高产与暂时效益的。在这种情况时,应当采取增收节支,以恢复收支平衡。一方面增加生态系统物流中匮乏物质的输入量,另一方面调整与协调该生态系统内部结构与功能,改善与加速物质循环,减少匮乏物质的输出。只有某些物质输入与输出量平衡时,即其比量接近 1 时,才反映人类活动对该生态系统的不利影响是不大的。社会-经济-自然复合生态系统中,不仅在物流方面要力求收支平衡,而且在人力流、货币流方面也可能出现停滞与衰竭的问题,这可应用一些经济规律来解决。

2.1.3 自生原理

自生原理（Self-Resiliency）包括自我组织（Self-organization）、自我优化（Self-optimum）、自我调节（Self-regulation）、自我再生（Self-regeneration）、自我繁殖（Self-reproduction）和自我设计（Self-design）等一系列机制。自生作用是以生物为主要和最活跃组成成分的生态系统与机械系统的主要区别之一。生态系统的自生作用能维护系统相对稳定的结构和功能及动态的稳态以及可持续发展。

2.1.3.1 自我设计和自组织原理

自然生态系统的自我设计能力是生态工程或生态技术中最主要的基本原理之一。这包括：通过设计，能很好地适应对系统施加影响的周围环境，同时系统也能经过操作，使周围的理化环境变得更为适宜。正是由于这一自我设计的特点，自然界也在扮演着"工程师"的角色，不断完成或进行着一个又一个的"工程"。例如宇宙的形成，地球的形成以及地球生命环境的形成，这是地地道道的毫无人工斧凿的"天作地合"，毫无疑问是最客观的大自然自我设计的杰作。再从生物界来看，树枝上叶子的排列，也可谓是树木利用光能自我设计的精巧之作。饭田和费希尔两位学者先用计算机为某一树种的枝条做出最优设计，使其上的树叶都能获得最大量日光；然后将这最优设计图同这些树木本身相比较，发现两者有惊人的相似。他们不仅惊叹："树木已经完全懂得如何组织他们的叶子和枝丫了。"当然，大自然的"沧海桑田"、"百川归海"等等工程有许多"上乘之作"，如"桂林山水"、"尼亚加拉大瀑布"给人类带来了美的享受；矿物燃料、各类矿藏等给人类提供了生活必需品和无价之宝；然而也有给人类带来灭顶之灾的，如庞贝的沉没，古楼兰的消逝，直至可怕的大地震等等。总之，自然的变迁，自然的工程是不依人的意志为转移的。问题的关键在于我们怎样很好地认识它（的自我设计），从而如何巧妙地利用它（的自我设计），或补充设计它。

自组织或自我设计，是系统不借外力自己形成具有充分组织性的有序结构，也即生态系统通过反馈作用，依照最小耗能原理，建立内部结构和生态过程，使之发展和进化的行为，这一理论即为自组织理论。自我优化是具有自组织能力的生态系统，在发育过程中，向能耗最小、功率最大、资源分配和反馈作用分配最佳的方向进化的过程。自组织系统有 3 个主要特征：第一，它们是不断同环境交换物质和能量的开放系统。第二，它们都是由大量子系统（或微观单元）所组成的宏观系统。第三，它们都有自己演变的历史。低层次的子系统或元素一旦形成，就会出现原有层次所没有的性质。自组织过程就是子系统之间关系升级的过程。Odum（1989）认为生态工程的本质就是生态系统的自组织。他将自组织理论在生态工程中的作用提到极其重要的地位。他认为在一个生态工程的设计与建设中,人类干预仅是提供系统一些组分间匹配的机会,其他过程则由自然通过选择和协同进化来完成。假如要建立一个特定结构和功能的生态协调系统,人们在一定时期对自组织过程的干涉或管理必须保证其演替的方向,以便使设计的生态系统和它的结构与功能维持可持续性。

2.1.3.2　自我维持原理

生态系统是直接或间接地依赖太阳能的系统,因而是一个自我维持系统。一旦一个系统被设计并开始运作,它就能不断地自我维持,其间仅靠适量的外界投入。如果该系统不能自我维持下去了,说明在系统和环境间的某处联结环出了问题或外界的干扰(补充设计)有误。米草生态工程以种植生态系统的构建为主,人工建立米草草场后,系统便处于自我维持状态,发挥出特有的保滩护堤、促淤造陆等生态效益和开发后的经济效益。

2.1.3.3　自我调节

自我调节是属于自组织的稳态机制,其目的在于完善生态系统整体的结构与功能。而不仅是其中某些成分的量的增减。当生态系统中某个层次结构中某一成分改变,或外界的输出发生一定变化,系统本身主要通过反馈机制,自动调节内部结构(质和量)及相应功能,维护生态系统的相对稳定性和有序性。在一个稳态的生态系统中负反馈常较正反馈占优势。自我调节能在有利的条件和时期加速生态系统的发展,同时在不利时也可避免受害,得到最大限度的自我保护,即它们对环境变化有强的适应能力。生态系统的自我调节主要表现在3方面。

(1) 同种生物种群间密度的自我调节

种群不可能在一个有限空间内长期地、持续地呈几何级数增长,随着种群增长及密度增加,对有限空间及其资源和其他生存繁衍的必需条件在种内竞争也将增加,必然影响种群增长率,当它达到在一个生态系统内环境条件允许的最大种群密度值,即环境容纳量(Environmental carrying capacity)时,种群不再增长。而当超过环境容纳量时,种群增长将成为负值,密度将下降。而种群增长率是随着密度上升逐渐地按比例下降。种群生态学中有名的逻辑斯蒂增长方程(Logistic growth equation)和曲线,就是对这种种群内自我调节的定量描述。这一规律应是人工林种植密度,湖泊、池塘放养鱼量和冬夏草场放牧牲畜头数等必须遵循的原则。种群密度在1/2环境容纳量(K)时的生产量是最高的。因为生产量是其现存量与增长率的乘积,在低于1/2 K时,虽然其增长率较高,但其本底,即生物现存量却很低,故其生产量(现存量和增长率的乘积)并不高。而当密度大于1/2 K时,虽然现存量较大,但增长率却变低,故生产量也不高。只有当现存量及增长率均处于该中值时,其生产量才是最高的。我们于苏州外城河中培养凤眼莲净化和利用污水时,应用这一原则,采取分区分批轮收办法,人为调控种群密度,根据凤眼莲的周转期(turnover time)为 7 天,将凤眼莲种植区分为 7 块,每日轮收一块,每块收取一半,使其种群密度保持在 1/2 K 的状态,7 天后,当它增长至环境容纳量时,正好又轮收到该块,又使之恢复到 1/2 K 的状态,已成为关键技术措施之一。这样促使其年亩产量高达 60 t,比不轮收者高 2 倍。又如在太湖梅梁湾种植凤眼莲净化水质,其生产力与净化污水能力在 1992 年时比 1991 年时高。这是由于 1991 年该种植物生长期间禁止收获捞取,使其密度在大部分时间内很高,达到或超过其种群容纳量,这样通过种内自我调节,其生长速度减慢,生产量就很低。而在 1992 年该植物生长期内,采取轮收方式,使其密度在大部分时间维持在 1/2 K 左右,这一密度是保障种群达到最大生产量的条件之一。随生产量的提高,凤眼莲分解和吸收、转化、输出的有机质与营养盐也增多,致使净化污水能力提高。

(2) 异种生物种群之间数量调节

在不同种动物与动物之间,植物与植物之间,以及植物、动物和微生物三者之间普遍存在异种生物种群之间数量调节。有食物链联结的类群或需要相似生态环境的类群,在它们关系中存在相生相克作用(Allelopathy),如互利共生、他感作用、竞争排斥等,因而存在着合理的数量比例问题。农业中的轮作、间作、套种,森林(包括防护林)的树种结构及草本、灌木和乔木的结合,养殖生产中混养不同类群生物的搭配,防除富营养化水体中藻类等均以此项原理为依据。在荷兰,应用食物链中类群间关系,在富营养湖中放养一些肉食性鱼类,从而摄食并降低了食浮游动物的鱼类和幼鱼,导致浮游动物数量增加,这些浮游动物是浮游藻类的摄食者,随着浮游动物数量的增加,被摄食浮游藻类量增多,从而抑制了水体中浮游藻类数量,从而控制了水体富营养化(Richter, 1986)。我们的经验是在浮游藻类较多的水体中,直接放养一些滤食性鱼类(如白鲢、白鲫)或河蚌(如三角帆蚌、褶纹冠蚌),不仅利用浮游藻类生产出有经济价值的产品(食用鱼、珍珠),且也抑制了水体中浮游藻类,获得环境效益。

(3) 生物与环境之间的相互适应调节

生物要经常从所在的生境中摄取需要的养分,生境则需对其输出的物质进行补偿,二者之间进行物质输出与输入的供需适应性调节。例如在水体中输入较多量的有机质及营养元素,则水体中分解这些有机质微生物的菌株、生产力和生物量将随之增加,从而加速与增加有机质的速率和数量,降低了水中有机质浓度增加的幅度。由于输入及有机质分解产生的营养盐量的增加,从而吸收与转化这些营养盐的植物(水草或浮游藻类)的生产量及生物量也随之增加,迁移转化及贮存了更多营养元素,从而自我调节与控制了水中这些营养盐浓度,避免水体中有机质及营养盐浓度的过度增高。这种调节是维持土地生产力持久不衰、防治水体被有机质污染的基础,也是设计区域环境和维持生态平衡的理论依据。

但是这种调节能力,即缓冲能力(Buffering capacity)是有一定限度的,如果干扰超过其缓冲能力,则将破坏原有的生态系统结构功能和生态平衡,可能对人类社会及自然产生不利。

2.1.4　循环再生原理

2.1.4.1　物质循环和再生原理(Circulation principle)

我们生存的地球上,为什么能以有限的空间和资源持续地长久维持众多生命的生存、繁衍与发展? 其中奥妙就在于物质在各类生态系统中,生态系统间的小循环和在生物圈中的生物地球化学大循环。在物质循环中,每一个环节是给予者,也是受纳者,循环是往复循环,周而复始,无底也无源的。因此,物质在循环中似乎是取之不尽,用之不竭的。

循环论本是我国古代哲学的重要内容之一,《易经》这部著名的古代经典表达了循环论的观点,它以"无平不陂,无往不复",概括出往复循环,周而复始这一天地万物的客观规律。《老子》二十五章:"有物混成,先天地生,寂兮寥兮,独立而不改,周行而不殆,可以为天下母。吾不知其名,字之曰道,强之曰大,大曰逝,逝曰远,远曰反。故道大,天大,地大,人亦大。域中有四大,而人居其一焉。人法地,地法天,天法道,道法自然。"这一章讲什么是道,及其存在与运行的特点。又讲道、天、地、人四者的相互关系,运行规律。这里说的'天','地','人',具有相对性,随着人们视野的开拓,认识能力的提高可有不同理解,例如"天"可理解为大气、太空、太阳、月亮,也可理解为太阳系,以至我们目前还无法确切了解的超宇宙时空。这里的"地",可以理解为土壤岩石圈、水圈、地球以至太阳系等等。"天"和"地"就一个独立系统而言,是讲一个大的完整整体同其中一个相对独立的小整体之间的对应关系。"人"在其中有特殊的含意和地位,它是天地运行到一定时空点上才孕育而生,既类万物,又别于万物。天地之精集于"人",外化为"人",人又是一个小宇宙。老子的思想立足于从宏观整体上认识事物,探明道、天、地、人之间的位置和关系。"道"可作事物运动的途径及规律,道高天地人,道统天地人,道贯天地人,人与天地不可分。要整体把握、联系认识。"道法自然"就是道以它本来的样子(自然)为根据,是道自己本身决定自己的存在和运动的。昼夜交替,四季轮换,阴晴相间,世代延绵……世上各种现象,包括人和自然界各类事物的运动,都表现出这一循环的共性。可以认为循环是事物运动的普遍规律。道法自然,物质运动,周行而不殆,循环不已,是持续发展的原则。对世界复杂的循环运动,古人以阴阳表示矛盾的双方,作为事物的内部动力,来研究平衡。以八卦五行表示事物发展的各阶段或循环运动的各个环节。金、木、水、火、土相生相克亦是一种循环,并据此研究转化的不同阶段。古人据此研究和描述循环运动,抓住事物运动的两个要点——平衡和转化,并用于指导生产。它在中医学的运用是这一理论较为成功的范例。生态系统中的物质循环,也有不同阶段不同环节,其间物流也有平衡问题,即生态平衡。古人限于当时科学水平,不可能有今天生态平衡概念。但是,古代农学家据阴阳五行学说,循环理论提出了调控阴阳损益,维持平衡,以及地力常新理论,以物质循环理论指导,创立了综合养鱼,桑基鱼塘等生产模式。南宋的《陈敷农书》粪田之宜篇中就有"……或谓土敝则草木不长,气衰则生物不遂,凡田土种三五年,其力已乏。斯语殆不然也,是未深思也。如能时加新沃之土壤,以粪治之,则益精熟肥美,其力常新壮矣,抑何衰之有"。在清代扬存撰《知本提纲》中,也有"产频气衰,生物之性不遂,粪沃肥滋,大地之力常新……"的论述,该书还提出,"参天地、和水火,有余则损,不足则益"。清代《三农纪》粪田篇中论述"土有厚薄,田有美恶,得人之营,可化恶为美,假粪之力,可变薄为厚",这些都系统说明了,当农田不断输出的情况下,只要及时补充养分的损失,则可以使地力常新,持续发展。把土壤看成一个可以更新复壮的整体,而不是把它仅看作一个容纳水分、养分,固定植物的基质。这对我们认识现代的环境与发展,寻求治本之策,持续发展,仍有现实的重大意义。

生态系统中构成生物的各种化学元素,来源于生物生活的环境,有机体维持生命所需要的基本元素,先是以无机的化学形态(如 CO_2、NO_3^-、PO_4^{3-} 等)被植物从空气、水和土壤中吸收,并转化为有机形式,形成植物体,再为动物摄食转化,从一个营养级传递到下一个营养级,植物光合作用产生的氧,复归于环境(水或大气中),为动物呼吸所用,动物呼吸排出 CO_2,也归还环境,又作为植物光合作用的原料。动物一生中排泄大量的粪便,动植物死后遗留了大量残骸,这些有机质经过物理的、化学的和微生物的分解,将复杂的有机化学形态的物质,如蛋白质、糖类、脂肪等又转化为无机化学形态的物质(如 CO_2,NH_4^+,NO_3^-,H_2O 等)归还到空气、水及土壤中,并被植物重新利用,如此,矿物养分在生态系统内一次又一次循环(即营养循环),它推动生态系统持续地正常运转。

在生物圈中,各种化学物质,如(O_2,C,N,S 及 H_2O 等),在地球上生物与非生物之间,在土壤岩石圈、水圈、大气圈之间循环运转。各种化学元素滞留在通常称之为"库(Pool)"的生物与非生物成分中,元素在库与库之间迁移转化构成生物地球化学大循环。将库容量大,元素在"库"中滞留时间长、流动速度慢的"库"称之为"贮存库",反之,库容量小,元素在"库"中滞留时间很短,流动速度快的"库"称之为"交换库"。按照物质在"贮存库"中存在状态,物质循环可分为水循环、气相循环和沉积循环。水循环的核心是水圈和大气圈水层。气相循环的贮存库主要是大气层,O_2、CO_2、N 等循环都属于气相循环。沉积循环的贮存库主要在土壤岩石圈。Ca、K、Na 等都属于沉积循环,它主要是通过岩石的风化和沉积物的分解作用,将贮存库的物质转变成生态系统中的生物可以利用的营养物质,生物体排泄物和残骸沉积于土壤岩石圈中再转化为矿物质。这类自然转变过程,通常是相当缓慢的,但是由于近代人类活动,如一些矿藏的利用,加速了土壤岩石圈中某些物质(如煤、石油,一些金属和非金属矿藏)的迁移和转化,并正改变大气和一些水体中所含物质的浓度与比量,如大气中 CO_2 的逐渐增加。

正是由于这些生态系统内的小循环和地球上的生物地球化学大循环,保障了存于地球上的物质供给,通过迁移转化及循环,使可再生资源取之不尽,用之不竭。从热力学第二定律及耗散结构论来看,物质循环是能流过程中,从有序的能向无序能(熵)的直线变化中的一个游涡或干扰,将能转变为熵,是阻滞熵变的。物质运动,周行而不殆,循环不已,将成为未来"低熵社会"的原则。从物质生产和生命再生角度看,则每次物质循环的每个环节都是为物质生产或生命再生提供机会,促进循环就可更多发挥物质生产潜力,生物的生长繁衍的条件。

中国古哲学认为一切矛盾都可在循环流通中解决。如果事物的循环动转畅然无阻,顺利完成,就会产生于人、于物有利的结果。《易经》的复卦比较集中地表达了这一思想,认为能顺利完成往复循环者,一切顺利,否则会不利或遇灾难。这一思想对认识当今生态危机及寻求自然与人类社会双双受益,持续发展途径的生态工程有重大现实意义。当今环境污染、资源衰竭的问题,从循环论观点看,是废物大量产生或某些再生资源开发过度,而阻滞、干扰正常循环道路,生态系统的小循环,甚至生物地球化学大循环无法消纳转化大量产生的废物,或是由于人为无意的干扰了大、小循环中个别环节,这些环节被削弱以至消灭,循环失调与失衡,致大、小循环运转不畅,不能顺利进行,最终造成污染、环境破坏。《易经》说:"易穷则变,变则通,通则达,达则久。"这里'穷'不是指贫穷,实指一种道理,事物、秩序已经老化,到了尽头。这时就要改变这种不合理的状态,变化了就能使循环路线畅通,畅通了就能持久,持续发展。而生态工程处理废水,就是采取措施,调整循环运转的各个环节及途径,协调这些环节的输入、转化与输出的物质的量;损其多余,使废物(水)资源化、促使"废物"转化为有用原料或商品;益其不足,保护濒危或遭受破坏的资源动植物,增加循环运动中不足的物质和协调比量偏小的环节,理顺循环各环节间关系。使之协调和谐,促使循环之路畅通。在物质循环的范围上缩小到比生物地球化学大循环的范围更小的一些生态系统内或之间,促使循环速度更快,为物质生产和生物再生,提供更多机会,变废为宝,化害为利。

2.1.4.2　多层次分级利用原理(Multilevel use principle)

物质再生循环和分层多级利用,不仅意味着在系统中通过物质、能量的迁移转化。去除一些内源和外源的污染物;还要利用这特有的工艺路线,达到尽量高产、低耗、高效地生产适销对路的优质商品;此外还要做到变废为利,保证转化后的一些物质输出的可行性,同步收到生态、经济、社会三方面效益。再生循环与分层多级利用物质是系统内耗最省、物质利用最充分、工序组合最佳最优工艺设计的基础。分层多级地充分利用空间、时间及副产品、废物、能量等资源，在代谢（生产）过程中，一种成分（环节）的输出物（产品、副产品和废物等）和剩余物（所用的原料）是另一些后续成分（或环节）代谢（生产）的原料（输入物），它们的输出物（产品、副产品、废物）又是其他一些后续成分（环节）的代谢（生产）原料……，许多环节按此方式联结成一网络，使物质在系统内流转、循环往复，运行不息。若结构合理，各成分（环节）比量协调合适，使每个成分（环节）所输出之物，正好全部为其他后续成分（环节）所利用。这样在系统中多层分级利用的结果，使所有副产品及废物均作为原料，也就无废物了，从环保观点看，也就无污染物了。而空间、时间、物质均被充分利用，增加了产品与总产量，且节约了原料、时间和空间，导致高产、低耗、高效、优质、持续的生产。从经济观点看，这是极为经济的。这种多层分级利用模式是自然生态系统中各个成分长期的协同进化与互利共生的结果，也是自然生态系统自我维持与持续发展的方式。在生态工程中应当遵循、模拟和应用这一原理和模式，同步兼收生态环境、经济及社会效益。

2.2　生态工程学的生物学原理

2.2.1　物种共生原理

自然界没有任何一种生物能离开其他生物而单独生存和繁衍的。生物之间的关系可分为抗生与共生两大类。一般用（＋）号代表一种生物对另一种生物有利，（－）号代表一种生物对另一种生物有害，（０）号代表一种生物对另一种生物没利也没害。表 2-1 是表示 A、B 两种生物的关系分类。

表 2-1　生物间相互关系表

A 种生物	B 种生物	相互关系	作用特征
＋	＋	互惠共生、协作	互　利
＋	０	偏利共生	偏　利
０	０	零关系	无作用
０	－	他感	抗　生
＋	－	捕食、寄生、草食	捕食、寄生
－	－	竞争	竞　争

我国古代哲学家把共生关系称之"相生"，把抗生关系称之"相克"。一个完整的生态系统，生物之间本身也存在着这种相互关系。比如，森林中一些动物和

鸟类在林木上筑巢而对林木并不造成危害,称之"偏利共生";蜜蜂利用树木的花粉花蜜养育自己,树木由于蜜蜂的授粉而增加结实率;松林中的灰喜鹊以松毛虫为食并在树上营巢,既有利于本身的繁衍又消灭了松林害虫,这类都属于互利共生关系。在生态工程中如何选择匹配好这种关系,发挥生物种群间互利共生或偏利共生机制,使生物复合群体"共存共荣",是人工生态系统建造的一个关键。这方面,像长白山区的"林参结构"、四川的"黄连农场"、河北、山东的"枣粮间作"、河南黄河故道的"桐粮间作"、苏北的"水稻池杉结构"等等,都取得了明显的效益。抗生机制也并不都是有害的,假如在生态工程中利用得当也会取得有益的结果。比如林中鸟类与森林害虫之间是具有抗生关系的两个种群。根据资料,一只山雀每天的取食量等于其体重,一只啄木鸟一天吃害虫达 200 多条,一只灰喜鹊可以保护一亩松林。因此,通过益鸟保护与招引工程就可以控制林木害虫大发生。再如,南方橘园中"放蚁保柑";太行山低山区利用石榴作为绿化树种,由于一般家畜拒食而达到绿化的目的;吉林放养寄生蜂防治松毛虫等都是遵循了这一原理,取得了很高的效益。

2.2.2 生态位原理

生态位也有译成"生态龛"或"小生境",它是指"生态系统中各种生态因子都具有明显的变化梯度,这种变化梯度中能被某种生物占据利用或适应的部分称之为其生态位"。比如一片荒山在定植乔木树种以后,树冠中隐蔽的条件和树冠中食叶昆虫等就给鸟类提供了一个适宜的生态位,林冠下的弱光照、高湿度给喜阴生物造成了一个生态位,枯落物堆积又给动物(蚯蚓、蠕虫等)提供了适宜生态位。在生态工程设计、调控工程中,合理运用生态位原理,可以构成一个具有多样化种群的稳定而高效的生态系统。在特定的生态区域内,自然资源是相对恒定的,如何通过生物种群匹配,利用其生物对环境的影响,使有限资源合理利用,增加转化固定效率,减少资源浪费,是提高人工生态系统效益的关键。当前常说的"乔、灌、草"结合,实际就是按照不同植物种群地上地下部分的分层布局,充分利用多层次空间生态位,使有限的光、气、热、水、肥资源得到合理利用,最大限度地减少资源浪费,增加生物产量和发挥防护效益的有效措施。当然,单纯从植物结构方面考虑并不全面。在生态工程设计中还应当考虑到由于植物多层次布局的同时,又可产生众多的可为动物(包括鸟、兽、昆虫等)、低等生物(真菌、地衣等)生存和生活的适宜生态位,从而形成一个完整稳定的复合生态系统。比如,我国三北地区沙棘是一个适生种,以沙棘为主的林分形成后产生的丰盛果实和繁茂多刺的树冠给雉(野鸡)类构成了一个适宜生态位,从而形成了高效的群落;而同类地区的杨树纯林却因树下结构简单,从而形成了大面积"小老树"群体。再如"果—菇"工程,就是利用果园中地面弱光照、高湿度、低风速的生态位,接种适宜的"食用菌"种群,加入栽培食用菌的基料(菌糠)以及由此释放出 CO_2 及果树所需的养料,它们又给果树提供了适宜生态位。我国太行山低山丘陵地区利用疏林环境,进行了多次围栏养鸡试验,每亩林地养鸡 450 只,使养鸡饲料用量比对照降低 20%～30%;同时,使山地昆虫大量减少(虫口密度),植被盖度明显增加(鸡粪提高土壤肥力)。

通过生态位的建造与利用,使各种生物之间巧妙配合,使得有限的自然资源和社会资源,能够最大限度地充分利用,从而获得系统较高的"生产力"。像上面列举的"林地养鸡"和果园种食用菌就是使原来的一级利用变成了两级以上的利用,不但获得了新的生物产品,又可促使原来的生物种群效益的提高。

2.2.3　食物链原理

食物链与食物网是重要的生态学原理。它主要指地球上的绿色植物通过叶绿素使太阳能转化为化学能贮存于植株之中,所以,称其谓"生产者"。绿色植物被草食动物所食,草食动物被肉食动物吃掉,这些动物中有的吃草,有的吃其他动物以维持其生命活动。植物和动物残体又可为小动物和低等动物分解。以这种吃与被吃形成的关系称之为食物链关系。后两者分别称之为"消费者"和"分解者"。比如,树木绿叶被昆虫所食,昆虫又可被食虫鸟、蛙吃掉,鹰、鼬又以这些小动物为食,这种过程连接起来形成了一条捕食性(放牧型)食物链:

树叶 ——→ 昆虫 ——→ 鸟、蛇、蛙 ——→ 鹰、鼬

当然在自然界中食物链关系并不像以上所说的关系那么简单,一个生态系统的食物网是非常复杂的。正是这种食物链关系使得生态系统维持着动态平衡。生态学研究的物质、能量也是在这种网络中转化和传递的。林业生态工程实施中食物链原理可以得到广泛的应用。用人工食物链和环节(对社会有益的种群)取代自然食物链和环节,就可以大大提高人工林生态系统的效益,如利用下面的食物链取代自然森林的食物链:

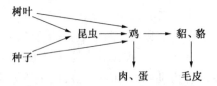

这条取代的人工食物链结构,比起自然食物链就有了很高的生态、经济效益。另外,人工食物链林业生态工程中的应用,可以取得以下 3 种效益:① 天敌放养和招引——人工放养和招引林木害虫(害兽)天敌的方法,可以取得成本低而又不会造成环境污染的最佳效益。像利用人工巢招引益鸟抑制森林害虫,人工放养寄生蜂防治松毛虫等,都是食物链有利的有效利用实例。② 提高人工生

态系统效益——自然林的产品中有很大部分价值不高或不能直接为人类所利用,假如人工增加(引入)一些适生种群,利用这些产品,经这些引入种群转化变为人类利用价值较高的产品,从而提高人工生态系统的经济效益和社会效益。这样做的结果对克服利用生产周期长、见效慢的欠缺是十分重要的。40 年来一直争论的"林牧矛盾"其根本原因就在于各自强调本身的重要,不考虑转化协调的结果。这方面成功的事例很多,比如,用林地资源养鸡、养鹅、养火鸡;利用林间草场围栏养畜;利用林地蜜源植物养蜂都是使林牧结合的有效办法。再如,养紫胶、白蜡、柞蚕,用林地生产香菇、木耳等食用菌类,都是应该在生态工程中加以研究和应用的。③ 加工价值——与食物链极其近似的林副产品加工业,也是本着把低价值产品经加工增值、废品合理利用,加工剩余物就地归还于土壤库,最大限度地减少物质能量损失的原则,使人工生态系统的产品、副产品合理增值的办法。从前林业生产过分强调木材(原木),忽略林副产品加工利用,是利用效益不高的重要原因。利用生态工程,就是要从造林设计开始就综合考虑产品的加工与利用,形成一个完整的生产系统。

总之,食物链原理是生态工程要遵循的重要原理,也是过去利用建设一直忽视的巨大空白区,加强食物链原理在利用上的应用研究与实践是十分重要的。

2.2.4　物种多样性原理

复杂生态系统是最稳定的,它的主要特征之一就是生物组成种类繁多而均衡,食物网纵横交织。其中一个种群偶然增加与减少,其他种群就可以及时抑制补偿,从而保证系统具有很强的自组织能力。相反,处于演替初级阶段或人工生态系统的生物种类单一,其稳定性就很差。例如,最近十几年胶东半岛和辽东半岛松干蚧活动猖獗,大发生之时可以引起油松林和赤松林大面积死亡,损失严重。而在同一地带天然针阔叶混交林中松树却生长旺盛。所以如此,关键在于人工纯林生物结构单纯,肉食性昆虫很少,松干蚧几乎没有天敌控制。一旦生态环境对它有益就大发生。加上没有阔叶树隔断,它可以顺利蔓延和发展,所以,很容易造成灾难性的后果。而在针阔叶混交林中,阔叶树可以为松干蚧的天敌异色瓢虫、蒙古瓢虫、捕虫花蝽等提供补充食物和隐蔽场所,又可隔断害虫的传播,其抗性远远高于纯林。

由于人类单纯追求某一种产品的产量,以高度受控的工业系统经营方式,建造受自然因素影响强烈的生态系统。使得人工生态系统中种群结构越来越单纯,这种系统完全失去或大部分失去了自我调解能力,很大程度上要依赖人工投入能量和物质来维持其稳定机制。这就造成了能耗加大,成本提高,环境质量恶化。当前农业生产中已出现了高产而不增收、环境污染严重的问题。这种现象将一定程度上在林业生产中重复。农业、林业争水、争肥、争农药的局面必然越来越严重。因此,林业发展中必须采取以生物技术为主、人工投入为辅的基本方针。林业生态工程应当根据这种原理,尽量建造成稳定性较强的复合群体。

2.2.5　物种耐性原理

一种生物的生存、生长和繁衍需要适宜的环境因子,环境因子在量上的不足和过量都会使该生物不能生存或生长、繁殖受到限制,以致被排挤而消退。换句话说,每种生物有一个生态需求上的最大量和最小量,两量之间的幅度,为该种生物的耐性限度。由于环境因子的相互补偿作用,一个种的耐性限度是变动的,当一个环境因子处于适宜范围时,物种对其他因子的耐性限度将会增大,反之,则会下降。如热带兰在低温时,可以在强光下生长,而在高温环境时,仅能在阴暗的光照下生存,此时,强光具有破坏作用。物种的繁殖阶段是一个敏感期,总体的耐性限度较小,丝柏木(Cypress tree)成体可在干燥的山地或长期水淹的环境中生活,而仅能在沼泽地繁殖。许多海洋动物可以在咸水中生活,但繁殖时必须回到淡水环境。一些生物耐性范围广阔,一些则狭窄,前者的分布通常会很广。

2.2.6　景观生态原理

景观生态学是近年来发展起来的一个新的生态学分支,它以整个景观为研究对象,并着重研究景观中自然资源和环境的异质性。景观是由相互作用的斑块或生态系统组成的,并以相似的形式重复出现,具有高度空间异质性的区域。它分生态系统和地貌类型两个侧面。景观生态学是宏观生态学的基础,其基本内容包括:景观结构与功能、景观异质性、生物多样性、物种流动、养分再分布、能量流动、景观变化与景观稳定性等。美国景观生态学家 Forman 和 Godron 将景观生态学的基本原理总结如下:① 景观结构与功能原理——景观是异质性的,在物种、能量和物质于斑块、廊道及基质之间的分布方面表现出不同的结构。因此,景观的物种、能量和物质在景观结构组分之间的流动方面表现出不同的功能。② 生物多样性原理——景观异质性减少,稀释内部种的多度,增加边缘种及要求两个以上景观组分(生境)的物种的多度,提高所有潜在种的共存,抑或消失的机会。③ 物种流动原理——物种在景观组分之间的扩张和收缩既影响景观的异质性,也受景观异质性的控制。④ 养分再分布原理——矿质养分在景观组分之间的再分布速率,随这些组分中的干扰强度而增加。⑤ 能量流动原理——热能和生物量通过景观各组分边界的速率,随景观异质性的增加而增大。⑥ 景观变化原理——在无干扰条件下,景观的水平结构逐渐向着均一性发展;中度干扰将迅速增加异质性;而严重干扰则可增加也可减少异质性。⑦ 景观稳定性原理——景观斑块的稳定性可能以 3 种明显不同的方式增加:其一,趋向于物理系统稳定性(以没有生物量为特征);其二,趋向于干扰后的迅速恢复(存在生物量);其三,趋向于对干扰的高度抗性(通常存在高生物量)。景观生态学作为一门新的学科,其理论体系还未确定,Risser 等也曾提出了 5 条景观生态学原理:① 空间格局与生态学过程之间的关系并不局限于单一的或特殊的空间尺度和时间尺度。② 景观生态在一个空间或时间尺度上对问题的理解,会受益于对格局作用在较小或较大尺度上的试验和观察。③ 在不同的空间和时间尺度上生态学过程的作用或重要性将发生变化。因此,生物地理过程在确定局部格局方面相对来讲是不重要的,但对区域性格局可能会起主要作用。④ 不同的物种和物种类群(如植物、草食动物、肉食动物、寄生生物)在不同的空间尺度上活动(生存),因此,在一个给定尺度上的研究,对不同的物种或物种类群的分辨率是不同的。每一个物种对景观的观察和反应是独特的。对一个种来说是同质性的斑块,而对另一个种来说则是相当异质性的。⑤ 景观组分的尺度是由具体的研究目的或确切的经营问题的空间尺度或大小来定义的。假如一个研究或经营问题主要涉及一个特定的尺度,那么,在更小尺度上出现的过程与格局并不总是可以被察觉的,而在更大尺度上出现的过程与格局则可能被忽略。

2.2.7　耗散结构原理

耗散结构理论指出,一个开放系统,它的有序性来自非平衡态,也就是说,在一定的条件下,当系统处于某种非平衡态时,它能够产生维持有序性的自组织,不断和系统外进行物质与能量的交换。该系统尽管不断产生熵,但能向环境输出熵,使系统保留熵值呈减少的趋势,即维持其有序性。生态系统各组分不断和外部系统进行物质和能量的交换,在产生熵的同时又不断向外界环境输出熵,是耗散结构系统,外力干扰会使系统内部产生相当的变化,一定限度的外力干扰,系统可以进行自我调整。而当外力干扰超过一定限度时,系统就能从一个状态向新的有序状态变化。生态工程的目的是建造一个有序的生态系统结构,通过系统的自组织和抗干扰能力实现其有序性。

2.2.8　限制因子原理

一种生物的生存和繁荣,必须得到其生长和繁殖需要的各种基本物质,在"稳定状态"下,当某种基本物质的可利用量小于或接近所需的临界最小量时,该基本物质便成为限制因子,如光照、水分、温度、CO_2、矿质营养等均可成为限制因子。对基本物质和环境条件的需求,不同的物种及其不同的生活状态而有所不同。在基本物质、环境因子和生物生活状态的变化下,即"不稳定状态下",限制因子是可以变动的。如在水体富营养化进程中,氮、磷、CO_2 等因子可以迅速地相互取代而成为限制因子。当然,由于因子之间的相互作用,某些因子的不足,可以由其他因子来部分地代替,或其他因子的充足可以提高成为限制因子的利用率,从而缓解其限制作用。如在锶丰富的区域,软体动物会利用锶代替一部分钙,作为壳体的组成。

美国著名生态学家 Odum 认为上述原理是 Liebig 的最小因子定律。限制因子原理应当包括最小因子定律和耐性定律,因为它们是同时对生物起作用的,综合后的限制因子原理将更为普遍和有用。

2.2.9 环境因子的综合性原理

自然界中众多环境因子都有自己的特殊作用,每个因子都对生物产生重要影响,而同时,众多相互关联和相互作用的因子构成了一个复杂的环境体系。在生态工程实施中,要十分注意多项因子对生物的综合影响。这种综合影响的作用往往与单因子影响有巨大的差异。以温度与降水量两个因子对森林群落形成的综合作用为例,比如,年降水量同是 500 mm,年平均温度在 30 ℃以上的地带可能形成荒漠,10 ℃～30 ℃的地带可以形成热带灌丛或温带灌丛或温带草地,而 2 ℃～5 ℃的地区则可以形成泰加林。当然这些因子与土层厚度、土壤质地以及地下水位也有重要的相关关系。

2.3 生态工程学的工程学原理

人工生态系统的建造和调控是生态工程的主要目的所在。根据系统论创始人 L. V. 贝塔朗菲的说法,系统是指"相互联系的诸要素的综合体"。我国著名科学家钱学森教授给"系统"所下的定义是"由相互作用和相互依赖的若干组成部分结合而成的具有特定功能的有机整体"。因此,凡是一个系统它应具备以下特征,也就是我们应当遵循的原理。

2.3.1 结构的有序性原理

一个系统既然是一个有机整体,它本身必须具备自然或人为划定的明显边界,边界内的功能具有明显的相对独立性。一片果园、一片人工林,它们与相邻的系统是具有明显边界的,其功能与其他系统也是不同的。同时,每一个系统本身一定要有两个或两个以上的组分所构成。系统内的组分之间具有复杂的作用和依存关系。作为人工林生态系统,本身就包括森林生物和森林环境两大组分,而其两大组分又可以自成系统(子系统)。像森林生物要分成植物(林木与伴生植物)、动物(鸟兽、昆虫)、微生物(真菌、地衣)等。从环境角度讲,作为人工生态系统又应当分成自然环境和社会经济环境。这些组分形成了复杂的水平和垂直水平格局。没有森林生物不能称其为森林,没有森林环境也不会形成森林。所以生态工程实施中必须把环境与生物进行充分协调与选择,从而构成一个和谐而高效的人工系统。从生物部分来看,首先是以植物为主的绿色植物群落,它是这个系统的生产者(第一性生产);以放牧性食物链节点(或环节)存在的动物群落,是依赖于绿色植物而存在的,同时,也对绿色植物群落有明显的作用(正负两方面)。还有以腐生性食物链节点(或环节)利用以上两种生物残体和其形成的小环境为生的低等生物群落(真菌、细菌等)等。以上三大组分共同组成了森林生物功能性体系。在生态工程设计、建造过程中应当完善生物系统的这些主要特征。

过去我们"造林、绿化"一般只考虑其中的乔木部分,更有甚者仅仅考虑一个或两个树种,这种人工建造的树林不是一个完整的生物系统,而只能算一个人工群体。因此,其中的大多数稳定性很差,效益也不会太高。近年来我国南方马尾松虫害的连续和大面积爆发,其根本原因就在于此。建造一个高效的人工生态系统也必须遵循生物与环境统一的原则。也就是说,不但要考虑生物之间的和谐有序,同时,要考虑环境与生物的相关关系。因为生物只能在适宜的环境条件下才可以体现其最高生物产量;同时,生物对环境质量也相应有最佳的改善与提高。

2.3.2　系统的整体性原理

作为一个稳定高效的系统必然是一个和谐的整体,各组分之间必须有适当的比例关系和明显的功能的分工与协调,只有这样才能使系统顺利完成能量、物质、信息、价值的转换和流通。我们常讲的"结构决定功能"就是这个道理。因此,当系统中某个组分发生量的变化后,必然影响到其他组分的反应,最终影响到整体系统。生态工程设计和建造过程中,一个重要任务就是如何通过整体结构而实现人工生态系统的高效功能。

2.3.3　功能的综合性原理

作为一个完整的系统,总体功能是衡量系统效益的关键。我们人工建造的生态系统的重要目标也是要求其整体功能最高。也就是说要使系统整体功能大于组成系统各部分之和,由公式表示是:

$$\bar{\omega} > \sum_{i}^{n} p_i (i = 1, 2, 3, \cdots, n)$$

上式中:$\bar{\omega}$ 是表示系统的总体功能,p 代表组成系统的各组分的功能。也可以这样说:系统的功能实际是两个部分组成,一部分是各组分的功能,另一部分是由于各部分结合在一起形成的综合功能。当然综合功能可以是正值也可以是负值或者等于零。也就是以上公式尚可以有两种情况：

$$\bar{\omega} = \sum_{i}^{n} p_i (i = 1, 2, 3, \cdots, n)$$

说明综合功能等于零，也就是这种系统的综合功能由于不合理而没有体现出来。

$$\bar{\omega} < \sum_{i}^{n} p_i (i = 1, 2, 3, \cdots, n)$$

这种现象说明，系统结构各组分不合理而产生的拮抗作用，也就是我们常说的内耗。当然，人工生态系统构建应当是像第一个公式表示的那样，而不希望出现后两种情况。比如，乔灌结合的防护林体系除具有防护功能外，还应当体现由于乔灌结合而产生的新的防护功能，这种功能越大，说明新系统越合理。

第3章　生态工程模型

生态工程以极为复杂的自然-经济-社会复合生态系统为对象,是系统工程。在现代技术和科学的支持下,对复杂的系统进行简化是必不可少的。生态工程模型便是进行这种形式简化的基本手段。

模型是实际生态系统结构与功能的抽象描述,为了了解复杂的生态系统,概念模型、文字模型、物理模型和数学模型的应用是必然的。模型能对复杂的系统进行简化描述,能够概括问题的轮廓和系统的主要特征,为更深入的研究和管理指引主要方向。模型所以能描述和预测复杂生态系统的行为,主要依赖等级组织原理(Hierarchical organization principle)或整合层次原理(Integrative level principle),有时也称黑箱原理(Black box principle)。该原理认为:描述和预测系统的行为,并非要完全知道系统以下层次的构成,了解该系统的生态结构和功能,只需要有第一层次的资料,第二层次的资料是不必要的。在复杂的生态系统研究中,重要特征的定性解释和预言,比非重要特征的精确阐明更有价值。

本章将分三节,分别介绍模型的类型,特别是数学模型的主要类别;建模的基础、原则、步骤和实例;生态工程中常见的试验设计方法。

3.1　生态工程模型的类型

3.1.1　概念模型和物理模型

3.1.1.1　概念模型

即文字模型。在构建物理或数学模型时,通常将生态系统中的各个分室或每个生态过程进行划分和确定,并以符合生态生物学习惯的文字加以叙述,为概念模型或文字模型。概念模型通常采用流程图或框图的方式表示,是建立数学模型,编制计算机程序的起点。图 3-1 是北美西部森林区植物和野生动物管理的概念模型。

3.1.1.2　物理模型

物理模型通常是一种实物模型,如船模是一种物理模型,可用来研究轮船的稳定性、吃水深度、阻力等特征。为实验工作建造的小型人工生态系统是物理模

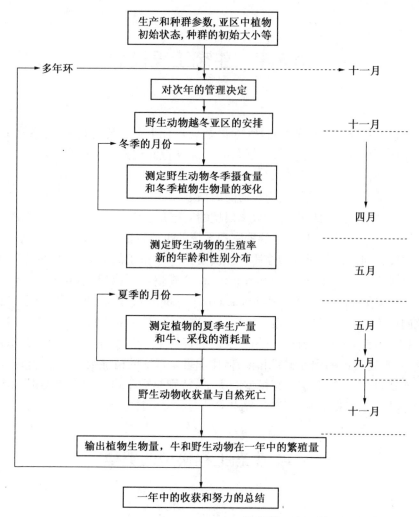

图 3-1 北美西部森林区植物和野生动物生产和管理模型(引自 Odum 1982)

型。以生态系统的能量理论为基础,H. T. Odum 提出了电路模拟模型,即以电流代替碳流,电路中的热能消耗代替生态系统的热能消耗,电压相当于系统的潜能,系统的组成相当于电路的电子元器件,构造生态系统的模拟电路模型。

3.1.2 数学模型

3.1.2.1 数学模型的意义

通常使用数学模型模拟和预测系统的动态变化过程,或有时用其来检验概念模型的缺陷。数学模型的意义可以用它的真实性(Reality)、精确性(Accuracy)和普遍(普适)性(Generalization)来衡量。愈真实、愈精确、普适性愈好的模型,其价值愈高。但生态工程模型中,复杂的研究对象使这三者难以同时得到满足,我们往往采用折中的标准,即生态模型主要根据其普遍性或能否预见到研究和管理的主要方向来评价其意义,而不是精确的数量模拟和预测能力。当然,不同的建模目的,可以采用不同的模型评价标准。模型的真实性即模型的数学描述翻译成概念和原理时,是否符合所描述的生物生态学概念和原理。模型的精确性即模型模拟、预测系统数值改变和反映系统实际数值的能力。模型的普遍性即模型的适用范围。影响模型真实性和普遍性的因子主要是模型的分辨能力(Resolution)和模型的完整性(Wholeness)。前者是模型反映的系统的特征数,如生物种群的多度、性比、年龄结构、繁殖率等,比其简单的、低分辨率的模型可以省略该性比、年龄结构。后者是模型反映系统结构和生物生态过程的数量,如 3 分室模型、4 分室模型等。

3.1.2.2　数学模型的结构

数学模型由 6 个单元构成:系统变量(System variables),即状态变量(State variables),描述在任意时刻系统状态的可变量。生态系统有许多子系统和亚系统组成,可分解为许多分室,每个分室可以用一个或几个系统变量来描述。系统变量可以是一个量,如 x_t,也可以是一组状态向量,如(v_1, v_2, v_3, v_4, v_5)。传递函数(Transfer functions),即函数关系,系统各个组成之间的流和相互关系。强制函数(Forcing functions),即系统的输入,它影响系统内部的流和状态,但不受系统内部流和状态的制约。

参数(Parameters),函数关系中的一些定数。常数(Constants),模型中的恒定不变量。输出(Output),模型运行的结果,系统服侍功能和应用价值的体现。图 3-2 中,x 是状态变量,代表分室的大小,即分室的库存量,F_{ij} 代表 j 分室对 i 分室的贡献,是传递函数,F_{0j} 代表 j 分室的输出,F_{i0} 代表 i 分室的输入量,是强制函数。而参数和常数隐含于传递函数之中。

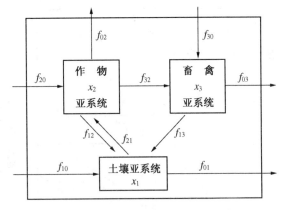

图 3-2　数学模型的结构

3.1.2.3　数学模型的特征分析

数学模型是现实系统的抽象描述,因此,通过数学手段所得到的数学模型特征,常常能反映实际生态系统的某些相应特征,数学模型有许多特征,但最有价值的特征是:模型的敏感性(Sensitivity)、稳定性(Stability)和反馈(Feedback)

与控制(Control)。

　　改变模型的任意一个强制函数,即改变模型的某个输入,可以研究模型的组成和输出对输入变化的灵敏程度和依赖性。如在农业生态系统中,改变饲料的输入来研究畜牧亚系统、农作物亚系统状态和输出的变化程度。改变系统中某个组成的状态,可以研究系统组成之间的敏感性,农作物亚系统的改变对畜牧亚系统和土壤亚系统的影响等。改变某些参数,可以研究系统或亚系统对参数或方程式变化的灵敏性,以便指出模型的缺陷,为进一步的改进模型和为加强某个实验工作领域提供指导。在分析复杂的生态系统时,灵敏性分析常常可以揭示系统的关键组成、关键的相互作用和关键的系统输入。

　　通过求解系统方程组特征根的方法,可以了解数学模型的稳定性,也可以采用图示,即相位图的方法,研究模型的稳定性。图 3-3 表示宿主-寄生者系统的相位变化,上图表示系统组成的密度波动逐代增加,呈不稳定状态,下图表示组成的密度波动逐代减小,趋于稳定。两图组成,即两系统的差异,表现在其方程中参数的不同。因此,改变模型的参数和方程式可以研究模型的稳定性以及稳定区的形状和大小。选择不同的初始值,也可以寻找出导致系统稳定的初始状态。在相位图上,相位曲线向外旋转,表示模型不稳定,向内旋转表示模型可以达到稳定状态,并趋于某个平衡点。

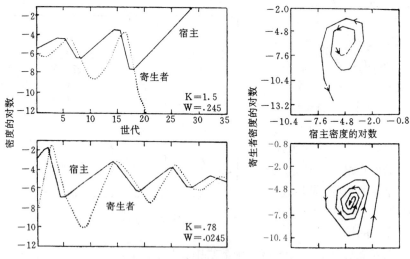

图 3-3　宿主-寄生者系统的数学模型。分别表示系统的不稳定状态(上图)和
稳定状态(下图)(引自 Odum 1982)

　　生态系统各个组成之间的生态过程和相互作用,事实上是一种控制和反馈控制的体现,因此,可以通过对数学模型控制和反馈控制的研究来了解生态系统

各个组成间的相互作用。控制是一个组成对另一个组成的影响,反馈控制是系统组成对自身变化的回答,正反馈表示组成在增加时能促进其继续增加,负反馈表示组成在增加时阻止其继续增加。

3.1.2.4 数学模型的类型

按照不同的方式划分,数学模型可以有不同的类型。表 3-1 是不同体系下数学模型类型的划分结果。

表 3-1 数学模型的类型(引自 Jorgensen,1994)

模 型 类 型	特 征
研究模型(Research model)	供研究用
管理模型(Management model)	供管理用
确定性模型(Deterministic model)	预测值确定,可准确计算
随机模型(Stochastic model)	预测值取决于概率分布
分室模型(Compartment model)	定义系统的变量由与时间相关的微分方程数量化
矩阵模型(Matrix model)	数学公式中使用矩阵
还原模型(Reductionistic model)	尽可能研究不同层次的细节
整体模型(Holistic model)	使用一般原理
静态模型(Static model)	变量与时间无关
动态模型(Dynamic model)	变量是时间(或空间)的函数
分布模型(Distributed model)	参数是时间和空间的函数
集中模型(Lumped model)	参数有一定的时间和空间范围,认为是常数
线性模型(Linear model)	一阶(first-degree)方程是连续的
非线性模型(Non-linear model)	一个或多个方程是非一阶的
因果模型(Causal model)	输入、状态和输出呈因果关系
黑箱模型(Black-box model)	输入仅影响输出,无因果关系
自动模型(Autonomous model)	外推(derivative)不明显取决于独立变量(时间)
非自动模型(Non-autonomous model)	外推明显取决于独立变量(时间)

研究模型也称科学模型(Scientific model)。随机模型力图包括强制函数和参数中的随机变化,确定性模型则忽视这种变化,即随机输入干扰和随机测定误差为零时,随机模型演变为确定性模型。对复杂系统的随机描述在数学上是比较困难的,故目前主要使用确定性模型。建立确定性模型的假设是我们对系统的行为完全了解,也意味着系统的未来完全由目前的状态和将来可测定的输入所决定。还原模型和整体模型依赖于科学观念的不同,还原模型尽可能使用多的系统细节,并认为系统的整体行为是细节的总和;整体模型则使用一般原理,并认为亚系统是作为一个功能单位运行的,整体行为不是细节或亚系统行为的总和,它有自己特殊的性质。作为一个动态变化系统,它有初始态、过渡态、波动态和稳定态,稳态用静态模型模拟,而过渡态和波动态则必须使用动态模型。分室模型、动态模型、线性模型、因果模型(内部描述模型)和黑箱模型是目前应用较为广泛的模型类型。.

3.1.2.5 主要数学模型实例

（1）分室模型

分室模型是由简单的微分方程组和矩阵代数构成的一类确定性模型。现以一个简单的农牧业生态系统物质循环为例，加以说明，图 3-2 为该系统的分室模型框图。

分室模型状态方程的一般通式为

$$\dot{x} = Ax + Bu$$

式中：$\dot{x}$ 为库存量的变值；

A 为分室之间流通率； $\qquad a_{ij} = F_{ij}/X_j \quad a_{ii} = -\sum F_{ji}/x_i$

B 为放大倍数，通常确定； $\qquad b_{ij} = 1$

u 为外部输入，或强制函数。

以上$\dot{x}$、x、A、B 和 u 均为矩阵形式，如

$$\begin{vmatrix} \dot{x}_1 \\ \dot{x}_2 \\ \dot{x}_3 \end{vmatrix} = \begin{vmatrix} -0.108 & 0.221 & 0.509 \\ 0.061 & -1.000 & 0.000 \\ 0.000 & 0.382 & 0.664 \end{vmatrix} * \begin{vmatrix} x_1 \\ x_2 \\ x_3 \end{vmatrix} + \begin{vmatrix} 334.05 \\ 0.00 \\ 15.99 \end{vmatrix}$$

分室模型的输出方程通式为

$$Y = CX$$

式中：Y 为输出量矩阵；

C 为输出系数矩阵；

X 为库存量矩阵。

（2）系统动力学模型

自从 Forrester 创立系统动力学模型模拟方法，并建设性地提出系统动力学符号以来，该模型在工学、农学和生态学等许多领域得到了广泛的应用。图 3-4 是适宜条件下，作物生产系统的动力学模型。

其中，符号 ▢ 代表状态变量或水平；⬭ 代表辅助变量；—→ 代表物质流；------→ 代表信息流；<u>光照</u> 代表外部变量；▱◁ 代表速率方程式；⬭ 代表接收器；⊖--→ 代表常数或参数。

该模型中，辐照强度、光照截取和利用程度以及植物体内的能量利用有效性是影响生长速度的关键因子。光照是主导因子或强制函数，它的数量特征显然

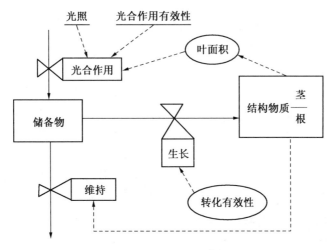

图 3-4　适宜条件下,作物生产系统的动力学模型

不会因作物的变化而改变,植物利用光照的有效性是植物种类和冠丛密度的一个函数,同化的产物以淀粉临时储存起来,然后被用于生长、繁殖和维持。在生长过程中,储备物被转化为一定的结构性物质,它由不能用于植物生长、繁殖和维持过程的成分所组成。

3.2　生态工程模型的构建步骤

指导数学模型的建立,没有固定不变的法则和标准,原则上讲,任何一个模型都可以看作是另一个模型的特例、补充和扩展。所以,可以按照不同的目的、采用不同的方法,来建立所需的相关模型。

3.2.1　建模的基本数学工具

差分(Differitial)和微分方程(Difference equation),用于建造模型、定量地描述状态变量的变化情况。差分模型描述变量的离散变化,即不连续变化,如用 V_t 表述变量在 t 时刻的状态,则差分方程的一般形式为

$$V_{t+1} = f(V_t, t)$$

如果 V_t 用向量表示,那么上述方程便是方程组。通常,生态系统的差分方程组是很复杂的,必须使用计算机,从初始值 V_0 开始,反复迭代。微分方程(组)的一般形式为

$$dV/dt = f(V, t)$$

如果 $f(V, t)$ 中只含有 kV 项,且 k 为常数,那么该方程(组)为线性方程(组),无限资源条件下的种群增长模型 $dN/dt = rN$ 即为线性模型。如果变量以积的形式出现,如 kV_1V_2,kV^2 等,方程(组)则为非线性的。非线性模型的求解更加困难。

矩阵代数及其描述和运算,是函数关系表示的通用工具,矩阵运算技巧是模型模拟和预测的基础。矩阵可以非常直观地表述系统组成之间的相互关系,如表 3-2 直观地反映了 4 分室陆地生态系统组成之间的交互作用。

集论和变换,描述状态变量及其变换规则。可用于任何类型的模型。用集来描述系统是控制论的基础。集由元素构成,如英文字母表为一个有限集,它由 26 个字母组成。在数字中,所有奇数是一个无限集,它由无限个奇数组成。集的每个元素可以代表一种状态,而集的变换便是系统状态的变化。

表 3-2 生态系统组成间相互作用的矩阵模型

	植物	草食动物	肉食动物	分解者
植物	x	x	O	x
草食动物	x	x	x	x
肉食动物	O	x	x	x
分解者	x	O	O	x

$$x = \begin{vmatrix} 1 & 1 & 0 & 1 \\ 1 & 1 & 1 & 1 \\ 0 & 1 & 1 & 1 \\ 1 & 0 & 0 & 1 \end{vmatrix}$$

3.2.2 建模的方法

总体上讲,在建立生态系统数学模型中,有两种截然不同的对策和方法。

分室系统方法,有的也称为黑箱途径,该法首先将生态系统分解成不同的亚系统组成,即不同的分室,然后着重研究各分室的物质或能量状态及其变化。如分室模型、能量模型、电路模拟模型等。分室模型通常是使用微分(差分)方程组和矩阵代数建立起来的。分室代表营养物质或能量的储存库,是分室内多种群及其复杂生态过程的外在体现和简化,因此,分室模型将复杂的生态系统大大简化了。分室模型所需的数据,通常通过测定分室的大小便可得到,其参数的估计,也是通过不断地变换参数后,反复求解方程组,直至到合适的数值。许多工作表明分室模型有良好的应用价值。

分室模型或黑箱模型的反对者认为,这种建模途径是不科学的,通常的实验科学是力图找到推翻某个假定的证据和数据,而不是显示假定的依存关系。因此,他们更热衷于另一种途径,即实验组成成分法或白箱途径。该模型将注意力集中在生态系统各种生态过程和相互作用上,如捕食、竞争、增殖、寄生等生态关系,然后,将各个生态关系的方程或方程组组合成一个总的系统模型。该模型通常具有很高的真实性和精确性,但对复杂的系统进行建模时,则显得过于繁琐。该方法的数据来自对隔离的具体生态过程的实验研究,而野外数据仅仅用于对实验数据的

检验和核实上。实验组成成分法是由霍林(Holling, 1966)首先倡议使用的,图 3-3
给出了系统中寄主-宿主生态过程的实验模型结果,该模型中包含有寄主的饥饿水
平(Starvation level)、搜索率(a)、猎物的密度(N)和寄主之间的相互干扰(m)等。

　　事实上,在许多复杂生态系统的模型研究中,往往将分室模型和实验组成成
分模型结合起来,使模型既能揭示系统的整体特征,又能了解系统内部主要生态
过程的特点。在对复杂的生态系统进行大规模和整体研究时,通常将上述多种
途径和方法结合起来使用,以便充分发挥各种途径的特点。

3.2.3　建模步骤

3.2.3.1　基本步骤

　　建立数学模型须遵循一定的步骤,方能事半功倍。首先,必须明确建模的目
的和系统的边界,以便将有限的数据、财力和人员分配到问题的主要方面,突出
解决主要矛盾,同时选择模型的复杂程度。如在富营养化研究中,主要问题是藻
类生长和氮、磷的循环。图 3-5 所示。在此基础上,进行数据的收集、采集和分

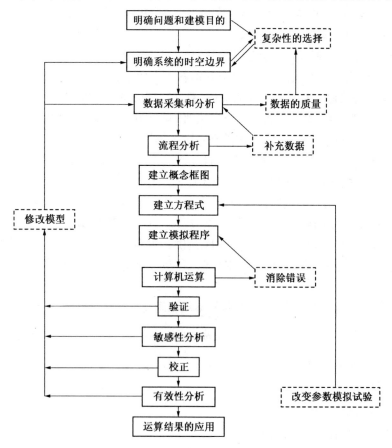

图 3-5　建模步骤框图

析,根据数据的收集状况,进行流程分析,编制流程图和概念框图。然后,确定流程中所需的方程式,建立模拟模型。模型经计算机运算后,消除编程和数据错误。利用正确的模拟程序,进行模型的验证(Verification)、敏感性分析(Sensitive analysis)、校正(Calibration)和有效性分析(Validation),并根据这些运算结果对模型和参数进行修改。最后,将模型模拟结果用于决策和管理。

3.2.3.2　建模实例

(1) 分室模型

① 建立概念模型　根据农牧业生态系统的特征及研究对象的实际情况,建立概念模型,图 3-2 所示。包括将生态系统分解成几个分室、各个分室之间物质的相互交流、系统的输入和输出等。

② 确定参数　土壤库存量 X_1:根据江苏苏锡常三市 1980 年、1985 年土壤普查确定的土壤类型和土壤内三元素含量,进行面积加权,得全区土壤内含全氮、全磷、全钾分别为 0.143%、0.090% 和 1.700%,按每公顷土壤重 2250 t(耕作层 20 cm),得土壤库存中氮、磷、钾分别为 3 211.98 kg/ha、2 335.98 kg/ha和36 387.42 kg/ha。作物库存量 X_2:作物一年内的吸收量。本书选择了各种稻麦棉油,它们占总产量的 99% 以上。由 1980~1989 年多年平均单产和整株作物体氮磷钾含量求得。氮、磷、钾分别为 196.20 kg/ha、39.52 kg/ha 和166.40 kg/ha。牲畜库存量 X_3:一年中输入该库的全部饲料和上年末牲畜存栏数,牲畜以牛、羊、猪、禽为主,与文献中折算系数相乘后得,氮、磷、钾分别为 106.52 kg、18.89 kg 和30.66 kg。外界对土壤的输入 F_{10}:包括化肥、降水和灌溉输入。化肥量由 1980~1989 年统计资料平均获得,降水和灌溉作用参数依文献求得,表 3-3。外界饲料的输入 F_{30}:由三市粮食公司、饲料公司的统计资料求出。土壤库输出 F_{01}:包括淋洗、渗漏和氮素挥发。依秦祖平和三市土肥站工作求得。作物库输出 F_{02}:作物吸收量减去返回土壤和提供饲料的数量。$F_{02} = F_{21} - F_{12} - F_{32}$。牲畜库输出 F_{03}:即牛、羊、猪、禽的肉蛋输出。作物吸收 F_{21}:$F_{21} = X_2$。作物库回归土壤后 F_{12}:包括根茬、秸秆、草木灰和种子还田。作物库提供的饲料 F_{32}:根据全年牲畜量及单位消耗量,得消耗总量,此总量减去饲料输入得到。厩肥还田 F_{13}:由三市土肥站资料求出。

③ 状态方程和输出方程　根据分室模型理论,有状态方程:

$$\dot{x} = Ax + Bu$$

式中:$\dot{x}$ 为库存量变值;

x 为库存量;

A 为流通率,$a_{ij} = F_{ij}/X_j$, $a_{ii} = -\sum F_{ji}/x_i$;

B 为放大倍数,通常定 $b_{ij} = 1$;

u 为外部输入。

以上值均为矩阵,具体值见表 3-3。

表 3-3　农业生态系统氮磷钾转化的有关参数

kg/ha 或 kg

参　　数	N	P	K
x_1	3 211.98	2 335.98	36 387.42
x_2	196.20	39.52	166.40
x_3	106.52	18.89	30.66
F_{01}	149.12	0.60	14.98
F_{10}	334.05	27.68	55.19
F_{02}	77.92	17.58	76.06
F_{03}	16.46	1.79	1.57
F_{12}	43.28	7.84	66.81
F_{13}	54.26	14.09	26.69
F_{21}	196.20	39.52	166.40
F_{30}	15.99	3.12	4.90
F_{32}	75.00	14.11	23.53

参　　数(%)	N	P	K
a_{01}	4.640	0.030	0.040
a_{02}	39.720	44.470	45.710
a_{03}	15.450	9.500	5.110
a_{11}	−10.750	−1.720	−0.500
a_{12}	22.060	19.840	40.150
a_{13}	50.940	74.600	87.040
a_{21}	6.110	1.690	0.460
a_{22}	−100.000	−100.000	−100.000
a_{23}	0.000	0.000	0.000
a_{31}	0.000	0.000	0.000
a_{32}	38.230	35.690	14.140
a_{33}	−66.390	−84.100	−92.150

由此,得三元素状态方程:

氮

$$\begin{vmatrix} \dot{x}_1 \\ \dot{x}_2 \\ \dot{x}_3 \end{vmatrix} = \begin{vmatrix} -0.107\,5 & 0.220\,6 & 0.509\,4 \\ 0.061\,1 & -1.000\,0 & 0.000\,0 \\ 0.000\,0 & 0.382\,3 & 0.663\,9 \end{vmatrix} \times \begin{vmatrix} x_1 \\ x_2 \\ x_3 \end{vmatrix} + \begin{vmatrix} 334.048\,0 \\ 0.000\,0 \\ 15.990\,0 \end{vmatrix}$$

磷

$$\begin{vmatrix} \dot{x}_1 \\ \dot{x}_2 \\ \dot{x}_3 \end{vmatrix} = \begin{vmatrix} -0.017\,2 & 0.198\,4 & 0.746\,0 \\ 0.016\,9 & -1.000\,0 & 0.000\,0 \\ 0.000\,0 & 0.356\,9 & 0.841\,0 \end{vmatrix} \times \begin{vmatrix} x_1 \\ x_2 \\ x_3 \end{vmatrix} + \begin{vmatrix} 26.667\,0 \\ 0.000\,0 \\ 3.120\,0 \end{vmatrix}$$

钾

$$\begin{vmatrix} \dot{x}_1 \\ \dot{x}_2 \\ \dot{x}_3 \end{vmatrix} = \begin{vmatrix} -0.005\,0 & 0.401\,5 & 0.874\,0 \\ 0.004\,6 & -1.000\,0 & 0.000\,0 \\ 0.000\,0 & 0.141\,4 & -0.921\,5 \end{vmatrix} \times \begin{vmatrix} x_1 \\ x_2 \\ x_3 \end{vmatrix} + \begin{vmatrix} 55.185\,0 \\ 0.000\,0 \\ 4.992\,0 \end{vmatrix}$$

分室模型有输出方程：$\qquad Y = CX$

其中 Y 为输出量矩阵；

         C 为输出系数矩阵；

         X 为库存量矩阵。

则可得到输出方程：

$$氮: (y_1 \quad y_2 \quad y_3) = (0.046\,4 \quad 0.397\,2 \quad 0.154\,5) \times \begin{vmatrix} x_1 \\ x_2 \\ x_3 \end{vmatrix}$$

$$磷: (y_1 \quad y_2 \quad y_3) = (0.000\,3 \quad 0.444\,7 \quad 0.095\,0) \times \begin{vmatrix} x_1 \\ x_2 \\ x_3 \end{vmatrix}$$

$$钾: (y_1 \quad y_2 \quad y_3) = (0.000\,4 \quad 0.457\,1 \quad 0.055\,1) \times \begin{vmatrix} x_1 \\ x_2 \\ x_3 \end{vmatrix}$$

④ 结果和分析

a. 稳定性分析　线性系统的稳定性可由方程中系数矩阵的特征根来解释,计算三元素的状态方程后知道三者的特征根均小于零,满足稳定条件,系统是稳定的。计算机模拟表明:稳定是渐进的,氮、磷、钾将分别在 2020 年、2007 年和 2566 年达到稳定点,系统中氮、磷的库存和输出会有增加,钾的库存和输出则逐年减少,即在当前状况下,钾的输入不足,以消耗土壤钾素作补偿。

b. 再循环分析　依分室模型理论,计算了三元素的再循环指数。当前状况

下,氮、磷、钾分别为 27.92％、48.79％和 46.62％,系统稳定后,则分别为
27.65％、49.33％和 47.55％。由于挥发和秸秆燃烧的损失,氮素再循环指数
低,需要较高的输入水平。

　　c. 敏感性分析　通过改变某些参数,看 30 年后其他参数的变化程度,对这
些参数的敏感性(重要性)进行分析。

　　1) 当前状况下。氮、磷逐年增加,30 年后,钾库存量(x_1、x_2、x_3)和输出量
(F_{01}、F_{02}、F_{03})分别为 35 421.44 kg/ha、163.09 kg/ha、30.49 kg/ha、14.17 kg/ha、
74.55 kg/ha和 1.56 kg/ha。

　　2) 无机化肥输入增加 1/3。氮素的库存和输出增加 25.0％以上,磷增加
7.0％~10.0％,钾增加 1.2％~1.6％,氮肥的作用最显著,钾肥增益最差。

　　3) 饲料输入增加 1/3。牲畜库的库存和输出增加不足 7.0％,其他库的库
存和输出增加不足 1.0％,因此,饲料输入的作用不显著,效益也差。

　　4) 饲料输入和牲畜库均增加 1/3。30 年后,牲畜库存和输出增加 34.0％以
上,除作物输出减少 9.6％~28.3％外,其他库存和输出均有增加,牲畜库的增
加对农业生态系统的运行是有利的。

　　5) 放弃有机肥,即放弃厩肥还田、秸秆、草木灰还田。氮的库存和输出减少
20.99％~32.0％,磷减少 16.7％~26.2％,其中,牲畜库的输出下降最多。钾
减少 6.0％~16.1％,作物库输出下降最多。有机氮肥虽然仅占总氮肥的
17.5％,但放弃有机氮肥后,系统的库存和输出下降达 20.9％~30.2％,因此,
有机氮肥对维持系统的良性循环有重要的作用。有机肥中钾虽然占总钾的
76.4％,但放弃后,钾下降不足 17.0％。

3.3　生态工程中常用试验设计方法

3.3.1　生态工程中进行试验设计的意义和特点

　　生态工程的设计实施过程中会涉及一定的科学试验,科学试验将为生态工
程的方案的优化提供科学的数据与指导。例如,在盐土农业生态工程中,为掌握
耐盐经济植物的高产的栽培措施,必须进行有关的田间试验,研究不同栽培措施
和自然环境条件下耐盐经济植物的生长状况,探讨各种栽培因子的优化组合,为
盐土生态工程中耐盐经济植物的高产提供一定的指导,为海滨盐土高效可持续
利用提供建议。

　　生态工程试验与环境条件以及栽培条件密切相关,概括起来有以下几个主
要特点:① 研究的对象常常是生态工程中的工具种(植物),以植物生长发育的

反应作为试验指标研究其生长发育规律、各项栽培技术或条件的效果。植物要求一定的适宜条件才能满足其正常生长发育,而自然条件是多变的,要保证试验结果可靠,必须对不同环境条件下进行一系列的试验,才能确定植物的优良品种及其相应的栽培技术的适宜区域。② 试验有地区性。在一个地区进行的试验获得的研究成果,最适宜在当地推广应用。③ 生态工程试验普遍存在试验误差。如田间试验受到所有外界环境条件的影响,特别是客观存在的土壤差异的影响,试验结果不可避免地存在试验误差。因此在试验过程中,既要讲究试验设计方案的选取,又要应用合适的统计分析方法来分析试验资料,以正确估计误差,得到可靠的结论。

3.3.2 试验设计中的一些常用术语

3.3.2.1 试验指标

在试验中具体测定的性状或观测的项目称为试验指标,它用来衡量试验结果的好坏或处理效应的高低。由于试验目的的不同,选择的试验指标也不相同。许多数量性状和质量性状都可作为试验指标,如植物产量及其构成因子,种子含油量,植物生长发育的一些指标等。

3.3.2.2 试验因素

试验因素是指试验中人为控制的、影响试验指标的原因。例如在研究蓖麻的高产栽培技术时,品种、密度、播种期、施氮量等都对产量有影响,均可作为试验因素。当试验中考察的因素只有一个时,称为单因素试验;若同时研究两个或两个以上的因素对试验指标的影响,则称为两因素或多因素试验。试验因素通常用大写字母 A、B、C 等表示。

3.3.2.3 因素水平

对试验因素所设定的不同水平称为因素的水平,简称水平。例如比较 3 个蓖麻品种产量的高低,品种是试验因素,这 3 个蓖麻品种就是因素的 5 个水平;研究 4 种施氮肥量对蓖麻产量的影响,这 4 个特定的施氮量就是 4 个水平。因素水平用代表该因素的字母添加下标 $1,2,\cdots,$ 来表示。如 A_1、A_2、$\cdots$、B_1,B_2,$\cdots$,等。

3.3.2.4 试验处理

实施在试验单位上的具体项目叫试验处理,简称处理。在单因素试验中,实施在试验单位上的具体项目就是试验因素的某一水平。例如在进行蓖麻品种比较试验时,实施在试验单位上的具体项目就是种植某一品种蓖麻。所以在进行单因素试验时,试验因素的一个水平就是一个处理。在多因素试验中,实施在试验单位上的具体项目是各因素的某一水平组合。例如进行 3 个蓖麻品种和 4 种播种密度的两因素试验,整个试验共有 $3\times4=12$ 个水平组合,实施在试验单位上的具体项目就是某蓖麻品种与某播种密度的结合。所以在多因素试验时,试验因素的一个水平组合就是一个处理。

3.3.2.5　试验单位

是指施加试验处理的材料单位。田间试验时,试验单位通常指一个试验小区。

3.3.2.6　干扰因素

试验中的干扰因素是指影响试验单位均匀一致性地对试验结果造成系统误差的因素。试验误差分为两类:随机误差和系统误差。随机误差是由多种偶然的、无法控制的因素所引起的误差,即使十分小心也难以消除。系统误差也是试验过程中产生的误差,但其产生的原因往往是已知的或可掌握的。如仪器不标准、试验地肥力不均匀,按一定的方向有规律的变化等。干扰因素不是研究的主要因素,但对试验的精确性有很大的影响。例如,在进行不同品种蓖麻的产量比较试验时,如果各试验小区的肥力相差很大,则试验单位的一致性变得很差,造成试验误差的增大,从而会掩盖品种这个试验因素的效应。因此在土壤肥力不均匀的情况下,土壤肥力是试验的一个干扰因素。

3.3.3　试验设计的三个基本原则

试验设计的广义理解是从制订方案到资料整理分析的整个试验研究课题的设计,包括确定试验方案、小区技术、资料收集和整理分析等。狭义的理解就是按照试验的目的,将各试验小区在试验地上作最合理的设置和排列。试验设计是影响试验研究是否成功的关键环节,是提高试验质量的重要保证,其主要作用是控制、降低试验误差,提高试验的精确性,获得试验误差的无偏估计值,从而对试验处理进行正确而有效的比较。通过适当的试验设计,能大大降低因干扰因素的影响而产生的误差。

在试验设计中应遵循以下的三个基本原则。

3.3.3.1　重复

重复是指试验中将同一试验处理设置在两个或两个以上的试验单位上。同一试验处理所设置的试验单位数称为重复数。当一个试验的每个处理都只设置在一个试验单位上时,称为无重复试验;当一个试验中部分处理设置在两个或两个试验单位上时,称为部分处理设重复的试验;当一个试验的每个处理都设置在两个试验单位上时,称该试验有两次重复,其余类推。在生态工程中设计有关田间试验,强烈建议对有关试验处理设置重复,一方面田间试验的非处理误差通常较大,另外设置重复有如下的一些主要作用:① 估计试验误差。如果同一处理只设置在一个试验单位上,那么只能得到一个观测值,则无从看出变异,因而也无法估计试验误差的大小。只有当同一处理设置在两个或两个以上的试验单位上,获得两个或两个以上的观测值时,即同一处理有两个以上重复,就可从重复观测值(如产量)之间的差异来估计试验误差。② 降低试验误差,提高试验的精确性。数理统计学已证明,样本平均数的标准误 $S_{\bar{x}}$ 与样本观测值的标准差 S 和样本容量之间的关系为:$S_{\bar{x}} = S/\sqrt{n}$,即平均数抽样误差的大小与重复次数的平方根成反比。所以,适当增大重复次数可以降低试验误差。

3.3.3.2 随机排列

随机排列是指试验的每一个处理都有同等机会设置在一个重复中的任何一个试验小区上。随机化的目的是为了获得对总体参数的无偏估计。各试验小区的随机排列可以通过抽签法、利用随机数字表法进行。

3.3.3.3 局部控制

田间试验中,当试验小区数目较多、整个试验需要面积较大,往往试验小区间差异较大,试验环境不均匀一致。这时,试验单位之间的差异就是试验的一个干扰因素,如果仅根据重复和随机排列两个原则进行试验设计,不能将试验单位或环境之间的差异所造成的系统误差从整个试验误差中分离出来,从而造成试验误差大,试验的精确性和检验的灵敏度低。为解决这一问题,可将整个试验环境或试验单位分成若干个小环境或小组,在小环境或小组内使非处理因素尽可能一致,实现试验条件的局部一致性,这就是局部控制。局部控制通常通过设置区组来实现,相应的试验设计方法以随机区组设计为代表。同一区组内的不同处理相邻在一起,土壤差异对处理的影响就较小,而受土壤差异影响较大的区组间的差异则可通过统计方法予以区分开来,因而试验误差仅受区组内较小土壤差异的影响,所以局部控制能较好地降低试验误差。

重复、随机排列和局部控制是试验设计中必须遵循的三个基本原则。采用这三个基本原则进行试验设计,配合适当的统计分析方法,就能从试验结果中提取可靠的结论。

3.3.4 常用试验设计方法

3.3.4.1 单因素试验设计方法

当试验中考察的试验因素只有一个时的试验设计称为单因素试验设计。根据试验中干扰因素的存在与否以及干扰因素的数目,常用的单因素试验设计方法又分为单因素完全随机化设计、单因素随机区组设计以及拉丁方设计等。

（1）单因素完全随机化设计

完全随机设计是将各处理完全随机地分配给不同的试验单位(如试验小区),每一处理的重复次数可以相等也可以不等。这种设计使得每一个试验单位都有同等机会接受任何一种处理。

例如,欲研究某种生长调节剂对水稻株高的影响,进行 6 个处理的盆栽试验,每个处理 4 盆(重复 4 次),共 24 盆。设计时先将每盆水稻随机编号:1,2,3,…,24,然后用抽签法从所有编号中随机抽取 4 个编号作为实施第一处理的 4 盆,再从余下的 20 个编号中随机抽取 4 个作为实施第二处理的 4 盆,如此进行下去。于是可得各处理实施的盆号如下:

第一处理:13,2,7,22　　　第二处理:5,18,24,12

第三处理:17,20,11,1　　　第四处理:10,3,15,19

第五处理:4,16,9,14　　　第六处理:21,23,6,8

完全随机设计适用于试验单位比较均匀一致时。所以完全随机设计常用于土壤肥力均匀一致的田间试验和在实验室、温室中进行的试验。

通过试验设计得到的资料通常用有关的方差分析方法来做统计分析。单因素完全随机化设计的方差分析表如下:

变异来源	平方和	自由度	均方	F 统计量
处理	SS_A	$a-1$	MS_A	$F=MS_A/MS_e$
误差	SS_e	$an-a$	MS_e	
总和	SS_T	$an-1$		

例一,有一小麦新品系完全随机化试验,结果见下表,试检验不同小麦品系平均产量差异是否显著。

品种号	观测值 x_{ij}						合计 $x_i.$
04－1	12	10	14	16	12	18	82
04－2	8	10	12	14	12	16	72
04－3	14	16	13	16	10	15	84
04－4	16	18	20	16	14	16	100
合计							$x..=338$

解:这是一个单因素完全随机试验资料,处理数 $k=4$,重复数 $n=6$。现对试验结果

进行方差分析如下:

① 计算各项平方和和自由度

$$C = \frac{x_{..}^2}{kn} = \frac{338^2}{4 \times 6} = 4\ 760.166\ 7$$

$$SS_T = \sum \sum x_{ij}^2 - C = (12^2 + \Lambda + 16^2) - C = 4\ 958 - 4\ 760.166\ 7 = 197.833\ 3$$

$$SS_A = \frac{1}{n} \sum x_{i.}^2 - C = \frac{1}{6}(82^2 + \Lambda + 100^2) - 4\ 760.1\ 667 = 67.166\ 7$$

$$SS_e = SS_T - SS_A = 197.833\ 3 - 67.166\ 7 = 130.666\ 6$$
$$df_T = kn - 1 = 23, df_A = k - 1 = 3, df_e = df_A - df_A = 20$$

② 列出方差分析表,进行 F 检验

变异来源	平方和	自由度	均方	F 统计量
处理	67.1667	3	22.3889	3.4269 *
误差	130.6666	20	6.5333	
总和	197.8333	23		

查 F 表得到：$F_{0.05(3, 20)} = 3.10$，$F_{0.01(3, 20)} = 4.94$。因为 $F_{0.05(3, 20)} < F < F_{0.01(3, 20)}$，这表明四个小麦品系产量差异达到 5% 显著水平。

(2) 单因素随机区组设计

在进行单因素试验时,有时除了试验因素外有一个明显的干扰因素,使得试验单位不一致,从而影响试验的精确度。譬如,在不同小麦品种的产量比较试验中,如果整个试验地按某方向存在明显的肥力梯度(见下图),则在此试验地里安排的各试验小区的土壤之间存在显著差异,这种肥力差异是试验的一个干扰因素,它能混淆品种对产量的效应。

消除土壤肥力差异这个干扰因素的影响可以采用随机区组设计。设计方法为:先将整个试验地按干扰因素(肥力水平)分成若干个区组,每个区组内土壤肥力等环境条件相对均匀一致,而不同区组间相对差异较大;然后在每个区组中随机安排全部处理。采用单因素随机区组设计,5 个不同小麦品种产量试验的随机区组设计图为:

综上所述,单因素随机区组试验设计适用于试验存在一个试验因素和一个干扰因素时。单因素随机区组试验设计的特点是:它在完全随机化设计的基础上增加了局部控制的原则,从而将试验环境均匀性的控制范围从整个试验地缩小到一个区组,区组间的差异可以通过统计分析方法使其与随机误差分类。所以随机区组设计的试验精确度较高。

在单因素随机区组设计试验资料的方差分析中,试验因素 A(如品种)通常认为是固定因素,而干扰因素即区组 B 通常认为是随机因素。假设试验因素 A 有 a 个水平,区组 B 有 b 个水平,资料的分析按如下的方差分析表进行。

变异来源	平方和	自由度	均方	F 统计量
处理	SS_A	$a-1$	MS_A	$F=MS_A/MSe$
区组	SS_B	$b-1$	MS_B	$F=MS_B/MSe$
误差	SSe	$(a-1)(b-1)$	MSe	
总和	SS_T	$ab-1$		

例二,有一水稻品种比较试验,供试品种有 A、B、C、D、E、F6 个,其中 D 为对照种,重复 4 次,随机区组设计,小区计产面积 15 cm²,其田间排列和产量如下图,试做分析。

A 15.3	B 18.0	C 16.6	D 16.4	E 13.7	F 17.0	Ⅰ
D 17.3	F 17.6	E 13.6	C 17.8	A 14.9	B 17.6	Ⅱ
C 17.6	A 16.2	F 18.2	B 18.6	D 17.3	E 13.9	Ⅲ
B 18.3	D 17.8	A 16.2	E 14.0	F 17.5	C 17.8	Ⅳ

（右侧竖排文字：土壤肥料梯度方向 ↓）

解:① 数据整理:首先将试验资料整理成品种、区组两向表,并计算出各品种总和 $x_i.$,各区组总和 $x._j$。

品种	区　　组				品种总和 $x_i.$
	Ⅰ	Ⅱ	Ⅲ	Ⅳ	
A	15.3	14.9	16.2	16.2	62.60
B	18.0	17.6	18.6	18.3	72.50
C	16.6	17.8	17.6	17.8	69.80
D	16.4	17.3	17.3	17.8	68.80
E	13.7	13.6	13.9	14.0	55.20
F	17.0	17.6	18.2	17.5	70.30
区组总和 $x._j$	97.0	98.8	101.8	101.6	$x..=399.2$

② 计算各项平方和和自由度

$$C = \frac{x_{..}^2}{ab} = \frac{399.2^2}{6 \times 4} = 6\ 640.027$$

$$SS_T = \sum x_{ij}^2 - C = 15.3^2 + \Lambda + 17.5^2 - 6\,640.027 = 57.053, df_T = ab - 1 = 23,$$

$$SS_A = \frac{1}{a}\sum x_{\cdot j}^2 - C = \frac{1}{6}(90.0^2 + \Lambda + 101.6^2) - 6\,640.027 = 2.680, df_B = b - 1 = 3,$$

$$SS_B = \frac{1}{b}\sum x_{i\cdot}^2 - C = \frac{1}{4}(62.6^2 + \Lambda + 70.3^2) - 6\,640.027 = 52.378, df_A = a - 1 = 5,$$

$$SS_e = SS_T - SS_A - SS_B = 1.955, df_e = df_T - df_A - df_B = 15$$

③ 列出方差分析表,进行 F 检验

变异来源	平方和	自由度	均方	F 统计量	临界值 $F_{0.05}$	临界值 $F_{0.01}$
处理	52.378	5	10.476	78.767 * *	2.90	4.56
区组	2.680	3	0.893	6.714 * *	3.29	5.42
误差	1.995	15	0.133			
总和	57.053	23				

　　方差分析 F 检验的结果表明,各品种平均产量之间存在极显著差异。一般情况下,对于区组项的变异,只需将它从误差中分离出来,并不一定要作 F 检验,更用不着进一步对区组平均数间进行多重比较。需要说明的是,如果区组间的差异 F 检验显著,说明试验地的土壤差异较大,这并不意味着试验结果的可靠性差,正好说明由于采取了随机区组设计,进行了局部控制,把区组间的变异从误差中分离了出来,从而降低了试验误差,提高了试验的精确度。

　　(3) 拉丁方设计

　　拉丁方设计常用于单因素试验时,有两个明显的干扰因素,使得试验单位不一致。例如,进行不同小麦品种产量比较试验,试验地按某方向存在明显得肥力梯度,按另一个垂直得方向存在明显得水分梯度,如下图所示。肥力和水分这两个干扰因素使得试验地内得试验小区存在明显差异。

　　拉丁方设计从横行和直列两个方向对试验环境条件(干扰因素)进行局部控制,使每个横行和直列都成为一个区组;然后在每个区组内随机安排全部处理。在拉丁方设计中,同一处理在每一横行区组和每一直列区组出现且只出现一次,所以拉丁方设计的处理数、重复数、横行区组数、直列区组数均相同。例如,5 个不同小麦品种产量试验,采用拉丁方设计以控制肥力和水分两个干扰因素,其设计图为(图中 A、B、C、D、E 分别代表五个品种):

水分区组

	1	2	3	4	5	
A	C	B	D	E	I
B	E	A	C	D	II
C	A	D	E	B	III
D	B	E	A	C	IV
E	D	C	B	A	V

肥力区组

　　拉丁方设计的优点是,由于每一横行和每一直列都形成一个区组,因此拉丁方设计具有双向的局部控制功能,可以从两个方向消除试验环境条件的影响,具有较高的精确性。拉丁方设计的缺点:① 由于试验的重复数等于处理数,处理数不能太多,否则横向区组、直列区组占地过大,试验效率不高;② 田间布置时,要求有整块方形的试验地,缺乏灵活性。拉丁方试验设计资料的统计分析采用方差分析法,处理数为 k 的拉丁方设计按照下面的方差分析表进行分析。

变异来源	平方和	自由度	均方	F 统计量
横行区组	SS_r	$k-1$	MS_r	
直列区组	SS_c	$k-1$	MS_c	
处理	SS_A	$k-1$	MS_A	$F=MS_A/MS_e$
误差	SS_e	$(k-1)(k-2)$	MSe	
总变异	SS_T	k^2-1		

　　例三,有一冬小麦施氮肥时期试验,5 个处理为:A 不施氮肥(对照);B 播种期(10 月 29 日)施氮;C 越冬期(12 月 13 日)施氮;D 拔节期(3 月 17 日)施氮;E 抽穗期(5 月 1 日)施氮。采用 5×5 拉丁方设计,小区计产面积 32 m²,其田间排列和产量结果见下图,试作方差分析。

C 10. 1	A 7. 9	B 9. 8	E 7. 1	D 9. 6
A 7. 0	D 10. 0	E 7. 0	C 9. 7	B 9. 1
E 7. 6	C 9. 7	D 10. 0	B 9. 3	A 6. 8
D 10. 5	B 9. 6	C 9. 8	A 6. 6	E 7. 9
B 8. 9	E 8. 9	A 8. 6	D 10. 6	C 10. 1

解：

① 数据整理

先将产量结果整理成横行区组和直列区组两向表，计算出横行区组总和（$x_i.$）、直列区组总和（$x._j$）、全试验总和（$x..$）。

		直列区组					$x_i.$
		I	II	III	IV	V	
横	I	C 10. 1	A 7. 9	B 9. 8	E 7. 1	D 9. 6	44. 5
行	II	A 7. 0	D 10. 0	E 7. 0	C 9. 7	B 9. 1	42. 8
区	III	E 7. 6	C 9. 7	D 10. 0	B 9. 3	A 6. 8	43. 4
组	IV	D 10. 5	B 9. 6	C 9. 8	A 6. 6	E 7. 9	44. 4
	V	B 8. 9	E 8. 9	A 8. 6	D 10. 6	C 10. 1	47. 1
	$x._j$	44. 1	46. 1	45. 2	43. 3	43. 5	$x..$=222. 2

另外，按处理将上表重新整理，以计算出各处理总和 x_l。

处理	总和 x_l
A	7. 9+7. 0+6. 8+6. 6+8. 6=36. 9
B	9. 8+9. 1+9. 3+9. 6+8. 9=46. 7
C	10. 1+9. 7+9. 7+9. 8+10. 1=49. 4
D	9. 6+10. 0+10. 0+10. 5+10. 6=50. 7
E	7. 1+7. 0+7. 6+7. 9+8. 9=38. 5

② 计算各项平方和和自由度，处理数 $k=5$。

$$C = \frac{x_{..}^2}{k^2} = \frac{222. 2^2}{5^2} = 1\,974. 914$$

总平方和　$SS_T = \sum x_{ij}^2 - C = 10. 1^2 + \Lambda + 10. 1^2 - C = 38. 766$

横行区组平方和　$SS_r = \dfrac{\sum x_{i.}^2}{k} - C \dfrac{44. 5^2 + \Lambda + 47. 1^2}{5} - 197\,4. 914 =$

2. 170

直列区组平方和 $SS_c = \dfrac{\sum x^2_{\cdot j}}{k} - C = \dfrac{44.1^2 + \Lambda + 43.5^2}{5} - 1\,974.914 =$

1.126

处理平方和 $SS_A = \dfrac{\sum x^2_{l}}{k} - C = \dfrac{36.9^2 + \Lambda + 38.5^2}{5} - 1\,974.914 =$

32.206

误差平方和 $SS_e = SS_T - SS_r - SS_c - SS_A = 3.264$

自由度 $df_T = 24, df_r = 4, df_c = 4, df_A = 4, df_e = 12$

③ 列出方差分析表,进行 F 检验

变异来源	平方和	自由度	均方	F 统计量	$F0.01$
横行区组	2.170	4	0.543		
直列区组	1.126	4	0.282		
处理	32.206	4	8.052	29.603 * *	5.41
误差	3.264	12	0.272		
总变异	38.766	24			

F 检验结果表明各施肥时期之间的产量差异极显著。

3.3.4.2 两因素试验设计方法

当试验中考察的试验因素有两个时的试验设计称为两因素试验设计。根据试验中干扰因素的存在与否以及干扰因素特点和数目,常用的两因素试验设计方法又分为两因素交叉分组设计、两因素随机区组设计、裂区设计等。

(1) 两因素交叉分组试验设计

当试验考察两个试验因素,两个试验因素在试验中处于平等地位,而且试验不存在明显的干扰因素时,常采用两因素交叉分组试验设计。假设 A、B 为两个试验因素,A 因素有 a 个水平,B 因素有 b 个水平。所谓的交叉分组就是指 A 因素每个水平与 B 因素每个水平都要碰到,两者交叉搭配形成 ab 个水平组合即处理。两因素交叉分组试验设计就是将试验单位完全随机分成 ab 个组;然后每组的试验单位随机接受一种处理。

两因素交叉分组设计与单因素完全随机设计相似,它是两因素的完全随机设计。区别就是以前处理是单因素的某个水平,现在处理是两因素水平的某个组合。两因素交叉分组设计适用于试验单位比较均匀一致时,即不存在明显的干扰因素。

两因素交叉分组试验设计资料的统计分析采用方差分析法,参照下面的方差分析表(A、B 均为固定因素)进行。

变异来源	平方和	自由度	均方	F 统计量
A 因素	SS_A	$a-1$	MS_A	$F=MS_A/MS_e$
B 因素	SS_B	$b-1$	MS_B	$F=MS_B/MS_e$
AB 交互作用	SS_{AB}	$(a-1)(b-1)$	MS_{AB}	$F=MS_{AB}/MS_e$
误差	SS_e	$ab(n-1)$	MS_e	
总和	SS_T	$abn-1$		

例四,为了研究不同的种植密度和商业化肥对大麦产量的影响,将种植密度(A)设置 3 个水平、施用的商业化肥(B)设置 5 个水平,交叉分组,重复 4 次。产量如下表,试分析种植密度和施用的化肥对大麦产量的影响。

		因素 B:商业化肥				
		B1	B2	B3	B4	B5
因素 A:种植密度	A1	27	26	31	30	25
		29	25	30	30	25
		26	24	30	31	26
		26	29	31	30	24
	A2	30	28	31	32	28
		30	27	31	34	29
		28	26	30	33	28
		29	25	32	32	27
	A3	33	33	35	35	30
		33	34	33	34	29
		34	34	37	33	31
		32	35	35	35	30

解:

① 计算各项平方和和自由度

$$C = \frac{x_{...}^2}{abn} = \frac{1\ 810^2}{3 \times 5 \times 4} = 54\ 601.\ 6\ 667$$

$$SS_T = \sum_{i=1}^{a} \sum_{j=1}^{b} \sum_{k=1}^{n} x_{ijk}^2 - C = (27^2 + 29^2 + \Lambda + 31^2 + 30^2) - C = 55\ 230 - 54\ 601.\ 6\ 667 = 628.\ 3\ 333$$

$$SS_A = \frac{1}{bn} \sum_{i=1}^{a} x_{i..}^2 - C = \frac{1}{20}(555^2 + 590^2 + 665^2) - C = 54\ 917 - 54\ 601.\ 6\ 667 = 315.\ 8\ 333$$

$$SS_B = \frac{1}{an} \sum_{j=1}^{b} x_{.j.}^2 - C = \frac{1}{12}(357^2 + 346^2 + 386^2 + 389^2 + 332^2) - C =$$

207.1 667

$$SS_e = \sum_{i=1}^{a} \sum_{j=1}^{b} \sum_{k=1}^{n} x_{ijk}^2 - \frac{1}{n} \sum_{i=1}^{a} \sum_{j=1}^{b} x_{ij.}^2 = 55\,230 - \frac{1}{4}(108^2 + 104^2 + \Lambda + 120^2)$$

$= 55$

$$SS_{AB} = SS_T - SS_A - SS_B - SS_e = 628.3\,333 - 315.8\,333 - 207.1\,667 - 55$$

$= 573.3\,333$

$$df_T = abn - 1 = 59; df_A = a - 1 = 2; df_B = b - 1 = 4$$

$$df_{AB} = (a-1)(b-1) = 8; df_e = df_T - df_A - df_B - df_{AB} = 45$$

② 列出方差分析表,进行 F 检验

变异来源	平方和	自由度	均方	F
种植密度 A	315.833 3	2	157.916 7	129.20
商业化肥 B	207.166 7	4	59.791 7	42.38
AB 交互作用	50.333 3	8	6.291 7	5.15
误差	55	45	1.222 2	
总和	628.333 3	59		

因为临界值 $F_{0.01}(2,45) = 3.20, F_{0.01}(4,45) = 2.58, F_{0.01}(8,45) = 2.15, F$ 统计量的值均大于相应的临界值,所以种植密度、商业化肥用量以及它们的交互作用对大麦的产量均有极显著影响。

(2) 两因素随机区组试验设计

当试验考察两个试验因素,两个试验因素在试验中处于平等地位,而且试验另外存在一个明显的干扰因素时,常采用两因素随机区组试验设计。两因素随机区组试验的设计方法与单因素随机区组试验设计类似,不同之处在于在单因素试验时处理是试验因素的每个水平,在两因素试验时处理是两因素各水平之间的交叉组合。两因素随机区组设计同样是先将试验地分成不同的区组,然后在每个区组内安排所有的处理。例如,一个关于玉米品种(A)与施肥(B)两因素的试验中,A 因素有 A1、A2、A3、A4 共 4 个水平,B 因素有 B1、B2 共两个水平,这样试验处理有 8 个。如果采用两因素随机区组试验设计,设置 3 个区组,则设计的示意图如下。

区组 I	A3B2	A1B2	A2B1	A4B1	A2B2	A1B1	A3B1	A4B2
区组 II	A2B2	A1B1	A4B1	A4B2	A3B2	A2B1	A4B2	A3B1
区组 III	A4B1	A3B2	A2B1	A3B1	A1B1	A1B2	A2B2	A4B2

肥力梯度 ↓　肥　瘦

两因素随机区组试验设计资料的统计分析采用方差分析法进行。如设置 r

个区组的两因素(A、B均为固定因素)随机区组设计的方差分析参照如下的方差分析表进行

变异来源	平方和	自由度	均方	F统计量
区组	SS_r	$r-1$		
A因素	SS_A	$a-1$	MS_A	$F=MS_A/MS_e$
B因素	SS_B	$b-1$	MS_B	$F=MS_B/MS_e$
AB交互作用	SS_{AB}	$(a-1)(b-1)$	MS_{AB}	$F=MS_{AB}/MS_e$
误差	SS_e	$(r-1)(ab-1)$	MS_e	
总和	SS_T	$abr-1$		

例五,玉米品种(A)与施肥(B)两因素试验,A因素有A1,A2,A3,A4这4个水平($a=4$),B因素有B1,B2这2个水平($b=2$),共有$a×b=8$个水平组合即处理,重复3次,随机区组设计,小区计产面积20 m²,田间排列和产量如下图所示,试作统计分析。

A2B2 10.0	A1B2 11.0	A2B1 19.0	A4B1 17.0	A2B2 20.0	A1B1 12.0	A3B1 19.0	A4B2 11.0	区组Ⅰ
A2B2 19.0	A1B1 13.0	A4B1 16.0	A1B2 10.0	A3B2 8.0	A2B1 16.0	A4B2 9.0	A3B1 18.0	区组Ⅱ
A4B1 15.0	A3B2 7.0	A2B1 12.0	A3B1 16.0	A1B1 13.0	A1B2 13.0	A2B2 17.0	A4B2 8.0	区组Ⅲ

解:

① 计算各项平方和和自由度

$$C = \frac{x_{...}^2}{rab} = \frac{329.0^2}{3×4×2} = 4\,510.042$$

总平方和 $\quad SS_T = \sum x_{ijl}^2 - C = 4\,873.0 - 4\,510.042 = 362.996$

区组平方和 $\quad SS_r = \frac{\sum x_{..l}^2}{ab} - C = 4\,530.375 - 4\,510.042 = 20.333$

A因素平方和 $\quad SS_A = \frac{\sum x_{i..}^2}{rb} - C = 4\,608.833 - 4\,510.042 = 98.791$

B因素平方和 $\quad SS_B = \frac{\sum x_{.j.}^2}{ra} - C = 4\,687.083 - 4\,510.042 = 77.041$

AB交互作用平方和 $\quad SS_{AB} = \frac{\sum x_{ij.}^2}{r} + C - \frac{\sum x_{i..}^2}{rb} - \frac{\sum x_{.j.}^2}{ra} = 136.459$

误差平方和 $\quad SS_e = SS_T - SS_r - SS_A - SS_B - SS_{AB} = 30.372$

自由度　$df_T = 23, df_r = 2, df_A = 3, df_B = 1, df_{AB} = 3, df_e = 14$

② 列出方差分析表,进行 F 检验

变异来源	平方和	自由度	均方	F	$F_{0.01}$
区组	20.333	2	10.167		
玉米品种 A	98.791	3	32.930	15.182 ＊＊	5.56
施肥 B	77.041	1	77.041	35.519 ＊＊	8.86
AB 交互作用	136.459	3	45.486	20.971 ＊＊	5.56
误差	30.372	14	2.169		
总和	362.996	23			

F 检验的结果表明,品种间、施肥水平间以及品种与施肥交互作用对产量的影响均极显著。可以进一步作多重比较,找出因素搭配的最佳水平。

(3) 裂区试验设计

当试验考察两个试验因素,两个试验因素在试验中处于不平等地位,而且试验另外存在一个明显的干扰因素时,常采用裂区试验设计。记这两个因素为 A 和 B,假定因素 A 是次要因素,精确度要求较低,而 B 因素是试验的主要因素,精确度要求较高。

裂区试验设计的设计方法与两因素随机区组设计近似。不同点是后者在每一个区组内 A 和 B 两因素的 $a \times b$ 次处理的排列是完全随机化的,只经过一次随机化过程。而裂区试验设计的每一区组内,次要因素 A 的 a 个处理先随机分配,然后在 A 的每个处理内 B 因素再分为 b 个处理。因此,随机化过程分为两步进行,分别在 A 因素的 a 个处理间以及 B 因素的 b 个处理之间进行。例如,拟进行小麦中耕次数(A,试验的次要因素)和施肥量(B,试验的主要因素)试验,A 因素设置 3 个水平:A1、A2、A3,B 因素设置 4 个水平:B1、B2、B3、B4,按土壤肥力梯度设置 3 个区组,试验采用裂区试验设计,设计图如下。

从设计图上可以看出,由 A 因素所划分的 a 个部分称为主区,每个主区再划分的 b 个部分称为副区,由此次要因素 A 也称为主区因素,主要因素 B 也称为副区因素。裂区试验设计有如下的一些特点:① 裂区设计副区因素是主要研究的因素,主区因素是次要研究的因素,副区面积小,主区面积大。② 裂区设计是以牺牲主区因素的精确性来提高副区因素以及副区因素与主区因素的互作效应的精确性。因此,对于副区因素效应来说,裂区设计比随机区组设计精确度高。③ 裂区设计往往是管理实施的需要。如果某一因素比另一因素需要更大的小区面积时,为了管理实施的方便而采取裂区设计。应将需要面积较大的因素作为主区因素,需要面积较小的因素作为副区因素。例如在栽培试验中,施肥和灌溉需要较大的面积,以便于实际操作和控制水肥在相邻小区之间的移动,应将施肥和灌溉作为主区因素,将其他因素作为副区因素。

  裂区试验设计资料的统计分析采用方差分析法进行,方差分析表如下表所示。

	变异来源	平方和	自由度	均方	F 值
主区部分	区组 R	SS_R	$r-1$		
	主区因素 A	SS_A	$a-1$	MS_A	$F = MS_A / MS_{Ea}$
	主区误差 Ea	SS_{Ea}	$(a-1)(r-1)$	MS_{Ea}	
副区部分	副区因素 B	SS_B	$b-1$	MS_B	$F = MS_B / MS_{Eb}$
	AB 交互作用	SS_{AB}	$(a-1)(b-1)$	MS_{AB}	$F = MS_{AB} / MS_{Eb}$
	副区误差 Eb	SS_{Eb}	$a(b-1)(r-1)$	MS_{Eb}	
	总变异	SS_T	$abr-1$		

  例六,为了探讨新培育的 4 个辣椒品种的施肥技术,采用 3 种施肥量:每公顷施用复合肥 1 500 kg、2 000 kg、2 500 kg 进行试验。考虑到施肥量因素对小区的面积要求较大,品种又是重点考察因素,精度要求较高,故用裂区安排此试验。以施肥量为主区因素 A,品种为副区因素 B,副区面积 15 cm^2,试验重复 3次,主区作随机区组排列。试验指标为产量(kg/小区)。其田间排列图及试验结果记录见下图,试作方差分析。

A3B2	A3B1	A3B4	A3B3		A2B4	A2B2	A2B3	A2B1		A1B3	A1B4	A1B2	A1B1	区组 I
35.4	26.5	39.1	42.0		41.7	44.8	48.7	27.5		55.9	52.6	43.3	39.8	

A1B3	A1B1	A1B2	A1B4		A3B2	A3B1	A3B3	A3B4		A2B2	A2B3	A2B1	A2B4	区组 II
69.7	38.5	43.5	57.5		34.5	25.8	44.3	39.6		48.8	44.5	27.1	37.2	

A2B4	A2B1	A2B3	A2B2		A1B1	A1B2	A1B4	A1B3		A3B4	A3B2	A3B3	A3B1	区组 III
36.5	26.8	48.6	47.6		39.1	46.5	57.7	63.8		44.3	36.3	43.6	26.3	

  解:

  ① 计算各项平方和和自由度

$$C = \frac{x_{\cdots}^2}{abr} = \frac{1\,525.4^2}{3 \times 4 \times 3} = 64\,634.588, 总平方和: SS_T = \sum x^2 - C = 3\,885.152$$

主区部分:

主区因素 A 平方和　　$SS_A = \frac{\sum x_{i\cdots}^2}{br} - C = 1\,309.724$

区组 R 平方和　　$SS_R = \frac{\sum x_{\cdot\cdot l}^2}{ab} - C = 17.137$

主区误差平方和　　$SS_{Ea} = \frac{\sum x_{i\cdot l}^2}{b} + C - \frac{\sum x_{i\cdots}^2}{br} - \frac{\sum x_{\cdot\cdot l}^2}{ab} = 40.501$

副区部分:

副区因素 B 平方和　　$SS_B = \frac{\sum x_{\cdot j\cdot}^2}{ar} - C = 1\,975.956$

AB 交互作用平方和　　$SS_{AB} = \frac{\sum x_{ij\cdot}^2}{r} - C - SS_A - SS_B = 422.419$

副区误差平方和　　$SS_{Eb} = SS_T - SS_A - SS_R - SS_{Ea} - SS_B - SS_{AB} = 119.415$

自由度:

$df_A = 2, df_R = 2, df_{Ea} = 4, df_B = 3, df_{AB} = 6, df_{Eb} = 18$

② 列出方差分析表,进行 F 检验

	变异来源	平方和	自由度	均方	F 值	$F_{0.01}$
主区部分	区组 R	17.137	2			
	主区因素 A	1 309.724	2	654.862	64.678＊＊	18.00
	主区误差 Ea	40.501	4	10.125		
副区部分	副区因素 B	1 975.956	3	658.652	99.284＊＊	5.09
	AB 交互作用	422.419	6	70.403	10.612＊＊	4.01
	副区误差 Eb	119.415	18	6.634		
	总变异	3 885.152	35			

F 检验结果表明,各种施肥量(主区因素 A 的各水平)之间、不同品种(副区因素 B 的各水平)之间差异极显著;A、B 两因素的交互作用也极显著。

3.3.4.3　多因素试验设计方法:正交试验设计

当试验考察的试验因素较多时(≥3),但是由于人力或物力的限制,允许进行的试验次数却不多,这时常采用一种多因素的试验设计方法:正交试验设计。正交试验设计在用较少的实验次数找出多个因素的最佳水平组合时效率较高。

关于正交试验的设计方法,其过程是利用正交表安排多因素试验、分析试验结果。正交试验设计的思想是从多因素试验的全部水平组合中挑选出部分有代表性的水平组合进行试验,通过对这部分试验结果的分析了解全面试验的情况,找出最佳水平组合。

例如,研究氮、磷、钾肥施用量对某小麦品种产量的影响,氮肥施用量 A 有 3 个水平:A1、A2、A3;磷肥施用量 B 有 3 个水平:B1、B2、B3;钾肥施用量 C 有 3 个水平:C1、C2、C3。这是一个 3 因素每个因素 3 水平的试验,简记为 33 试验,各因素水平之间全部组合有 27 个。如果对各因素全部 27 水平组合都进行试验,即进行全面试验,可以分析各因素的效应、交互作用,也可选出最优水平组合,这是全面试验的优点。但全面试验包含的水平组合数多,工作量大,由于受试验场地、经费等限制而常常难于实施。

若试验的主要目的是寻求最优水平组合,则可利用正交设计来安排试验。正交试验的特点是用部分试验来代替全面试验。虽然正交试验不可能像全面试验那样对各因素效应、交互作用一一分析,但它可以通过部分试验找到最优水平组合,因而很受实际工作者青睐。正交试验设计是利用正交表来安排试验的。例如,某水稻栽培试验选择了 3 个水稻优良品种(称为试验因素 A,其 3 个水平为:1,二九矮,2,高二矮,3,窄叶青),3 种密度(称为试验因素 B,其 3 个水平为:1,15 万苗/亩、2,20 万苗/亩、3,25 万苗/亩),3 种施氮量(称为试验因素 C,其 3 个水平为:1,3 kg/亩、2,5 kg/亩、3,8 kg/亩),可以用 L$_9$(3^4)正交表安排试验如下。

试验号	试验因素		
	A	B	C
1	1	1	1
2	1	2	2
3	1	3	3
4	2	1	2
5	2	2	3
6	2	3	1
7	3	1	3
8	3	2	1
9	3	3	2

关于正交试验中特定正交表的选择以及正交试验资料的方差分析,可以参考有关的专业书籍,这里由于篇幅限制,不再赘述。

第4章　生态工程设计

　　传统工程和环境工程,如土木工程、污水处理工程,在人为设计下,充分利用人类制造的先进设备,并在电力等化石能的驱动下进行运作。污水处理工程,主要根据废水日排放量和年排放量及其所含主要污染物的种类、浓度等因素,建造一定面积的沉淀池、氧化塘,购买一定处理能力的机械设备,然后选用或组合利用可去除这些主要污染物的物理、化学和生物方法,如重力分离、过滤、离心分离、气浮、蒸馏结晶、反渗透、混凝、中和、氧化还原、电解、气提、萃取、吹脱、吸附、电渗析、活性污泥、生物转盘、厌氧发酵等方法,进行污水的净化。

　　生态工程的设计和实施要按照生态工程的原理,特别是整体、协调、自生、循环、因地制宜原理,以生态系统自组织、自我调节功能为基础,在少量人类辅助能的帮助下,充分利用自然生态系统功能的过程。即"道法自然",按照物质在自然界迁移、转化、流动与循环的规律,积极地调控其食物链,如在废水处理中,为污染物和许多其他成分及其所在系统,提供匹配机会与接合点,联结在物流中已断了联系的、或本不联系的亚系统,疏通物流、能流及信息流的通路,调节及维护各亚系统的收支平衡。同时根据生态工程实施的地方自然条件、社会条件和经济条件(包括可能提供的投资、产品的市场及价格)等,优化组合各种技术,使之相互联系成一个有机系统、达到多层次多目标分级利用物质,促进良性循环,同步增加与兼收经济、生态和社会效益。组合的技术可包括物理的、化学的、生物的;涉及的专业范围广泛,可以有农、林、牧、副、渔、工等。这些技术可以是当地早已应用,但过去尚未联结到设计的生态工程中来,另有一些技术,虽在当地尚未用过,但却是在国内或国外其他地方已经应用过的成熟技术被引进的;少量和个别的技术是创新的。所以在生态工程中,就某个单项技术而言,其中绝大部分是没有或仅有很少创新性的。生态工程的创新性不在于组成的各单项技术,而在于因地、因类制宜的优化组合。优化组合后的生产技术系统可变废为宝,化害为利,多层分级利用产品、副产品、废物(水),促进良性循环。组合的方法有加环或减环(生产环、增益环、减耗环、加工环、复合环),增加或改变接合点,改善或加强食物链网及生产流程中各环节的系列连接与协调比量,疏通物流、能流通路;联结原本平行、独立的、无或少联系的一些生产单位(系统),如养鱼池、畜禽养殖场、农田等,使之成为互利共生的网络系统;通过组合,促进多系统内空间、时间及所有生产过程的产品、副产品及废物,充分发挥物质生产潜力,促进与加速物质在比生物圈小的范围内循环,恢复受污染或破坏的生态系统。所用设备,大部分是自然界所有的,非人为制造,如各种动植物、微生物,其中也可包括一些人为设备,如沼气发酵罐、养鱼池、畜禽舍等,为该工程中生物生产、同化提供条件,或回收、转化、利用、加工该生态工程生产过程中一些产品、副产品、废物的工艺设备。

本章分三节,首先介绍生态工程设计的原则,然后介绍其设计步骤和实例示范。

4.1 生态工程设计原则

4.1.1 因地因类制宜原则

因地制宜原则(Design principle based on local environment),是紧紧围绕当地的自然、社会和经济条件进行生态工程设计的基本原则。生态工程的基础是生态系统的合理运行,而生物种群是生态系统的核心,生物的分布、生存、生活和繁育,不可避免地受到其自然环境条件,如温度、营养、土壤、光照、水分等条件的制约,也受到当地土著生物的制约。生态工程的另一个方面是人为的设计、组装和运行管理,因此,研究人员、管理人员和操作人员的素质和意识是至关重要的。设计过程中,必须依据当地的管理水平和社会要求(如劳动力剩余问题),提出其力所能及的生态工程类型。生态工程作为一种生态经济活动,在发展中国家和经济不发达的地区,其经济效益的高低决定着它的命运。因此,生态工程设计初期,必须对其产品的市场情况进行调查和对比分析,以确定生态工程的目标产品和辅助产品类型,同时,考虑当地的经济条件,如资金状况、经济环境、风险承受能力等。例如在我国亚热带、暖温带,曾以凤眼莲为主的生态工程来处理与利用污水,获得显著的生态环境、经济及社会效益。因自然条件的不同,例如全年中有半年以上的气温在 15 ℃以下,加以在冬季日照短,这些不利于凤眼莲生长。而凤眼莲需 15 ℃以上,及较长光照的条件下才能旺盛生长。这样在我国的北方就不适宜用凤眼莲作为污水处理与利用生态工程的主要环节。而需另选耐寒、耐污、有强的净化能力,并有一定经济价值的植物,如用水培法来种植芹菜、黑麦草等来代替凤眼莲,吸收转化污水中营养盐和有机质。又如,虽同在南方,有些地区可供养鱼转化凤眼莲的鱼池少或缺,这样虽可用凤眼莲来处理、利用废水,但所生产出的凤眼莲,难以继续转化为商品,而成为次生污染源,造成二次污染。这就得因类因地制宜,另辟凤眼莲转化为商品的途径,如用它作为养猪、鹅、鸭等家畜或家禽的饲料,使生产出的凤眼莲有出路避免二次污染,并有经济效益。又如,我国应用鲢鳙等吃浮游植物的鱼类,防止水体富营养化,转化水中的藻类成为食用鱼,再捕出至市场销售,增加水体中营养盐的输出,促进输入输出平衡,这已是成功的经验。但是在美国,虽然自然条件也适于养殖鲢鳙,但美国人的习惯是不吃这类淡水鱼,因此,在市场上难以销售,不能成为商品,如存留水体中,不予捕出,难以促进所在水体中营养盐的输入输出平衡,这是与中国不同的社会条件与市场条件所造成的限制,难以应用我们在这方面的成功经验,而需根据当地的市场和社会条件,另辟途径。又如,应用湿地中芦苇作为过渡带,转化地表径流入湖的污水,再收割芦苇作为造纸、编织等原料,这样一些营养盐经芦苇转化再输出有利于促进水体中营养盐的收支平衡,同时由于收割芦苇调整了芦苇的密度,提高其生长率、生产量及净化能力。在欧美一些国家,虽然也用芦苇作为净化入湖地表径流的污染,但由于在他们国家一般不用芦苇造纸,所生产的芦苇往往是自生自灭,不予收割,这样有可能形成二次污染,使得芦苇的生产率、生产量及净化能力降低。这也是由于经济条件的限制,难以应用我国在这方面的成功经验,而应另辟应用芦苇的途径。生态工程是着眼于社会-经济-自然生态系统的整体效率及效益与功能,将各种单一的、孤立的生物环节、物理环节、化学环节和社会环节,第一、二、三产业及其中常规适用技术,优化组合,纵连横结,以生态建设促进产业发展,将生态环境保护融于产业工程及有关生产之中。而非单一产品、部门、单种废弃物和单一问题的解决。由于各地的自然条件、废弃物种类、数量、经济状况、市场需求及社会条件并不全同,因此这种组合不能生搬硬套某个地区的成功经验,而需根据所要进行生态工程地区的自然条件(如气候、地形、地貌、可供生态工程的土地及水体的类型、面积和体积,植被的状况等),经济条件(可能的投资、物力、产品的市场及其潜力等),社会状况(如体制、文化、有关的方针政策、社会习惯等),因地因类制宜优化组合才能达到资源得以充分利用,变废为宝,以经济效益解决环境问题、人与自然高度和谐,财富、人与生态系统的健康,以及文明的辩证统一。

4.1.2 生态学原则

西方的生态工程设计原理主要根据自我组织理论,以回归自然为主,人为的干预仅是提供系统的一些组分间匹配的机会,其余则由系统本身的自我组织、自我调节去完成。而中国生态工程的设计,则是根据生态工程的整体、协调、自生及再生良性循环等理论以及"天人合一"的中国传统人类生态观等原则,多方面人为干预,按预期目标,因时因地制宜地调整复合生态系统结构和功能;联结原本无直接联系的不同成分和生态系统形成互利共生网络;分层多级利用物质、能量、空间、时间;促进系统良性循环,以达到经济、生态和社会的综合效益,不只是单项效益。

4.1.2.1 适当输入辅助能的原则(Principle of suitable input of subsidiary energy)

无论中国的生态工程,还是西方的生态工程,主要能源均是太阳能。而适当地输入辅助能,建立辅助能流路线,可以人为改变生态系统的网络结构,增加反馈机会,提高生态系统主要能流途径的效率,同时,也可以获得多种经济产品。由于,中国和欧美发达国家实施生态工程的目的不同,所用的辅助能也有所差异,在西方国家以化石燃料或电能为主,劳力投入较少;而在中国,主要靠人力投入,所耗化石燃料或电能很少。

4.1.2.2　再生循环及商品生产原则(Recycle and merchandise production principle)

西方生态工程以环境保护为主,虽然也应用与发挥再生与循环的作用,但一般不注重生产商品或可利用的原料,即使生产一些,也非绝对必要的。中国生态工程的目标是同步取得生态环境、经济和社会 3 方面效益,故通过再生循环,不仅要求迁移、转化、去除一些内源和外源的污染,而且要依靠再生与循环尽量高产、低耗、优质、高效地生产适销对路的商品或可利用的原料,化废为利,收到经济效益;且参照市场状况,废物(污染物)转化后的一些物质适销对路或能为另一生产环节所用,输出的途径有保证,且畅通。当一个生态系统中积累过多的某些物质时,如有机质、氮、磷等,生态工程要求开始时输出大于输入,即增支节收,降低过量的积累,防止二次污染,待该生态系统中物流及循环的各环节间的物质通量间比量协调后,再调整输出量,保持物质的输入与输出平衡。同步收到生态环境及社会效益。

4.1.2.3　生物多样性原则(Biodiversity principle)

中国生态工程中,生物多样性往往是高的,因为要求充分利用各类生态位和多层分级利用物质,就必须保护与增加生物种类。而在西方由于目标单纯,生物多样性往往较低。现在西方正吸收中国在这方面的经验,在生态工程中注意保存与增加生物多样性和食物链网的复杂性。

4.1.2.4　环境的时间节律与生物的机能节律原则

环境因子与生物的机能都不是一成不变的,这种变化规律十分明显,对环境因子来讲这种方式称之为环境因子的时间节律,对生物的机能变化称之为生物的机能节律或称为"律动"。

（1）环境因子的时间节律原则(Principle of environmental temporal rhythm)

自然环境因子中分为周期性因子和非周期性因子。由于光照的周期性变化,地球上温度、湿度、降水等因子随着时间变化而不断改变,对于一年的变化动态称之为年周期,每个不同月份的变化称月周期,每日的变动称之为日周期,另外还有季节变化。这种周期性的变动在不同生态系统中是不一样的。这种变化称之为环境因子的时间节律。在生态工程设计中,应当充分考虑这种时间节律性。

（2）生物的机能节律原则（Principle of organism functional rhythm ）

生物的机能节律也称之为律动,这种机能节律与环境因子的时间节律有着密切的关系,生物机能节律也分为年周期、季周期、月周期和日周期。

① 日周期　很多生物的生命活动显示出 24 h 循环一次的现象,称之为日周期。比如,植物的光合作用就具有明显的日周期变化。也有人再将日周期分为昼周期与夜周期,统称为光周期。比如,大森林中一些昆虫日间活动,食虫鸟也大多在日间活动,一些肉食性鹰、鹞也在白天活动与采食;一些鼠类、蚊虫、蛾类则在夜间活动,一些以这些小动物为食的猫头鹰、蝙蝠则在夜间活动,显示了日周期现象。一些植物除了光合作用以外,它们的叶子的变化和开花的时间日周期也是十分明显的。

② 月周期　自从古希腊时代人类就发现了月亮的盈亏与动物的生理活性有明显的相关关系。尤其是海洋生物表现的比较明显,因为月的圆缺直接影响着潮汐活动。

③ 季周期（或年周期）　由于环境因子的季节性变化,使得一年中不同季节的温度高低与积温及极限温度、光照强度与光的总量、降水量、风等因子都发生这种周期性变动。虽然年际之间各季节的环境因子绝对值会有一定程度的波动,但是,其总的概率是基本一致的。这种周期性变化使得不同生态系统产生明显的季相变动。比如,光周期对植物的花期有影响,使得萝卜、苜蓿等长日照植物春末夏初开花而一些短日照植物如菊、菸草、猩猩木等则在秋季开花。同时,光周期对动物、昆虫的形态、生殖、变态、皮毛色彩、变换、迁移、休眠、生物钟等均有明显的影响。

以上这种周期性变动我们称其为生物的机能节律。在生态工程种群的选择与匹配过程中合理地利用不同生物的机能节律,与当地环境节律合理配合,就可以做到环境资源的合理利用。一片森林中,猫头鹰夜间活动并以昼伏夜出的小动物为食,而鹰白天活动并以夜伏昼出的小动物为食,这样两种同是食肉类猛禽就可以生活在同一片森林中各得其所。再如在大小兴安岭的落叶松林中,我们可以看到春美草、赤莲等地被植物在早春落叶松出叶以前开花结实,而紫菀和一枝黄花则在晚秋完成其生活周期。它们与主要种群落叶松形成合理的时间节律配合。北方干旱半干旱地区春季干旱少雨,造林成活率极低,而我们如果采取一些技术手段使造林绿化避开这一严酷的时间阶段,改在雨季进行,就可以使成活率成倍数提高。中国科学院石家庄农业现代化研究所在太行山造林绿化生态工程中采取了塑料袋集约化育苗,雨季造林,就取得了成活率 85% 以上的好成绩。

4.1.2.5　生物种群选择原则（Chosen principle of biological population）

　　生态工程是一个目的性极强的工程项目。生物种群选择的原则一般有两条:① 根据生态工程建设的主要目的来选择。所选择的生物种群都要服从这一主要目的。同时,在保证主要目的的原则下应当尽量考虑其他对人类有益的作用,也就是常讲的"多功能"。在同样可以达到主要目的的种群抉择中,要尽量选择兼有其他功能的种群。② 根据工程所处自然环境特征来选择。选定适生种群,这就是常说的"因地制宜",这两条原则并不是主从关系,而是处于同等重要的地位。有些地带以前者居先,像一些生态较好的地区。有些则以后者居先,像一些环境脆弱、恶劣地域。中国科学院太行山白果树生态工程试区,在进行立体林业工程的生物种群选择上,根据当地干旱贫瘠、降雨集中的情况,确立以水土涵养为主,尽量增加林地覆盖率为主要目的,兼顾中短期经济效益,以做到在改善生态环境的同时改善当地山区人民的生活条件。选定了火炬树(兼具美化效益)和兼顾经济效益的果树石榴、山桃、山杏、毛樱桃和中药材山茱萸为主要种群。而排除了在当地经济性状不良的刺槐和没有成林希望的侧柏、油松。

4.1.2.6　种群匹配原则(Population matching principle)

　　种群过分简单,是农田、人工林等人工生态系统稳定性很差的关键原因。目前,复合群体的应用已为很多人所接受并显示出良好的结果。因此,当一项生态工程的主要种群选定后,如何匹配次要种群本身就成为一门技术。可以根据生物共生互生、生态位等原理,选择匹配次要种群,也可以根据中医药学说中"君、臣、辅、佐、使"的相互关系,建造起复合群体。形成互惠共存的群落,这是生态工程效益高低、结构是否稳定的关键。四川黄连农场匹配的白马桑;海南橡胶园中选定的茶树;太行山白果树试区选定的多种豆科牧草;果园中加入的食用菌,都显示了很高的经济效益和生态效益。

　　当然,由于对生物种间关系研究不尽人意,一些种间关系机理还不清楚。因此,这项工作目前很难做到一次到位。但是,随着社会发展需求,人工生物群落中种间关系机理有可能作为一个专门学科来进行研究。届时,将对种群匹配工程产生重大的影响。目前状况下,种群匹配除了采用广泛实验方法选定外,借鉴天然生态系统的组合,"向大自然学习"与总结继承我国劳动人民成功的经验也是可以大有作为的。

4.1.2.7　人工压缩演替周期原则(Principle of artificial shortening successional period)

　　生态系统形成和演替是一个很长的阶段。比如从裸露岩石开始的演替称之为旱生演替,其演替顺序一般是:

$$\text{地衣植物阶段} \rightarrow \text{苔藓植物阶段} \xrightarrow[\text{土壤有机质积累}]{\text{土壤颗粒增加}} \text{草本植物阶段(矮草-中草-高草)}$$

$$\xrightarrow[\text{土壤肥力的增加}]{\text{土层增加}} \text{高草灌木阶段} \xrightarrow{\text{阳性树种侵入}} \text{阳性乔木阶段} \xrightarrow{\text{阴性树种进入}} \text{多层次森林群落阶段}$$

　　这种演替过程是很长的,可达百万年。即使从草本群落阶段开始,也有几个世纪的历史。表 4-1 是美国东部丘陵区次生演替过程。这种次生演替在自然条件下需要经几十年乃至数百年才能发展到顶极群落。

表 4-1　美国东南部丘陵区次生演替过程

主要植物	矮草		草	草＋灌			松林	栎＋山核桃	
演替年龄	1～2		2～3	15～20～25			35～60	150～200	
主要鸟类	(对数/百英亩)								
草蝗麻雀	10	30	25						
草地云雀	5	10	15	2					
农田麻雀			35	48	25	8	3		
莺科黄喉鸟			15	18					
黄胸燕			5	16					
北美红雀			5	4	9	10	14	30	23
似鸫小鸟			5	8	13	10	15	15	
伯兹曼麻雀				8	6	4			
草原莺				6	6				
白眼食虫鸟				8		4	5		
松莺					16	34	43	55	
夏莺					6	13	13	15	10
卡罗拉多鹟鹩						4	5	20	10
卡罗拉多山雀						2	5	5	5
蓝灰 qnatcher						2	13		13
褐头五十雀						2	5		
木京燕							10		3
蜂鸟						9	10		10
有冠小山雀						6	10		15
黄喉食虫鸟						3	5		7
有冠黄莺						3	30		11
红眼食虫鸟						3	10		43
绒毛红啄木鸟						1	3		5
绒毛啄木鸟						1	2		5
有冠捕虫鸟						1	10		6
木画眉						1	5		23
黄嘴杜鹃								1	9
黑白莺雀									8
肯塔基莺雀									5
阿基底捕虫鸟									5

　　生态工程是通过人工建造一个新的生态系统。我国除了个别交通不便的地区外,几乎不存在完整的生态系统环境,在这种条件下一开始就想建成一个标准的生物群落,需要投入大量物质和能量来补充自然环境资源的不

足。"速生丰产林"属于这种类型。这种方法技术上虽可行;但是,这种做法严格受着社会经济发展水平的限制。在我国这类经济相对落后、国土面积大、生态环境不良的状况下,大面积采取这种大量投入的方法是不可能的,也是不合理的。因此,大部分生态工程,只能采取适量人工投入,使人工生态系统本着由低级向高级阶段过渡的办法。就是我们模拟自然生态系统形成演替规律,人工压缩更替周期的方法。尤其是在我国广大干旱半干旱地区、严重水土流失地区、贫瘠荒山丘陵地区、盐碱化严重地区、沙化地区、干旱草原区进行生态恢复林业工程建设,就不能以过去所做的那样,一律建造以高密度乔木为主的林分。可以根据环境资源现状,以抗性较强的先锋树种或抗旱灌木、牧草建成第一期工程,利用生物对环境的改良作用,提高当地的生态位。然后再进行第二期生态恢复工程。现在许多地方不死不活的"少老树",砍又不敢砍,生长又处于停滞状态,这种局面完全是由于不考虑环境资源,盲目营造造成的。假如,一开始用旱生的拧条、胡枝子、沙棘、沙打旺等豆科植物进行第一期工程,它不但具有抗风沙的作用,同时又改良了环境,增加了土壤肥力,在此基础上再引入乔木树种形成疏林结构,形成一个乔、灌、草结合,用养互补的高效工程是完全可能的。这种做法虽然慢了一些。但是,总体来看却是稳妥而高效的。

4.1.2.8　种群置换原则(Principle of population alternatives)

自然生态系统的生物种群是野生自然种群,这些复合群体的群落组成是经过长期的种间斗争逐渐达到和谐与平衡的。而生态工程是要建造高效的人工复合生态系统。在种群选择上就要本着以人工选择的组分代替自然种群,以结构的人工合理调控代替种间种内竞争,从而减少耗损。比如,以豆科作物、豆科牧草或中草药植物代替地被物,以经济灌木或小乔木组成下木,以食用菌代替腐生性低等生物等等,人工控制株行距,减少竞争,这样建成的生态系统就会既具有自然生态系统的物种多样性又可提高系统的经济效益。这种利用习性相同的生物之间的选择与置换来建造新的生态系统的方法,虽然刚刚起步,但可以预料随着生态工程科学的发展,将逐步完善与成熟。

4.1.2.9　经济效益原则(Economic benefit principle)

在西方,生态工程的价值,往往是自然环境保护和自然景观的美化,而少或无市场价值与直接经济效益。中国生态工程的价值是实利,在净化与保护的同时,往往还要产出一些商品,如农、牧、水产、林、副业及工业等商品。有直接的利润和经济效益。

4.2　生态工程设计路线

4.2.1　生态工程设计的逻辑准备

生态工程设计程序框图如图 4-1 所示。

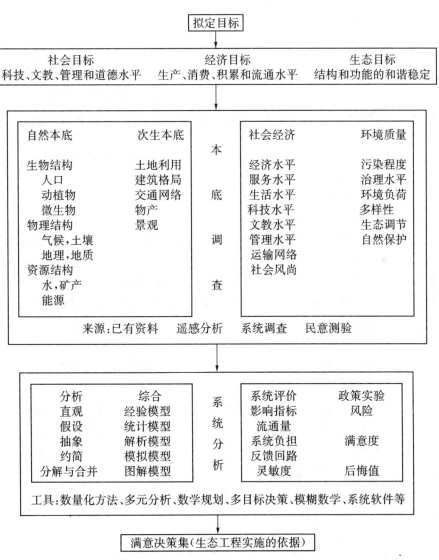

图 4-1　生态工程设计程序框图(引自马世骏 1984)

4.2.1.1 拟定目标

生态工程的对象是自然-社会-经济复合生态系统,是由相互促进而又相互制约的3个系统组成。因此,任何生态工程设计必须强调复合生态系统的整体协调的目标,即自然生态系统是否合理,经济系统是否有利,社会系统是否有效。同时,根据当地的条件,强化某个系统的目标。

4.2.1.2 背景调查

因地制宜的基础是生态工程实施区的背景条件,只有正确了解和掌握该地区的社会、经济和环境条件,才能充分发挥和挖掘当地的潜力,达到事半功倍的效果。

（1）自然资源条件

自然资源包括:生物资源、土地资源、矿产资源、水资源等。在我国海岸带,有充足的土地资源和比较丰富的水资源,而生物资源和矿产资源严重不足,该地区的生态工程在拟定目标时就必须考虑增加其生物资源的量,或引种新的经济品种,或开发该地区存在的,但资源量不足的,有经济潜力的品种。在热带地区,有丰富的生物资源,但土地资源相对不足,为此,必须在生物资源的开发上寻求生态工程的突破点。

（2）社会经济条件

社会经济条件包括:市场状况、劳动力及其知识水平、经济实力等。生态工程是多产品、多途径的具有网络结构的工程,在将单个生产技术组装的过程中,具有较大的灵活性,因此,可以根据当地市场、经济实力和劳动力水平,甚至管理层的知识水平,进行生态工程组装。可以以某个经济前景和市场效益好的产品为龙头,其他产品为辅助的格局,形成系列产品和规模效应,获取较大的市场份额和良好的经济效益。

（3）生态环境条件

生态环境条件包括:气候条件、土壤条件、污染状况等。生态工程的基础是生态系统,生态系统的中心是生物种群,而生物种群的存活、繁衍和生长均受到生态环境条件的制约,因此,生态工程的实施效果与我们掌握的生态环境条件有密切关系。存在污染的地区,便不能发展有机食品,除非污染被彻底治理。

调查资料和数据要具有:外界的输入状况、系统的组成及其状态、组分之间的物质、能量和信息的流动、系统的输出以及与外界的货币、物质等因子的交换等等。然后,从庞杂的数据中,进行抽象和简化,去伪存真,筛选出少量信息量大而又易于操作的关键因子。

4.2.1.3 模型分析与模拟

根据拟定的目标和收集的数据,构建合适的数学模型。通过模型的运算,评价所选的模型类型和数据集是否合适,在模型和数据集合适的基础上,通过运算,找出关键组分和关键因子,找出系统各组分间的物质和能量的流通规律以及流通率变化对系统的潜在压力和影响效应,找出组分的灵敏性和系统平衡及稳定能力,找出反馈作用的强度和效应等等。结合定性研究,评价和分析系统的整体行为特征和发展趋势,并进行综合评价。

4.2.1.4　工程可行性评价

生态系统模型提供了复合生态系统的静态特征和动态变化性质,是生态工程可行性分析或决策分析的基础。通过可行性评价和决策分析,可以为管理和政府部门提供在不同社会、经济和自然资源条件下,生态工程实施的多条途径。从而,使经济效益、生态效益和社会效益达到最高,复合生态系统稳定性和存活进化的机会最大,系统恶化的风险最小等等。

4.2.1.5　生态工程设计的科学基础

(1) 多学科性

打破学科界限,将自然科学、工学和社会科学紧密结合起来。生态工程学家应该既是自然科学专家,又是熟悉社会科学和工学的多面手。或者能将熟悉自然科学的专家、工学专家和社会科学的专家有机、有效地组织起来,进行系统的研究。

(2) 多目标性

摒弃传统的单目标、单向的思维方式,进行多目标、多层次和多属性的分析研究和决策。

(3) 整合性

针对复合系统内存在大量的不确定因素、取得完整数据的艰巨性和大规模、长周期的特点,必须突破传统的定性数学和统计数学的束缚,采用宏观、微观相结合,定性与模糊相结合的手段,开展研究。

(4) 整体性

要着眼于系统和亚系统的综合特征,而非系统组分间的细节分析;重在探索系统的整体结构、功能的行为,而非其数量的绝对变化。

4.2.2　技术路线

4.2.2.1　建立互利共生网络

西方的生态工程基于生态系统的结构和功能取决于强制函数的理论,在生态工程技术路线上着重强调调控强制函数(外因),如控制污染源,以改变系统的输入与输出。中国生态工程的技术路线,基于整体、协调和内因与外因关系等理论。即生态系统是多种成分相互制约、互为因果综合形成的一个统一整体,每一成分的表现、行为、功能及它们的大小均或多或少受其他成分的影响,往往是两种或多种成分的合力,是其他成分与他的因果效应。而作为一个生态系统的行为和功能是各组分构成一统一有机整体时才具备的,它并非各组分的行为、功能的简单加和或机械的集合。如各组分间结构协调、组分间比量合适,整体功能将大于各组分的行为、功能的简单加和;反之,结构失调、比量不合适,前者将小于后者。生态系统内部结构和功能是系统变化的依据,物与能的输入与输出等强制函数是系统变化的条件,强制函数要通过生态系统内部结构和功能,使系统发生变化。因此技术路线是着重调控系统内部结构和功能,进行优化组合,提高系统本身的迁移、转化、再生一些物质和能量的能力,对太阳能的利用率及自净作用与环境容量,充分发挥物质生产潜力,尽量充分利用原料、产品、副产品、废物及时间、空间、营养生态位,提高整体的综合效益。而对强制函数的调控是次要的,仅作为保证与改善系统的稳态和生态平衡的条件。

将平行的原本不相联结的种,食物链生态系统的联结、形成互利共生网络,提高效率,促进物质的良性循环。这类方法的典型例子很多,如前述的鱼鸭混养,稻田养鱼,稻田养蟹,基塘系统(桑基鱼塘、草基鱼塘、菜基鱼塘、果基鱼塘、林牧复合生态系统、林农复合生态系统等)。

稻田养鱼(或蟹):鱼、稻或蟹、稻本为平行的不相联结的两个种,各自原属不同的生态系。但在稻田中加入一些鱼如草鱼、鲤鱼、青鱼、鲫鱼、罗非鱼等的鱼苗、鱼料,使稻、鱼等同生活在稻田生态系统中,二者相辅相成,相得益彰,能动地发挥鱼、稻互利共生作用,形成网络。在这一共生生态系统中,主要的非生物因子有光、水、水温、CO_2、pH 值和一些无机营养盐,生物因子中初级生产者主要有水稻植株,一些杂草包括有根植物、大型和小型漂浮植物和藻类。它们均通过光合作用和呼吸作用参与碳及氧循环。消费者种类和数量众多,如浮游动物(原生动物、昆虫、甲壳类),底栖动物(软体动物、寡毛类、甲壳类、水生昆虫等),鱼类(泥鳅、黄鳝及人为放养的鱼种)和水稻害虫及其天敌,以及许多鱼苗的敌害动物。本来,一些鱼并不生活于稻田中,与水稻无联系,但在人的意识定向地控制和调节下,将一些草食性、滤食性和杂食性鱼的鱼苗放养在稻田中,使这一稻田生态系统结构有所改变成为稻鱼共生网络,物质流和循环及能量流转更为合理。减少了杂草对肥料、阳光等竞争。据一些调查资料,未养鱼的水稻田中杂草,虽经三次中耕除草,到割稻时田中杂草量可达每亩 30 kg~435 kg 之多,水稻减产10%~30%,在稻田中放入草鱼苗,它们摄食杂草,从而减少了杂草与水稻争肥、争光,促进水稻增产,首先起了减耗作用。一些滤食性鱼及杂食性鱼摄食田中浮游生物,底栖动物,它们将一些本无经济价值不能直接为人利用的这些源转化为商品鱼,又起到了生产环的作用,增加稻田的经济收益,同时鱼在稻田中排出大量粪便,一尾体长 6 cm~12 cm 的草鱼种,日食量相当其体重的 52%,排粪量为吃草量的 72%,如中稻田养鱼饲养期 110 天,密度为每亩 400 尾,则每亩稻田鱼类可达 176 kg,这些粪肥中含丰富氮、磷,增加了肥源,又起到增益作用。

桑基鱼塘:在我国有悠久历史的一种基塘联系的模式。本来,桑基与鱼塘是不相联结的水、陆两类不同生态系统。但在人为定向调控下,将这两类平行的原本不联系的生态系统连接成互利共生网络,桑基的落叶,桑葚以及以桑养蚕后,蚕的粪便,缫后的蚕蛹作为鱼饵投入鱼塘。鱼塘中的底泥,其中含有丰富营养元素和有机质,包括鱼类的粪便,每年清塘时被移出送到桑田作为肥料,而形成一些营养元素在桑田和鱼塘两生态系统间的小循环。

4.2.2.2　延长食物链

在一个生态系统或复合生态系统中的食物链网或生产流程中,增加一些环节,改变食物链(或生产流程)结构,扩大与增加系统的生态环境及经济效益,以发挥物质生产潜力,更充分利用原先尚未利用的那部分物质和能量,促使物质流与能量流的途径畅通,此即称之为加环。

在一个自然生态系统中,物质的迁移、转化、分解、富集和再生等主要通过多级的营养结构,生物有机体不仅建立起彼此相互联系、相互制约、互为条件、互为因果的食物链、网,而且各种生物有机体在其生境中形成特定化,在生态系统中占据特定的生态位(空间位、时间位、营养位),并按照各种生物在营养上的特定需求,形成对生态系统中的各类物质的分层多级利用和物质循环。这是能够持续地、充分地利用空间、时间、物质的关键。

但在农业、养殖(包括水产)及工业生产中,往往为提高单一产品的净生产量,其食物链(工艺流程)常是较短的,且较简单。但是分析一下可以看出,单纯的单项产品生产量的提高并不就是整个系统效益提高,许多空间、时间及副产品、废弃物的利用不够充分。例如在农田生态系统中,其作为生物生产量提高100%,而可供人直接需用的产品不过增加20%,因为在作物的生物生产量中地上部分约占60%,40%的地下部分未直接利用;而在地上部分秸秆等副产品占50%,生产品仅占50%;而在生产品中,可供人们直接食用的部分仅占生产品部分的65%~70%,而副产品占30%~35%,供人类直接食用的部分仅占该作物生物生产量的20%左右,其余80%未被高效的利用。经济效益也不高。如能增加一些环节,改善物流过程的结构,加工利用某些副产品或废物。如以生产玉米的副产品玉米芯生产木糖醇或糠醛,其残渣培养食用菌,培养食用菌后残渣再培养蚯蚓、蚓粪再作为优良有机肥还田;秸秆经微生物发酵提高蛋白质含量,降低不可消化成分,再作为饲料,饲养草食性家畜、家禽、鱼等,其粪便用于生产沼气作为能源,沼液沼渣生产有机无机复合肥,作为商品肥回归农田;在田中增加菌肥,促进留于田内地下的残根分解,提高地力。这些所增环节,通过加环提高了整体的经济效益和生态环境效益。又如在池塘的单一品种养殖的鱼塘中,由于它们的食性、栖息习性及生长旺季均较单一,它不喜栖的水层及该种鱼不食的许多天然饵料及在它不能快速生长的这些空间、时间饵料资源未被充分利用,这样增加经济效益的潜力未被充分发挥,资源浪费。我国传统的池塘混养的综合养鱼,在单一种类养殖的水体中增加不同食性、栖息不同水层的鱼类,使一个塘内的空间、垂直的空间被充分利用,各种饵料资源也被充分利用,这样通过加环,充分利用空间生态位、营养生态位,获得高的经济效益。

在生态工程中,加环是一重要方法。根据加环的性质和功能,可以将它们归纳为5类:

(1) 生产环

所加入的环,可使非经济产品或废物(或部分用非经济产品与废物)直接生产出为人利用的经济产品,例如利用有机废物(如畜禽粪便,棉籽壳,木糖醇渣等)培养出食用菌,利用无毒的有机废水,采用无土栽培的方法,水培蔬菜或花卉,既处理净化了废水(渣),又生产出商品。

(2) 增益环

所加之环,虽不能直接生产出商品,但可加大或提高生产环的效益。例如利用无毒的有机废水种植凤眼莲、细绿萍等植物,处理与净化污水。处理后达到养殖要求的水及所生产的青绿饲料虽然不是商品,但可用这原本不能养鱼的水去养鱼,凤眼莲、细绿萍可作为饲料饲养家畜、家禽、养殖鱼类,节约商品饲料,降低成本。对养鱼、家畜养殖,这些生产环是有利的。

(3) 减耗环

在食物链网中,每个环节均是生产者,但统统又是上营养级的消耗者,其中有些环节生产的产品对人无用,反而过度损耗上一营养级的资源,如农田害虫、害鼠等,此为“损耗环”。但在“损耗环”上增加一新环节,或增大原有的环节,使之抑制和削弱减耗环的作用,此种加环即减耗环。如用三叶草套种在白菜行间,可使白菜甲虫数量降低90%,而只要行距合适,白菜并不减产。

在棉花田中间作油菜起到了控制棉蚜虫的效果。因七星瓢虫是棉花蚜虫及油菜蚜虫的天敌,在棉田间作油菜,以它作为油菜蚜虫的寄生植物,油菜蚜虫成了七星瓢虫的饲料,促进七星瓢虫的繁殖,七星瓢虫数量大增时,棉蚜开始发生,大量七星瓢虫从油菜上转移到棉株上,吃食棉花蚜虫,削弱棉花蚜虫,控制到危害水平以下。许多人为培养的害虫天敌加入田间,均为减耗环。

(4) 复合环

所加之环,往往起到上述各环的多种功能,例如在一些农、林生态系统中,引入蜜蜂这一环节,它不仅可将原本分散在各植物的花中之花粉、花蜜,经蜜蜂转化后,生产出有经济价值的商品蜜、黄腊、蜂王浆、蜂胶、花粉等,起到生产环作用,而且由于蜜蜂传媒授粉作用,使很多作物增产,如可使棉花的皮棉增产20%,油菜籽增产18%左右,梨、苹果分别增产30%~50%及20%~47%,起到增益效果。又如在一些鱼塘中增加养鸭(每亩以20~30只为宜)这一加环,进行鱼鸭混养,生产的鸭是一商品,该环有生产环功能,同时鸭摄食投饲的饲料时,泼溅浪费较多,每只鸭每日泼溅的饲料为 29 g~37 g,约每日饲量的 10%~20%。这些泼溅至鱼塘增加了鱼的饲料。另由于鸭的消化道短,仅为其体长的 3.3~4.7 倍,故其口粮中仅有 37%(干重)的饲料被它利用,其余随粪便排出,鸭粪中含 26.2%(湿重)的有机质,其中绝大部分是未被鸭充分消化的饲料,它们含有 C,P_2O_5,N,K_2O,Ca 分别为 10%,1.4%,1.0%,0.62% 及 1.8%,不仅可作为如罗非鱼的直接饲料,还有肥水及增加鱼塘中鱼类天然饵料的作用,该环又起了增益环的作用,同时,鸭在鱼池中可摄食一些对鱼有害的水昆虫及有病的和活动力差的鱼种鱼苗,又起了减耗环的作用。

(5) 加工环

严格说加工环不属于食物链网的范畴,但它与系统的输入与输出关系密切,直接决定着不同系统的功能,对经济效益,生态环境及社会效益有很大影响。目前农业、林业生态系统产品输出,多以原粮、毛菜、水果等形式输出,产值低,输出物中一部分如留在系统内可参加循环,节约成本,减少物质和产量损失的部分,但输出后却成为废物,使垃圾增量,是无效输出。例如毛菜,其中不可食部分,菜根、豆荚或边上老叶等,约占毛菜量的 20%~40%,这部分输出到消费者厨房,变为垃圾,如按一个中等城市日输入消费毛菜 50 t~100 t 计,则将增加有机垃圾 10 t~29 t,一年为 3 600 t~7 200 t 的垃圾增量,在运输过程中,从产地到市场,再从各家各厂垃圾桶到城市垃圾堆场,增加了很多无效的运输量。如果增加加工环,在原产地将毛菜变为净菜上市,不仅可使城市垃圾减量,减少了很多无效运输量,而且这部分在城镇居民家中变为无效部分,可在蔬菜生产基地,再加工变为饲料,或生产沼气的原料,然后这些加工的产品可增加经济收益,而且加工的废物(如畜禽粪便、沼液、沼渣)又可就地作为肥料还田。参加原系统的物质循环,减少商品肥料的输入量和能量的损失量,降低成本。

另外增加加工环,不仅深度加工增加产品产值,而且它联结或扩大了食物链,促使另一些生产环、增益环、复合环的联结。例如,玉米芯原来作为燃料,或作为肥料还田的。但增加了以玉米芯作原料生产木糖醇,每 10 t 玉米芯可生产 1 t 木糖醇,玉米芯产值约为 140 元/t,而木糖醇约为 5 万元/t,产值提高 35 倍,通过这一加工环联结培养食用菌、培养蚯蚓、生产有机复合肥等生产、增益、加工环,同时增加经济效益、生态环境效益(多层分级利用、减少污染、促进良性循环),增加了一些劳动就业机会,提高人民的经济收入。同时玉米粒也可通过加工环充分利用,增加产值,如以玉米粒为原料生产玉米淀粉、葡萄糖、葡萄糖内酯等。玉米秸秆加工为建筑材料的纤维板,深度加工提高了产值,它们的废水、废渣又联结上光合细菌、水培蔬菜和青绿饲料以及养殖等许多环节。

4.3　生态工程设计示范

4.3.1　洪泽湖环境管理生态工程设计

4.3.1.1　设计的逻辑准备

自然界是个生命生生不息的与物质循环不已的再生系统,环境是人类和生物生存的空间,在此空间内充满着多种不同结构和运动状态的物质,其中包含有生命的有机体和无生命的无机物,有人类赖以生存的水、气、光和营养物等基本因素,亦有侵害人体健康的生物和非生物,彼此结合或相互排斥。人类在长期进化的过程中,一方面产生了适应环境变化的生存机能,同时人类活动亦不断地作用于环境,受人类影响的环境又反转来作用人类。所以,人类与其生活环境是个不可分割的网络体。随着人类活动范围的日趋广泛,人类与环境之间的作用与反作用,亦相应突出。例如人类滥用自然资源,污染环境,破坏生物与环境之间存在的相对平衡,因而遭受自然惩罚,是不可避免的自然生态规律。所以,要解决现代的环境问题,则涉及社会经济结构,科学教育文化水平,乃至人类的心理状态等一系列因素,其中有有序的和可计量的确定性变量,亦可能是无序的和非确定性的随机变化,甚至涉及本国的某些经济活动状态,这就是当前环境问题的社会经济学特点。

分析人类与自然环境相互关系的发展历史,可能有助于我们认识当代环境问题的实质。原始人类生活于大自然中,依赖自然提供必需的生存物质,为了生存必须在自然生物环境系统中占据一定位置,因而产生适应自然以及对自然进行有限斗争,以取得基本生活物质的本能,这个时期人类从属于自然,可称为自然开放型生活阶段。当人类掌握了一定的科学文化知识后,运用科学技术,可以有限度地改变自然进度,或者把总结经验中认识的自然规律,运用于生产,通过再生产以扩大利用自然的效能,这个时期可称为开放型半自然生活阶段。近代人类由于科学技术高度发展,以及人们物质生活水平不断提高,尤其是一些社会经济高度发展的国家,垄断资本家经济欲望的无限膨胀,忽视了人类对自然环境的依存关系,对自然资源采取掠夺利用,并企图运用现代科学技术成就,塑造封闭式生活系统,以致破坏了自然系统的调节与再生机能,使自然资源濒临枯竭,环境遭受污染,造成危害人类生存的"生态危机"。

从人类与自然环境关系的变化历程,可以说明人类在进化过程中形成的特性,是适合大自然的变化规律的结果,人类今后的永续生产生存亦必须保持自身与自然的一定协调关系,按照自然规律,运用近代科学技术去改造自然,模拟自然,进而扩大对自然资源的利用,以提高人类的生活水平,否则破坏人类与环境之间的生态规律,则将不可避免地受到自然惩罚。地球表面适于人类和生物生存的空间,即通常所说的生物圈,是一个不断进行物质循环和能量交换的大系统,具有一定限度的调节控制机能,并不停地进行生产-分配-分解-再生产过程。人类在自然大系统中,开始时只参与部分物质分配和能量转化过程,后来,随着科学技术的发展,人类对自然系统的影响逐渐扩大,在生产与分解过程中已表现出有限度的作用,这就是人类在大自然系统的物质代谢过程中,主要有别于其他动物之处。

　　包括人类在内的生物与环境之间的基本生态规律大致可归纳以下 4 个方面:① 作用与反作用。即物质输出与输入的平衡规律。按此规律取之于环境的物质必须相应给予补偿,方能使环境保持永续的再生潜力。反之,过多的取之于环境必然受到环境制约,至于作用与反作用之间的强度差异以及其时间分布,则视整个系统结构的复杂程度,原来具有的物质储备及其转化效率而异。一般说来,物质储备多和生命力强的系统,对外界环境变化的适应性亦较大。② 排斥与结合。即对立和统一规律,是存在自然界生物群落中的普遍现象。运用此规律,可以保持生物群落结构的数量平衡,或促使其定向发展。弄清楚人与生物以及生物科学间排斥与结合关系,可作为定向修补生态系统或建立新系统成分的依据。③ 相互依赖与制约。即反馈转化规律。构成食物链的物种成分是相互依赖和相互制约的,环环相扣,构成种间平衡关系,一个物种在有限空间或有限资源的约束下,不能无限增长,反馈作用使其达到一定数量水平后,降低增长速度,所以数量极限规律亦是说明一个物种与环境之间保持相对平衡的机理。④ 物质生生不已和循环不息的再生。即互生规律,亦可称为物质循环代谢律。自然系统所以能保持生命力,不停地产生新的生命,则是物质在系统内不同层次之间所进行的代谢循环,不停地使死亡的旧物质转化为新物质的再生原料。此种功能正常进行的机理,则依赖于系统结构与功能的相互适应和亚系统之间的协调。以上机理共同构成自然系统各成分之间相生相克的复杂关系,宛如构成网络的多种网节,交织而成不可分割的整体,其中包含多种性质和范围大小不一的协调机理和平衡关系,如结构协调,层次功能协调,结构与功能之间的协调,以及物质输出与输入的平衡等。不同的因素,即自然生态因素和人为的社会经济因素,事实上两类因素的作用又互为因果,社会经济高速度畸形发展破坏了自然生态平衡,而环境质量及自然资源遭受摧残后,反转来则影响社会经济的正常发展,造成恶性循环。从表面看来,高速度发展社会经济,似乎是不可避免地要破坏自然。但在近代科学相互渗透的现时,已发现自然科学的若干理论与社会科学的某些原则可以相互运用。生态学和经济学的关系正是如此,一方面,在精确的经济学分析中不可能考虑生态学过程,同时二者之间有许多可比拟的共性,大致列举如下：例如生态系统中结构与功能的协调规律，可以运用到社会经济建设中去，改进社会经济的结构及效能，并据此模拟物质循环生产的自控系统。另一方面，以经济学法则去阐明自然生态的物质与能量交换现象的生态平衡的最佳结构，可以加深对自然生态现象的认识，使其更加条理化或有序化，并进而提高生态规律在人口问题，工农业建设和解决自然资源利用等当前国际重大社会问题的作用，达到既发展了社会经济又保护了环境质量。

上述逻辑准备不仅对洪泽湖的环境管理是必要的，对其他的环境管理工程也是非常重要的。

4.3.1.2　洪泽湖蝗区调查

洪泽湖属淮泗冲积平原，11 m 水位时，面积 1 200 km²，海拔多在 50 m以下。由于湖水在一年内变化不定，在沿湖 12 m～13 m 等高线地带，不能经常开垦种地，仅在较高坡地播种一季春作物，或干旱年份时，偶尔播种一些秋季作物。在大雨或湖水汛期，高地间和沙岗的积水，无法排出，造成内涝。水退后，因人力、畜力不足或工具性能不良，不能对内涝地区进行耕作。这些地方都是适合蝗虫发生的地区，约 140 万亩。洪泽湖区域，飞蝗一般每年发生两代，但当环境适宜时，可发生三代，即其虫口保持在一定水平时，有短期内大爆发的可能。群居型一、二龄跳蝻常集中在植株上，二龄以上者在裸地或矮草地上形成蝻群进行群居生活，龄期愈大聚集习性愈显著。蝻群是逐渐形成的，数十头集合形成小群，许多小群汇合为大群。群居型飞蝗能结队高飞远迁，扩大危害区域。通过对蝗卵发育与温度、蝗卵发育与水分、蝗卵耐干、蝗虫繁殖、飞蝗天敌及地面植被作用等研究，发现食料、天敌作用和水热条件，特别是涝旱的季节变化，对蝗灾的发生起关键作用。当食料丰富、天敌作用小和水热条件适宜时，飞蝗数量暴增，形成灾害。

4.3.1.3　生态工程设计

洪泽湖区是我国历史上水、旱、蝗三大自然灾害频繁发生的重灾区，解决洪泽湖区蝗害必须与水旱灾害同时考虑。以解决水旱工程设置为前提，稳定水旱面积的变化，把过去时涝时旱适合飞蝗繁殖的不稳定地带，改造成适合种植水旱作物的农田，杜绝飞蝗繁殖，以历年用于药杀飞蝗的费用，变为生产投资，提高当地人民生活水平，进一步发展水产，农业，芦苇及进而有计划地完成洪泽水产区的生态环境管理和社会经济建设。为完成该目标，其生态工程设计如图 4-2所示。

该模型包括 5 个系统，即居民生活区，农业生产区，工业生产区，自然生态系统区和蓄水库，每个系统中都包含物质代谢，能量变换和综合利用过程，以及可再利用的"废物"。连接 5 个系统的物质流与能量流，使其成为一个网络整体，它不仅可把"废物"变成再生产的原料，同时在能量和气体交换等方面亦将起到相

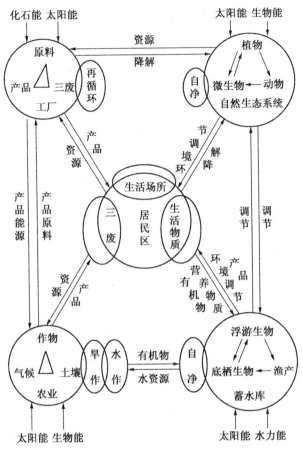

图 4-2　我国洪泽湖湖区的改造工程模型(引自马世骏 1981)

互调节与补偿作用。在生态系统发育过程中,有两个具有经济学意义的阶段,即系统净生产力的最高阶段及整个系统相对稳定的平衡阶段,此二阶段都包含结构与功能的相互协调和物质与能量的适合于经济原则的分配机理。在简化的最佳结构基础上,加速物质周转和能量转换效率,以提高系统净生产力,是工农业生产管理应该模拟的功能过程。协调结构与功能,使系统内物质流与能量流在代谢过程中保持稳定平衡,则是环境保护工作应该塑造的模型。洪泽湖生态环境管理工程设计的社会-经济-自然生态系统,即工农业社会生态系统的联合体制,则是把上述两个重要阶段结合起来。对于单项工业或农业生产体制的要求是达到最高生产力;对于整个复合系统的要求,则是亚系统之间协调,从而使整个系统趋向稳定。此种类型可称为自然开放系统与人工封闭循环系统相结合的复合系统。展望未来,它可能是高速度发展的经济社会适合塑造的环境管理模型。

4.3.2   污水资源化生态工程设计

4.3.2.1   问题

苏州葑门塘河位于该市东郊,长约 5 km,宽在不同河段从 40 m 到 100 余米不等,该河所接纳市区部分生活污水及雨水等地表径流混合水约 1 亿立方米。据 1983~1984 年调查,这些污水的 COD 值为 28 mg/L~55 mg/L,氨氮为 1.76 mg/L~6.70 mg/L,总磷为 0.16 mg/L~0.18 mg/L,还有酚、石油等有机污染物,1983 年未治理前,该河不仅鱼虾绝迹,河水时呈黑臭,且流入独墅湖(面积为 10.19 km²,平均水位 2.83 m,蓄水量 0.133 × 10⁸ m³)后,曾多次造成死鱼现象,且在该湖生产的鱼,因积累较多的酚,有类似煤油的异味,不能食用。

4.3.2.2   生态工程处理

1983 年,在该河长为 3 286 m,宽为 40 m 至 100 余米的河段上,在保障航船航行畅通的前提下,沿两岸及一些河湾处,种植凤眼莲(*Eichhorama crassipes*)43 亩,(1986 年扩大至 100 余亩)以它作为加环与接合点,提供与其中有机质、营养盐、微生物等成分的匹配机会,以期使中断联系或联系不紧的成分,以及该河段与娄葑水产养殖场的养鱼池、畜禽养殖场等原平行的独立的半人工生态系统联结成互利共生网络,疏通河中过多的有机质、营养盐、酚等的迁移、转化和输出的通道,建立生态工程,化害为利,变废为宝。自 1983 年开始,应用污水处理和利用生态工程治理流经该河受污的水,至今连续 13 年,不仅去除了该河之水的大量 COD、氨氮、总氮、总磷、酚等污染物,使出水达到养鱼标准,改善了该河河水及接纳该河之水的独墅湖的水质,避免了该河污染造成死鱼事故及出现所养之鱼具有煤油味的现象。

4.3.2.3   机制

凤眼莲为原生于热带和亚热带的一种速生快长的飘浮植物,它能耐 5 ℃左右低温,如能保持水温在 7 ℃以上就能安全越冬,气温 13 ℃左右时开始生长,25 ℃以上时生长较快,30 ℃~35 ℃时生长最快,39 ℃时仍能正常生长,但水温持续高达 34 ℃时凤眼莲仅能存活 5 h。其叶、茎浮于水面上,叶的覆盖面积很大,故其光合作用不受水和透明度的限制,这为它与同一水体中沉水植物及其飘浮植物竞争,提供了优越条件,其光能利用率可达 3.24%,高于许多陆生植物,它分生能力强,主要靠强大的无性繁殖,在春夏季连续增殖,扩大种群。也可进行种子繁殖。生物生量高,是世界 10 种产量最高的植物之一,在苏州的试验区内实测其年产量高达每亩 60 t(900 t/ha)。它能耐受较高浓度的有机质、氮、磷等污染,并能吸收、转化与贮存大量营养盐,它的干物质含量为 6%~7%,干物质中氮、磷、硫的含量分别为 2.64%~3.50%、0.34%、0.20%,每生产 1 t 鲜的凤眼莲,就从其生长的环境(污水)中吸收、转化、积累和移出 1.58 kg～2.1 kg 氮、258 g 磷、130 g 硫,增加了所生长的水中这些营养盐的迁移、转化和输出量,起到净化污水的作用。同时,凤眼莲与其根系上的微生物在净化污水中起到协同、加成作用,形成互利共生亚系统,凤眼莲本身不能直接吸收与分解绝大部分有机质,特别是有机大分子,其悬浮于水中的根系却为固着微生物扩大了固着基质面积,同时,凤眼莲光合作用所产生的氧,部分通过根系释放,为固着在根系上的微生物改善生活条件,促使它们的种类(菌株)数,现存量和生产量的增加。在1984 年 9 月至 11 月三次调查中,种有凤眼莲区的微生物密度比同期无凤眼莲对照区分别高 6.2 倍、20～30 倍及 30 倍,菌株数达到 70,原生动物等种类达到50 种(表 4-2)。这也比无凤眼莲区的水体内多,且很多种类是污水处理厂活性污泥中常出现的菌落和种类。菌类和原生动物可以直接摄食、分解有机质,一些原生动物还可摄入食用部分细菌,从而调节控制微生物的密度,保障其种群在环境容纳量以内,维持细菌的较高增长率,而微生物分解有机质所产生的营养盐,为凤眼莲所吸收,促进凤眼莲的快速增长和系列繁殖,形成一种互利共生的亚系统。

表 4-2　苏州凤眼莲试验区不同分组(Ⅰ、Ⅱ、Ⅲ)中无脊椎动物及微生物的种类和数量

种　　类	1984 年 9 月			1984 年 10 月			1984 年 11 月		
	Ⅰ	Ⅱ	Ⅲ	Ⅰ	Ⅱ	Ⅲ	Ⅰ	Ⅱ	Ⅲ
Vartciella microstoma	170	14	4.0	90	1.7	2.8	28	14	4.0
V. convalaria	21	+	+	5.5	0.19	+	6.3	2.0	180
Epistylis urceolata	120	2.4	+	30	+	+	15	—	—
E. amethystinus	21	—	—	5.5	—	—	1.3	—	—
Stentor muliformis	12	2.4	2.4	0.4	0.04	0.92	15	+	1.0
S. amethystinus	1.6	+	+	+	—	—	0.33	—	—
Heiophrys fusidens	0.4	—	—	0.85	—	—	0.38	—	—
Lionotes fasciola	1.1	—	—	18	—	—	1.2	—	—
Thylakidium truncatum	1.8	—	—	2.5	—	—	—	—	—
Oxytricha fallax	0.25	0.4	—	+	—	—	—	—	—
Euplotes musciola	2.0	—	—	0.25	—	—	0.65	—	—
Prorodon teres	0.8	—	—	3.5	—	—	—	—	—
Cryclidirem glaucoma	+	—	2.4	+	+	—	+	—	—
Aspidisca costacas	+	—	—	+	—	—	—	—	—
Frontonis leucas	2.4	—	—	+	—	+	—	—	—
Actinorhyrys sol	+	7.2	0.6	+	1.9	0.6	—	6.4	4.0
Actinophaerium eichhorni	+	72	0.5	+	2.6	2.2	+	+	+

表 4-2(续)

种　　类	1984 年 9 月			1984 年 10 月			1984 年 11 月		
	I	II	III	I	II	III	I	II	III
Halteris grndinella	—	64	14	—	2.2	2.8	—	4.8	5.2
Cyclidium glaucoma	—	24	8.4	+	0.4	2.0	—	+	+
Colopoda cucullus	+	—	—	2.8	—	—	2.2	—	—
Parmeclum multimicronucleatum	+	—	—	5.8	0.04	0.3	4.5	1.2	1.7
Paramecium aurelia	+	—	—	—	—	—	5.5	+	—
Spirostomum minu	1.2	—	—	1.1	—	—	—	—	—
Nebela vitraea	0.5	+	—	0.8	+	—	+	+	+
Diffugia giobulosa	0.5	—	—	—	—	—	—	—	—
D. Vitraea	0.8	—	—	2.3	—	—	—	—	—
Pelomyxa palusrris	3.5	+	+	+	+	—	+	+	+
Peranenema trichophorum	1.0	—	—	+	—	—	—	—	—
Bodo edax	+	14	8.8	+	1.6	3.2	+	+	+
Brschionus falestus	2.0	—	—	0.33	—	—	—	—	—
B. capsurorus	+	+	—	+	2.0	0.03	+	+	+
B. calyciflorus	1.0	+	+	1.1	+	0.18	—	—	—
Rotaria tardigrada	0.5	—	—	0.5	+	—	—	—	—
Mytllina ventralis	+	—	—	0.13	+	—	8.0	—	—
Colurella adriatica	5.5	7.2	2.4	20	+	—	—	+	—
Filinia longiseta	—	+	+	+	2.9	0.48	3.0	—	—
Monostyia nuguitata	21	6.4	—	3.5	—	—	—	—	—
Rotaria neptunis	1.0	9.6	0.48	1.2	—	—	—	—	—
Conochilus unicernis	10	0.48	2.4	2	+	+	1.0	+	+
Philodina erythrophthalm	3.0	—	—	—	—	—	0.25	—	—
Keratekka puadrata	—	—	2.4	—	0.08	0.25	—	—	—
Aeilispma hemprichii	0.2	—	—	0.1	—	—	—	—	—
Oligochaeta sp.	—	—	—	0.19	—	—	—	—	—
Nematoda sp.	0.018	—	—	0.08	—	—	0.016	—	—
Chudors sphaericu	0.007 3	—	—	0.003	—	—	+	—	—
Camptocercus retirostris	0.002 5	+	—	+	+	—	—	—	—

表 4-2(续)

种　　类	1984 年 9 月			1984 年 10 月			1984 年 11 月		
	Ⅰ	Ⅱ	Ⅲ	Ⅰ	Ⅱ	Ⅲ	Ⅰ	Ⅱ	Ⅲ
Thermocylops taihokuebsis	−	−	+	+	+	0.048	−	+	+
Total standing crop(g/m^2)	41.4 +0.8	16.0 +0.3	4.92 +2.3	20.1 +0.55	1.61 +0.1	1.58 +0.08	3.1 +0.23	2.84 +0.10	1.75 +0.1
Total number	60.0	13.68	4.06	43.25	2.30	3.00	17.75	0.89	0.70

预处理试验中,以同样的污水分三组:第一组(Ⅰ)内种有凤眼莲;第二组(Ⅱ)无凤眼莲但放有人工基质,在其上移植了从凤眼莲根系上所采集的微生物;第三组(Ⅲ)仅是同样污水,没有另外加凤眼莲及微生物。结果,在 a 组中 COD、总无机氮(TN)及总无机磷(TP)浓度均下降,b 组中 COD 虽下降,但无机氮、磷浓度却上升,c 组中无机氮浓度略有下降,COD 及无机磷浓度无变化。这个试验揭示在净化污水中,凤眼莲与微生物的协同、互利共生的综合作用,大于这些成分孤立时的作用,凤眼莲还吸收水中大量营养物质,且其叶覆盖了大片水面阻碍阳光透入水体,减少水中通透量,从而对所在水体中浮游藻类的生长、繁殖产生竞争性的抑制作用,不仅如此,凤眼莲能分泌一些化学物质(如他感物质)到体外,对鱼类和一些微生物起抑制作用。中国科学院水生生物研究所的研究人员,已对凤眼莲的克藻活性物质进行了多种途径的收集和分离,得 10 余种粗物质,经分析及藻类毒性试验,已鉴定出一种活性成分为硫代二苯基甲基磷,进一步研究还在进行中。水中能为浮游植物所直接利用磷的化学形态是无机态的磷酸盐,其含量往往不足水体中总磷浓度的 5%。而有机磷库转移释放磷酸盐的方式与速度是决定一个水体富营养化及浮游藻类等生产力的重要因素,浮游植物和菌胞外的水溶性磷酸酶能催化磷酸酯类化合物水解产生正磷酸盐,因此,磷酸酶在水体磷循环中有关键作用。Wetge(1991)和 Zerrsno(1991),发现源于水生植物的多酚类物质能以非竞争的或混合型的方式抑制磷酸酶的活性。凤眼莲的克藻作用,抑制了所在水体中浮游植物生长、繁殖,提高透明度,改善水质。有凤眼莲与无凤眼莲试验区内,前者的大肠杆菌的密度远远低于后者,表明凤眼莲对大肠杆菌也有抑制作用。凤眼莲还能生产一些过氧化物酶,能促进酚等环烃的分解,在其根系上所附着的微生物中,也有一些分解酚等环烃的菌株,它们可以大大降低水中酚的浓度,在含酚 $25×10^{-6}$、$50×10^{-6}$ 及 $100×10^{-6}$ 的水中养殖凤眼莲,72 h 后,酚的去除率达 96%(表 4-3)。1984 年,试验期间,从该河段共收获、取出凤眼莲 5 675 t(1984 年后,已达 1 万余吨/年)作为青绿饲料,避免了凤眼莲在河中二次污染,结果,仅 1984 年就净化受污染河水 9 112 万立方米,共去除有机质(COD)500 多吨、磷 4.0 t、硫 3.1 t。使出水达到养鱼水质标准,大大

减轻了对接纳该河河水的独墅湖的污染,以及避免了过去由于水中含酚量高而导致生产的鱼积累过多酚而有煤油异味的现象,成为不用电能或化石燃料能,主要靠太阳能及水力为能源的天然污水处理场。

表 4-3　含酚湖沼水中养殖凤眼莲后,不同时间内的去除率(%)

含酚浓度(×10⁻⁶)	24 h 去除率(%)		48 h 去除率(%)		72 h 去除率(%)	
	试验组	对照组	试验组	对照组	试验组	对照组
25	54.1	5.7	94.13	13.4	96	44.3
50	41.2	8.3	97.95	15.5	96	28.7
100	38.6	6.7	85.9	16.9	96	29.8

以凤眼莲为结合点联结污水河段与养鱼池形成互利共生亚网络:在污水处理河段,凤眼莲迁移、转化并贮存了大量碳、氮、磷、硫等,如不及时收获、输出该水体,而留存河段中将造成二次污染,因此,及时收获与利用这些凤眼莲是一个关键,凤眼莲的利用途径有很多,但研究与应用最多和最有效的有 3 类,即作为饲料、制造堆肥和发酵制造沼气。本生态工程是以它作为饲料,来连接原本平行与独立的污水河段养鱼池,形成互利共生网络系统。凤眼莲干物质中含蛋白质18.2%～23.5%,粗脂肪 5.11%～5.84%,纤维素 20.4%～25.7%,还含有多种维生素和矿物质(表 4-4)。其蛋白质中所含氨基酸,除蛋氨酸和色氨酸略低于饲料标准外,其余皆超过,总的说要超过小麦、燕麦、稻谷、高粱和棉籽粉,可与玉米大豆比美。是草食性及杂食性的鱼、鸭、鹅、猪等的良好的青绿饲料。

表 4-4　鱼饵中必需的及凤眼莲所含几种物质

维生素和无机养分	硫	VB₂	烟酸	VE	VB₆	VB₁	Ca	Fe	P	Mg	Zn	C
鱼饵的含量 (mg/kg)	1.0	6.0	14.4	35～100*	5.4	1.4	12 000～14 000	199.0	6～7	400～500	15～30	<1.5
干凤眼莲中的含量(mg/kg)	5.9	30.7	79.4	206.0*	152.0	12.6	750.0	143.0	9.27	850.0	107	20.3

*　国际单位

娄葑水产养殖场的 500 亩鱼池作为转化、利用凤眼莲的场所,按照多层分级利用的原则,混养了多种生活习性的鱼,其放养结构有喜栖息于水体上层的鲢鱼,中层的鳙鱼,中下层的草鱼、武昌鱼、罗非鱼及底层的鲤鱼、鲫鱼、青鱼,这样充分利用了池塘水体的不同立层(空间生态位),同时利用它们的不同食性,联成食物网,多层分级利用饵料(营养生态位),如投凤眼莲直接为草鱼所摄食,草鱼是极其贪食的,每公斤体重草鱼日可食 1 kg 草,所摄入的草有 60%～70%变成粪便排出,这些粪便中含有很多未消化的物质,可供草食性的武昌鱼、小青鱼及杂食性的罗非鱼、鲤、鲫鱼摄食。我们初步研究每吨草鱼粪便为其他鱼摄食可转化为 0.63 t 鲤鱼、鲫鱼和 0.5 t 罗非鱼及其他鱼类所排出而未为鱼所利用的粪便池中微生物(原生动物、细菌)所食,这些细菌、有机碎屑和原生动物又为枝角类、水蚯蚓、摇蚊幼虫及鲢、鳙所食。有机质为细菌分解所产生的无机氮、磷又为浮游藻类生物提供了营养,增加了生产量,大量浮游藻类为滤食性的鲢、鳙及杂食性的罗非鱼、鲤、鲫鱼所摄食,为它们增加了天然饵料,另一部分为浮游动物和底栖动物(如摇蚊幼虫、螺、蚬)摄食,这些鱼的粪便又被微生物、原生动物及腐食性动物所利用,形成物质的分层多级利用及循环再生。池塘综合养鱼也是一项生态工程,其关键不仅是混养,而且还要有适合的搭配比例和密度,尽可能使所有或绝大部分环节和产品、废物能被后续环节充分利用。当时我们的试验池每亩毛产量 3 700 kg,亩净产量达 2 900 kg(张玉书等,1986),娄葑水产养殖场大面积(500 亩鱼池)应用凤眼莲为青绿饲料,已连续 13 年,大面积(500 多亩)取得年亩产 1 000 kg 以上的鱼产量。其产投比,以投入饵料(包括青饲料和配合饲料)与产出的鱼的净产量(均以鲜重计)比约为 11.9,凤眼莲加上 430 kg 配合饲料,可生产 1 t 鱼,其中草食性鱼类占 36.6%,鱼的增重倍数达 4.92 倍,在鱼毛产量、净产量、增重率、产投比、毛利及毛利率均比过去以苦草作主要青饲料养鱼结果高。因苦草要去几十公里外的其他湖泊(如上海淀山湖)去捞取,草源不易保障供给,且所花劳动力多,成本高,现在就地取材,在渔场附近河道中大量繁殖凤眼莲且其产量高,生产量大,充分保障饲鱼所需,节约劳力、运费、降低了成本;且苦草所含干物质仅 4.855%,干物质中粗蛋白含量 18.56%,皆比凤眼莲低。

这样的组合,通过处理污水河段中凤眼莲,就污水处理与池塘养鱼两个原本平行独立的亚系统连接起来,形成互利共生网络系统,以凤眼莲为主的污水处理河段成为养鱼场的高产、低耗的青饲料生产基地,提供优质、价廉、量足的青绿饲料,且净化鱼池所排出的清洁水源,而鱼塘成为污水处理河段在净化与利用污水的后续部分大量接纳与转化处理污水的重要产品(凤眼莲),防止该河段的凤眼莲造成二次污染。

4.3.2.4　效益

该生态工程自 1983 年建立至今,已连续运转 13 年,处理流经该河河段的苏州城市部分污水及地表径流混合河水达 12×10^8 m³ 以上,处理后水达到养鱼水质标准,大大减轻了独墅湖的污染,环境效益显著。同时,该生态工程处理废水没有用电力,仅在收获与运输凤眼莲时使用一些柴油机船,用了一些柴油。基建费用仅是每年春季投放一些凤眼莲苗,投资少,加上管理与收获的人工,年投资及运转费用约 1 万元~2 万元。全部由娄葑养殖场承担,市政和环保部门未花分文,而该工程已生产青饲料,13 年共达 6 万余吨,保障了该养殖场池塘生产鲜鱼 6 500 t 及独墅湖内 15 000 t 所需的青饲料,增加了产量,降低了成本,该场年值达 700 万元～1 000 万元,其中毛利率达 50%以上,取得了巨大的经济效益。

4.3.2.5 技术关键

该生态工程的技术关键有 6 个方面:

(1) 因地制宜科学设计,保证足够的凤眼莲种植面积。根据流经污水处理河段(或池塘)的进水量、滞留时间、主要污染物浓度及总量、对出水的水质要求、各种主要污染质需降低到的浓度、凤眼莲在当地不同月份生产量及其吸收、降解和转化各主要污染物速率,计算并实施保证有足够的凤眼莲种植面积与密度,才能保障净化污水达到一个预定要求,如果没有科学的设计和计算,任意地、随便地种植一些凤眼莲难以达到预期要求。

(2) 及时调整凤眼莲密度。种群不可能在有限空间内长期持续地呈指数增长,随着种群增长和密度增加,对有限空间及其资源和其他生存繁衍的必需条件的种内竞争也将增加,必然影响种群增长率,当它达到一个环境条件允许的最大种群密度值,即环境容纳量(Environmental carrying capicility)时种群不再增长。而当超过环境容纳量时,种群增长将成为负值,密度将下降。而种群增长率是随密度上升逐渐按比例下降的,种群生态学中有名的逻辑斯蒂增长方程(Logistic growth equation)和曲线,就是对这种种群内自我调节的定量描述。种群密度在1/2环境容纳量(K)时的生产量是最高的。因为生产量是其现存与增长率的乘积。低于 K/2 时,虽然其增长率较高,但其本底,即生物现存量却很低,故生产量(现存和增长率的乘积)并不高。而当密度大于 K/2 时,虽然现存量较大,但增长率却变低,故生产量也不高。只有当现存量及增长率均处于中值时,其生产量才是最高的。培养凤眼莲净化和利用污水时,应用这一原则采取分区分批轮收办法,人为调控种群密度。凤眼莲的环境容纳量(K),在苏州地区 22 kg/m^2,其周转时(Turnover time)为 7 d,即它可在 7 d 后生产的量达到原先的 2 倍。据此,将凤眼莲种植区分为 7 块,每日轮收一块,每块收取一半,使其种群密度保持在 11 kg/m^2(K/2)左右的状态,7 d 后当它增长至环境容纳量时,正好又轮收到该块,又使之恢复到 K/2 的状态,这一密度是保障种群达到最大生产量的条件之一,这样,促使其年亩生产量高达 60 t,比不轮收者高 2 倍。随着生产量的提高,凤眼莲分解和吸收、转化和输出有机质与营养盐也增多,致净化污水能力也提高,及时调整凤眼莲密度是又一个关键技术措施。

(3) 及时收获和利用凤眼莲。及时从污水河段中收获移出凤眼莲,是保障水体 C、N、P 等物质收支平衡,防止二次污染的一个关键。一些应用凤眼莲净化污水工程,如徐州奎河及云南滇池种植大量凤眼莲,虽然在开始时对降低水中 COD、N、P、S 等浓度有效,但后因未及时收获,造成二次污染,反又增加了有机污染。而凤眼莲的利用也是决定以凤眼莲为主的污水处理生态工程的经济效益的关键,其中利用的量应与收获量相协调,如徐州奎河虽然也收获部分凤眼莲喂鱼,但因附近鱼池面积及所需凤眼莲饲料量过少,致生产的大部分凤眼莲不能利用,也就不收获而成为二次污染了。故应因地制宜,开发凤眼莲的利用途径,如作为鸭、鹅、猪、牛的青饲料。但因凤眼莲含水量高,且含钾及氮量也偏高,高钾高氮的饲料会影响动物的无机代谢,尤其是高钾含量饲料如动物食之较多会引起腹泻,以鲜凤眼莲喂猪及牛,食量超过 5 kg 及 30 kg 将引起腹泻。故如能合理搭配其他饲料(如干草及其他干饲料),以及干燥脱去过多水分,青贮发酵等加工,使之更适口及增加蛋白质含量等加工方法,务必使所收获凤眼莲能充分、高效利用。利用凤眼莲发酵生产沼气,60%～70%湿度的凤眼莲可使发酵加快。一般每吨干凤眼莲每天可生产 4 000 L 沼气,1 kg 新鲜凤眼莲可生产 13.9 L 沼气。但沼气生产设备一般投资较大,而经济效益不如作饲料高。

(4)凤眼莲的完全利用。凤眼莲的去除是防止水体二次污染的关键,也是该生态工程成功的前提之一。凤眼莲可以用于鱼类、禽类和牲畜的饲料,在净化污染的同时,获得一定的经济效益。由于凤眼莲植株含水量较高,易引起动物腹泻,必须经过氨化后或仅作为辅助食物进行喂养。

(5)人工基质的投入。凤眼莲能够净化污水的基础之一是其根系表面定居着一些微生物,这些微生物可以利用和降解有机污染物。人工基质的投入,可以扩大可供微生物定居利用的表面积,同时使得微生物的种类、密度和生产力都有所提高,从而提高净化能力。通常,凤眼莲的根系体积和表面积是其整株的20%～25%,水体越富营养化,所占比例越小,因此,在富营养化的水体中投入人工基质就显得越发重要了。

(6)接种细菌,提高有机污染物的生物降解。已经从凤眼莲的根系微生物群体中,分离出以酚作为唯一碳源的细菌,能够有效地利用和分解酚类物质。因此,在凤眼莲的根系和人工基质表面接种此类细菌,可以大大提高酚类污染的净化效率。另外,可以根据不同的有机污染物类型,接种其他相关的微生物。

4.3.3 生态重建生态工程设计

4.3.3.1 问题与对策

太行山是一个破坏严重的生态区域,尤其是试区所处的约占整个山地面积70%以上的低山丘陵地区,它承受着自然环境人口的双重压力。在自然环境方面:气候干旱、土层瘠薄、生物产量极低……在人口压力方面:每平方公里要承担245～300 人的重大负担。在这种条件下从单一角度去考虑,都不可能达到根治太行山区的目的。要改变太行山的生态环境,并不单纯是造林绿化的技术问题,而是要对传统的基本概念予以重新认识。太行山低山丘陵区目前群落植被类型应属于草地或高草灌木群落,在年平均 13 ℃左右的山地年雨量低于800 mm,是形不成森林群落的,因此太行山大多数低山丘陵区只能建造疏林结构。大气候变化及人类对环境的高压是本地区植被破坏的关键。在当前的人口密度下,解决提高环境承载力的科学技术是保证植被建设和环境改善与稳定的中心。因此,低山丘陵区植被是一个以林为主的综合性生态环境工程。太行山地是一个经过多次连续的植被与生态环境破坏的山地,这一地区的生态质量严重退化。要想使植物群落和生态环境向良性转化,只能采取人工压缩植被更替(顺向演替)期的办法,逐步提高生态质量水平,这需要一个漫长的过程。恢复植被应当以建造人工群落来代替以往一直采取的人工种群建造的措施,以此来保证人工植被的高效与稳定。低山丘陵区是生态脆弱带,也是生态上最活跃的地带,在选择适当种群与合理结构的前提下,用较少的时间使系统生产力提高及环境向良性转化是可能的。根据以上认识,提出了"绿色植物多层次覆盖、增加太阳能转化;因势利导,压缩植被更替进程;保土与改土结合,生物措施与工程措施互补;乔、灌、草结合,经济林与用材林互补;造林绿化与'治穷'结合,生态效益与经济效益互补;低山丘陵与沟谷结合,林、牧、农互补;保水与节水结合,利用与改造互补;长短结合,科研与开发推广互补的"总体指导方案和"自给型种植业、商品型果(树)畜(牧)业、防护型林业、生态型病虫害防治"的总体布局。

4.3.3.2　生态工程设计

(1) 研究内容

根据以上指导思想和总体构思,本课题共分解为 8 个方面的研究内容。

① 试区立地类型调查与绿化工程设计:利用航片或地形图,采用地面详查的办法,全面搞清试区不同立地类型,包括母质、土层厚度、土壤结构、土壤水分、养分、植被现状;编绘现状图、编写本底值调查报告。并以此为依据进行立体绿化工程设计,按地形、坡度、坡向,上、中、下衔接,形成浑然一体的多层次绿化工程体系。

② 太行山立体造林绿化工程实用配套技术的研究。具体内容有:群体组合技术,如山顶陡坡牧草、灌木工程,中低山林、果、草、油工程,沟谷梯田粮、果、林工程等 5 种群体组合技术;现有经济林丰产技术;苗木引种与速繁技术;模拟压缩自然群落更替工程、经济林木(经济植物)引种栽培技术;保土增收与植物培肥地力技术等。

③ 示范区主要昆虫、动物区系现状调查、变化监测与病虫害综合防治技术。采用综合防治(生态、药物、性引诱剂……)技术,使示范区主要病虫危害降低到5%,并使产品无残毒,无公害。

④ 低山丘陵区立体林业综合效益研究。包括气候、水分、土壤、植被、水土流失、生物量、经济流等项。

　　⑤ 山区植物资源开发利用研究。利用太行山野生植物资源,开展多途径开发试验。

　　⑥ 优种核桃引种及其复层结构栽培技术。

　　⑦ 试区植物区系与生物量研究。

　　⑧ 干旱山地生态"农林业"试验示范模式建造。

　　(2) 工程子系统

　　立体林业工程研究是在以上各子项内容基础上形成的。但是,它不是各子项内容的机械相加,而是一个全新的研究系统。它主要包括 6 项内容,这就是:理论探索、模式建造和效益跟踪监测与结构调控。立体林业工程具体包括 6 项子工程,各项子工程所含内容及其相互关系见图 4-3。

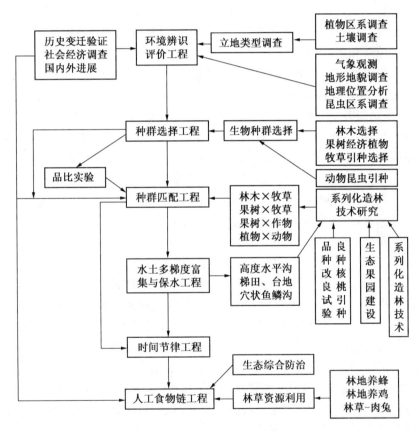

图 4-3　太行山林业生态工程体系(引自云正明 1992)

　　① 环境辨识评价工程　立体林业工程作为一项工程,首先要对工程所在区域生态环境进行如实的辨识与评价,包括自然环境与社会环境,从范围上分为大环境系统与小环境系统。

a. 大环境辨识与评价。太行山低山丘陵是山地与海河平原的过渡地带,是山地森林生态系统与农业生态系统的交错地带,利用 25 项指标试用"大环境辨识评价图"进行了辨识与评价。这种评价目前尚在定性阶段。但是,这种辨识与评价对决定低山丘陵区林业工程的总体战略思想是十分重要的。b. 试区环境评价。试区独特的个性是环境辨识评价过程设计的依据。进行了试区大地利用调查、坡度分布测绘、植物群落结构调查,并编绘了 1∶5 000 的彩色图 3 张。土壤调查是在不同地形、坡度、坡向、坡位、植被类型上进行的。共取土样 300 个,经常规化验分析,试区平均土层厚度为 34.1 cm,有机质含量 1.26%,全氮 0.071%,碱解氮 67.0 mg/kg,速效磷 1.83 mg/kg,速效钾 98.6 mg/kg,pH 值为 7.7。按全国第二次土壤普查暂行规程标准衡量,试区土壤肥力均低于 4 级。土层瘠薄是本试区又一大特征。在全试区测试了 180 个剖面样点,编制了土层厚度与坡度、坡向、坡位的相关曲线图。分沟谷阶地、坡下部、坡中部、坡上部、山顶部五种位置和阴、阳两个坡面,分别绘制了土层厚度变化曲线,从中可以看出土层厚度与坡度、坡向、坡位有极其显著的相关关系,除沟谷地外,大部分土层厚度均不足 55 cm,多数在 40 cm 以下。因此,假如认为土壤养分相对值尚可以的话,而其绝对值就十分缺乏了。加之土壤水分不足影响植物对养分的摄取,所以,土壤肥力不足成为太行山低山丘陵区植被恢复的重要障碍。1987 年开始观测气象因子,在不同坡度、坡向的地形断面上建立观测站 6 座,并于当年投入系统观测。到 1989 年,连续 3 年观测资料已经准备就绪,根据降水量和年平均气温双因子评价,认定本试区属于"疏林-草地-灌丛"地带。从试区所在地的社会经济条件来看,试区隶属元氏县前仙乡牛家庄村。这个山村共 408 户,为太行山区的较大村落。全村总人口 1 612 人,户均人口 3.95 人;总劳动力 465 人,占总人口的 28.8%。全村耕地面积 131 ha,人均耕地面积 0.08 ha,每个劳力负担耕地面积 0.28 ha。1985 年粮食总产 140 t,耕地平均亩产只有 71.25 kg,是典型的广种薄收类型。当年人均占有粮食仅有 86.89 kg,尚未达到温饱水平。1985 年全村经济总收入只有 61.11 万元,人均 379 元;纯收入 28.36 万元,人均只有 175.9 元。根据这类农村的现实,发展与致富的基础主要是 734 ha 荒山荒坡。因此根据试区的自然-社会经济条件确定的试区建设目标是:建造以耐旱小乔木、灌木为主的,集经济效益、生态效益为一体的、复层人工疏林结构类型。同时确定适当增加经济效益在三大效益中的比重,以便在生态环境建设过程中解决人口压力给山区造成的贫困现状问题。

② 水分多梯度富集工程　干旱瘠薄是试区的现实环境特征,水土流失是造成丘陵山地土壤贫瘠的根源。利用经济合理的工程措施,使在重力影响下运动的水土及养分在一定的区域富集形成相对优良的生态环境,是解决试区干旱贫瘠的重要手段。根据不同地形分别采用等高鱼鳞坑、等高竹节沟和穴状整地,经

3 年观测,其效果见表 4-5。

表 4-5 土壤富集工程效果对照

工程类型	规格(m)	富集率(%)	土壤含水率(%)		造林效果		整地费用(元/公顷)
			5月	8月	成活率(%)	生长量(cm)	
鱼鳞坑	1×0.8×0.5	67.3	7.2	12.4	97.1	43.5	319.79
等高竹节沟	10×0.8×0.5	96.6	9.5	16.0	96.4	48.7	250.37
穴状整地	0.5×0.5×0.4	46.8	6.8	10.7	93.8	39.2	248.88

注:富集率=流出量/流入量

蓄水集流与保水是一个目的的两个方面,在水分富集工程的基础上还安排了塑料薄膜覆盖、覆草、压石片和盖草皮 4 种保水措施实验。经造林存活率的调查可以看出,这些方法都有较强的保墒和提高成活率的作用。从具体效果来看,以盖膜最好。根据实验,在干旱季节一次造林成活率可达 95%以上,保存率90%以上,比对照高 19%~29%(见表 4-6)。4 种方式保水效果排列顺序为:盖膜>覆草>压片石>盖草皮。

表 4-6 4 种保水措施下石榴和山杏成活情况调查表   单位:%

树种	盖膜	覆草	压片石	盖草皮	对照
石榴	98.0	84.7	86.2	78.8	62.6
山杏	95.8	86.4	85.3	78.2	72.4
平均	96.9	85.6	85.8	78.6	67.5

③ 人工生物种群选择工程 正确的生物种群选择是人工群落建造成败的关键。比较不同生物种群的形态特征和生物学特性与试区环境资源条件的相关程度,以及种群功能性共生匹配的需要,根据不同生物对主导生态因子的忍耐程度,按着试区生态环境条件和所建群落的结构组成,在生态学特性和生物学特性与之相适应的范围内,进行了大量的生物种群选择和引入。

根据以上引种原则,先后由国内其他地区及美国、罗马尼亚、日本等国家引进生物种群 47 科 68 属 203 种(包括品种)。其中:林木 16 科 18 属 20 种;牧草 3科 9 属 20 种;果树 8 科 19 属 119 种;药用植物 8 科 8 属 8 种;观赏植物 6 科 7 属20 种;动物昆虫 6 科 7 属 16 种。其中已作为工程材料的近 150 种,正在扩大繁育的 30 种,正在品比观察的 23 种。

④ 种群匹配工程 根据环境辨识认定,试区适宜的植被类型是疏林-草地-灌丛,因此利用人工植物种群构成复合立体结构,是提高效益的关键。根据生态学功能性共生原理,从沟谷台田到山顶的不同高度建造了 25 种种群匹配类型。

a. 沟谷台田上布设了葡萄×豆科作物、葡萄×草莓、葡萄×兔、葡萄×东亚钳蝎、葡萄×蔬菜、葡萄×中草药材、苹果×豆科作物、苹果×草莓、桃×豆科作物、桃×豆科牧草、山茱萸×豆科作物、核桃×牧草、核桃×矮秆作物等13种组合。b. 山坡上布设了石榴×牧草、石榴×木牛瓜、石榴×抗旱矮秆作物、山樱桃×牧草、山茱萸×牧草、山杏×牧草、山桃×牧草、火炬树×牧草、洋槐×黄连木等9种组合。c. 山顶布设了灌木×禾本科牧草、油松×牧草、豆科与禾本科牧草混播等3种组合。除此之外,还在山顶贫瘠区、缓坡山腹地、退耕还林地、沟谷旱薄地、沟谷地分别安排了相应的复合人工群落类型。

⑤ 时间节律工程　自然资源节律与人工生物种群机能节律的合理匹配,是将自然资源转化为生物产量的关键,也是人工模拟自然生态系统和谐与高效的重要手段。复合生物群体之间各种群机能节律的配合是人工复合群体机能性共生互利互惠的根本。"七五"期间进行了如下一些粗放的实验。

a. 造林种草与降水的配合。华北半干旱半湿润区7月~9月降水占全年降水量的60%~70%,而当年10月到第二年6月降水量仅占30%~40%,过去传统的山区造林基本是在春秋少雨季节进行,这是造林成活率不高的原因。因此在系列化造林技术中采取营养杯阔叶树苗雨季造林,躲过严酷的旱季,利用雨季多水有利于幼树成活的好时机,使得造林成活率由以前的30%提高到90%以上。b. 复合群体时间匹配。利用生物不同的机能节律是实验中采用的另一种提高复合生态系统生物间共生互利的方式。在这方面试了草莓-果树(葡萄)、木牛瓜-肉兔、葡萄-肉兔(钳蝎)和核桃-蜜蜂等结构模式。这些结构与蔬菜多茬生产一样都表现了较高的效益。

⑥ 人工食物链工程　把自然生态系统的食物链原理,引入人工生态系统的建造与调控之中,其基本原理是:利用高生产力的人工驯化种群,取代生态系统中的自然食物链种群,从而提高人工生态系统效益,保持系统稳定,形成比较完整高效的人工生态系统。这种做法也称为食物链"加环",根据其功能性质分为生产环、增益环、减耗环等不同类型。过去的应用只限于农业生态系统之中,将其引入林业,成为立体林业工程的一项子工程。4年来共安排了11种食物链环节,其中7项已经取得了理想的实验结果,另外4项实验尚在继续进行。现就各项实验分别做以下简要介绍。

a. 林地-肉鸡。为了使林地资源(绿色植物产品和害虫)转化增值,1987~1988年连续两年进行了林地围栏养鸡实验。前后共进行了6批4次重复,共养肉鸡2540只,成活率高达90.4%,用料比对照鸡群低20.6%~29.4%,每只鸡可获纯利1.20元。除此以外,由于肉鸡的捕食使实验林地虫口密度降低了80%~90%。经20只鸡解剖进行胃容物碎片鉴定,所捕食的林地昆虫有10科24种。同时根据生物间共生互惠原理,大量的肉鸡排泄物归还林地,提高了林地土壤肥力,使养鸡林地植被覆盖度增加了10%以上,形成了林鸡互惠良性循环。

　　b. 林草-肉兔。野兔原本就是林地中的草食小兽,在森林食物链(网)中居于重要地位,把优种肉兔引入人工林中舍饲,是把林地绿色植物产品转化为人民急需的高蛋白、低脂肪食用肉类的重要手段。从 1987 年开始先后引入国内外 9 个优良肉兔品种,建成种兔群 50 只,到目前已繁育优种仔兔 1 098 只,并向山区大量供种。与此同时,进行了品种对比及适于山区农户使用的兔舍结构、饲养、防疫灭病、林草资源转化等多项实验研究工作,作了林草-肉兔-葡萄和林草-肉兔-油瓜等良性结构试验。

　　c. 黄粉虫-钳蝎-葡萄。利用麸皮培育黄粉虫,黄粉虫养东亚钳蝎,养黄粉虫的剩余物喂肉兔。共养种蝎 30 000 只,提供商品种蝎 28 000 只。另一方面利用葡萄为钳蝎荫蔽,既促进了钳蝎的发育,又利用蝎池空间生产葡萄。

　　d. 山地养蜂。为了充分利用山区蜜源植物,生产社会需求量很大的蜂蜜,同时提高果树授粉率,从 1989 年开始加入蜜蜂种群,现已繁殖蜜蜂 10 箱,平均年产优质蜜 150 kg,果树增产幅度 20%~50%。

　　e. 益鸟招引。为了利用益鸟消灭林地虫害,采取了人工招引措施。试区共悬挂人工巢箱 175 个,引巢率平均达 45%,使林冠害虫的群体数量下降 76%。

　　f. 用合成梨小性信息素以速向法防治杏果梨小食心虫作用明显。① 对梨小雄蛾的阻断率为 95.2%;② 合成梨小性信息素对雄蛾的引诱力远比雌蛾引诱力大;③ 卵的孵化率降低 20.2%,可减少 2 次~3 次施药;④ 虫果率减少 50%。

　　g. 用 7216 菌粉防治危害杏树、桃树嫩叶的小卷叶蛾低龄幼虫,效果达 65.1%~86.5%。

　　h. 目前,美国七彩鸡、肉鹅、细绿萍、黑光灯诱虫等项目已取得了良好的进展,试验工作仍在继续。

第 5 章　生态系统能值分析

一个生态经济系统应该包括人口流、物质流、能量流、信息流和价值流。在寻求生产利润的最大化和经济意义上的生产资源最佳配置的同时，如何去考虑自然资源的最有效利用和整个人类社会的可持续发展问题？此外，人类应该以怎样的一种统一标准去衡量生态经济系统中各种行为、活动、服务是否有利于生态系统的可持续发展和寻求社会、经济、生态效益的最大化？美国著名系统生态学家 H. T. Odum 提出的能值理论和能值分析是一种重要的评估方法。本章以能值概念与理论、能值分析方法和生态系统的能值评估三节内容以飨读者。

5.1　能值概念与能值理论

5.1.1　系统中的能量和能级

生态经济系统中的各种成分及其作用，包括人类社会信息，均涉及能量的流动、转换和贮存。因此，能量是衡量自然界和人类社会各种活动的指示剂，可用以表达与了解人和自然界的关系。

在物理学中，能量是物体做功的能力。生态经济系统是一个开放系统，同时在它内部的能量流动和转化也必须遵循热力学第一定律和第二定律，即在系统内部能量的总量应该是守恒的，能量的流动是不可逆的。同时，在一个成熟的自组织系统中，有用功率的最大化是其设计的一般原则。"最大功率原则"可以表述如下：具活力的系统，其设计、组织方式必须能很快地获得能量并能反馈能量以获得更多的能量。

在典型的生态学食物链中，在能量传递的每一步，许多能均用于转化上，而仅有少量能得以转化为较高质量的、更加密集的和成为一种反馈时以特定作用方式存在的能。能量数量的衰变伴随着质的增加。

5.1.2　生态经济系统中的物质流、能量流、价值流和信息流

经济学家将系统中的自然资源用货币来衡量其价值，对于一个生产商，他寻求的是利润的最大化和经济意义上的生产资源最佳配置，他一般不会去考虑自

然资源的最有效利用和整个人类社会的可持续发展问题。而在生态学意义上，生物物种及其保护则应是整个社会必须关注的重要课题。那么，人类应该以怎样一种标准去衡量生态经济系统中人类的各种经济行为是否有利于可持续发展，从而寻求社会、经济、生态效益的最大化？

　　生态经济系统是通过物质、能量、价值、信息的流动与转化把系统中的各成分、因子紧紧联系成一个有机的整体，生态经济系统的运动与发展要通过这些流动来体现。生态经济系统的有关循环流动具有以下特点：

5.1.2.1　物质循环

　　客观世界的物质，都处在不断的循环运动之中，循环使物质可以被多次重复利用，它在一个系统中以某种形式散失了，同时又在另一个系统中以某种具体形态出现。客观世界的物质流可分为两大类：自然物流和经济物流。二者的循环流动是通过下列的序列来完成的：

自然物流：生产者→消费者→分解者→环境→生产者→

经济物流：生产→分配→交换→消费→生产→

　　生态经济系统中的自然物质流和经济物质流之间存在着相互转化和相互作用的关系。经济物流必须以自然物流为基础，它同时有反作用于自然物流，当经济物流不适合于一个生态经济系统时，它将造成该系统效益的持续下降和自然生态系统的破坏；反之，较好的经济物流又能促进自然物流的良性循环。

5.1.2.2　能量流动

　　物质的循环过程同时伴随着能量的流动。能量的传递是逐渐消耗、逐级减少的，在能量的传递过程中，传递到下一个能级的能量总是小于其上一个能级的能量，并有大量的能量在传递过程中耗散到环境之中。

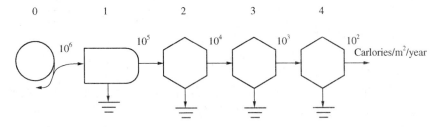

图 5-1　自组织系统中的能量传递

5.1.2.3　价值增值

　　价值流是一个经济学上的概念。人类通过有目的的劳动，把自然物流和能流转化为经济物流和能流，价值就沿着生产链不断形成，同时实现价值的转移和增值，最后通过市场买卖，从交换价值中反映出来。在生态经济系统中，价值流在交换过程中通过货币来体现，系统中的货币流的流动方向与物质流、能流的方向相反。

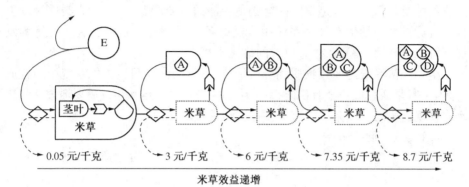

> 0.05 元/千克   3 元/千克   6 元/千克   7.35 元/千克   8.7 元/千克

米草效益递增

图 5-2　米草绿色食品生态工程效益递增趋势图

A,BML;B,TFS;C,草渣种植食用菌;D,饲料;E,外来能源。

5.1.2.4　信息传递

在一个生态经济系统中,信息是通过物流和能流的转化来实现其获取、存贮、加工、转化过程的,系统的协调发展离不开信息的传递和支配。

例如,为利用信息技术指导和促进我国盐土农业的发展,我们准备研制和建立的海滨盐土农业高效利用专家系统就充分说明了上述过程。该专家系统示意如下:

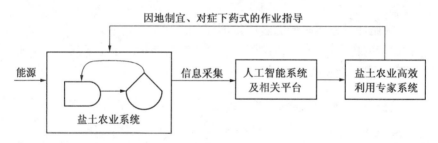

图 5-3　盐土农业高效利用专家系统信息传递示意图

物质流、能量流、价值流、信息流在生态经济系统中是同等重要,不可或缺的,但要达到生态效益和经济效益的最大化,我们需要对其中的每一流动和转化进行合理的规划和协调,这就需要一个统一的标准和分析方法来对系统中的不同物流、能流、价值流、信息流进行衡量。

5.1.3　体现能和能值

当能量流过连续的网络时,能量的形式、密度和反馈作用都会发生变化,实际能量随着转化和散失,保留下来的数量减少了,而能量的质量增加了。在能量流动的网络中,输入网络中的各种低质量的能量通过相互作用和做功的形式,转化为高质量的能量的形式,这一高质能具有反馈放大器的作用,帮助系统达到最大功率。转化成的新型的小部分能量的载体体现了这一过程中所使用的大量的低质能,这就是体现能(Embodied energy)。H. T. Odum 认为:体现能可能是自然界对一个国家的经济贡献的正确衡量。钱只能衡量人的贡献,而体现能则同时反应人的贡献和环境的贡献。最大的货币流并不产生景观对人类和环境结合体的最大贡献,最大的体现能可使系统实现最大的潜力而胜过其他替代的设计。

能值(EMERGY)是体现能的新的定义,H. T. Odum 将其定义为:一流动或贮存的能量所包含另一种类别能量的数量,称为该能量的能值。

在实际应用中,人们常以太阳能值(Solar emergy)来衡量某一能量的能值,即任何流动或贮存的能量所包含的太阳能的量。任何形式的能量均来源于太阳能,故可以太阳能为基准,衡量任何类别的能量。能值分析为我们提供了一个新的标准去衡量生态经济系统中的人和环境对系统的贡献,它可以将不同类别、不可比较的能量形式转换成同一标准进行比较。

能值分析是 Odum 关于生态系统及其他系统的功能研究的一部分。能值分析理论解释系统如何通过最有效地利用能量,产生最大功率来维持系统的生存和等级组织结构,这一思想来源于 19 世纪的生物学家 Alfred Lotka (1922)提出的假说,他将最大功率原理称为热力学第四定律。Odum 引用了最大功率概念并将它扩展为普适的系统假说,成为最大能值功率原理,并且提出一套热力学开放系统的能量系统语言。能值(Emergy)可能是 Odum 最不为人理解和争议最广的理论和概念之一,其发展经历了 30 年的时间,起始于 1970 年代后期,在 1996 年出版 Environmental Accouting 一书中做出完整的总结。最早曾经表述为"体现能"(embodied energy),后来发现体现能一词另有含义,一位澳大利亚物理学者 David Scienceman 对 energy memory 一词的提出有贡献,在 1970年代后期,Emergy 这个词被创造出来。随后,transformity 代替了 energy transformation ratio,用 Empower 代替 power,Empower 被定义为单位时间内的能值流。能值被定义为"一种服务或产品形成过程中直接和间接消耗的太阳能总量"(Odum,1996),是自然和人类社会在共同的基础上做功的统一量度,代表的是真实财富(Odum,2000)。能值分析将所有系统建构为能量网络,测定所包含系统和流的能值,为定量评价生态系统服务和产品提供了能量学基础,环境经济和生态经济学对生态系统投入的评估方法局限在经济手段,而且是人类中心主义的评价体系,而能值分析则试图评探讨生态中心主义的价值观(Hau and Bakshi,2004)。能值分析方法的基本理论是最大功率原理,表述为"在竞争中处于最优的系统,是那些通过系统自组织作用驱动系统克服限制,实现生产最大化的系统",(Brown and Herendeen,1996),Odum(1996)认为这个原理决定了什么样的生态和经济系统能够持续维持,也被称为自组织原理。能值分析方法的基本概念是能值转换率,被定义为形成单位产品或服务所需要的太阳能值(Odum,1996)。能值转换率是从生态系统食物链和热力学原理引申出来的重要概念。它是衡量不同类别能量的能质(Energy quality)的尺度,与系统的能量等级密切相关。生态系统是一种自组织(self organization)的能量等级(Energy Hierarchy)系统,根据热力学第二定律,能量在食物链中传递转化的每一过程,均有许多能量耗散流失。因此,随着能量从低等级的太阳能转化为较高质量的绿色植物的潜能,再传递、转化为更高质量、更为密集的各级消费者的能量;能量数量的递减伴随着能质和能级的增加。

从 1980 年代早期,能值概念和能值分析方法被广泛应用于各种系统的分析,包括生态、工业、经济、航天系统,农业,工艺技术(Odum, 1995a,b,1996; Brown and Ulgiati,1997, 2002;Lagerberg and Brown,1999;Lefroy and Rydberg,2003;Raugei and Bargigli,2005) 等。

5.2　能值分析方法

在现实社会生产和消费中,人们只注意一个系统中的货币流,即系统中的货币流出大于其流入,则该系统(或生产过程)就是有活力的,但是,人们常常忽略了其物质流或能量流。在一个生产或生态系统中,人们追求的是其最大的货币流,实际上,这种最大所货币流是建立在最大的自然资源的流入基础之上的,因为,要追求最大所货币流出和最小的货币流入,就必须以最大的自然资源流入为代价,这种出发点常常又会导致自然资源的过度开发,从而造成资源的可持续性下降。而能值分析则是对货币流、物质流和能量流综合衡量,从而通过最有效的设计,使得系统达到最大的生态效益、经济效益和社会效益。

能值分析以同一客观标准——太阳能值(Solar Emjoul, sej)衡量不同类别不同能质的能量的真实价值和数量关系。应用能值的分析方法,把生态环境系统和人类社会经济系统结合起来,定量地分析系统中自然资源和人类投入对系统的贡献,通过对系统中的能量流、物质流、货币流、信息流的能值转换,为资源的合理利用、经济发展方针的制定提供了一个重要的度量标准。这样,人们就能把自然生态环境和人类社会有机联系起来,定量分析人类经济活动的真实效益,衡量社会生产模式是否是有效的和可持续的,从而做出正确的决策。

5.2.1　能量系统符号语言

H. T. Odum 设计的能路符号语言(Odum,1971,1983,1988)使用符号图例对系统进行描绘,可以把系统的生产者、消费者及其他组分联结统一起来,并能表明系统的能量流动与应用、物质的循环与储存以及能量或物质的储存对相互作用的反馈。不仅具有生态学与热力学意义,可以用来描述一个系统的特性,也可以与能值理论结合起来使用,模拟生态经济系统的动态变化,因而这些图例具有数学意义(图 5-4)。

能流路线(Pathwayline):能流场伴随着物质流,具有一定方向和数量

能量来源(Source):简称能源,送系统边界外输入的各种形式的能量(物质)等均为能源,包括纯能流、物质、信息、基因、劳务等

系统边框(System frame):用于表示系统边界的矩形框

热耗散(Heat sink):表示有效能或潜能的耗散消失,称为热能,不再具有做功能力,不能再被利用

输出流(Outflows):表示物流或信息流

贮存库(Storage tank):系统中储存能量、物质、货币、信息、资产等的场所,如生物量、土壤、有机质、地下水、海滩河丘等资源,是流入与流出能量的过渡

作用键——表示不同类别能流或物质流的相互作用与结合过程

生产者——利用能量和原始物质制造新产品的单元,如树木、禾草、农作物和工厂等

消费者——利用和消耗生产者供给的产品和能量的单元,如昆虫、牲畜、微生物、人类和城市等

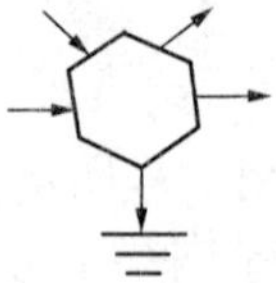

 交流键——表示货币与能量、物质或劳务的交换

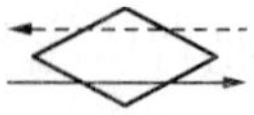

 控制键——表示对过程的控制,如火烧的起止、花朵的开闭、捕鱼季节的结束

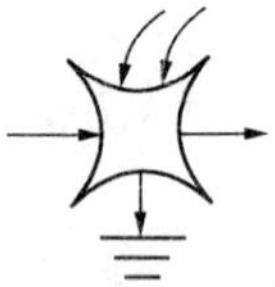

 反馈(Feedbacks):表示消费者向生产者反馈的高能质信息、控制作用和物质

 传感器(Sensor):用于从能流路径或贮存库引出另一条能流

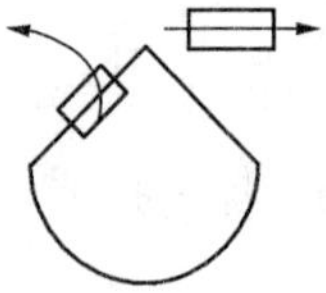

图 5-4　能流系统符号语言

5.2.2　能值分析基本方法

对不同类型和尺度的系统进行能值分析研究时,方法有所不同,基本分析手段和步骤包括:能量系统图和能值图的绘制、能值分析表的制定、能值计算与评估、能值转换率和其他各种能值指标的计算、系统模拟仿真等等。为了探讨某一区域生态经济系统的特性可分以下步骤:

5.2.2.1　基本资料收集

收集研究区域的自然环境、地理及经济资料(包括地图及统计资料)。

5.2.2.2　能量系统图(或能值图)的绘制

开始可根据资料项目绘出详尽的图解,如纲要细目;而后进行综合简化,分门别类加以排列形成一个结构、层次分明的系统图解。图解是形象化的缩影,含环境和经济各主要成分,体现各成分的相互关系与作用。

能值图的绘制步骤和方法如下:

(1) 确定系统范围的边界。把系统内的各组分及作用过程与系统外的有关

成分及作用以四方框作为边界分开。

（2）确定系统的主要能量来源。这些能源一部分来自系统外，因而绘在系统边界的外围。

（3）确定系统内的主要成分。以各种能量符号图例描绘之。

（4）列出系统各组分的过程和关系（流动、贮存、相互作用、生产、消费等等）。

（5）绘出系统图解全图。先绘四方框外面的能源部分，再绘出系统内部的各部分图例。边界内外各图例的排列顺序均按其所代表成分的能值转换率高低从低到高、由左向右排列。能值图上的数字待分析计算后再填写上去。

5.2.2.3　能值分析表的编制

能值分析表包括资源类别、资源流动量、太阳能值转换率、太阳能值及宏观经济价值等项。

（1）列出研究区域的主要能量来源（资源类别）项目。包括本地资源外界输入的可更新资源、货物及劳务输出的产品、资源、劳务等。

（2）计算各能量类别的资源流动量。能量资料可用 J 表示；物质可用 g；经济流动可用货币表示。

（3）将各类资源换算为统一的能值单位以及宏观经济价值。以进一步了解各能量流动在系统中的相对贡献。

5.2.2.4　能值综合图归类集结

为了简化第二步的复杂系统图，可将重要的、性质类似的项目归类集结为综合图，以突出研究地区生态经济系统中对决策至关重要的项目。

5.2.2.5　能值指标计算

根据能值分析表、系统归类图可进一步建立若干能值指标分析生态经济系统评价自然环境对经济的贡献以利于进行方案选择和决策制定。

5.2.2.6　动态模拟

根据所收集的资料和能量系统图编写计算程序模拟研究区域或项目的动态变化。可根据模型进行假设检验分析研究不同的发展方案、政策下的可能变化。

5.2.2.7　综合分析与政策建议

能值指标、系统图与动态模拟均可用来作为综合分析与政策建议的依据。通过研究寻求人与自然环境间协调、持续发展的方案。

5.2.3　主要能值分析指标

对生态经济系统进行能值分析，我们可以根据能值理论导出很多有用的指标，以满足不同目的研究需要。在对生态经济系统进行分析时常用的能值指标及其计算方法如表 5-1。

表 5-1　社会–经济–自然复合生态系统能值指标体系(蓝盛芳 2003)

能值指标	计算表达式	意义
能值流量指标	能值＝能值流量×能值转换率	
可更新资源能值流量 E_{mR}		系统自有的财富基础
不可更新资源能值流量 E_{mN}		
输入能值 E_{mI}		输入的资源、商品财富
能值总量 E_{mU}	$E_{mU}＝E_{mR}＋E_{mN}＋E_{mI}$	系统拥有的总财富
输出能值 E_{mO}		输出资源、商品财富
能值来源指标		资源利用结构
能值自给率	$(E_{mR}＋E_{mN})/E_{mU}$	评价自然环境支持能力
购入能值比率	E_{mI}/E_{mU}	对外界资源的依赖程度
可更新资源能值比率	E_{mR}/E_{mU}	判断自然环境的潜力
输入能值与自有能值比	$E_{mI}/(E_{mR}＋E_{mN})$	评价企业竞争力
社会亚系统评价指标		
人均能值量	EmU/P	生活水平与值量的标志
能值密度	$EmU/土地面积$	评价能值集约度和强度
人口承载量	$(E_{mR}＋E_{mI})/(E_{mU}/P)$	目前环境水准下可容人口
人均燃料能值	E_{mfuel}/P	对石化能源依赖程度
人均电力能值	E_{mel}/P	反映城市发达程度
经济亚系统评价指标		
能值/货币比率	$E_{mU}/(GNP)$	经济现代化程度
能值交换率	E_{mI}/E_{mO}	评价对外交流的利益
能值货币价值	能值量/(能值/货币比率)	能值相当的货币量
电力能值比	E_{mel}/E_{mU}	反映工业水平
自然亚系统评价指标		
能值投资率	$(E_{mI}＋E_{mN})/E_{mR}$	自然对经济活动的承受力
可更新能值比	E_{mR}/E_{mU}	自然环境利用潜力
废弃物与可更新能值比	E_{mW}/E_{mR}	废弃物对环境力
废弃物与总能值比	E_{mW}/E_{mU}	废弃物利用价值
人口承载力	$E_{mR}/(E_{mU}/P)$	自然环境的人口承载力

5.2.3.1　能值转换率(transformity)

　　能值转换率是指每单位某种类别的能量(J)或物质(g)所含太阳能值之量。

　　自然界和人类社会的系统均具能量等级关系,能量传递与转换类似食物链的特性。生态系统或生态经济系统的能流,从量多而能质低的等级(如太阳能)向量少而能质高的等级(如电能)流动和转化;能值转换率随着能量等级的提高而增加。大量低能质的能量(如太阳能、风能、雨能),经传递、转化而成为少量高能质、高等级的能量。系统中较高等级者具有较大的能值转化率,需要较大量低能质能量来维持,具有较高能质和较大控制能力,在系统中扮演中心功能作用。

复杂的生命、人类劳动、高科技等均属高能质、高转换率的能量。某种能量的能值转换率愈高,表明该能量的能质和能级愈高;能值转换率是衡量能质和能级的尺度。

5.2.3.2　净能值产出率(net emergy yield ratio;EYR)

净能值产出率 = 系统产出能值/经济反馈(输入)能值

净能值产出率是评价基本能源利用的指标,它也可以用来说明经济生产利用能源的效率,表示经济活动的竞争力。当前发达国家经济活动过程的净能值产出率为 6∶1 或更高(Odum,1988,1990)。这说明发达国家自经济系统反馈 1 份能值到生产过程可产生 6 份左右的产品能值。净能值产出率愈高说明经济效益愈好。

5.2.3.3　能值投入率(emergy investment ratio;EIR)

能值投入率(EIR)=投入能值(F)/可更新资源能值使用量(R)

能值投入率是来自经济系统投入的能值与自然环境可更新能值输入的比率。前者如燃料、电力、物质和劳务等均需花钱购买故称为"购买能值";后者为自然界无偿输送,称为"免费能值",包括土地、矿藏等不可更新的资源和太阳能、风、雨等可更新资源。

能值投入率用于衡量一定条件下经济活动的竞争力,并用作测知环境资源条件对经济活动的负荷量的指标。如果一生产过程的能值投入率超过所在地区的平均能值投入率,那么该生产规模可能超出环境条件的承受力。反之,则意味着经济投资率低,需要购买的能值较少,其生产的产品能够以较低的价格出售,市场竞争力较强。一个经济系统要具有竞争力,必须具有低能质的可更新资源与高能质的能量适当搭配。此外,较高的能值投入率也可以被视为自然环境要承受大量的经济活动,因而可作为测定自然环境对经济活动的负荷量的指标。

5.2.3.4　能值货币比率(emergy dollar ratio;EDR)

能值货币比率(EDR)=总能值使用量(U)/国民生产总值(GNP)

能值货币比率反映总能值使用量与国民生产总值之间的比例关系,其比值的大小可以看出该地区工业、农业发展程度。能值货币比值高,代表每单位经济活动所换取的能值量高,显示生产过程中使用自然资源所占的比重较大;反之,能值货币比值小的国家其自然资源对经济成长的贡献则较小,表示该地区的开发程度大。低度发达的国家具有较高的能值货币比率,可能是因为这些地区支持人类经济活动的能量多直接来自自然环境资源,无须付费。

5.2.3.5　能值货币价值(emdollar value;Em$)

能值货币价值是指某种能值折算成市场货币时,相当于多少货币。其折算方法是将输入或经济活动所产生的某种能值除以能值货币比率,所得的币值并非市场可流通的货币价值,只是表明该能值从宏观上看相当于多少币值,它将能量或物质生成过程中自然或/和人类的投入能值折算成了货币价值,其数值远远高于实际的市场经济价值,因为后者仅计算人类劳动成本。Em＄从宏观上探讨经济的一个理想指标,可以衡量经济环境、信息、劳务和商品,能值货币价值高的经济系统,能值产出高,具有较高的可持续能力。

5.2.3.6　能值密度(emergy density;ED)

$$能值密度(ED)=总能值使用量(U)/总面积(Area)$$

从每单位面积能值使用量可以得知该国家或区域的能值使用的集约情形。若属于高度发达的国家或地区,其经济活动频繁,每单位面积能值使用量必然非常高。

5.2.3.7　人均能值使用量(emergy per capita;EPC)

$$人均能值使用量(EPC)=总能值使用量(u)/该国(地区)总人口(POP)$$

人均能值使用量可以判断居民生活水平的高低。人均能值使用量越高表示该国(区域)的生活水准越高。

5.2.3.8　能值自给率(emergy self-sufficiency ratio;ESSR)

$$能值自给率(ESSR)=取自区内的资源能值量/国外或外地输入能值$$

能值自给率可以衡量一个国家或地区对外交流程度和经济发展程度。一个系统自身不可更新资源和可更新资源占总能值使用量的比例高低,反映系统自给自足能力的高低。一般情况下,能值自给率越高,系统的自给自足能力越强,对内部资源的开发程度也越高。但同时也必须有合适比例的购买能值投入提高资源的利用率。

5.2.3.9　能值扩大率(emergy amplifier ratio)

$$能值扩大率=产出能值增加量/投入能值增加量$$

一个系统过程中增加的产出能值与增加投入该过程的能值之比,称为能值扩大率,是衡量能值应用效率的指标。经济过程的能值扩大率越高表明效率越高,边际效应越高。

5.2.3.10　能值交换率(emergy exchange ratio)

$$能值交换率=产品的能值/货款的能值$$
$$=(产品的能量×产品能值转换率)/(货款×能值货币比率)$$

贸易的真实利益取决于贸易过程的能值交换率。一般情况是出口资源产品的国家利益受损,因为原始的资源产品包含大量的自然资源能值,购买国支付的仅仅是开采加工的劳务的费用,并不包括对自然环境的费用支付。所以单纯追求商业利润而出卖国家资源将造成对外贸易的能值不平衡,损害本国的经济资源基础。

5.2.3.11　环境负载率(environment load ratio;ELR)

环境负载率 ELR=(可更新资源能值投入 R+不可更新资源能值投入 N)÷
反馈能值 F (Ulgiati S, 1994)

环境负载率反映了系统环境的承压程度,其值越高说明系统的不可更新资源(如矿山资源、石油、天然气等)消耗量大,自组织程度低,对环境造成的压力大,反之则说明对环境压力小。

5.2.3.12　能值可持续指标(ESI)

作为一个兼顾环境负载和能值产出效率的指标,用来指示生态－经济复合系统发展的可持续性,其值越高,则认为系统具有较高的可持续发展能力。

能值可持续指标 ESI ＝ 净能值产出率 EYR÷环境负载率 ELR (Brown M T, 1996)

5.2.3.13　基础能值改变

反映系统投入一定不可更新资源时获得的环境资源积累,可以评价系统的自组织生产多环境不可更新资源积累的贡献。

基础能值改变 Bec ＝ 非交换能值产出 Yne － 不可更新资源能值投入 N (万树文,2000)

5.2.3.14　基础能值产出率

反映系统自组织作用对环境资源积累的工作效率。

基础能值产出率 Beyr ＝基础能值改变 Bec÷不可更新资源能值投入 N (万树文,2000)

5.2.4　能值分析与能量分析

Energy 分析是指测定系统(通常是经济系统)生产特定的服务或产品直接和间接需要消耗的能量 (IFIAS, 1974)。能量分析几乎可以被用来计算任何产品的能量,如铜,氧气(Leontief, 1970, 1973),氮(Herendeen, 1990),劳务(Bezdek and Hannon,1974)等,能够简便精确地计算系统或过程的间接效应,类似经济学中的投入产出,并且可以将经济学中的一些计算技术应用到生态系统中。能量分析可以包含可更新能源的核算,但是能量分析方法存在两个不足:1)缺乏内部优化原理,如最低化石燃料消耗量,最低二氧化碳排放量,最大净能量效益等的核算。2)能够计算直接和间接的污染排放,不能定量计算环境在吸收转化污染过程中的作用。

能值分析的很多具体能流计算是以能量和 exergy 为基础的,在特定条件下,能值和能量、exergy 有可能等价,因此三种分析方法既有各自的优势,也有需要互相互补的局限性。

表 5-2　能量分析和能值分析细节比较（based on Brown and Herendeen, 1996）

项　　目	Emergy analysis	Energy analysis
1. 分析目的	定量评价公共决策、环境影响、资源管理，用统一的标准太阳能值表达所有的能量和资源	可以明确表达直接和间接的环境影响，并且结果可以和其他指标相联系
2. 应用	政策分析，净能量分析，投入产出平衡	政策分析、净能量平衡、投入产出平衡
3. 与经济分析的关系	通过能值货币比率和能值货币价值连接经济和生态系统，饱受争议	将能量分析结果和"真实价格"结合起来
4. 能值转换率/能量强度	能值分析的核心概念，定量评价间接效应。等于产品形成所需能值除以产品的能量	核心概念，定量评价间接效益，体现能等于形成产品所需间接和直接能量
讨论	EA 可以定量计算间接能量，不能用同样的标准计算不同类别的能量	对不同的能量类型用相同的方法分析，在生态学中可以用于计算营养级和位置
5. 内部优化原理	最大能值功率原理	没有内部优化原理。常常强调不可更新能源利用最小化假说，遵循的是外部约束
6. 能流变量选择	能流变量一般是能量，有时也用质量	可以是能量（如生态系统），不过在经济方面常常用货币，吨，升等
7. 计算步骤	形成产品所需的各种能量用同一标准进行计算，包括可更新能源，不可更新能源，和服务，用能值转换率估计能值流和原始能流的比率	假设所有分室的体现能和物质均平衡。这个假设并不是热力学第一定律的直接结果。结果得到能量强度＝energy÷能流变量，体现能流＝能量强度×能流
8. 如何处理副产品	副产品室大多数过程的必要输出因此需要计算。副产品的能值等于系统这个过程的总能值投入。而能量分析没有直接计算副产品的方法，但是假设副产品遵守守恒定律。	能量分析采用必要的明确的操作去处副产品，防止重复计算

表 5-2(续)

项　　目	Emergy analysis	Energy analysis
9. 系统内部能流和系统投入的关系	提出四个计算原则（Herendeen，2004），防止任一内部能流超出系统总能流投入：1) 一个过程的所有输入能值均分配给该过程的输出；2) 一个过程的每个副产品的能值输入均等于该过程的总能值输入了；3) 当一个途径被分流时，根据每个支流的能量占总能量的比例进行能值分配；4) 在一个系统内能值不能进行重复计算：反馈能值不能重复计算；所有副产品重新整合后加和不能超过它们的来源的能值和。	内部体现能流可以超出系统的总能流投入，氮所有分室作为系统整体时仍然保持平衡，定量反映反馈对能流的影响
10. 系统输入和输出的关系	在四个原则规定下，系统的输入能流可以大于、等于、小于输出	假设个分室的体现能平衡从而要求总系统也平衡
11. 能量的等级性	和能流分析相比，能值分析赋予高等级能流较高的权重，最高和最低能值转换之间的差别远大于能量强度之间的差别	能量强度的"高"或"低"取决于反馈的程度，在线性流动的情况下，能值转换率等于能量强度。在能量分析中反馈丰富的系统各分室的能量强度更接近。
12. 人类服务	通常包含人类服务，因为忽略劳务会漏算形成经济产品所需的能量	可以包含人类服务，尽管通常不计算在内。
13. 可更新能源	可更新能源通常在占环境经济系统的能量输入的将近一半	能量起源于化石能源和氢能，不过可以很方便地将可更新能源纳入核算

5.2.5　关于能值分析方法的争议

能值分析法突破了现存的各种分析手段不能充分体现生态系统过程对人类进步与财富的贡献的缺陷，尽管对这种方法仍存有争议，由于它独立于人类的价值体系，建立在热力学、系统论、系统生态学的基础上，同其他分析法相比具有以下优点：

（1）沟通了经济系统和生态系统，使二者有了独立于货币含义的相对客观比较基础。

（2）货币评价体系对非市场化投入具有主观性，能值分析则提供了比较客观的方法。

(3) 具有科学的可靠性和热力学方法的严密性。

(4) 为各种不同的资源提供了共同的比较基础——能值。能值分析承认不同种类的能量具有不同的作功能力,即具有不同的"能质"。

(5) 与其他方法相比,能值分析为目前的各种环境决策提供了更为完整的方法体系。比如,生命中期评价(LCA)和 Exergy 分析的确拓展了系统边界,不再是单一过程的分析,将原材料消耗、能量利用和污染排放纳入评价体系,但是,这些技术偏重于排放及影响,忽略了生态系统对人类福利的关键贡献。Ekins et al. (2003)已经提出重要自然资本的概念及其核算体系,能值分析可以定量计算自然资本对经济活动可持续发展的贡献(Bakshi,2002)。

同时,能值分析也遭到广泛批评,认为它简单化,自相矛盾,误导,不精确(Ayres,1998;Cleveland et al.,2000;Mansson and McGlade,1993;Spreng,1988)。对能值分析的批评主要有以下几点:

(1) 经济学家批评能值分析和其他基于能量和有效能的评价技术一样,注重供应而忽略了人类的需求和意愿。所以将能值分析和经济分析结合,既考虑能量的供应,又兼顾人类的需求,对于满足人类可持续发展的决策是一个值得努力的方向。

(2) 对于最大能值功率原理的批评。根据这个原理,生态系统,地球系统天体系统,很可能乃至所有系统都具有等级结构,因为这种设计能使有效能量过程最大化。按照这个推论,这个原理可以决定哪个物种、生态系统、或系统可以维持生存。研究发现有些系统遵守这个原理(Odum,1995b),似乎证明它具有普适性,这意味着最大能值功率原理能够解释宇宙的秩序。这种广泛而未经证实的推论使得这个原理充满矛盾,Mansson and McGlade (1993) 认为,复杂系统的行为并不能用一维的优化原则进行考察,这个原理属于错误的简化,并宣布这个原理已经被证伪,但是他们使用的证据受到质疑。Lorenz(2003)和 Dewar (2003)关于自组织系统最大熵产生的研究结果表明某些系统倾向于功率最大化,Giannantoni (2003) 提出了一个最大能值功率的数学表达式,也许能证明这个原理的有效性,为它的普适性提供证据。关于这个原理的争论必然会持续下去,直到相关领域的研究能将它证实或证伪。不过,这并不影响它评价生态系统的贡献。

(3) 容易与其他热力学概念混淆。Energy,exergy,焓(enthalpy)等热力学概念不考虑各种能源的质的差别,而能值分析认为不同种类的能源或能量的作功能力不同,但是缺少确切的量的关系,因此将能值作为一个与 energy,exergy,Ethalpy 相对的热力学参数必要性受到质疑。有效能的确切定义也不明确。虽然定义它与 energy,exergy 不同,在实际计算中有时却的确是等价的。Emergy 与其他热力学参数之间关系的不确定性导致它在工程学中受到普遍质疑,不过,已经有学者开始探讨 emergy 与 exergy 的关系（Ulgiati,1999；Hau and Bakshi,2003）。

（4）时间尺度的整合,在计算过程中历史周转时间常常被忽略。

（5）将全球能量转换为太阳能,转换系数的确定非常复杂,有很大的不确定性。

（6）能流的分配,去向和比例都很难确定,容易出现遗漏或者重复计算。

能值分析存在上述问题,是目前各种手段都会遇到的具体困难。比较而言,能值分析方法的理论体系是最有潜力的体系,它的完善需要多学科技术及理论发展的支持。

5.3　能值分析案例:海滨自然保护区的能值分析

世界野生生物基金会 1998 年 10 月初发表的最新报告指出,过去的 25 年,人类活动已毁灭了自然界三分之一的动植物,成了恐龙灭绝后的六千五百万年以来,地球生态受破坏最大的一段时间。在全球生态退化的宏观背景下,大量湿地消失和退化,仅存的天然湿地已占很小比例,如美国不足一半,中国不足 30%,而东欧只有 10% 左右。湿地消亡和受损的现状使湿地恢复、保护的形势和任务变得十分严峻和紧迫。能值分析为湿地的生态功能评估、自然保护与开发利用的尺度把握以及生态经济效益的测算提供了一个科学方法。本节介绍米埔自然保护区和盐城自然保护区这两个海滨湿地保护区能值分析的研究案例。

5.3.1　米埔自然保护区的生态功能(资料来源:Qin Pei, et al, 2000)

米埔自然保护区的生态功能包括该湿地对环境和人类社会的贡献、保护区的生物多样性及其教育功能。分析上述生态功能宜采用能值分析的方法。

5.3.1.1　米埔保护区的景观

当人们将视角移近香港西北部深水湾(Deep Bay),欣喜地发现那儿有一片现今香港残存的最大的红树林湿地,与深圳沙头角仅一河(深圳河)之隔,这就是香港米埔自然保护区。米埔自然保护区虽只有 380 ha,是整个香港总面积的三百分之一,但其重要性却远远超过了它的面积。米埔湿拥有 130 ha 的红树林(中国海滨现存的第六大天然红树林)和 250 ha 的浅水池塘(发育有广东省大型芦苇丛生境)。其红树林主要由 6 个较矮的树种构成,其中最大的种群是秋茄(Kandelia candel)。池塘以极具特色的基围虾塘为主,该塘的鱼虾种苗从深水湾随潮水而来,以水塘中间的红树和芦苇凋落物为饵,是一个典型的自给自足的自组织系统。在米埔越冬的水鸟常超过 20 000 只,1996 年 1 月在该湿地栖息的水鸟超过 68 000 只的纪录；在米埔发现 12 个濒危水鸟品种，其中黑脸琵鹭的数量占全球的四分之一，另外还有近 20 种首次发现的无脊椎动物；这样一个水、树、泥滩交汇的典型景观，融于自然保护区中，成了许多动物出没的极乐世界，特别是鸟类集聚的天堂。香港政府 1995 年 9 月加入"拉姆萨尔湿地保护公约"，使米埔成为我国第 7 个致力保护的国际重要湿地。

5.3.1.2　米埔保护区的生态经济效益分析

米埔自然保护区每年的投入来自阳光、风、雨水、潮汐等再生能源，沉积物等非再生能源和来自政府预算、服务、旅游等社会经济方面的投资和反馈。其第一性生产（主要包括红树林、芦苇和浮游藻类等）所固定的能量经自然食物链传递，如由植物-底栖生物-鱼虾-水鸟传递（图 5-5）；在传递和转化过程中，能量不断地耗散而衰减，但能质却不断提高。高能质的能级蕴含着丰富的太阳能值。根据自组织系统的规律，系统的输入能值等于输出能值。因此，米埔自然保护区的年产出等于年总投入，为 25.29(10^{17}Sej/yr（图 5-5，表 5-3)）。其宏观经济效益为 US\$24.8(10^5（根据香港地区 1988 年的 GDP 水平)）。由表 5-3 可以推算，米埔保护区的净能值产出率（Yr）、能值投资比率（Ir）和环境负载率（ELr）分别为 2.98、0.51 和 1.13。与美国的大沼泽（Everglades National Park）相比（图 5-6），

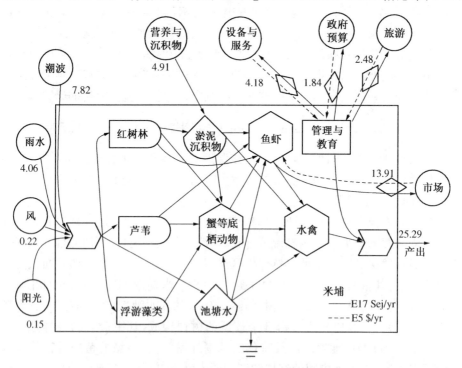

图 5-5　米埔自然保护区年投入产出能量系统图

米埔的净能值产出率和环境负载率都较高,能值密度高达 6.65(1011Sej/m²(为大沼泽的 1.74 倍))而能值投资比率偏低;说明米埔保护区对经济和环境的贡献是较大的,但其环境压力也不小。

表 5-3　米埔年投入和产出的能值分析 *

编号与项目	原始数据 (J or US$)	能值转化率 (Sej/Unit)	太阳能值 (E17 Sej)	宏观经济效益 E5 1988 US$
再生能源(J):				
1. 阳光	1.48E+16	1	0.15	0.15
2. 风	3.46E+13	623	0.22	0.22
3. 雨水(势能)	1.44E+13	8 888	1.31	1.28
4. 雨水(化学能)	2.63E+13	15 444	4.06	3.98
5. 潮汐	2.74E+13	23 564	6.46	6.33
6. 波能	3.02E+13	25 889	7.82	7.67
7. 地热	3.80E+12	29 000	1.10	1.08
总计(项目 4 + 6)			11.88	11.65
非再生能源(J):				
8. 淤泥与沉积物	1.4E+14	3 509	4.91	4.81
9. 池塘水	1.24E+13	48 000	5.95	5.83
总计(项目 8)			4.91	4.81
总初级生产力(J):				
10. 红树林	4.79E+13	4 700	2.25	2.21
11. 芦苇	1.54E+13	4 700	0.72	0.71
12. 浮游藻类	0.06E+13	4 700	0.03	0.03
总计(项目 10+11 + 12)			3.00	2.95
投资($):				
13. 设备与服务	4.1E+5	1.02E+12	4.18	4.10
14. 政府预算	1.8E+5	1.02E+12	1.84	1.80
15. 旅游收入	2.44E+5	1.02E+12	2.48	2.44
总计(项目 13+14+15)			8.50	8.34
鱼虾类(J):				
16. 自游生物	3.02E+10	3.1E+7	9.36	9.18
17. 水产	1.07E+11	1.3E+7	13.91	13.64
总计(项目 16+17)			23.27	22.82
鸟类(J):				
18. 水禽	2.67E+10	1.03E+8	27.52	26.98

　*　本表有关原始数据主要出处为 Aspinwall & Company, 1996; Axell, H., 1983; Lee, S. Y., 1989 a; Lee, S. Y., 1989 b; Lee, S. Y., 1990 a; Lee, S. Y., 1990 b.

5.3.1.3 米埔保护区的生物多样性

米埔保护区的物种能值估算如表 3 所列,物种总数约为 914 种,根据这些物种活动分布面积占全球的比例,其太阳能值总量约为 859.2×10^{17} Sej,其宏观经济效益约为 US\$ 842.4×10^5(根据香港地区 1988 年的 GDP 水平)。

5.3.1.4 米埔保护区的教育功能

米埔自然保护区非常注重发挥自身的教育功能,不仅表现在对旅游者(特别是中小学生)进行环境教育,每年组织大型的观鸟爱鸟活动,而且还利用自身资源为大陆和东南亚地区培训保护区管理人才。图 5-7 表达的是对米埔教育功能能值流的初步估算,由于将知识贡献(根据不同知识层次人群的能值进行估算)纳入进行估算,每年米埔教育功能的能值流高达 124.55×10^{17} Sej/yr,其宏观经济效益约为 US\$ 122.11×10^5(根据香港地区 1988 年的 GDP 水平)。

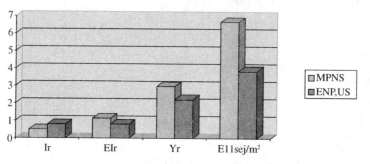

图 5-6　米埔自然保护区(MPNS)和美国大沼泽(ENP)的能值指标

表 5-4　米埔生物物种的能值估算

分类	物种数量	太阳能值 (E18 sej)	宏观经济效益 (E6 1988 US\$)
植物	144	13.54	13.27
无脊椎动物	400	37.60	36.86
两栖动物和鱼类	43	4.04	3.96
爬行动物	21	1.97	1.93
鸟类	289	27.17	26.64
哺乳动物	17	1.60	1.57
总计	914	85.92	84.24

5.3.1.6 从米埔自然保护区看香港的可持续发展

从上述生态功能的估算可以看出,米埔自然保护区的能值产出为 25.29×10^{17} Sej/yr,其宏观经济效益为 US\$ 24.8×10^5。而其生物多样性的估算,即栖息和分布于其中的物种能值总量竟高达 859.2×10^{17} Sej,其宏观经济效益高达

US＄ 842.4×10⁵。每年米埔教育功能的能值流也高达 124.55×10¹⁷ Sej/yr,其宏观经济效益约为 US＄ 122.11×10⁵。这就是说,米埔自然保护区的综合生态功能远远超过它对社会和环境的一般贡献(即年产出)。作为"景观之肾"的红树林湿地不仅为人们提供着清洁的空气、水源和休憩时的场景、乐趣;而且飞禽走兽在这儿找到了与人们和谐共处的"庇护所",同时各类资源的得力保护可充分被人们用以科普活动、科技培训、科学调查与研究,使保护区成了一个富有特色的教育科技中心。

香港是一个基于进口资源和购买能值发展经济的社会,其本地资源微乎其微,实在太难能可贵了。因而,保护一个不断萎缩,而且还被数十个开发计划包围的红树林湿地,确实是太重要了。该自然保护区不仅作为一个实实在在的湿地资源与香港社会休戚相关,而且将以其特有的综合生态功能教育人们,警示人们,推动香港社会的可持续发展。

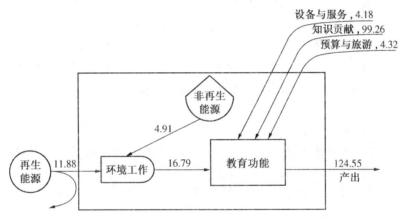

图 5-7　米埔教育功能能值流(E17 Sej/yr)

5.3.2　盐城自然保护区两种典型人工湿地的能值分析(资料来源:万树文等,2000)

盐城自然保护区位于中国东海岸的中部,在 32°34′N～34°28′N,119°48′E～120°56′E 之间,由江苏省盐城沿海 5 县(市)的海滨滩涂带组成,总面积约为 4 553.3 km²,其中核心区面积为 138 km²。1992 年,晋升为国家级自然保护区,同年被联合国教科文组织人与生物圈委员会接纳为国际生物圈保护区。保护区的主要保护对象是丹顶鹤和其他珍稀濒危鸟类以及它们的栖息地。江苏省建立"海上苏东"发展计划的实施,使得江苏沿海大量的海滨原生湿地被开发利用,人为的干扰和栖息地的破坏使得海鸟的生境压力加大。在这种严峻的现实面前,盐城自然保护区选择一个持续的发展模式去协调经济发展和自然保护之间的关系,这是尤为重要的。

运用能值分析方法,通过对盐城自然保护区两种典型的人工湿地利用方式的能值透视,分析其生态经济效益,以利对其可持续发展提出建议。

5.3.2.1　盐城自然保护区两种典型的人工湿地利用方式

（1）建设以招鸟为目的的水禽湖

水禽湖是一个以招引和保护水禽为目的的水生生态系统。该系统位于江苏海涂内的盐城自然保护区核心区之西北端的高滩地。该保护区核心区位于盐城市射阳县新阳港镇,是珍禽越冬的主要活动场所之一。近年来,由于泥滩淤积增高,核心区靠近海堤潮上带的水面和沼泽面积逐步减少,已不适宜于珍禽生活;同时,保护区缓冲区和鸟类其他生境经济开发强度日益加大,越来越不适宜珍禽生存。因此,大量珍禽逐步集聚在面积越来越小的核心区海滩湿地中生活,生境压力越来越大。针对这种情况,保护区管理处于 1994 年秋,人工框围水禽湖建立人工湿地,面积 240 ha,进行粗放的水产养殖和收割芦苇等经济运作。水禽湖建立后,保护区通过严格的管理禁止人为干扰,保证水禽能自由地觅食、活动和休息,因此水禽栖息的种类和次数均明显增加。水禽湖为水禽提供了良好的觅食地和繁殖场所,缓解了自然保护区水鸟的生境压力。在获得巨大生态效益的同时,由于大量的水禽摄食鱼虾,造成了水禽湖从 1994 年到 1998 年经济收入总体上亏本的局面。

（2）围滩蓄淡养鱼

在缓冲区选择低产滩地,框围养鱼。由于此种鱼塘半粗放养鱼,且处于缓冲区受人类干扰影响较大,招鸟数量很少,故经济收入颇为丰厚。本章以处于缓冲区的海丰农场内,由盐城农科所 1998 年建立的总面积为 100 ha 的鱼塘为例,分析其生态经济效益。

5.3.2.2　能值分析和主要评估指标

生态经济系统中的主要能流示意于图 5-8。一个可持续发展的系统必须:不断接收能值输入;接收足够的反馈并有更大的能值产出;有合适的处理最终废物的能力;不改变系统现有的约束。对于一个类似鱼塘的人工湿地生态系统来说,可持续发展的条件要求其具有足够的能值贮存、反馈和大的能值产出。能值产出包括经济收入和没有用于交换的能值产出(即在系统中循环,并增加系统的能值贮存)。由此,可以从上述条件涉及的系统的能值贮存水平和经济效益两方面来评估系统发展的可持续性。因此,在本章中作者建议增设新的能值指标基础能值改变(Base emergy change,缩写为 Bec)和净经济效益(Net profit,缩写为 Np)来评判人工湿地生态系统发展的可持续性。二指标的数学表达式如下:

基础能值改变(Bec)=非交换能值产出(Ey)－系统不可更新资源消耗(N)

净经济效益(Np)=经济收入(I)－反馈(F)

正值的基础能值改变保证了系统被持续利用的能力,正值的净经济效益保证了系统再次接收足够反馈的可能。一个系统的发展只有具有正的 Bec 和 Np,才是可持续的。

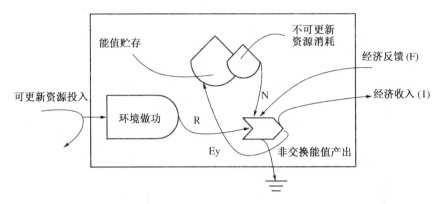

图 5-8　生态经济系统的主要能值流

5.3.2.3　两种典型人工湿地的能值分析

（1）水禽湖和鱼塘的系统能量图

水禽湖和鱼塘的能量系统图见于图 5-9 和图 5-10。

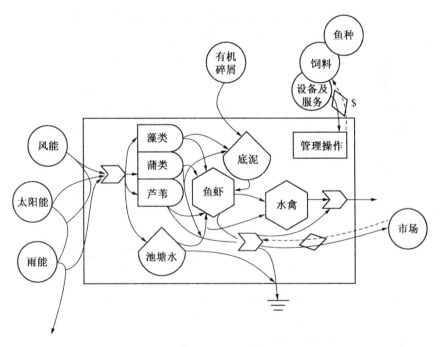

图 5-9　盐城自然保护区水禽湖能量系统图

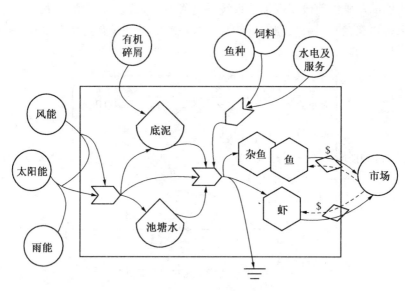

图 5-10　盐城农科所鱼塘能量系统图

（2）编制能值分析表

通过计算，能值分析结果见表 5-5，表 5-6。

表 5-5　盐城自然保护区水禽湖能值分析表

编号	项目	原始数据	能值转换率	太阳能值	宏观经济价值
可更新资源投入					
1.	太阳能	8.30×10^{15} J	1 sej/J	8.30×10^{15} sej	8.96×10^2 $
2.	雨化学能	1.22×10^{13} J	15 444 sej/J	1.88×10^{17} sej	2.03×10^4 $
3.	雨势能	8.44×10^{12} J	8 888 sej/J	7.50×10^{16} sej	8.10×10^3 $
4.	风能	1.12×10^{12} J	623 sej/J	6.99×10^{14} sej	7.55×10^1 $
	合计(仅取第 2 项)			1.88×10^{17} sej	2.03×10^4 $
不可更新资源流入					
5.	底泥	8.86×10^{13} J	3 509 sej/J	3.11×10^{17} sej	3.36×10^4 $
6.	池塘水	1.19×10^{13} J	48 000 sej/J	5.69×10^{17} sej	6.14×10^4 $
	合计			8.80×10^{17} sej	9.50×10^4 $
经济反馈					
7.	设备和服务	8.95×10^3 $	9.26×10^{12} sej/$	8.29×100 sej	8.95×10^3 $
8.	鱼苗	3.10×10^4 $	9.26×10^{12} sej/$	2.87×10^{17} sej	3.10×10^4 $
9.	饲料	6.08×10^4 $	9.26×10^{12} sej/$	5.63×10^{17} sej	6.08×10^4 $
	合计			9.33×10^{17} sej	1.01×10^5 $

表 5-5(续)

编号	项目	原始数据	能值转换率	太阳能值	宏观经济价值
能值产出					
10.	藻类	2.91×10^{14} J	4 700 sej/J	1.37×10^{18} sej	1.48×10^{5} \$
11.	蒲类	2.45×10^{13} J	4 700 sej/J	1.15×10^{17} sej	1.24×10^{4} \$
12.	芦苇	2.61×10^{13} J	4 700 sej/J	1.23×10^{17} sej	1.33×10^{4} \$
13.	水禽	1.29×10^{13} J	3×10^{7} sej/J	3.88×10^{18} sej	4.19×10^{5} \$
14.	鱼产品	9.30×10^{4} \$	9.26×10^{12} sej/\$	8.61×10^{17} sej	9.30×10^{4} \$
	经济收入,取第 14 项			8.61×10^{17} sej	9.30×10^{4} \$
	非交换能值产出(Ey),取第 10—13 项			5.49×10^{18} sej	5.93×10^{5} \$
	总能值产出(Yield),取第 10—14 项			6.35×10^{18} sej	6.86×10^{5} \$
	能值货币比率 Emergy /US\$ (1994)	9.26×10^{12} sej/ \$			

表 5-6　盐城农科所鱼塘能值分析表

编号	项目	原始数据	能值转换率	太阳能值	宏观经济价值
可更新资源投入					
1.	太阳能	3.42×10^{15} J	1 sej/J	3.42×10^{15} sej	3.69×10^{2} \$
2.	雨化学能	5.01×10^{12} J	15 444 sej/J	7.74×10^{16} sej	8.36×10^{3} \$
3.	雨势能	3.48×10^{12} J	8 888 sej/J	3.09×10^{16} sej	3.34×10^{3} \$
4.	风能	4.62×10^{11} J	623 sej/J	2.88×10^{14} sej	3.11×10^{1} \$
	合计(仅取第 2 项)			7.74×10^{16} sej	8.36×10^{3} \$
不可更新资源投入					
5.	底泥	3.66×10^{13} J	3 509 sej/J	1.28×10^{17} sej	1.38×10^{4} \$
6.	池塘水	4.94×10^{12} J	48 000 sej/J	2.37×10^{17} sej	2.56×10^{4} \$
	合计	3.65×10^{17} sej			3.94×10^{4} \$
经济反馈					
7.	水电及服务	5.84×10^{3} \$	9.26×10^{12} sej/\$	5.41×10^{16} sej	5.84×10^{3} \$
8.	鱼种	2.56×10^{4} \$	9.26×10^{12} sej/\$	2.37×10^{17} sej	2.56×10^{4} \$
9.	饲料	1.02×10^{5} \$	9.26×10^{12} sej/\$	9.45×10^{17} sej	1.02×10^{5} \$
	合计			1.24×10^{18} sej	1.34×10^{5} \$
能值产出					
10.	虾产品	2.20×10^{3} \$	9.26×10^{12} sej/\$	2.04×10^{16} sej	2.20×10^{3} \$
11.	鱼产品	1.58×10 \$	9.26×10^{12} sej/\$	1.46×10^{18} sej	1.58×10^{5} \$
	合计（经济收入）			1.48×10^{18} sej	1.60×10^{5} \$

表 5-6(续)

编号	项目	原始数据	能值转换率	太阳能值	宏观经济价值
	非交换能值产出 Ey			0	0
	总能值产出 Yield			1.48×10^{18} sej	1.60×10^5 \$
	能值货币比率 Emergy /US\$ (1994)	9.26×10^{12} sej/\$			

说明:

1. 主要能流的原始数据计算方法如下[3,5]:
   太阳能值＝原始数据(J,\$)×能值转换率;
   太阳能＝面积×(1－反射率)×辐射量;
   雨水化学能＝水吉布斯自由量×降雨量×面积×密度;
   雨水势能＝降雨量×面积×密度×平均高度×重力加速度;
   风能＝面积×空气层平均高度×空气密度×空气比热×水平温度梯度×平均风速;
   底泥能＝面积×单位面积底泥能;
   池塘水能＝水吉布斯自由能×水总量;
   经济反馈或收入＝货币量×能值货币比率。
2. 原始数据说明如下:水禽湖经济投入和产出(1994～1998 年)的数据来源于盐城自然保护区管理处,在计算中采用 4 年的平均数据;有关盐城农科所鱼塘的经济投入与产出数据(1998)由盐城农科所提供。

(3) 主要能值指标

两个系统的主要能值指标列于表 5-7。

表 5-7　水禽湖和鱼塘的能值指标表

编号	项目	表达式	水禽湖	鱼塘
1.	可更新资源能值流入	R	1.88×10^{17} sej/yr	7.74×10^{16} sej/yr
2.	不可更新资源消耗	N	8.80×10^{17} sej/yr	3.65×10^{17} sej/yr
3.	经济反馈投入	F	9.33×10^{17} sej/yr	1.24×10^{18} sej/yr
4.	经济收入	I	8.61×10^{17} sej/yr	1.48×10^{18} sej/yr
5.	非交换能值产出	Ey	5.49×10^{18} sej/yr	0 sej/yr
6.	总能值产出	Yield	6.35×10^{18} sej/yr	1.48×10^{18} sej/yr
7.	能值产出比率	Yr＝Yield/F	6.81	1.19
8.	净经济效益	Np＝I－F	-0.72×10^{17} sej/yr	2.40×10^{17} sej/yr
9.	系统贮存能值变化	Bec＝Ey－N	4.61×10^{18} sej/yr	-3.65×10^{17} sej/yr
10.	每公顷净经济效益	Np′	-3.00×10^{14} sej/yr°ha	2.4×10^{15} sej/yr°ha
11.	每公顷系统基础能值变化	Bec′	1.92×10^{16} sej/yr°ha	-3.65×10^{15} sej/yr°ha

(4) 两种利用方式结合可持续发展的比例范围

从表 5-7 的主要能值指标表来看:水禽湖有正的贮存能值变化,但其净经济效益却是负的;鱼塘有正的净经济效益,但其贮存能值变化是负的。因此,两种利用方式的单独发展都不可能是持续发展,只有将两种方式结合起来,互为补充,并按适当的比例协调发展,才能兼顾生态效益和经济效益。

下面计算出两种人工湿地协调发展的比例范围。

假设应建 X ha 水禽湖和 Y ha 鱼塘,令比率 $t=X/Y$。则

$$\begin{cases} (X+Y)\text{Bec'}=X\times1.92\times10^{16}-Y\times3.65\times10^{15} \\ (X+Y)\text{Np'}=-X\times3.00\times10^{14}+Y\times2.4\times10^{15} \end{cases}$$

用 t 替换 X/Y,则有

$$\begin{cases} (1+t)\text{Bec'}=1.92\times10^{16}\,t-3.65\times10^{15} & (1) \\ (1+t)\text{Np'}=-3.00\times10^{14}\,t+2.4\times10^{15} & (2) \end{cases}$$

由(1)计算出 t,代入(2)得,

$$0.118\text{Bec'}+\text{Np'}=1.97\times1015 \qquad (3)$$

方程(3)在线性约束 Bec'>0,Np'>0 的直线绘制于图 5-11。

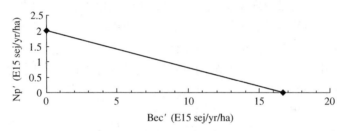

图 5-11　Np'和 Bec'的关系(E15sej/yr°ha)

当 $0<\text{Bec'}<16.69\times10^{15}$ sej/yr·ha,有 Bec'>0 和 Np'>0。

通过方程(1)、(2),我们得到结果:8.00>t>0.19。

(1) 当 $t=0.19$ 时,$(\text{Np'})_{max}=1.97\times10^{15}$ sej/yr·ha$=2.13\times10^2$ \$/yr·ha,且 Bec'=0。此时有,$(\text{Bec'}+\text{Np'})_{max}=2.13\times10^2$ \$/yr·ha。

(2) 当 $t=8.00$ 时,$(\text{Bec'})_{max}=16.69\times10^{15}$ sej/yr·ha$=1.80\times10^3$ \$/yr·ha,且 Np'=0。此时有,$(\text{Bec'}+\text{Np'})_{max}=1.80\times10^3$ \$/yr·ha。

(3) 当 $t=0.31$ 时,Bec'=Np',且 Bec'+Np'$=3.52\times10^{15}$ sej/yr·ha $=3.80\times10^2$ \$/yr·ha。

由以上分析可知,水禽湖对鱼塘的面积比需在 0.19 和 8.00 之间。当比例是 0.19 时,系统获得最大经济效益 2.13×10^2 \$/yr·ha;当比例是 8.00 时,系统获得最大生态效益 1.80×10^3 \$/yr·ha;当比例是 0.31 时,系统获得相等的生态和经济效益,其和是 3.80×10^2 \$/yr·ha,比例 0.31 是保护区较优的选择。

5.3.2.4　从能值分析看自然保护区的可持续发展

（1）本模式符合于扩大保护区核心区面积的规划设计

目前,对于核心区面积的确定,中国的许多核心区的设置,是按照当时所观测到的目标物种出现频率高的地方而划定的。由此而引发的问题是,随着时间地发展,原有栖息地的面积和所能提供的食物量会因为物种数量的增加而变得不足,而且栖息地会因为人为或自然的干扰而退化,迫使目标物种重新选择适宜的栖息地。这样就会出现物种实际栖息地超出现有核心区范围的现象。有关对盐城自然保护区规划设计的研究结果表明:盐城自然保护区核心区的面积应扩大。

水禽湖建立以后,水禽栖息的种类由建立前的 16 种增加到 37 种,数量由 3 459 只增加到 97 747 只,水禽栖息次数有 210 132 只/天增加到 2 256 834 只/天,这些数字表明,水禽湖已取得了良好的生态效益,通过严格管理,就可以使人工湿地向适合于鸟类栖息的方向转化。水禽湖已位于核心区的边缘,为了实现严格的保护,必须将核心区的范围适当扩大。

从能值产出比率来看(见表 5-7),水禽湖的能值产出比率比鱼塘大,按能值分析理论,建水禽湖是更可持续的利用方式。因此,当必要的经济收入得到保障时,建水禽湖而扩大保护规模是盐城自然保护区较优的选择。但在目前,保护区为了自我生存,必须在水禽湖的外围建适当比例的鱼塘,一方面保证了可持续发展所需的经济反馈,另一方面也为核心区的扩大做了良好的准备。在此模式运作几年后,将外围的鱼塘改成水禽湖,以缓解日益增长的水禽的生境压力;并把核心区的范围扩大到被改的鱼塘。根据需要,在核心区的外围再建适当数量的鱼塘搞水产养殖,并起到缓冲的作用。

（2）发展生态旅游是维持水禽湖建设的良好保证

组织和发展生态旅游事业,是获得可观经济收入的良好途径。盐城自然保护区拥有独特的生态旅游资源:世界珍禽丹顶鹤 65％的种群在这里越冬,400 余只的大集群构成奇观;数以十万计的各种水鸟大集群越冬,是观鸟、研究鸟的天然场所;近 300 头麋鹿半野放种群在保护区的实验区内,构成区中之区－大丰麋鹿保护区。淤长型海涂景观、南黄海景观、千里海堤风景线、大规模水产养殖基地等都具有独特的旅游价值。通过严格的管理手段,保证核心区原始系统的不受破坏,即系统的贮存能值变化 B_{ec} 不小于零;在缓冲区建立必要的硬件设施供人们休憩、娱乐,以一定的经济反馈而获得较大的经济效益,使净利润 N_p 大于零。这是一种可持续的发展方式,是建立两种人工湿地的有益的补充。

（3）可持续发展及其能值分析指标

我们运用能值理论把环境财富和人工财富、微观效益和宏观效益统一起来,再结合经济学中的再生产理论来综合分析人类经济活动,可以得出这样的结论:一个系统如果要可持续发展,即能够进行再生产,它的环境贮存能值应当得到不断的补充和积累;即使某一亚系统有一定量的减少,也应当在不损害系统生产力的前提下,由其他亚系统积累出等量或高于这个亚系统损失的量来加以调节。最大能值流原理是的这个结论的最好概括。

最大能值流原理(Odum,1996)是 Odum 对 Lotka 的最大功率原理的新阐述,它指出:最大能值产出的和增强生产的自组织系统是可持续的,其他系统将被它们替代。这意味着,有效利用资源,在最短时间内产出最大能值的系统,将替代不能有效利用资源的其他系统。像自然系统一样,一些社会,经济系统之所以取得优势,是由于在相同时间内,与他们的竞争者相比,他们能够更有效地使用能值,产生更多的能值流。

因此,系统贮存能值变化量(Nc)和实际能值产出率(Yr)可以作为系统可持续发展的两个重要指标:贮存能值(N)和实际能值产出率(Yr)呈增加的趋势,一般说明系统的发展是可持续的;贮存能值(N)和实际能值产出率(Yr)呈减少的趋势,一般说明系统的发展将是不可持续的。

为了加速当地经济发展,我们认为,在非保护区和保护区的非核心区的海涂内,在不危害海涂系统整体生产力的前提下,探索合理的盐土利用模式,提高单位面积的经济产出是非常必要的,同时,对于提高人民生活水平,也有着重要意义。但是,随着这些区域的开发强度日益加大,会有更多种类和数量的鸟类迁移到保护区核心区中来,增加核心区的生境压力。

如果我们单纯从保护鸟类出发,大面积建立水禽湖,同样会破坏核心区陆生生物的生境,特别是盐生植被和兽类的生境,从而降低了整个系统的生物多样性能值,进一步降低了整个系统的生态经济效益。因此,为了有效保护生物遗传信息和实现保护区的可持续发展,我们建议:

① 在目前的基础上,再适度扩大保护区核心区面积,在核心区内建立适度面积的水禽湖,使核心区形成平原林地—内湖湿地—海滩盐沼相连接的特色景观。水禽湖的管理也要作适度改进:进行适当的生态工程改造,使其与外部河流形成完整的良性水系,进而形成自组织程度很高的人工湖湿地生态系统;日常管理上,不要竭泽而渔,不要集中捕捞,应当在不影响鸟类生活的前提下,分散适度捕捞。② 对非保护区内的海涂的开发,也应合理规划,留出一定面积的非经营性水面和原生植被区,为核心区中的鸟类提供活动空间,为候鸟迁徙提供通道生境。

5.3.3　互花米草生态系统最大功率化研究(资料来源:王金丽等,2010)

互花米草生态系统是一个典型的自组织系统,最大功率化倾向明显,我们将以能值分析方法对其最大功率化倾向做出科学评价。

5.3.3.1　研究区域自然状况

苏北海滨地区指江苏北部的沿海滩涂地区,地理位置在 $120°08'—121°44'E$,

32°02′—34°16′ N 之间。该地区处于暖温带和北亚热带的过渡区，又受盛行季风的影响，兼有大陆性和海洋性气候的特点，四季分明。夏季受西太平洋副热带高压控制，多偏南风，炎热多雨；冬季受西伯利亚冷高压控制，盛行偏北风，寒冷少雨。光照充足，年平均气温为 13.7 ℃～14.6 ℃，极端最低气温为−17.3 ℃，极端最高气温为 39 ℃（1979 年），≥10℃年积温在 4 700 ℃～5 200 ℃，年均相对湿度＞80％。苏北灌溉总渠以北自 11 月开始形成薄层冻土，次年 3 月完全解冻，但临近海水的滩面受潮水和波浪的动力作用，土壤不易长时间冻结。保护区南部 0—5 cm 深度土层最冷月的平均温度在 0℃以上，地表有结冰现象但持续时间很短。降水丰沛，雨热同期，降水集中于夏季，年平均降水量 950—1 070 mm（其中 6—9 月平均降水 700 mm，约占全年 70％）。年平均风速约 6 m/sec，自然灾害较多，旱涝频繁威胁较大，主要有台风、暴雨、冰雹、龙卷风等。

5.3.3.2　植被分布

目前苏北海滨湿地的盐沼植被的主要群落类型自海堤向海方向呈明显的带状分布：白茅群落（Imperata cylindreica），通常出现在盐度较低的极大高潮位以上，在射阳港、新洋港、三里闸、竹港、川东港、东台蹲门口、梁垛河等海堤外有较大面积分布。大穗结缕草（Zoyisa macrostachys），主要分布于海岸带潮上带及堤内荒地，射阳西潮河至三步桥，中路港至三里闸有较大面积分布。獐毛（Aeluropus macrostachys），通常零星出现在潮上带或堤内干燥盐土上。芦苇（Phramites australis），分布在盐分较低的河口区域。碱蓬（盐地碱蓬 Saldea Salsa 和碱蓬 Saldea gluca），主要分布在高潮滩，在响水县灌东盐场和滨海县新滩盐场外滩、射阳县西潮河口，中路港，东凌垦区等地分布最广。作为引进的先锋耐盐物种互花米草（Spartina alterniflora），位于碱蓬群落的下方，主要分布在高潮滩和中潮带的上部，目前已经在上述苏北海滨湿地淤泥质潮间带区域形成单种优势盐沼群落，大米草（Spartina angilica）偶有伴生其中。

根据上述苏北海滨湿地的植被带状分布特点可见，互花米草的主要生态位与其他物种基本没有重叠，在引种互花米草之前，其生态位所在区域基本上是光滩。因而，本研究设计的观测系统除了互花米草生态系统外，另外设置一个光滩生态系统作为对照。互花米草系统位于大丰王港垦区（33°17′ N，120°45′ E），目前该区域的互花米草盐沼为生长接近 5 年的草滩，系统发育已趋于成熟，植被稳定，拥有较高的生物量和沉积速率；光滩生态系统位于南通如东小洋口港（32°36′ N，120°59′ E），没有任何植被，是江苏海滨现存的一块特征明显的光滩。在这两个系统中，各取 50 hm²（沿海堤方向 1 000 m×向海方向 500 m）样地进行对比分析（图 5.12）。

5.3.3.3　研究结果

既然鲜有以能值分析方法对海滨湿地生态系统（特别是互花米草生态系统）

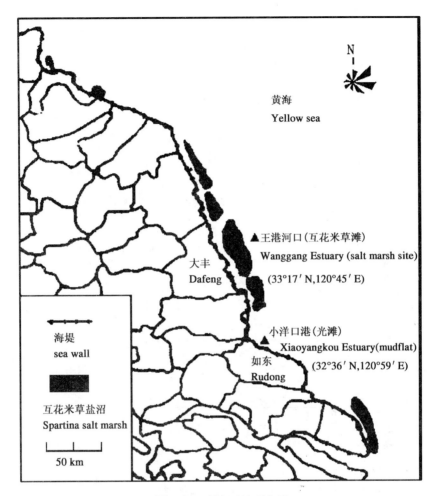

图 5.12　研究区地理位置

最大功率化倾向做出科学评价的研究,该研究方法肯定是探索性的,我们权且借鉴能值分析方法进行评估,希望引发日后有兴趣者的跟进和完善。

(1) 绘制能量系统图

根据系统的主要能量来源、系统内的主要成分及各组分的过程和关系分别绘制互花米草和光滩两个系统的能量系统图(图 5.13)。

(2) 编制能值分析表

分别选取两个生态系统的可更新资源能值输入、不可更新资源能值输入和系统能值输出 3 部分编制能值分析表(表 5.8),能值转换率及计算公式见参考文献。本文所研究的两个生态系统均为自然系统,系统的能值产出主要是米草与底栖动物生长过程中形成的有机物质,以及泥沙沉积在土壤库中的有机质,贮

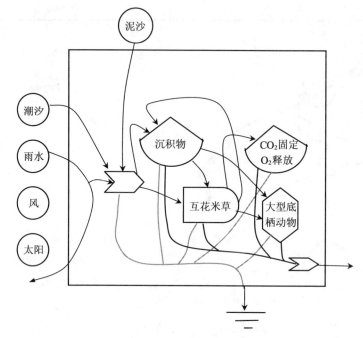

图 5.13　互花米草生态系统能量系统图

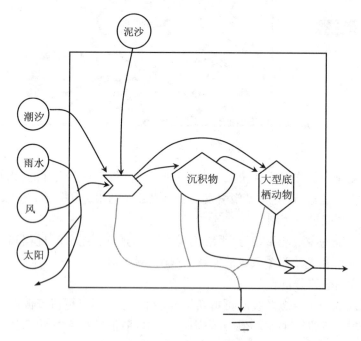

图 5.14　光滩生态系统能量系统图

存在系统内形成环境基础能值,另外,互花米草生态系统的大气组分调节、生物多样性保护等生态服务功能产出也是生态系统能值产出的重要部分。

表 5-8　互花米草和光滩生态系统能值分析表

项目	指标 Index	原始数据 Raw data	能值转化率 Emergy transformity (sej·unit^{-1})	太阳能值 Solar emergy (sej)	宏观经济价值 E_m \$ (2 000US\$)
可更新资源输入 Renewable natural resources (R)	1. 太阳能 Solar radiation	1.75E+15J[①]	1	1.75E+15	3.55E+02
	2. 风能 Wind	3.88E+11J[②]	1 496	5.80E+14	1.18E+02
	3. 雨水势能 Geopotential of rain	1.01E+10J[③]	10 488	1.06E+14	2.15E+01
	4. 雨水化学能 Chemical energy of rain	2.42E+12J[④]	18 199	4.40E+16	8.93E+03
	5. 潮汐能 Tide power	4.58E+11J[⑤]	16 842	7.71E+15	1.57E+03
不可更新资源输入 Nonrenewable resources	6. 表层土损失 Net loss of topsoil	4.27E+11J[⑥]	6.25E+04	2.67E+16	5.42E+03
互花米草生态系统能值输出 Output of S. alterniflora ecosystem	7. 植被 Vegetation	1.69E+12J[⑦]	3800	6.42E+15	1.30E+03
	8. 大型底栖动物多样性 Macrobenthos biodiversity	6.55E+10J[⑧]	1.50E+06	9.83E+16	2.00E+04
	9. 有机质 SOC	2.94E+12J[⑨]	7.40E+04	2.18E+17	4.43E+04
	10. 总磷 TP	4.28E+07g[⑩]	1.78E+10	7.62E+17	1.57E+05
	11. 总氮 TN	1.13E+07g[⑪]	4.60E+09	5.20E+16	1.06E+04
	12. CO_2吸收 CO_2 fixation	1.30E+05 \$[⑫]	4.94E+12	6.42E+17	1.30E+05
	13. O_2释放 O_2 release	3.04E+04 \$[⑬]	4.94E+12	1.50E+17	3.05E+04
	合计 Total			1.93E+18	3.94E+05

表 5-8(续)

项目	指标 Index	原始数据 Raw data	能值转化率 Emergy transformity （sej·unit^{-1}）	太阳能值 Solaremergy （sej）	宏观经济价值 E_m \$ （2 000US\$）
光滩生态系统能值输出 Output of the mudflat system	14. 大型底栖动物多样性 Macrobenthos biodiversity	6.80E+10J[⑭]	1.50E+06	1.02E+17	2.07E+04
	15. 有机质 SOC	5.85E+11J[⑮]	7.40E+04	4.33E+16	8.79E+03
	16. 总氮 TN	2.09E+06g[⑯]	4.60E+09	9.60E+15	1.94E+03
	17. 总磷 TP	1.41E+07g[⑰]	1.78E+10	2.51E+17	5.10E+04
	合计 Total			4.06E+17	8.24E+04

表中原始数据计算过程见附录

（3）主要能值指标的计算

根据能值分析表，计算能值密度（Emergy density，ED）、基础能值改变（Bec）和基础能值产出率（Beyr）3 个指标（表 2.2）：

ED＝总能值使用量（U）/总面积（Area）

Bec＝非交换能值产出（Yne）－不可更新能值投入（N）

Beyr＝ Bec/不可更新资源能值投入（N）

对两个系统的主要能值指标进行比较，评价系统对能量的利用与积累程度，从而评估系统功率最大化倾向（5.9）。

表 5-9　互花米草和光滩生态系统主要能值指标计算结果

指标 Index	表达式 Formula	草滩 Spartina	光滩 Mudflat
面积 Area（hm²）	A	50	50
不可更新资源资源消耗 Nonrenewableemergy（sej·a^{-1}）	N	2.67E+16	2.67E+16
能值使用量 Total usedemergy(sej·a^{-1})	U	1.93E+18	4.06E+17
能值密度 Emergy density （ED） （sej·hm^{-2}·a^{-1}）	U/A	3.86E+16	8.12E+15
基础能值改变 Base emergy change（Bec）（sej·a^{-1}）	Yne—N	1.90E+18	3.79E+17
基础能值产出率 Base emergy yield ratio（Beyr）	Bec/N	71.16	14.19

（4）主要能值指标计算结果及分析

a. 互花米草生态系统的能值产出

由表 5.8 可以看出，两个生态系统的单位面积能值输入相同，但总能值产出差异明显，互花米草生态系统的总能值产出为 1.93E＋18 sej·a^{-1}，而光滩生态系统的总能值产出只有 4.06E＋17 sej·a^{-1}。草滩的总能值产出比光滩多出了 1.52E＋18 sej·a^{-1}。这意味着互花米草生态系统生产能力高，对系统输入低质能量的改善效率高，因此比光滩具有更高的投入产出比。

b. 互花米草生态系统能值密度

能值密度（ED）可以反映一个系统能值使用的集约情况。在本研究的两个条件类似的自然系统中，能值使用量（U）以系统总能值输出表示，因此能值密度愈大，说明对能值使用效率愈高。由表 5.9 可以看出，互花米草生态系统的能值密度约为光滩的 4.72 倍，说明互花米草生态系统能更有效地利用未被光滩生态系统利用的能量。

c. 互花米草生态系统基础能值改变

基础能值改变（Bec）反映了系统投入一定不可更新资源时获得的环境资源积累，可以评价系统的自组织对生产多环境不可更新资源积累的贡献。互花米草生态系统的 Bec 为 1.90E＋18sej·a^{-1}，而光滩只有 3.79E＋17sej·a^{-1}，可见互花米草生态系统的基础能值改变量更大，体现了互花米草生态系统对不可更新资源积累效率高；较高的基础能值改变，保证了系统被持续利用的能力以及可持续开发潜力。

d. 互花米草生态系统基础能值产出率 Beyr

互花米草生态系统基础能值产出率为 71.16，这个数值是光滩 Beyr 的 5 倍。Beyr 反映系统自组织作用对环境资源积累的工作效率，高的 Beyr 说明对环境资源积累效率高，可见互花米草生态系统比光滩更能有效利用环境资源，增加系统内部的能值贮存。

（5）从能值指标看互花米草群落功率最大化倾向

a. 互花米草生态系统能值功率趋向最大化

通过对比互花米草生态系统和光滩生态系统能值分析指标发现，互花米草生态系统在能值产出（EY）、能值密度（ED）、基础能值改变（Bec）和基础能值产出率（Beyr）均比光滩有很大提高，EY 和 ED 的提高反映了系统对输入能值利用效率的提高，说明互花米草生态系统更能有效地利用未被光滩利用的能量。主要原因在于互花米草植株粗壮高大、地上高度一般可达 1.0~3.0 m，具有很高的初级生产力，另一方面，互花米草生态系统具有促淤造陆、调节大气组分等生态服务功能，扩大了系统的能值产出；Bec 和 Beyr 是评判系统的能值贮存水平和系统被持续利用能力的指标。Bec 和 Beyr 的提高主要是因为互花米草茎秆密集粗壮,地下根系发达,能够促进泥沙的快速沉降和淤积,将泥沙中的有机质转化为系统内部的贮存能值,用以维持系统自身有序发展.对比两个系统能值流量分析图发现,互花米草生态系统的层级结构更多,最显著的差异表现在生产者这一重要层级上,互花米草生态系统的储存库也多于光滩,因而互花米草生态系统转换网络结构更为复杂,系统稳定性更好.综合可见,互花米草进入新区域,经长时间演替发育成熟,形成生物量稳定的单种群落,能更有效地使用能量维持较高且稳定的能值输出,最终形成一个能量转换的层级结构,能值功率趋于最大。

b. 互花米草生态系统的最大功率化与生态服务功能的关系

互花米草生态系统的生态服务功能主要有:抗风防浪、促淤造陆、固定 CO_2、释放 O_2、为野生动物提供栖息地、营养物质积累、控制污染净化水质等。在本能值评估中,考虑到抗风防浪这一功效是与互花米草盐沼植被紧密连锁的,是独有的,光滩无以比较,故主要考察促淤造陆、固定 CO_2 和释放 O_2 这 3 项功能指标,其中促淤造陆一项由土壤库能值产出表示。

对比两个系统的主要能值输出(图 5.15)发现,互花米草生态系统生态服务能值输出部分是总能值输出的主要组成成分,约占 94.5%,是光滩的 6 倍,其宏观经济价值可达 3.72E+05 \$;其中土壤库产出占 56.58%,CO_2 吸收部分占 35.2%,O_2 释放部分占 8.22%。除大型底栖动物多样性一项外,其他各项能值输出互花米草生态系统均高于光滩。主要原因在于发育成熟的互花米草生态系统植被繁茂,每年植被的净能值产出可达 6.42E+15 sej;同时,植被固定的 CO_2 和释放的 O_2 也极大地提高了互花米草生态系统的能值产出,对减少全球温室气体排放和遏制全球气候变化也具有重大贡献。另一项差异体现在土壤库能值产出,草滩土壤库的能值产出是光滩的 3.4 倍,主要原因在于携带泥沙的潮流进入互花米草滩时,受植被的阻挡,能量大量消耗,流速显著降低,大量泥沙沉积于草滩中,使得滩面逐渐淤高,沉积物中含有丰富的有机质,这部分能量转化为贮存能值保留在土壤库中。仲崇信和沈永明等对江苏东台互花米草盐沼调查发现,互花米草生态工程在 11~13 年间已成功地围垦出 29 km² 可耕作土地,其沉积速率高达 15.32 cm·a^{-1};王爱军等研究结果显示,互花米草滩的沉积速率可以达到光滩的 3 倍以上;虽然光滩上底栖动物的数量、生物量都要高于草滩,但差异并不明显,未对两个系统总的能值输出造成显著影响。所以,与光滩相比,互花米草生态系统的功率最大化倾向能够促使生态系统生态服务功能的充分发挥。

c. 互花米草生态系统最大功率化对种群爆发的影响

互花米草根茎含有大量的输导组织,可为植物提供更多的氧气,加之植株尤其是叶可以泌盐,使其成为既耐淹又耐盐的广适种。同时,苏北适宜的温度与淤

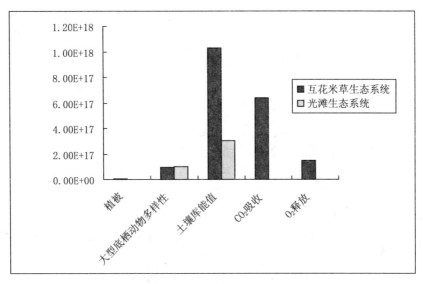

图 5.15　互花米草系统和光滩系统主要能值输出

泥质滩涂有利于互花米草种群的扩张。因此,互花米草种群进入适宜的环境后,通过不断分蘖进行无性繁殖,同时伴以种子繁殖,在光滩上迅速成丛,单株植株通过增加植株高度与茎秆的粗壮程度来摄取更多的太阳光能和潮汐能等低质能质,增强其单种群落的竞争力,由于互花米草的扩张有越位的趋势,从其原本位于中潮带上部、高潮带下部的生态位向邻近的碱蓬、镳草乃至芦苇等分布带蔓延,致使其他单种群落在竞争中处于劣势,并逐渐衰退,以牟取自身的功率最大化。此外,其原有的生态位与贝类生态位部分重叠,如果控制不好,则危害贝类养殖等,对社会经济效益和原生态环境产生一定的负面影响。

延伸阅读

论文:Integrated water quality, emergy and economic evaluation of three bioremediation treatment systems for eutrophic water.

微信扫码

第6章 生态系统恢复

技术进步所造成的负面影响之一就是造成了大面积的退化土地,其生态系统的结构和功能不能适应于生产,除非经过重要的改善。生态破坏包含了一个很长的目录:如废弃矿山和采石场,废弃的工业用地(常含有毒物质),抛荒的农用地,或由于灌溉不当、低水位造成的盐渍地,脆弱而易坏的山地生态系统(如被毁林开荒、开山采石、开辟滑雪场所破坏等),海岸带与河滨湖畔的过度开发,干旱与半干旱地区的过度放牧,热带雨林的过度采伐导致土壤的裸露、贫瘠和水土流失等。

生态系统的退化是国际性的,世界上任何一个国家都不能幸免。在西欧,保守的估计,数以百万 hm^2 的土地需要加以改良。在东欧和俄罗斯其恶化程度是令人难以想象的,在许多地区造成危害公共健康和阻滞经济发展的严重问题。在第三世界的许多地区,情况则更为严重。譬如,热带雨林的退化甚至消亡在过去的 25 年里以空前的速度进行着,造成许多地区严重的水土流失。

据估计,约 43% 的地球陆地表面保障人类利益的能力在下降,这就是土地利用能力退化的直接影响所致。很显然,由于世界人口的增长,对可更新自然资源的需求量日益增长,而地球产生这些资源的能力却不断下降,这是不可持续的。我们面临的严峻挑战之一就是要实现可持续性,这就要遏止生态系统恶化的趋势,就要实现生态系统的恢复(Restoration)或修复(Rehabilitation)。

生态恢复(Ecological restoration)不仅基于改善对一系列科学问题的理解,而且要有效地运用一些技术(生态工程技术),除了这二者是至关紧要的,还要适当关注与社会和经济的联系,运用复合生态系统的整体观来进行运作,生态恢复才能有效进行。生态恢复强调的是将生态工程学原理应用于系统功能的恢复,最终达到系统的自我维持(Self-Maintenance)。本章首先对生态恢复的研究概况进行阐述,然后分别介绍湿地(Wetland)、废弃矿山(Derelict Mine)和沙地、山地乃至海滨盐土的有关生态恢复;其中,不仅涉及一些生态恢复的工程技术,而且将重点介绍有关生态系统恢复的实例。

6.1　生态恢复的研究概述

6.1.1　生态恢复的定义

根据国际生态恢复学会的定义,"生态恢复是恢复和维持生态系统健康的过程"。在生态恢复领域,常用的 4 个关键词是:Restoration(恢复,复原),Rehabilitation (恢复), Remediation (修复), Reclamation (改造,治理)。

Restoration 一词的定义是:"恢复到原先的状态或位置,或恢复到不受损害的或理想的状态的过程"。恢复所包含的两层含义是:或者恢复到原先的状态,或者恢复到理想而健康的状态。

Rehabilitation 一词的定义是:"恢复到原先的状态或位置的过程"。其含义大致类似 Restoration,但稍有不同的是不强调恢复到理想状态,该词常用于特指任何改善退化状态的行动。

Remediation 一词的定义是:"修复或补救的行动"。其含义包括修补和矫正。这儿强调的是修复过程而非达到理想化的终点。

Reclamation 一词常被英美的许多从业者所使用,其定义是:"治理土地使之适合耕作"。复垦利用指的是返回到合适的状态,其含义并非指返回到原有状态,而是适用的状态。

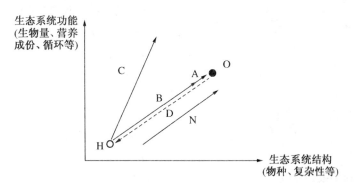

图 6-1　一个受损生态系统在结构和功能特征方面恢复和改善的不同路线
A:复原;B:恢复;C:改造、治理;D:退化、受损;
N:自然恢复过程;H:受损生态系统;O:原生态系统。

上述几个典型的生态恢复、修复和治理的技术路线在图 6-1 中展示表达,以利更好地对比认识其异同点,理解其在受损生态系统结构、功能恢复中的作用。

由于多次干扰和破坏,造成了生态系统发展中的不连续性、不可逆性和不平衡性,在自然条件下,生态系统很难甚至不可能回到原先的状态。生态恢复是相对于生态破坏(Ecological destruction)而言的。生态破坏就是生态系统结构、功能和关系的破坏;因而,生态恢复就是恢复生态系统合理的结构、高效的功能和协调的关系。生态恢复的有关内容可以概括为:

（1）通过对系统物理、化学、生物甚至社会文化要素的控制,带动生态系统恢复,达到系统自我维持状态。

（2）恢复能够达到上述效益的生态系统的结构和功能;

（3）从生态和社会需求出发,实现生态恢复所期望达到的生态-社会-经济效益;

生态恢复并不意味着在所有场合下,恢复的生态系统都是原先的生态系统,这既没有必要,也不可能。生态恢复最本质的是恢复系统的必要功能并使系统自我维持。

6.1.2　生态恢复研究概况

生态恢复是当今生态学科研究热点之一,为众多国家生态学界所重视,如已列入美国生态学会生物圈(Biosphere)持续发展计划以及我国生态学发展战略中的重要研究内容。其中,有关土地利用及土壤恢复、森林恢复、矿山和特殊污染环境的恢复以及草地、河流、湖泊、湿地的生态恢复的研究比较活跃。国际上开展生态恢复研究较早的是宫肋照教授,他在70年代就在日本的一些城市中开展建设环境保护林的研究,其中心思想就是根据植被科学中的演替(Succession)理论,采用改造土壤,用当地的乡土树种的营养钵育苗,在较短的时间内建立起适应当地气候的顶级群落类型(Climax type)。这一方法取得了显著的成绩,得到了世界的公认,并称之为"Miyawaki method"。近来他和他的同事又在马来西亚的沙捞越、泰国的曼谷等地从事热带林的恢复,并准备用他的方法在中国长城恢复落叶阔叶林(Deciduous forest)。许多国家,特别是美国,对湿地恢复的研究非常重视。在美国,由于人类的活动和经济的发展,50%以上的淡水湿地消失了,因而湿地的恢复和重建,吸引着从学术界到美国国会的兴趣。在湿地等生态系统的恢复研究中,H. T. Odum的能值分析方法得到充分的应用,从生态经济学(Ecological economy)的角度对投入和产出进行科学的估价,从而获得生态系统恢复的最佳方案。

我国实施的许多重大的生态工程项目,如"三北"防护林和长江中上游防护林建设、沙漠治理、草场改良、荒山绿化等都是生态恢复的实践。此外,国内从事生态恢复的研究也渐趋活跃。如华南植物研究所在小良、鹤山及广东沿海侵蚀地(Erosive land)开展的植被恢复研究;石家庄农业现代化研究所在太行山荒山秃岭进行恢复植被的研究;华师大环科系在上海市固体废弃物处置场生态复垦

(Ecological reclamation)的研究;赤峰矿区废弃地和铜陵尾砂库(Mineral residue pool)复垦生态恢复的研究;以及福建长汀红壤丘陵侵蚀地开展的植被恢复(Vegetation restoration)研究等等,都取得可喜的成绩和阶段性成果。

6.1.3　加强生态恢复生态工程的研究和实践

由于人类所面临的共同问题以及各国和各地区发展的不平衡,我们急需加强生态恢复的研究和实际应用,在研究与实践中,我们要注意以下几点:

6.1.3.1　生态恢复是生态科学的检验与应用

由于生态恢复的目标是将受到破坏的生态系统回复到有生产价值的和有社会服务功能的状态,它强调的是实际应用,看重的是最终结果;虽然它需要生态学理论,特别是演替理论的指导,但是它不同于一般演替研究;任何生态学理论在这里均将受到严格的检验。它的研究开展既适应了社会发展的需要,同时也必将促进理论生态学和应用生态学的协同发展。

6.1.3.2　生态恢复是多学科的综合

生态恢复不仅与许多生态学分支密切相关,同时也与许多其他学科联系密切,特别是农、林科学,土壤学,环境科学,管理科学,经济学等。因而,开展生态恢复研究的最有效途径是组织多学科协作。

6.1.3.3　生态恢复是系统工程

生态恢复涉及环境、经济社会诸多因素,在多元化的社会中,权衡各种方案,在各方面平衡下作出选择是制订生态恢复目标的关键。为此,需要进行决策系统的研究,构建生态恢复方案的决策框架,其中包括系统的层次分析,风险评价和管理干预,要求建立以价值为基础的明确的恢复目标,具有方便实施的技术路线和切实可行的生态工程技术,以及对生态恢复结果的预测和评价;总之,要使生态恢复建立在科学、现实和可操作的基础之上。

6.1.3.4　我国生态恢复面临的重大课题

我国生态恢复任务繁重,以下几方面的研究尤为紧迫:首先,我国生态系统复杂多样,又因人口众多,开发历史悠久,各类生态系统都受到不同程度的干扰和破坏,有的甚至十分严重,亟待恢复和重建;需要通过对各种自然和人为影响因素的分析,找出扭转逆行演替的途径和方法,加速退化生态系统(Degenerative ecosystem)的恢复。其次,随着经济建设的发展,许多重大工程相继上马(如当前正在进行的三峡水利枢纽工程),如何加速这些地方的生态恢复已是燃眉之急。还有遍布全国各地的大小水库,库区内的生态恢复一直是需要解决的问题。此外,矿山废弃地的生态恢复也是各方面关心的重大问题。最后,随着城市化的迅速发展,城市环境中的生态恢复业已提上议事日程;工业化国家由于环境污染所造成的生态破坏以及今天为生态恢复所做的大量工作,应该引起我们的高度重视。

6.2　湿地的生态恢复

6.2.1　湿地和湿地科学

6.2.1.1　湿地的定义和湿地的重要作用

海滩盐沼,是以其高大而同一的米草种群和迷宫式的潮水沟为特征的;柏树沼泽,是由参天大树、西班牙式的泥炭沼泽和没膝深的水组成的一幅图景;北方的泥炭藓沼泽则以其四周的落叶松而引人注目。而这些不同性质的沼泽都有着共同的特点:浅水或潮湿的土壤;所有聚集的植物性有机物质分解缓慢;供养着许多适应这些潮湿环境的动植物。因而,湿地笼统地说是一个介于典型陆生生态系统(Terrestrial ecosystem)和水生生态系统(Aquatic ecosystem)之间的湿生生态系统(如图 6-2),它的定义还应包含下述 3 个主要内容:

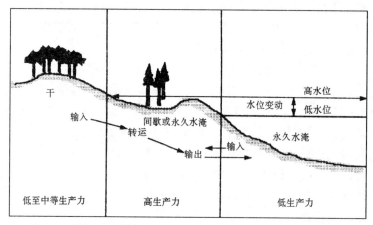

图 6-2　毗邻干旱的陆地生态系统和永久的水生生态系统的湿地
(资料来源:W. J. Mitsch;Wetlands,pp. 11。)

(1)湿地以水的存在为特征;

(2)湿地的土壤与邻近的高地明显不同;

(3)湿地供养的植物适应湿生条件(有些就是水生植物)。与之相反,不耐淹植物在此是不能立足的。

湿地是地球上最重要的生态系统之一。大而言之,石炭纪时的沼泽环境产生并保存了许多矿物燃料,至今为我们所享用。就平常而言,湿地是许多化学、生物和遗传物质的重要来源和贮运场所。由于参与水文循环(Hydrological cycle)和化学循环以及接受自然和人为的废水排泄的特殊功能,湿地有时被称为

"景观之肾"(Landscape kidney)。它们能净化污水,预防洪涝,保护海岸线,以及补充地下水的不足。最重要的作用是,湿地是景观中许多动植物赖以生存的居住地。

由于我国湿地特殊的自然条件和地理位置,使我国成为世界水禽的重要栖息地(Habitat)。而我国沿海湿地则是南北半球候鸟迁徙(Migrant)的重要中转站。每年冬天,来自俄罗斯、日本、朝鲜和我国北方的鹤类在我国盐城湿地越冬,其中以丹顶鹤数量最多,为600余只,这里已成为世界上丹顶鹤的主要越冬地。鄱阳湖湿地每年有来自各地的白鹤2 000~3 000只,是世界上白鹤的主要越冬地之一。沿海湿地是天鹅的主要越冬地;山东荣城湿地有天鹅5 000只左右,上海崇明岛有天鹅3 000~5 000只。崇明岛的35种水禽被列入中国、澳大利亚保护候鸟协定,夏季来这儿中转的禽鸟多达几十万只。江苏洪泽湖是大鸨的越冬地,每年10月从俄罗斯、蒙古、朝鲜和我国北方到洪泽湖越冬的大鸨多达5 000~7 000只,这里是世界上大鸨分布最集中的地区。新疆的巴音布鲁克湿地,每年夏天有来自各地的天鹅5 000~8 000只,是世界最大的天鹅繁殖基地之一。此外,新疆塔里木河流域,夏季可见到从印度到这儿生儿育女的赤嘴潜鸭和其他鸭。而冬天云南的滇池等湿地则可看到大群俄罗斯的红嘴鸥和银鸥。

6.2.1.2 湿地科学及其研究

湿地在全世界除南极洲以外的每个大陆都有分布,从热带地区到北极冬原,有许许多多,其名字也不尽相同,如 Swamp(有高大树种的沼泽),Bog(泥沼),Salt marsh(盐沼),Mire(泥潭),Fen(多指英国的沼泽)等等。据估计,湿地占全世界地表面积的6%(见表6-1)。由于它的面积和广泛分布,它给周围地区的经济和文化带来很大的影响。周边居民相伴湿地,相得益彰。

表 6-1 世界各气候带湿地面积(估计值)

气候带	气候情况	湿地面积($\times 1\,000\ \text{km}^2$)	占该气候带面积%
极地	湿润,半湿润	200	2.5
寒温带	湿润,半湿润	2 558	11.0
温带	湿润	539	7.3
	半湿润	342	4.2
	干旱	136	1.9
亚热带	湿润	1 077	17.2
	半湿润	629	7.6
	干旱	439	4.5
热带	湿润	2 317	8.7
	半湿润	221	1.4
	干旱	100	0.8
全球总计		8 558	6.4

资料来源:W. J. Mitsch:Wetlads,1986。

　　然而由于穿过湿地是相当困难的,无论是步行或撑船,都不如在纯粹的森林或湖面来得方便,因此,人们往往对这个生态系统产生偏见。它对于科学家来说,也引起困惑。他们很难准确地给它下定义,是因为它既具有水生生态系统的特色,又具有陆生系统的特色。对湿地的研究学科被称为湿地科学或湿地生态学。它所研究的对象是具有高度特殊性的。在 60 年代以前对湿地(主要是海滩盐沼和红树林)具卓有成效研究的科学家有:V. J. Chapman(1938,1940),J. H. Davis(1940),R. L. Lindeman(1942,淡水湿地),J. M. Teal(1958,1962),L. R. Pomeroy(1959)等。近 20 年来,特别是 80 年代以来,湿地研究越来越活跃,其中突出贡献者有:Gosselink 和 Turner(1978),H. T. Odum(1982),W. J. Mitsch (1986)等。一系列的湿地研究揭示了各种类型湿地的特点,同时也阐述了占据景观中特殊生态位的湿地共同的重要功能:依靠水流和缺氧的生化过程,搜集并贮存无机营养,输出有机物质;供养了许多物种,提高了生物多样性,形成了高产的生态系统。湿地科学家们还在更广阔的领域里提出一系列研究课题:不同类型的湿地在当地和全球性的化学物质循环中起着怎样的作用? 在各类湿地中,人类的活动是如何影响这些循环的? 水文因子、化学物的输入及气候条件对湿地生产力有着怎样的协同作用? 比较各类湿地中,动植物是如何适应胁迫的? 由此可见,湿地科学家面临的任务是繁重的,涉猎的领域是多个的,正如 Mitsch 所说,真正的湿地生态学家必须是生态多面手(Ecological generalist)。

6.2.2　湿地生态工程概述

6.2.2.1　湿地生态工程定义

　　湿地生态工程是利用湿地的水文和化学物质贮存器的特点,所设计的控制过剩营养物、沉积物和污染物,并且改善水质的生态工程;或利用上述特点综合整治低洼湿地,使其结构和功能得到改善和恢复,成为良性生产——生态系统的生态工程。

6.2.2.2　湿地生态原则

　　湿地是通过水文途径〔如降雨(Rainfall)、表面径流(Surface current)、地下水流动和潮汐交换(Tide exchange)〕进行营养物和其他化学物的输入输出的。通过湿地生态系统特有的缺氧还原条件、枯枝叶覆盖层很厚的环境而发生了一系列系统生物地化过程;如固氮(Nitrogen fixation)和反硝化(Denitrification),光合固碳(Photo-carbon fixation)和沼气化(Methanation),磷、硫等元素的氧化与还原以及矿物质的吸收和释放等等;不仅对个别的湿地系统,而且对全球性的物质循环,起着重要的平衡作用。而正是这一物质平衡原则支配下的系统生化过程,是改善水质极佳的天然工具。另外,各类湿地的营养收支情况依据本系统的特点、邻近系统的特点和季节等的不同而各异。所以在具体设计和利用时,应做到因地制宜。

6.2.2.3　湿地生态工程研究简介

(1)"老妇人河"湖滨湿地的研究(Mitsch 等,1989)

① 研究概况　美国俄亥俄州 Erie 湖的周边流域流入该湖的磷酸盐超标,向该地区非直接排放量为 2 100 t/a,选择 Erie 湖滨的一块面积为 30 ha 的"老妇人河湿地"进行试验研究。

② 研究目的　这一湿地生态系统是如何作为周边高地流域和湖区之间的化学和水文缓冲器的;提出保护湖区的湿地生态工程有效设计。

③ 研究结果　据估算,这块湿地吸磷总量为 1 500 kgP/a～2 100 kgP/a;在一年中,湿地对营养盐的吸收能力有季节变化,在夏季对磷酸盐的吸收最强;湿地中吸收磷的主要过程是生物过程。

④ 生态模型　"老妇人河湿地"磷流(gP/m² · a)生态系统物质平衡模型(如图 6-3)。

⑤ 科学建议　如将本研究放大,以现有整个湖西地区的湿地面积为准,每年可吸收固定磷 7 100 t/a,然而这只是现有排放量的 3.5%～5%。建议制定一个计划,在该地区沿湖种植 1 000 km² 的湿地植被,这样可减少 24%～33% 的 P 排放到湖中。

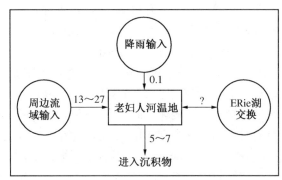

图 6-3　"老妇人河湿地"磷流(gP/m² · a)生态系统物质平衡模型示意

(资料来源:Mitsch 等,1989。)

(2)无锡水厂附近水质改善生态工程(颜京松,张玉书,1994)

① 研究背景　太湖总面积 2 338 km²,近来富营养化日趋严重,而临近的老城市(如无锡、苏州等)的港湾尤甚。无锡水厂的水源就在一个湖湾,可以说是一块湿地。由于大片的"水花"繁殖,不仅由于其特殊的腥味影响了自来水质,而且由于水厂的过滤床被大量的藻类所壅塞而影响了水厂的输水量;由此,影响了居民的生活和工农业生产。

② 设计方案　在日产水为 $25×10^4$ t～$30×10^4$ t 的水厂水源周围水域开辟围场 50 ha,周边用竹子与外部水域隔开,其上绑有一层棉料,起阻隔藻类的作用。围场内植有 14 ha 的凤眼莲等水生植物,设置 14 个网箱,其内养有白鲢鱼及福寿鱼(又名罗非鱼)等。

③ 实施结果　a. 从 7～9 月,每天从围场收获 100 t 的凤眼莲作为其他鱼塘的青饲料,整个生长季,共收获 13 500 t,计干物质 945 t;相当于 25 t 氮,4 t 磷和 3 t 硫。水生高等植物的大量生长,大大抑制了浮游藻类的生长及密度。b. 网箱中的鱼类以浮游藻类为食,生长很快,从 5～10 月 5 个月中,平均增重 18～20 倍(由 25 g 到 450 g～500 g)。c. 围场内的藻类的浓度(叶绿素计)比围场外降低 40%～90%;氨浓度达到饮水标准;并使水厂的输水量增加了 20%;④ 为水厂节省了大量的液体氯剂(原用于处理泵入的湖水,杀藻所用)。

(3) 禹城盐碱洼地综合整治生态工程

① 研究背景　禹城位于山东西北,属黄河冲枳平原,以大面积盐碱地、低洼地为特色,原属我国黄淮海平原的中低产农业区。从 1966 年开始,中科院、中国农科院的大批专家投入"黄淮海"课题攻关,做出很大成绩,积累了丰富的治盐碱经验。如"引淡淋盐"、"水田改良"、"浅群井抽咸强灌强排"、"种植耐盐作物及林木"、"农牧结合、增施有机肥"等项技术都收到很好的效果。1988 年李鹏同志视察,认为是"黄淮海"治理的典型,可以向全国推广。

② 两项生态恢复工程介绍

a. 台田-鱼塘系统　在盐碱洼地实施挖塘造台田工程,挖掘下层土覆盖在盐碱表土上,造成了垒起的台田(高程 20 m 左右),在 0～20 cm 的耕作层内,土壤毛细管系统被破坏,加上天然淋溶,盐分主要向下运动,及时种植有关谷物,立苗后对土壤又有改良作用(土层脱盐量为90.87公斤/亩,含盐 0.1% 以内);而挖的坑发展为鱼塘,坡地上还可种植绿肥。如此已开发了 100 万亩盐碱低洼地,实施了较好的生态恢复,生态经济效益可观。b. 农牧结合综合发展系统　在发展盐碱地改良的农业生产中,鼓励养牛,同时大力发展秸秆氨化作饲料及产出的牛粪再还田肥土,如此做到二业并举,同步兴旺,生态经济效益良好。全县 1995 年计养牛 350 000 头(平均每户 3.5 头),由此工程使土壤功能得到很好的恢复,有机质获得增加,平均由 1990 年的 0.98% 增至 1995 年的 1.26%。

6.2.3　湿地生态恢复的研究

6.2.3.1　湿地生态恢复的意义

由于城乡发展的需要,越来越多的人迹罕至的湿地被开发者所征服,湿地在干涸,湿地在被侵犯,如在美国,50% 以上的淡水湿地消失了。于是湿地的恢复、经营与管理被提到议事日程上来了;它吸引着从学术界—有关职能部门—美国国会的兴趣,其势如潮涌一般。必然这股潮流也涌向国外,及至中国,潮涨之势不衰。

6.2.3.2　对三种湿地恢复经营方案的评价(Ton Shanshin, HT Odum, 1996)

（1）研究简况

钢城湾（Steel City Bay）位于西佛罗里达州的达克逊县境内。在 1970～1980 年期间，这儿遭某电池公司的酸性电池废液排污，铅及酸化污染十分严重，湿地的结构和功能由于生态毒理作用而发生变化，表现在湿地群落落羽衫（*Taxodium ascendens*）、蓝果树（*Nyssa sylvatica*）等优势物种的损害严重。为了恢复重建湿地，改善铅及酸化所致的生态毒理后果，一些环境生态公司向美国环保局、佛罗里达州环保局提出了钢城湾湿地恢复的经营方案。童翔新（Ton Shanshin）和 H. T. Odum 的工作就是对三种预选方案进行能值分析，从而做出生态经济学评价，以提供选优的建议。3 种方案简况如下：

① 种植方案　用植树（以落羽杉和蓝果树为主）来重建湿地生态系统；其目标是通过重建植被，增加第一性生产力，促进湿地的生物地化过程，减轻铅在湿地中的毒性。

② 湿地自我调整方案　依靠自然过程，恢复湿地生态系统；其目标是不用任何外加的处理手段来整治污染。

③ 挖除沉积物方案　挖掘并清除（移走，填埋）被污染的沉积物；目标是挖掘并清除湿地内被污染的沉积物，并做到安全，不造成二次污染。

通过能值分析，3 种方法的处理结果如图 6-4 所示：

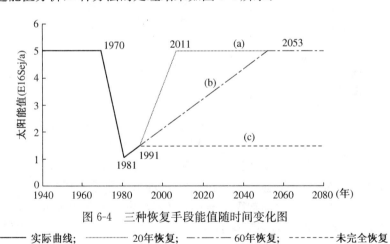

图 6-4　三种恢复手段能值随时间变化图

——— 实际曲线；········ 20年恢复；—·—·— 60年恢复；------- 未完全恢复

能值分析结果如表 6-2 所示。

表 6-2　钢城湾湿地能值分析结果

序号　项　目	能值 E17sej		宏观经济价值 E6 1990 U. S. $		能值 投资率	净能值 产出率
	20 年	62 年	20 年	62 年		
A　种植					3.03	9.92
1. 生态系统产出	6.6	27.7				
2. 灌溉水和地下水	10.1	31.2				
3. 经营费用	1.5	1.5				
净收益	15.1	57.4	0.756	2.869		
B　自我恢复					2.86	8.93
4. 生态系统产出	4.2	25.4				
5. 灌溉水和地下水	10.1	31.2				
6. 经营费用	1.4	1.4				
净收益	12.9	55.1	0.643	2.756		
C　机械搬运					6.10	1.93
7. 生态系统产出	3.1	9.7				
8. 灌溉水和地下水	10.1	31.2				
9. 泥炭储存损失	4.2	4.2				
10. 经营费用	3.1	3.1				
净收益	5.9	33.6	0.296	1.680		

（2）研究结果

除了可更新能源的输入对 3 个方案是一样的以外,非可更新能源的投入:① 152.6 E15Sej,② 144.0 E15Sej,③ 306.9 ESej(另损失 420.0 E15Sej),以方案③为最大;而总第一性生产:① 50.3 E15Sej,② 15.6 E15Sej,③ 15.6 E15Sej,显然是方案①最高;再根据图 6-4 和表6-2的能值分析结果可见,方案①20 年可使湿地系统功能(主要是净初级生产)基本恢复,方案②60 年后可使湿地系统功能恢复,而方案③60 年后都基本不可能使该系统功能恢复。3 个方案的净有效能值分别为:① 15.1 E17Sej(20 年后),57.4 E17Sej(60 年后);② 12.9 E17Sej(20 年后),55.1 E17Sej(60 年后);③ 5.9 E17Sej(20 年后),33.6 E17Sej(60 年后)。

（3）结论和建议

推荐方案①用以解决钢城湾湿地生态系统被毒害的恢复问题。而方案③由于生产力低,以及缺乏一定量的沉积物起过滤污染的作用,净能值最低,不能被采用。

6.3　矿区废弃地的生态恢复

6.3.1　矿区废弃地生态恢复的要求及研究现状

矿产的开采造成土壤及植被的破坏,无论是表层开采还是深层开采都造成土壤被大量迁移或被矿物垃圾堆埋,造成了整个生态系统的破坏。尽管现在很多国家颁布了法律进行土壤的保护,但仍有大量矿区废弃地需要恢复,而且恢复过程力求花费少,且效率高。自然演替可自动使矿地逐步恢复,这是由于植被的发展能提供有机质及较低的土壤密度,能将矿质元素吸收到地表并以一定的形式富集。最重要的是一些固氮植物能迅速提高原先土壤中缺乏的氮的储量,所以引入一些适宜的物种是非常必要的。土壤的生物的发展过程包括:① 有机质;② 氮含量;③ 其他可利用营养元素;④ 营养循环过程等的发展。在这一过程中,植物发挥了很大的作用。它们能够使被侵蚀的地表聚集细小的颗粒,还能把营养成分变成可利用的形式储存起来,即以其根系吸收营养,再以有机质形式重新储存到地表土壤,然后很容易被微生物分解。

矿地极端的土壤条件会阻碍植物的生长,主要表现在物理条件、营养的缺乏及由酸度和重金属等造成的毒性这 3 方面的作用。因此必须减轻或消除这些影响,才能保证整个恢复过程的有效进行。毒性很大的土壤上的自然演替过程说明,只有那些能耐强酸、重金属、耐盐的植物能在相关逆境中生长,它们能改善土壤结构,减轻极端的酸性条件,通过产生的有机质和重金属结合来减轻毒害,从而使土壤得到改良。

近年来世界各地的研究表明,矿区废弃地生态恢复的研究有了长足的进展,大部分的问题得到了令人满意的解答(见表 6-3)。

表 6-3　矿区废弃地的主要问题及其短期和长期的解决办法

限制因素	变量	问题	短期方法	长期方法
物理的	结构	太紧	松土	植被*
		太松	压紧或用细的材料覆盖	植被*
	稳定性	不稳定	固定物,护根,护养*	植被*
	水分	太湿	排水	排水
		太干	有机护根或护养*	抗性植物*

表 6-3(续)

限制因素	变量	问题	短期方法	长期方法
营养的	大量元素	缺氮 缺其他元素	施肥 合适的化肥	豆科植物或其他固氮植物* 化肥和抗性植物*
	微量元素	缺乏	施肥	
毒性的	pH	太高 太低	添加炼铁的残渣或有机质 添加碱石灰	抗性植物* 碱石灰和抗性植物*
	重金属	含量高	添加有机质	抗性植物*
	盐度	太高	添加石膏,灌溉	抗性植物*

*表示从演替过程中发现的自然解决方法。

6.3.2 赤峰市元宝山矿区生态恢复的研究

赤峰市元宝山区是我国北方 60 年代新兴的煤炭电力基地,境内有大型煤矿 7 个(其中 2 个为露天矿),中型煤矿 3 个,集体小煤矿十几个,近年来因开矿、排土占压耕地 5 500 ha,按开采计划,今后每年平均占耕地 333 ha,而人口平均每年增加 4 000 人以上,矿区人均耕地只有 0.013 ha~0.053 ha。

土地资源日趋紧张,引起各级政府的高度重视。但限于种种原因,日前复垦率只有 2%,而在北方干旱、半干旱地区,矿区土地复垦研究尚属空白。

为探索矿区废弃生态恢复的途径,李玉成、吉日格拉从 1989 年开始在元宝山矿区进行了试验研究。

6.3.2.1 实验区的环境特点

元宝山矿区位于赤峰市东南部的黄土丘陵区,属温带半干旱气候,光热资源丰富,年平均气温 6 ℃~7 ℃,无霜期 140 d,≥10 ℃的积温 3 100 ℃。年降水量 40 mm~50 mm,年平均湿润度 0.4,而 3~5 月只有 0.1~0.2,这里盛行西北风和西南风,春季干旱多风,3~5 月 8 级以上大风日数达 20 d。

地带性土壤为发育在黄土母质上的栗褐土,主要分布于丘陵、台地;沿河分布草甸土。在露天矿附近的排土场经过大规模的环境扰动,原来的表层土壤被堆埋,代之以结构迥异、质地粗粝、肥力低下的人工土状堆积。这些地段地表温度变化剧烈,易被风蚀,产生沙暴,不适于植物生长。

6.3.2.2 废弃地的类型及分布

(1) 排土场

从 60 年代以来,露天煤矿分层剥离排土占压耕地形成了 1 300 ha 的排土场,此排土场分为两片,上层排土段,位于毛家以北,约 600 ha,为土石混杂堆积物,土质瘠薄,植物稀疏,构成人为的荒漠化环境(见表 6-4)。下层排土段,位于兴隆庄附近,约 667 ha,为 70 年代以来露天矿下层排土形成,以泥质页岩、砂岩、碳质页岩碎屑为主,地表几乎无植物覆盖,由表 6-4 可知,下层排土段潜在的养分较高,适于种植豆科牧草。

表 6-4 上层排土段与下层排土段环境状况对比

类型	覆盖度 (%)	地上生物量 (kg/hm²)	土壤有机质 (%)	腐殖质 (%)	速效氮 ($\times 10^{-6}$)	速效磷 ($\times 10^{-6}$)	pH
上层排土段*	23	2.12	0.65		21.20	5.20	7.47
下层排土段**			4.55	4.12	38.50	8.70	5.09

*植被:三芒草(*Aristida adscensionis*),冠芒草(*Enneapogon borealis*),东北鹤虱(*Lppula echinata*),糙隐子草(*Cleistogenes squarrosa*),百里香(*Thymus serpyllum*);**无植被覆盖。

(2) 塌陷地

为地下采煤形成的块状、带状的塌陷地面。地表破碎,起伏不平,水土流失严重。植被为糙隐子草(*Cleistogenes squarrosa*),胡枝子(*Lespedeza davurica*),百里香(*Thymus serpyllum*)和甘草(*Glycyrrhiza uralensis*)群落,其他伴生植物有阿尔泰狗娃花(*Heteropappus altaicus*),蒙古虫实(*Corispermum mongolicum*),三芒草(*Aristida adscensionis*)等。草层高 15 cm~23 cm,覆盖度 25%~35.9%,每公顷仅产干草 1.73 kg~3.39 kg。

(3) 矿区闲置荒草坡

分布于大小煤矿之间的石质和土石质丘陵坡地的废弃地,土壤为栗褐土,土体紧实,透水性差,坡度较大,侵蚀严重。有机质含量只有 0.78%,速效氮 30.8 $\times 10^{-6}$,速效磷 3.6$\times 10^{-6}$。植被为糙隐子草(*Cleistogenes squarrosa*),胡枝子(*Lespedeza davurica*)群落,伴生种有冠芒草(*Enneapogon borealis*),阿尔泰狗娃花(*Heterpoppus altacius*),冷蒿(*Artemisia frigida*),甘草(*Glycyrrhiza uralensis*)等。覆盖度 15%,每公顷仅产干草 0.8 kg。

6.3.2.3 废弃地的植被恢复工程

由于本区干旱少雨,土壤环境恶化,选择工程措施与生物措施相结合的方法,通过围栏、排石整地、植树造林、补插牧草、人工种植优良牧草等一系列技术措施,对 3 类废弃地进行整治试验。

(1) 引种栽培试验

在排土场人工堆积物上建立人工、半人工草地尚无先例参考,研究人员从 1989 年开始,通过移土盆栽和实地引种的方法,对沙打旺(*Astragalus adsurgens*)、草木樨(*Melilotus suaveolens*)、紫花苜蓿(*Medicago sativa*)、披碱草(*Elymus dahuricus*)、冰草(*Agropyron cristatum*)、羊草(*Aneurolepidium chi-*

nese)等十几种优良牧草进行栽培实验,从中筛选出生态幅度宽、抗逆性强、耐贫瘠的多年生牧草沙打旺作为植被恢复的主要品种,其次为改良土壤效果好的 2 年生牧草草木樨。试验证明:播种时间宜在 6 月下旬,此时干旱期已过,雨季即将来临,容易成苗。

(2) 排土段植被重建工程

① 林网人工草地　对于起伏不平的上层排土段这一类废弃地的恢复,首先用大型推土机平地、排石整地、建立草、灌、乔结合的林网草地。同时保留对照地,围栏封育,观察自然植被的恢复过程。

② 补播半人工草地　对于土层较厚、地势平坦的上层排土段,采取清石整地、头年入冬前补播草木樨、沙打旺等草籽,建立半人工草地。

③ 林草间作　对含腐殖酸和有机质较高的下层排土段,营造速生杨,株距 3 m,行距 4 m,林间播种沙打旺,形成林草间作的林网草田。

3 年来,上述措施取得显著的效益,豆科牧草的种植大大改善了土壤养分状况,增加了植被覆盖度(Coverage),产量达到了天然草地的数倍(见表 6-5、表 6-6)。

(3) 塌陷地的植被恢复

对新形成的塌陷地,主要采用机械平地、填沟等工程措施,防止漏水和发生新的塌陷。另外,选择较平坦的地段,播种沙打旺和紫花苜蓿,建立人工草地。

表 6-5　矿区废弃地播种豆科牧草土壤养分变化情况表

采样点	有机质		速效氮		速效磷		腐殖酸		pH	
	含量(10^{-6})	与对照比增减	含量(10^{-6})	与对照比增减	含量(%)	与对照比增减	pH	与对照比增减		与对照比增减
丰水沟塌陷地 3 年生沙打旺	0.86	+0.08	37.10	+6.30	3.20	−0.40	2.42	+0.18	7.94	−0.08
对照	0.78		30.80		3.60		2.24		8.02	
毛家上层排土段 2 年生沙打旺	1.74	+1.09	39.90	+18.10	9.50	+4.30	4.03	+2.01	7.46	−0.01
对照	0.65		21.80		5.20		2.02		7.47	
兴隆庄下层排土段 3 年生沙打旺	2.14	−2.41	35.70	−2.80	4.67	−4.03	3.34	−0.78	7.61	+2.52
对照	4.55		38.50		8.70		4.12		5.09	

表 6-6　排土段人工、半人工草地产量变化表

废弃地类型	草地类型	面积(ha)	1990				1991				1992			
			盖度(%)	高度(cm)	单产(t/ha)	总产(t)	盖度(%)	高度(cm)	单产(t/ha)	总产(t)	盖度(%)	高度(cm)	单产(t/ha)	总产(t)
上层排土段	草木樨-沙打旺半人工草地	40.00	90	65	3.66	164.34	95	75~120	3.78	151.08	85	65~140	5.79	231.42
	沙打旺人工草地	33.30	80	58~83	2.48	82.80	90	95	5.90	196.75	95	70~105	10.41	333.00
下层排土段	沙打旺人工草地	23.00					85	50	1.95	45.50	93	98	10.65	248.61
	沙打旺人工草地	46.90					85	73~95	5.63	262.85	95	97~122	12.20	569.24
自然恢复	三芒草+隐子草+la生杂草	33.30	23	15	0.48		34	20	0.83		45	27	1.12	

对于相对稳定的老塌陷地,直接用机械平地,播种沙打旺,建立人工草地。如在新窝铺、公格营子(新塌陷地)等地的试验取得显著成效。试验证明:在土壤贫瘠、干旱的条件下,种植沙打旺更为适宜、经过平整过的塌陷地,重新获得了使用价值。人工草地获得了较高的生产力(表 6-7),为对照地的 7 倍多。

表 6-7　塌陷地人工草地产量变化

废弃地类型	草地类型	面积(ha)	1990				1991				1992			
			盖度(%)	高度(cm)	单产(t/ha)	总产(t)	盖度(%)	高度(cm)	单产(t/ha)	总产(t)	盖度(%)	高度(cm)	单产(t/ha)	总产(t)
相对稳定	沙打旺人工草地	133.30	65	43	1.15	153.20	85	95	4.86	648.00	90	105~117	6.00	800.00
老塌陷地	沙打旺人工草地	3.33					65	57	1.92	6.40	80	73~85	5.23	17.43
新塌陷地	沙打旺人工草地	26.67					70	78	2.43	64.80	90	85	5.61	149.72

表 6-7(续)

废弃地类型	草地类型	面积(ha)	1990 盖度(%)	高度(cm)	单产(t/ha)	总产(t)	1991 盖度(%)	高度(cm)	单产(t/ha)	总产(t)	1992 盖度(%)	高度(cm)	单产(t/ha)	总产(t)
新塌陷地	紫花苜蓿人工草地	36.67					50	25	0.70	26.70	6.50			
	紫花苜蓿人工草地	20									55	30	1.17	23.46
自然恢复	隐子草+胡枝子+百里香(甘草)		23	5~21	0.47						35	23	0.76	

（4）矿区闲置草坡植被的重建

在坡度大、土层薄的山坡上，采用沿等高线开挖鱼鳞坑或水平沟的方法，在坑内种油松、杂交杨，林带间播种沙打旺。在坡度较缓、土质较好的废弃地上，进行翻耕整地，建立林网草地；沿等高线开沟营造油松林，株距 1.5 m～3 m，行距 4 m，带间播种 2～4 行沙打旺。

上述措施不仅增强了水土保持能力，改善了生态环境，提高了土壤肥力，促进了油松的正常生长，林带间有沙打旺的其幼树生长旺盛，比对照地高出 35 cm～85 cm，幼树成活率均在 90％以上。沙打旺产量为对照地产量的 14.6 倍（表6-8）。

表 6-8　矿区闲置草坡人工草地产量变化

植被类型	面积(ha)	1990 盖度(%)	高度(cm)	单产(t/ha)	总产(t)	1991 盖度(%)	高度(cm)	单产(t/ha)	总产(t)	1992 盖度(%)	高度(cm)	单产(t/ha)	总产(t)
沙打旺人工草地	86.67					85	82	4.27	369.98	95	110	5.91	512.33
沙打旺人工草地	100	85	75	2.36	236.25	80	95	4.01	400.95	90	105	4.94	489.25
沙打旺人工草地	100					80		3.07	300	95	95	4.52	450.25
沙打旺人工草地	86.67									80	87	2.09	181.47

6.3.2.4　矿区废弃地生态恢复的生态经济模式

废弃地的生态恢复不仅是一项环境整治工程,而且是一项生态经济工程。在元宝山矿区探索了将生态恢复与当地社会发展结合的优化模式,即在废弃地上建立人工草地,改善环境、发展牧草加工业和城镇居民的"菜篮子"工程相结合,供应市场,增加就业的途径(如图 6-5)。

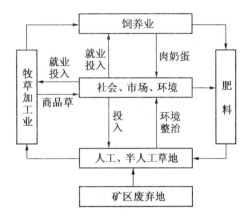

图 6-5　矿区废弃地合理开发利用的生态经济模式

从 1989 年开始,3 年多以来共建立人工、半人工草地 750 ha,年产优质牧草 4 000 t 以上,不但改善了矿区生态环境,防治了水土流失和土地退化,而且获得了丰富的优质牧草,使养殖业得到发展。在试验区先后建立了 3 处日加工能力 8 t 的饲料加工厂,若以每年生产 4 个月计算,年生产能力可达 2 880 t,其中一半牧草可加工成草粉,另一半调制成干草,除满足饲养区养殖业所需饲料外,尚可为元宝山矿区的大型肉鸡公司和奶牛公司提供高蛋白饲料。

为配合矿区"菜篮子"工程,使种植、养殖、加工一体化,试验区于 1990 年在毛家村建起一处饲养场,并有配套的贮草、饮水设施,打草、青贮和加工设备。当年购入肉用小尾寒羊 28 只,现已发展到 89 只,1991 年又购进母牛 22 头,现存 25 头。1992 年又在丰水沟村办起一处菜牛场,从草原牧区购进架子牛 73 头,经过育肥出售,今年估计两处每年育菜牛 300 多头,羊 100 只以上。

矿区废弃地的植被恢复,饲料加工场和牛羊场的建立,为因矿区占压耕地而失去土地的农民提供了生产门路和就业机会,促进了矿区的社会安定,在试验项目的带动下,元宝山矿区的林草建设已发展到 2 000 ha。上述全面规划、综合开发的生态经济模式为元宝山经济开发区的建设创造了良好的生态环境和社会环境。

6.3.3　铜陵市凤凰山铜矿尾砂库的复垦

安徽铜陵素以铜矿著称。凤凰山铜矿位于铜陵新桥乡境内,该矿 1971 年投产,年产矿石 55×10^4 t,铜精矿含铜 6 500 t。凤凰山铜矿淋冲尾砂库于 1970 年建库,主要堆存铜矿石浮选产生的尾砂,尾砂中主要含 SiO_2、CaO 和 Fe 等。该尾砂库于 1981 年库满停止堆砂,其面积大约为 250 亩左右。

1988 年,矿区将建办公楼所挖的土方、河泥和部分生活垃圾运至尾砂库覆盖在尾砂上,其覆盖厚度约为 30 cm～50 cm。接着少数矿区职工和当地农民在尾砂库上试种当地的药用物种牡丹(以获取丹皮),获得成功,目前该尾砂库均已种植丹皮。根据铜陵环保所徐洁等的调查,牡丹很适应透气性好、排水通畅的尾砂库基质;尾砂库的丹皮产量(干重)可达每亩 1 000 kg,按每公斤收购价 16～24 元,其经济效益相当可观。

铜陵有许多矿区,尾砂的排放量为每年 300 多万吨,然而,只有凤凰山尾砂库的复垦开发最为成功。该尾砂库的复垦对生态恢复的贡献要点如下:

(1) 生态复垦是旨在改良被损害的土地并恢复其生物学潜力和生产力的措施;要以生态学为基础,合理利用配置包括废弃矿砂在内的自然资源和一切生产要素,实现建立经济植被和发展生产力的目标。

(2) 生态恢复技术最主要是根据生态学原理进行植被重建,要因地制宜,尽量选择当地物种,以便尽早恢复生态系统的功能。

(3) 生态恢复工程不仅是一项技术措施,同时又是与区域社会发展紧密联系的、注重生态-经济-社会综合效益的生态工程。

6.4　沙地、山地的生态恢复

我国是世界上水土流失最严重的国家之一。据粗略统计,在 50 年代,土壤侵蚀面积为 150×10^4 km^2,占全国总面积的 1/6;土壤侵蚀量为 50×10^8 t,而 N. P. K 损失量约为 $4\,000 \times 10^4$ t。据最近全国遥感普查统计,目前我国土壤侵蚀面积为 367×10^4 km^2,其中水蚀面积约为 179×10^4 km^2。土地沙化在我国也表现得十分突出,据不完全统计,目前我国平均每年约 1 500 km^2 土地沙漠化。沙地及荒山秃岭的治理及其生态恢复要依据生态经济学和生态工程学的原理,根据不同的自然与社会经济条件采取不同的林草措施和农林牧复合生态工程措施。

6.4.1　林草间作措施

林草间作是本区最常见的一种农林复合经营类型。在林草间作中有两种对草本的利用形式:一是刈草型,二是放牧型。一般在幼林期为刈草到成林后则转为林间放牧。

林草间作的营造有两个途径:

6.4.1.1　造林种草

在造林地上进行全面整地,先造林,当苗木成活稳定后间播牧草。造林密度因树种而异。如苏义科的试验:1979 年定植的美 12、合作杨 3 号等树种的株行距为 2 m×4 m,1981 年间种紫花苜蓿,1984 年和 1985 年以隔行间伐后株行距变为 4 m×4 m。

6.4.1.2　在封沙育草地上造林

在腾格里沙漠西南缘的武威二十里大沙,原多为沙旱生植物,主要有碱蓬(*Suaeda glauca* Bge)、白刺(*Nitraria* spp)、沙蒿(*Artemisia arenaria* DC)、缪子朴[*Inula salsoliodes*(Turcz.)Ostenf]、沙蓬(*Salsola collina* pall)、盐爪爪[*Kalidium gracile*(pall.)Moq.]、珍珠(*Salsola passerina* Bge.)、冰草[*Agropron cristatum*(L.)Beauv],盖度在 15% 以下,1983 年开始实行封沙育苗,到 1987 年底在封沙育草地上造林,靠近有水处栽植杨树(*Populus* spp.)和柳树(*Salix spp.*);沙丘顶部及中上部栽植梭梭[*Haloxylon amnrodendron*(C. A. Mey.)Bge.]、沙拐枣(*Calligonum* spp.)和花棒(*Hedgsarum scoparium* Fisch. et Mey.),沙丘下部为柽柳(*Tamorix* spp.),沙枣(*Eloeagnus angnstifolia* L.)、柠条(*Caragana korshinskii* Kom.)、小叶锦鸡儿(*C. microphylla* Lam.)、胡杨(*Populus euphratica* Olivier)以及人工撒播沙蒿和沙蓬等,经过 5 年封育之后,植被覆盖度提高到 50% 左右,然后开始放牧。

放牧型的经营管理核心问题是如何放牧利用,关键是确定合理的载畜量,放牧时间和放牧次数。根据张凤春和徐先英 1992 年在武威二十里大沙的调查,封育区合理的载畜量可用下列公式表示:

$$m = (a+b)s/c$$

式中:m 为封育区合理的载畜量;

　　　a 为单位面积上灌木当年新萌生枝条顶端 1/3 长度的干重(在可食高度上的);

　　　b 为单位面积上草本采食高度以上部分干重;

　　　c 为标准绵羊单位;

　　　s 为封育区总面积。

以沙生植物作为饲草时,其产量季节间的不平衡现象尤为突出,鉴于此,封沙育草区内放牧时,必须确定合理的放牧时间,根据沙生植物的生物学、植物学特性,应以秋季为集中放牧时间,其他季节则减少家畜的数量或停止放牧。

封育区放牧,除注意以上问题外,还要经常观察畜群对植被、土壤、沙丘等的破坏情况,要及时增减放牧次数,总之,封沙育草区内放牧以不影响封育效果的最大次数为宜。

6.4.2　沙地林草农复合经营

西北地区多沙地,不同的沙地生态类型有着不同的自然属性和利用潜力,因此,必须依据沙地的不同自然条件,建立不同的植被和恢复模式,才能取得最佳的生态经济效益。

张一等根据吉林省新华村的地形、水文、植被等生态条件,划分出沙坨单元,沙平地生态单元及坨缘泡沼沙坨单元等沙坨类型,分别进行了人工调控的沙地复合生态系统的建设与研究。

6.4.2.1　沙坨地平行结构综合治理模式

新华村有沙坨地 958ha,占沙地面积的 43.5%,其中有 20% 为流动沙坨。沙坨地是沙地生态系统中独具特征的生态单元,多呈长条行,迎风面较陡,背风面堆成漫长的缓坡,形成沙缘沙平地。

在沙坨的前缘与甸子地交界处的沙缘平地上,是沙地与甸子地的沙坨交错带,它比沙坨顶部水肥条件好,又没有甸子地盐碱化的威胁,最适于农业经营,可开垦为农田。但必须在与平地交界的下缘配置灌木带(沙棘),在与沙坨交界处配置乔木林带(白城杨)(如图 6-6)。采用疏透式结构,林带宽 90 m,30 行,株距 1.5 m～2.0 m,行距 3 m,疏透度控制在 20%～25%,通风系数控制在 0.3。如果坨子顶部较宽,可设置第二级防风林带,通风系数控制在 0.2,采风通风式结构。

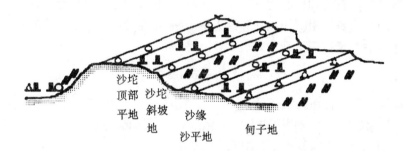

沙坨
顶部
平地　沙坨
　　　斜坡
　　　地　　沙缘
　　　　　沙平地　　　　甸子地

图 6-6　沙坨地林草农平行结构综合治理模式

○○ 林　△ 灌林　ノノ 草　且且 作物

沙坨背风坡,可视沙坨顶部林带有效保护距离而确定下一级林带,一般距第一级防护林带树高的 30～50 倍,再下一级有效保护距离为树高的 20～40 倍,以后根据上述原则,设计到沙缘带。背风坡林间带,根据生态效益计算,除必要设置草带外,应充分开垦为基本农田,或者在水肥条件好的沙缘平地建设沙地葡萄园和中草药圃,使沙坨地得到综合开发治理,收到林草田生物带效应。

6.4.2.2　沙平地网络结构模式

新华村沙平地面积 842 ha,其中已有 384 ha 垦为农田。这些沙耕地产量低下,而且沙化越来越明显。根据沙平地的生境特征和生产潜力,同时考虑到农林牧的综合发展,对沙平地进行林草田异质建设,4 年内逐步形成了林草农复合生态系统网状结构体系(如图 6-7)。

通过防风效能的计算,采用疏透式林带结构。其疏透度为 30%,通风系数为 0.6。主林带（垂直于主风向的林带）间隔 300 m，植树 12 行，行距 3 m，株距 1 m；副林带间隔 300 m，植树 6 行，行距 3 m，株距 2 m；平行于两条主林带中间加一条辅助林带，6 行，行距 3 m，株距 1.5 m，待主林带郁闭度达到 0.6～0.7，主林带保护距离达到下一个主林带时，伐掉辅助林带。

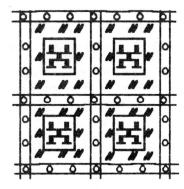

图 6-7　沙平地林草农网络结构综合治理模式

○○ 林　　⫽⫽ 草　　⽊⽊ 作物

主林带两侧种 50 m 宽的草带，副林带与辅助林带两侧种 30 m 宽的草带；草网眼中间为基本农田。4 年的试验结果，使沙平地的综合开发治理收到林草田生物网的效应，从基本上解决了农林牧争地的矛盾，而且起到了以林护田，防风固沙，以草养畜，以牲畜的粪便肥田的农林牧互惠共生之效，可见，林草田网络结构系统是沙平地较为理想的生态建设模式。可在中西部沙质平地上大力推广。

6.4.2.3　沙缘坨间低地立体开发模式

在沙坨周围和沙坨间有大面积的沙缘低地。由于地形封闭，气候较干，泡沼水多为半咸水，甸子地肥力较高，并有轻度盐碱化，在治理前土地生产力较低，在新华村境内有泡沼 27 ha，盐碱化与过湿的土地 95 ha。在沙地生态系统中，这是一个特殊的生态单元，根据其结构特征及存在的问题，并结合沙缘沙平地、沙坨地生态建设特点，拟定了在无充足水源地段种植红麻，有充分灌溉条件的土地辟为稻田，积水的湿地种植芦苇，利用沙坨间的泡沼养鱼。在坨间低地的综合开发收到林草田、稻苇麻鱼生态立体效应（如图 6-8）。

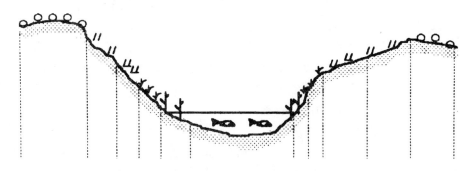

图 6-8　沙缘坨间低地环状结构综合治理模式

○ 林地　⫽ 草地　⫽ 旱田　⺉ 水稻　⫿ 芦苇　⬮ 鱼池（泡沼）

张一等分别在沙平地、沙坨地、沙缘湿地 3 个生态类型区 9 个检测点,分别测了林草(沙打旺)作物(玉米)的生物量以及经济产量,经加权平均计算,生态系统生产力随着环境的改善,逐年增加,可见生态效益在稳步增长(见表 6-9)。

表 6-9   新华村 1985~1989 年林草田复合生态系统中生产力变化

年度	人均收入(元)	人均粮食(kg)	粮豆产量(t)	干物质(g/m²)
1985	33.00	33.5	53.5	
1986	9.46	22.0	35.2	176.6
1987	30.00	128.5	189.0	197.4
1988	250.00	290.0	435.0	970.0
1989	342.33	386.7	580.0	1 190.0

根据新华村的光、热、水、土壤条件进行多元回归分析,预测生态系统生产力可达 2 000 g/m²。

当前物质积累率:

$$R_s = (T_n - T_{n-1})/T_{n-1} \times 100\% = (1\,190 - 970)/970 \times 100\% = 23\%$$

通过对太阳能和 CO_2 的测定以及经验公式推算 $K = a \times 0.124$ 及 1 mol 碳水化合物所需的光量子,计算新华村太阳能利用率不到 0.19%,可见目前沙地生产潜力还相当大。

6.4.3   山地林草农生态工程

太行山地区荒山秃岭连片,加上人为的频繁干扰,水土流失格外严重,生物和环境很难得以恢复。云正明等在"七五"期间曾提出了"重力生态学"新概念。他们认为,由于强大的地心引力存在,地球上的一切物质都存在着由上向下运动的"势能"。生态系统本身也不例外,它的非生物成分(水分、土壤、有机质、营养元素等)和生物成分(昆虫、动物、孢子、种子、果实等)大多数都在重力作用下不断由高向低、由上向下地运动和再分配。这种运动和再分配的结果必然造成生态系统的不断变化和演替。山地是重力运动最强烈、最复杂的区域。他们认为,应用"重力生态学"的基本原理,解决山地水土调控与太行山山地生态系统恢复重建问题,应当是山地林草农生态工程的重要核心。

6.4.3.1   太行山山地研究背景

太行山山地生态经济存在的根本问题可归结为四个字:"干、瘠、失、扰"。干:平均年降水 400 mm~600 mm,水面蒸发量却为 1 400 mm~1 500 mm;降水主要集中在 7~9 月(年降水的 70%);山地对降水的蓄保能力很差。瘠:土层薄(平均不到 30 cm);养分贫乏(平均全 N 含量仅为 0.071%,速效 P 1.83×10^{-6},土壤肥力普遍低于 4 级)。失:包括水分重力运动流失和蒸发流失;养分流失和生物物种的"流失"。扰：即人为干扰。

6.4.3.2　多项生态技术的实施

在太行山山地恢复建设中，云正明等采取了以下多项生态技术：

(1)"双效"品种资源的引种技术　引进的优良品种遵循生态效益和经济效益双高原则进行，经过近 10 年的努力，已初步建立起总面积达 100 多亩的"太行山区种质资源基地"，共引进并筛选出核桃、石榴、文冠果、杏、火炬树、黄连木、毛樱桃、牧草、水牛瓜等 10 个系列 50 多个适生的"双效"品种，应用于太行山山地生态工程建设之中。

(2)坡地水土调控技术　包括挖蓄水沟、庭院储水、覆盖保墒等多种蓄水、节水措施，山地植树的成活率及其生长、增产收到明显效果。

(3)培肥地力技术　采取种植豆科牧草和"林草—畜—肥"两种方法培肥地力。以前者为主的实验结果表明，山地土壤有机质含量提高了 $0.09\% \sim 0.13\%$，全 N 增加了 $0.022\% \sim 0.052\%$，速效 N 增加了 $12 \times 10^{-6} \sim 20 \times 10^{-6}$。

(4)节律配合技术　改变了多年传统的春秋季(太行山最旱季节)造林的做法，采用营养钵育苗，雨季降雨后造林新技术；这样，基本消除了造林后小苗的"缓苗"现象，最大限度地提高了成活率(使太行山干旱阳坡造林成活率由多年来不足 30% 提高到 85% 以上)。

(5)物种共生，复合匹配技术　利用物种共生原理，进行系统内多物种的人工复合匹配，收取了很好的双重效益，选择了石榴、葡萄、核桃、杏、苹果、山茱萸、佛手瓜、葫芦等上层经济木本植物，以及牧草、魔芋、草莓、姜、中草药等下层草本经济植物，为太行山区建立复合经营系统提供了 14 种复配模式。

6.4.3.3　研究实施结果

该项生态工程的实施，改善了土壤质地，增强了土壤保水保肥能力，取得了山地恢复很好的综合效益(见表 6-10,6-11 和 6-12)。该项生态工程的研究，建设了 12 个示范样板，模式示范基地 700 亩，技术推广辐射区域 1 500 亩。直接经济效益 460 万元，科研投入与经济效益之比为 1∶10.2。

表 6-10　土壤质地变化情况比较表

试验项目	土层深度(cm)	石砾含量(%)			各级土粒含量(%)				样地数量
		>3 mm	1~3 mm	平均	1~0.5 mm	0.5~0.2 mm	0.2~0.1 mm	<0.1 mm	
竹节沟平均	0~35	41.25	14.87	56.12	21.42	9.19	6.00	7.28	6
对照平均	0~30	49.22	15.45	64.67	17.68	8.35	4.98	4.32	6
平均变幅(%)		19.32	3.90	15.27	21.15	10.06	20.48	68.52	

资料来源：云正明、刘全铜主编，林业生态工程研究文集，1996。

表 6-11　不同覆盖材料土壤水分比较表[*]

日期	覆地膜	覆草	压片石	覆草皮	对照
4 月 16 日	1.74	1.31	1.34	0.99	1.00
6 月 13 日	1.54	1.23	1.36	1.01	1.00
9 月 21 日	1.05	1.02	1.01	1.01	1.00
11 月 24 日	1.28	1.07	1.12	0.96	1.00

[*] 数据为 0~40 cm 土层含水百分率。

资料来源:云正明等,1996。

表 6-12　复合结构模式经济效益一览表

模 式 类 别	立 地 类 型	单位产值(元/ha)
杏+小麦	旱地,土层 40~80 cm	6 049.95
杏+苜蓿	旱地,土层>100 cm	29 155.00
核桃+小麦		7 575.00
桃+甘薯		8 250.00
葡萄+花生	水浇地,土层 100 cm 以上	19 500.00
葡萄+绿豆		27 000.00
葡萄+马铃薯	水浇地	21 000.00
葡萄+洋葱	水浇地	19 350.00
葡萄+知母	水浇地	21 200.00
葡萄+射干	水浇地	22 800.00
苹果+黄豆		14 700.00
苹果+大蒜		24 400.00
苹果+白术		16 867.00
香椿+苜蓿	旱地,土层>100 cm	18 825.00
小麦+玉米(对照)		4 260.00

资料来源:云正明等,1996。

6.4.4　小流域的治理和生态恢复

目前国内外对"小流域"(Microvalley)的概念尚无统一标准,例如美国将集水区面积小于 1 000 km[2] 的流域称为小流域;欧洲国家则将集水区面积在 50 km[2]~100 km[2] 以下的流域称为小流域(或称荒溪)。我国在小流域治理中,一般将小于 50 km[2] 的流域作为综合治理的地理单元,在一般情况下所谓小流域可有几个平方公里到几十个平方公里。如果按每 30 km[2] 有一个小流域的话,我国至少有 6 万个小流域。小流域的治理和生态恢复要依据生态经济学和生态工程的原理,根据不同的自然与社会经济条件采取不同的农林牧复合生态工程和措施。

例如辽宁阜新蒙古族自治县在辽宁、内蒙古边界处,沈阳西 100 多公里,东南有黑山等名山,西侧为两省边界的努鲁尔虎山脉。年均温 4 ℃,无霜期 150 d,年降水 500 mm。该县平安地乡有一条河称为北大河(东西走向,山流较急的山溪),河北是一片沙漠,无人居住;河南的村民们以牧、农为主,畜牧业以羊、牛、马为主,粮食以高粱、玉米为主。然而他们的生产生活遭到沙漠侵袭的危害,当地每年要刮两次风沙,每次延续几个月,附近的农田被风沙吞噬,一点点变为沙丘。乡政府决定治理该小流域,在北大河流域进行生态恢复。

6.4.4.1　治理办法

(1) 首先于北大河河北的沙地上种树 4 万～5 万棵(主要是杨树)(面积约 2～3 ha),既为河北固了荒沙,又为河南挡了风沙,初步改变了北大河流域的环境。

(2) 树木扎根后,又发展林草,在种一些旱生牧草的同时适当发展旱作,并在此基础上发展牛、猪、鸡、鹅养殖业,形成林草-畜禽-粪肥-林草的良性循环。

(3) 村民利用北大河流域的流水落差和大风发电,为当地的生态恢复工程提供能源。

6.4.4.2　治理结果

(1) 北大河河北的防风固沙林保护了河北的环境,原来的一片荒沙开始披上绿色,恢复了粮食和牧草的生产。

(2) 春秋季大风肆虐时,20 m 宽的风沙基本被北大河防风林所阻挡,河南的村民得以安居乐业。

(3) 树成林后,引来了百鸟和走兽,不仅有野兔、山鸡、獾和孢子,还有狐狸甚至狼。这说明该小流域的生态恢复相当成功,既恢复了系统功能,又恢复了生物多样性,延长了食物链,维持了生态平衡。

(4) 北大河流域的水力和风力发电,为民造福,为当地的生产生活提供着价廉物美的永蓄资源。

6.5　海滨盐土修复

中国 210 万 hm^2 的盐沼和滩涂湿地绝大多数分布于双台子河口地区、黄河口地区、苏北滩涂与长江口地区。我国的黄河、长江、珠江、辽河、海河等入海河流每年挟带 15 亿 t 泥沙在潮间带淤积,新的海滨湿地不断形成,沿海滩涂不断扩展,每年淤长面积约 2 万 hm^2～3 万 hm^2。

我国新生的加上利用不当次生盐渍化的海滨盐土近 0.2 亿 hm^2,占全国各类盐渍化土地总面积的 1/5。其中沿海滩涂盐土面积为 300 万 hm^2 左右。各类盐土资源,特别是全国海岸带盐土是重要的土地后备资源。未来 100 年,由于温室效应的主导作用,世界海平面将平均上升 20 cm～100 cm,海滨土地的盐渍化面积将愈发扩大,海滨盐土是全人类和我国必须认真关注的重要生态系统。

　　以苏北盐城盐沼湿地(占整个苏北滩涂面积的70%以上)为例,其重要特征之一就是该区域是一块新生的土地,成陆的历史只有100～200的历史,并且目前南部地区(整个盐城滩涂的大部分)仍在向海淤长,北部地区(面积较小)也面临侵蚀。因此从自然大背景看盐城滩涂仍处于动态演化之中,而影响这种演化的重要动力源是海洋潮流和泥沙动力,以及地表径流重力作用下的水盐平衡。潮流、泥沙、地表水和土壤水盐对盐沼湿地演化的作用机制是:在侵蚀岸段,潮流与岸滩的作用导致岸滩侵蚀,泥沙流入海洋,海岸后退,过去的盐沼变为海洋,过去的陆地由于海水的侵蚀变为盐沼,随海岸的后退,一些动物种群也后退或消亡;在淤长岸段,潮流携带大量的海水泥沙和其他沉积物被沉积,岸滩因此抬高和向海淤进,随着岸滩的抬高,海水已经不能到达,过去的潮沟演变成地表径流,或退化为季节性水塘,过去的潮流堆积体演变成土丘,盐沼湿地的水文地貌发生根本改变,植被退化,动物的种群也随着变迁,最终退化为十分贫瘠的“不毛之地”－海滨盐土生态系统(演替趋势如图6-9所示)。

　　影响海滨盐沼湿地退化和盐土生态系统形成的不仅有自然因素,也有人为因素。归结起来有如下几种:滩涂围垦、围滩养鱼、围滩排放和处理废水、工厂和城镇建设、盐田建设、码头建设、道路建设、高强度的采集业、旅游设施建设等。

　　海滨盐沼湿地是中国所有湿地类型中受破坏最严重的。中国海滨自1950年代以来全线开展围海造地工程,至1980年代末,全国围垦的海滨盐沼湿地达119万 hm²,围垦的湿地81%改造成农田,19%用于盐业生产和其他工矿用地。仅从1988～2000年间,盐城滩涂围垦面积就多达5万 hm²,2002～2004年间,盐城滩涂新增围垦面积达1万 hm² 左右。

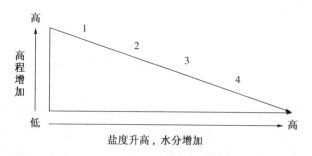

图6-9　苏北典型海滨湿地水分、盐度及高程的梯度变化与植被类型的演替

图中:1. 芦苇-白茅群落,2. 白茅-獐茅群落,3. 碱蓬红海滩,4. 米草盐沼

　　新围垦的滩涂土壤,由于长期受海洋潮汐的影响,盐渍化作用导致盐分含量高,重渍化盐土平均含盐量为0.4%～0.6%;中渍化盐土平均含盐量为0.1%～0.2%。同时盐土土体结构发育不明显,理化性质差,肥力水平低。高含盐量和

低肥力是海滨盐土修复利用的关键制约因子。

海滨盐土区域的滩面,大多都是光滩一片,基本没有植被,使盐碱化、风沙化日趋严重,土壤的改良利用极其困难。如黄河三角洲地区自然植被覆盖率极小,生态脆弱,蒸发量远远大于降水量(蒸降比为 3.2∶1),加上地下水位高,矿化度大,地下水中可溶性盐(以氯化物为主)随着强烈的水分蒸发,不断向表层积累,使黄河三角洲大面积新生土地盐渍化程度不断加大,仅位于黄河入海口的东营市就有盐渍化荒地 33.3 万 hm²,给生态修复带来极大难度。

对于我国和一些发展中国家来说,耗费大量的资金和淡水资源,大规模恢复海滨盐沼湿地的结构是不可能的。而就退化的海滨盐沼湿地,包括盐土生态系统修复而言,通过一系列生态修复与生态工程技术,将其改造成一个有益和健康的生态系统,还是可行的。受损严重的生态系统的恢复重在植被修复和重建(Rehabilitation),重在恢复其功能(Functional restoration),使其成为一个有益和有用的生态系统(Reclamation)。因此,本项目旨在修复退化的盐沼湿地,将其改造成有益和有用的生态系统,并应对我国沿海地区经济和社会发展的科技需求,推出一系列海滨盐土植被修复和直接利用的生态工程模式。这些模式包括:

(1) 海滨盐土植被修复与经济利用模式

研究开发一系列适合我国盐土资源的优质耐盐经济植物种质资源,充分利用盐土和海水(地下咸水)资源,在海涂不毛之地实施植被修复的同时,直接、快速地建立第一性生产力。在此基础上,合理布局、有效发展海滨盐土农业生态工程,延长生态产业链,加大开发力度,确保生态、经济和社会综合效益的提高。

(2) 耐盐牧草、饲料选育与滩涂扩繁模式

运用生物技术与生态技术相结合,选育高产、优质和抗逆的牧草品种,在苏北滩涂大规模扩繁,并通过平衡供草技术的实施和一定规模的饲喂试验,为沿海地区开发种草养畜(禽)业提供科学依据。

(3) 滩涂草基鱼塘模式

基于水盐运动规律,在含盐量 0.4% 以上的光滩,通过筑挡潮堤实施框围,然后每年 4~10 月蓄水养鱼;进入 11 月份,排水捕鱼后,选择盐城多花黑麦草作为优势草种种植,构成滩面冬春牧草群落;并在堤脚与鱼沟之间的滩面和塘内部分滩面上种植芦苇,既消浪护堤,也与黑麦草一样可以用于养鱼。经过 4~6 年草基鱼塘模式利用,滩涂土壤含盐量明显下降,可以用于农田开发或其他养殖项目。滩涂草基鱼塘的发展要兼顾生态利益和经济利益,运用能值分析可以规范其可持续发展。

(4) 新筑海堤绿化护坡的植被重建模式

运用黑麦草等耐盐草种混播植草技术,实施费用低廉、易于操作、便于管理、

节省时间和效果显著的海堤绿化护坡的植被重建,使目标植物能在高盐碱和极度贫瘠的新筑海堤上存活,起到绿化护坡、美化景观和可持续利用的作用。

(5) 米草生态工程及其生态控制模式

以我国引种的米草(主要是互花米草)为主要工具物种进行海滩生态工程的研究和设计,充分利用米草人工湿地的生物量和系统的能量,既发挥其保滩护堤的功效,又不失时机地利用米草生物量进行绿色食品的开发和综合利用,促进生态系统的良性循环,做到对人类社会和自然环境都有益无害,有利于海滨地区的可持续发展。米草生态工程的关键环节是适时收割外来种大米草和互花米草加以利用,可以将米草种群发展控制在适度水平,是防范和控制米草入侵的有效模式之一。

广义的耐盐植物是指所有在盐环境中能不同程度地耐受、拮抗和生活的植物。严格地说,耐盐植物和盐生植物是不同的。在一般的盐度(如 5‰左右)下能正常生长,但盐度稍高生长发育即受到明显抑制的植物称为耐盐植物。在较高盐度(如>5‰甚至海水盐度)下仍能正常生长甚至增产的植物称为盐生植物。盐土农业所需要的是可作为粮食、油料、蔬菜、饲料、药材等开发的有经济价值的耐盐植物和盐生植物,我们通常称为耐盐经济植物。如美国沿海滩涂的盐角草和我国滩涂的碱蓬,因其茎叶肉质多液,籽粒营养丰富,已成为色拉、凉拌菜、油炸粑粑等味美可口的佐餐佳肴;三角叶滨藜是口感颇佳、营养丰富的耐盐蔬菜;而海滨锦葵则是既可做油料,也可做饲料,地下部分又可药用,全株因其花朵美丽还可用以美化环境的多用途耐盐植物。还有一些植物,虽不是盐生植物,却具有相当强的耐盐能力,可在不同的盐生环境中得到有效利用。如菊芋地下茎可食用;油莎豆地下茎可做油料开发;枸杞果实既可食用,又可药用;美国籽粒苋是食饲两用植物等;这些植物可在低于或接近 5‰的土壤盐分环境中生长良好,具有相当好的开发利用价值。

然而,如何根据盐沼湿地和海滨盐土不同的退化情况和土壤条件进行植被修复? 又如何实施耐盐经济植物的引种和利用? 本节重点介绍海滨盐土植被修复与经济利用模式。

6.5.1 运用功能群配置、不同生态位引种技术实施海滨盐土修复

运用功能群配置和不同生态位引种的原理来解决上述问题。功能群是生态系统结构重建与功能恢复的基本目标单元,其界定与多样性配置的研究对受损生态系统的修复非常重要。海滨盐土生态系统结构单调,功能受损,物种数量稀少。界定适应于盐土环境的功能群,尤其是盐生植物、耐盐植物功能群(乃至与之共生的微生物功能群),并进行功能群多样性的配置,对于海滨盐土生态系统的修复至关重要。界定并筛选耐受不同盐度和瘠薄等多个胁迫因子的植物物

种,并进行耐受胁迫的功能群配置,设计出有利于先锋植物落户、植被建群和系统修复的方法,配套相关技术加以实施,是受损生态系统修复的主要技术路径。我们根据一系列室内外植物耐盐生理试验和检测,确定了适用于苏北海滨盐土生态系统修复的耐盐经济植物功能群的初步划分如表 6-13 所示。

表 6-13　苏北海滨盐土生态系统盐生植物、耐盐作物功能群划分

功能群划分	盐土含盐量(%)	盐土总 N(%)	盐土有机质(%)	建议配置环境
盐生植物:三角叶滨藜、海滨锦葵、盐草、狐米草、碱谷、滨梅等	0.5~1.2	0.03~0.11	0.81~1.18	重盐土
耐盐作物:籽粒苋、油莎豆、以色列西红柿、枸杞、黑麦草、佛手瓜、墨西哥玉米等	0.3~0.5	0.04~0.11	1.07~1.22	中等盐渍土

不同植物在其环境中有不同的时空位置和适应表现(即其生态位)。把握有关耐盐植物的生态位,"对号入座"地进行引种,建立耐盐植被,有利于提高盐土资源的利用率和盐土第一性生产力。我们根据缸钵引种初步试验的结果,按不同的耐盐性和其他生活习性(如表 6-14 所示)在滩涂盐土进行有关物种的引种实施。引种的"小生境"大致分为潮滩(如高潮带和送水道)、盐荒地、重盐土和盐斑地四种类型。引种工作分别在射阳盐场(送水道、盐荒地和重盐土)、射阳临海农场(盐斑地)、大丰竹港特种作物试验站(高潮带、盐荒地和重盐土)等处分步(春播或秋播)实施。

表 6-14　引种作物的生活习性和抗性

种　名	原产地	应用类型	生活习性要点	抗性
三角叶滨藜	美国特拉华州	蔬菜	长叶期不染虫	耐海水浇灌
籽粒苋	美国特拉华州	蔬菜及饲料	叶片、籽粒产量高	耐旱、耐盐
以色列西红柿	以色列	蔬菜	株型好,产量高	耐盐
冰粉	南美洲	蔬菜及饲料	籽粒不易脱落	耐旱、耐盐
佛手瓜	墨西哥	蔬菜	株型好,产量高	耐旱、耐盐
海滨锦葵	美国特拉华州	油料	多年生,籽粒和地下部均可利用	耐海水浇灌
油莎豆	非洲	油料	多年生,地下部可利用	耐咸水浇灌
水牛瓜	墨西哥及美国西南	油料	多年生,生物量大	耐咸水浇灌
狐米草	美国特拉华州	牧草饲料	多年生,可生长于潮间带,生物量大	耐海水浇灌

表 6-14(续)

种 名	原产地	应用类型	生活习性要点	抗性
高抗性狐毛草	香港	牧草饲料	多年生,多种抗性	耐咸水浇灌
盐草	美国特拉华州	牧草饲料	多年生,可生长于潮间带	耐海水浇灌
墨西哥玉米	墨西哥	饲料	株型好,产量高	耐旱、耐盐
宁牧 26-2 狼尾草	南京	牧草饲料	株型好,产量高	耐旱、耐盐
盐城多花黑麦草	盐城	牧草饲料	生长快,再生性强	耐旱、耐盐
盐城牛尾草	盐城	牧草饲料	多年生,产量高	耐旱、耐盐
紫花苜蓿	盐城	饲料	株型好,产量高	耐盐
耐盐大麦	盐城	食饲两用	株型好,产量偏高	耐旱、耐盐
黑麦	盐城	食饲两用	生长快,再生性强	耐旱、耐盐
黑麦草	盐城	食饲两用	生长快,再生性强	耐旱、耐盐
碱谷	河北献县	食饲两用	多种抗性	耐咸水浇灌

根据不同生态位引种 20 种耐盐作物的具体实施结果及有关利用的建议如表 6-15 所示。在滩涂盐土进行有关物种的引种,根据不同生态位的实施布局大致如下:适应潮滩生长的盐生植物主要有米草(包括大米草、互花米草、狐米草等)和盐草等;适应盐荒地生长的耐盐作物主要有三角叶滨藜、海滨锦葵、油莎豆、水牛瓜;适应重盐土生长的耐盐作物主要有高抗性狐毛草、墨西哥玉米、宁牧26-2 狼尾草、耐盐大麦、籽粒苋、以色列西红柿、冰粉、佛手瓜、碱谷等;适应盐斑地生长的耐盐作物主要有盐城多花黑麦草、盐城牛尾草、紫花苜蓿、黑麦、黑麦草等。

表 6-15 不同生态位引种耐盐作物情况表

种 名	试验地含盐量(%)	试验地总 N(%)	试验地有机质(%)	试验处理	生长情况	建议利用
三角叶滨藜	0.5~0.7	0.07~0.11	0.81~1.22	1.5%盐水浇灌	亩产鲜叶 1 400 kg 左右	作蔬菜
籽粒苋	0.3~0.5	0.03~0.04	1.07~1.11	盐土旱作	亩产鲜叶 1 500 k,籽粒 240kg	蔬菜或饲料
以色列西红柿	0.3~0.5	0.03~0.04	1.07~1.11			作蔬菜
冰粉	0.3~0.5	0.03~0.04	1.07~1.11	盐土旱作		作蔬菜
佛手瓜	0.3~0.5	0.03~0.04	1.07~1.11		亩产鲜瓜近 2 000 kg	作蔬菜
海滨锦葵	0.5~0.7	0.07~0.11	0.81~1.22	1.5%盐水浇灌	亩产籽粒 150 kg 左右	作油料

表 6-15(续)

种　名	试验地含盐量（%）	试验地总 N(%)	试验地有机质(%)	试验处理	生长情况	建议利用
油莎豆	0.3~0.5	0.03~0.04	1.07~1.11	盐土旱作	亩产块茎 1 000 kg 左右	作油料
水牛瓜	0.3~0.5	0.03~0.04	1.07~1.11	盐土旱作		作油料
狐米草	0.7~0.9	0.04	1.16~1.18	2.5%盐水中浸泡生长	亩产干草近 1 000 kg	作牧草饲料
高抗性狐毛草				无土栽培 0.5~1.5% 盐水浇灌		作牧草饲料及草坪草
盐草	0.7~0.9	0.04	1.16~1.18	2.5%盐水中浸泡生长	亩产干草近 1 000 kg	作牧草饲料
墨西哥玉米	0.3~0.5	0.03~0.04	1.07~1.11	盐土旱作	亩产鲜草 5 000 kg 左右	作饲料
宁牧 26～2 狼尾草	0.3~0.5	0.03~0.04	1.07~1.11	盐土旱作	亩产鲜草 12 000 kg 左右	作牧草饲料
盐城多花黑麦草	0.3~0.5	0.03~0.04	1.07~1.11	盐土旱作	亩产鲜草 4 000 kg 左右	作牧草饲料
盐城牛尾草	0.3~0.5	0.03~0.04	1.07~1.11		亩产鲜草 3 000 kg 左右	作牧草饲料
紫花苜蓿	0.3~0.5	0.03~0.04	1.07~1.11	盐土旱作	亩产鲜草 3 000 kg 左右	作牧草饲料
耐盐大麦	0.3~0.5	0.03~0.04	1.07~1.11	盐土旱作	亩产籽粒 200 kg 左右	食饲两用
黑麦	0.3~0.5	0.03~0.04	1.07~1.11	盐土旱作	亩产鲜草 7 000 kg 左右	食饲两用
黑麦草	0.3~0.5	0.03~0.04	1.07~1.11	盐土旱作		作牧草饲料
碱谷	0.5~0.7	0.07~0.11	0.81~1.22	1.5%盐水浇灌	亩产干草 700 kg，籽粒近 200 kg	食饲两用

6.5.2　边利用边改良有利于海滨盐土修复

直接引种耐盐经济植物,边利用边改良是投资小见效快的海滨盐土利用的重要模式。耐盐植物能耐受中等程度的盐渍土和比较贫瘠的土壤营养条件;而盐生植物则能耐受重盐土和非常瘠薄的营养条件的胁迫。盐生植物与耐盐植物种植后,海滨盐土的理化性状、营养成分有了很大改善。如表 6-16 所示,苏北滩涂盐土种植黑麦草 1 年后,黑麦草草滩土壤的含盐量与 pH 值比对照光滩明显下降,而有机质、全氮、速效磷、速效钾和含水量则显著增高。

　　对于栽培三角叶滨藜的盐土按不同地块(用含盐量表示)取样,每个地块分别在 4 月(种植前)和 10 月(收获后)各取一次样进行测定,连续 3 年对有关地块的有机质、N、P、K 进行测定,测定结果见表 6-17。经观察,三角叶滨藜的种植对盐土的影响是非常积极的,种植后,所有受试盐土地块的土壤 N、P、K 和有机质均有明显提高。这又一次证明了耐盐经济植物直接利用盐土是可行的,综合效益也是很好的。

表 6-16　黑麦草草滩与对照光滩土壤理化分析

滩地类型	含盐量(%)	有机质(%)	全氮(%)	速效磷(ppm)	速效钾(ppm)	pH	含水量
草滩	0.17	0.97	0.047	60.13	237	8.2	11.44
光滩	0.38	0.91	0.036	40.39	198	8.3	10.69
差值	−0.21	0.06	0.011	19.74	39	−0.1	0.75

表 6-17　栽培三角叶滨藜的盐土常规指标的观测

盐土分类	取样时间	总 N(%)	总 P(%)	总 K(%)	有机质(%)
0.15%	4 月	0.071	0.067	1.98	0.98
0.15%	10 月	0.104	0.073	2.11	1.39
0.26%	4 月	0.037	0.069	1.86	0.88
0.26%	10 月	0.065	0.078	2.12	1.21
0.35%	4 月	0.032	0.051	1.74	0.74
0.35%	10 月	0.055	0.059	1.93	0.92
0.47%	4 月	0.021	0.049	1.67	0.45
0.47%	10 月	0.053	0.058	1.91	0.67

第7章 污染物处理生态工程与循环经济

在世界经济不断增长和环境日益恶化的今天,人们崇尚返璞归真,呼唤自然,回归自然,还大自然于本来面目。我国有着丰富的自然资源,我国人民自古以来就有保护自然资源的优良传统。最近从湖北省云梦县发掘的一座秦墓中,发现了刻在竹简上的秦朝《田律》,其主要内容是:"从春季二月开始,不准进山砍伐树木,不准堵塞林间水道,不准入山采樵烧草木灰,不准捕捉幼兽、幼鸟或掏鸟蛋,不准毒杀鱼鳖,不准设置诱捕鸟兽的网、陷阱等。"这是迄今为止所发现的世界上最早的环境保护法。历史的发展表明,这《田律》令吾辈后人感到羞愧,如今,许多祖辈留下的青山绿水已被搞得面目全非了。当然,大自然也报复了我们,人类为此付出了沉痛的代价。2000多年后的今天,世界大部分国家的政府和人民对环境问题给予了高度的重视,陆续制定和出台了许多环境保护的法令、法规和相应的政策,对遏止环境的进一步恶化起着积极的作用。然而,环境保护光有意愿、政策和法令,光有约束和制裁是远远不够的;还应该向人们提供环境保护的路线、方法和技术,要教会人们怎样去做,以及怎样做得更好;而后者往往是更重要的,这也正是我们生态学和环境科学工作者的重要任务和职责。本章将从可持续发展的立场出发,阐明环境保护的战略路线,并侧重介绍环保和污染物处理利用方面的生态工程技术和方法以及国内外循环经济的重要模式。

7.1 环境保护和可持续发展

7.1.1 人类发展的进退维谷

20世纪开始时,世界大约有16亿人,虽然污染和环境退化时有发生,如一些城市笼罩在烟雾和粉尘之中,但问题还是局部的。作为一个整体,世界大部分地区还没有开发。20世纪中期,飞机和无线电广播缩短了世界的距离,使整个世界的人们(已有25亿)有着更多的接触。工业发展使自然资源的人均消费量和由此而来的人均污染在许多国家成倍增长。随着工业的继续发展,空气和水污染多有发生,人们对有毒工业产品在生物圈的累积日益关注。从50年代到90年代初,世界人口翻了一番多,达到52亿,而世界经济活动几乎翻了两番。

在对局部地区环境退化担忧的基础上,又增加了新的、全球性的忧虑。譬如,矿物燃料提供了大约95%的世界经济商业能源,而其燃烧也构成了改变气候的温室气体的最大排放源。科学家们断定,必须减少60%的CO_2排放量才能把大气中的CO_2浓度保持在当前的水平;反之,如果矿物燃料的使用以当前的速度继续增加,那么,不出50年,大气中CO_2水平将翻一番,将极大地增加气候变化的危险。又如,世界上有10亿多人挨饿,要使翻了一番的人口得到足够的营养,粮食生产翻一番是不够的,最佳措施是有效地利用世界上全部的可耕地资源。然而,据最新估计,超过12×10^8 ha的耕地(相当于中国和印度加在一起的面积)二战以来已严重退化。再如,农业和工业发展的压力开始迅速地排挤和灭绝其他物种,世界野生生物基金会1998年10月初发表的最新报告指出,过去的25年,人类活动已毁灭了自然界三分之一的动植物,成了恐龙灭绝后的六千五百万年以来,地球生态受破坏最大的一段时间。如以70年的生物指数为标准,定为100,至1995年降为68,现仍在下降。25年间全球生物数量及海洋生物覆盖量分别减少10%和30%,跌幅最大的是淡水生态系统,暴跌近5成。

就全世界而言,自然资源消耗和废物产生的规模已十分巨大,地球上的土壤、森林、河流和海洋已不堪重负,我国的情况也十分严峻。虽然我们取得了用占世界7%的耕地养活了占世界22%的人口这一举世瞩目的成就;然而我国人多地少,又处在一个快速发展时期,环境恶化日益严重。全国沙质荒漠化土地面积为36.7万km^2,沙漠面积59.9万km^2,戈壁面积57万km^2;全国约有1 000万亩耕地、15.8亿亩草地、150万亩林地和灌草发生不同程度的沙质荒漠化(土壤年均风蚀深度为1 mm~2 mm;当土壤年均风蚀深度为1.5 mm时土地就失去持续利用价值);20世纪后期,沙质荒漠化土地年扩展速度为:70年代1 560 km^2,80年代2 100 km^2,90年代2 460 km^2;沙尘天气造成的环境污染面积至少在200万km^2以上;我国每年因风沙灾害造成的经济损失估计达540亿元人民币。西部大开发:西北干旱地区总面积250万km^2,水资源总量只有900亿m^3,为全国的3.3%,按现有的节水灌溉水平,只能开发总面积的10%。各地每年排出的废水达360亿吨,排放出的烟尘达1 445万吨,受污染的耕地面积达670万公顷;全国532条河流中,有436条受到污染,占82%;如此等等。

人类社会的无序或畸形发展,往往对其发展本身,会起着制约作用。例如我国不仅面临着人口众多的压力,而且,也遭受着国家机构庞大的压力,财政支出因此不堪重负。

我国唐朝最盛时,平均每3 000人养一个"吃皇粮的人";到清朝末,平均每900人养一个"吃皇粮的人";1978年,平均每50人中就有一个"吃皇粮的人";到20世纪末,平均每30人中就有一个"吃皇粮的人"。

我国"吃皇粮"的人占总人口的比例,由1978年的2.1%上升到20世纪末的 3％，即 3 670 万人。以每人每年 1 万元费用标准（这个标准在不断提高）计算，国家每年要支出 3 670 亿元。如果再加上办公、住房、医疗、养老等因素，每人每年的费用则达 2 万元左右，国家每年的财政支出就达 7 000 多亿元。因此，现在我国每年的财政收入，有一半被"吃皇粮"的人吃掉了。

如果人口再翻一番，经济活动继续蓬勃高涨，环境压力还会更大。怎么办？有人提出"零增长"，即限制世界经济的发展，这一观点的代表人物及其主要思想如下所述：

7.1.2　增长的极限

人类社会到底该如何发展？世界经济还能继续增长吗？20 世纪 70 年代初，西方经济学界著名的师徒俩 J. W. 佛瑞斯特和 D. L. 米多思相继发表了《世界动态学》和《增长的极限》这两部专著，他们二人反对世界经济的继续增长，在他们的著作中提出人类"世界末日论"，抛出了所谓"佛－米氏模型"。该模型的主要内容是：

经济增长因素（人口、粮食、环境、资源、投资）具有共同的特点，那就是它们都呈指数增长，都符合下列算式：

$$A = P(1 + r)n$$

式中：P 为某一增长因素的初期数量；r 为年增长率；n 为时间（年数），A 即 n 年后该增长因素的数量。

当 $A = 2P$ 时，其 n 即为指数增长中的倍增时间。

计算倍增时间的简便方法：$70/100r$。

如，人口年增长率 r 为 1％，则倍增时间为：$70/1 = 70$；

人口年增长率 r 为 2％，则倍增时间为：$70/2 = 35$；

GDP 年增长率 r 为 10％，则倍增时间为：$70/10 = 7$；

根据"佛-米氏模型"的推算，二人断言：2100 年人类社会将崩溃。

当然，"佛-米氏模型"的推算是错误的，因为人口、粮食、环境、资源、投资等经济增长因素虽有共性，但也有各自的特殊性，绝不是都遵照一个通式去发展的。人类社会决不会崩溃，而是将寻求另一个模式去更好地发展。

7.1.3　人类社会的可持续发展战略

如何摆脱人类面临的进退维谷的困境，保证人类文明得以延续和发展？1981 年出版的 L. R. 布朗《建立一个持续的社会》的专著总结了多种观点，建议协调社会的物质需求、人口增长和自然资源利用的矛盾，从而减轻环境污染等弊端，首次提出"持续发展"的新的经济发展模式。

　　1983 年 12 月联合国成立了世界环境与发展委员会,负责制定协调环境保护和经济发展的全球战略。以布伦特兰夫人为首的该委员会于 1987 年发表了其工作报告"我们共同的未来"。该报告提出了世界可持续发展战略,就是既要满足当代人的需要,又不对后代满足其需要的能力构成危害的发展。

　　可持续发展的战略,将经济和环境政策相结合,当两者发生冲突时,强调生态利益优先。可持续发展的战略,反对限制经济增长的所谓"增长的极限"的观点,限制经济增长,实际是限制第三世界国家的发展,这是不公平的。不消灭贫困,就不可能真正保护好环境。可持续发展的战略,是全世界发展唯一的选择。

　　良性的社会－经济－自然复合生态系统是典型的社会可持续发展的系统模式。我国著名生态学家马世骏先生最早提出了这一有利于实现可持续发展目标的系统模式,该模式具有这样的属性:即一方面,人类在经济活动中以其特有的智慧,利用强大的科技手段,管理和改造自然,使自然为人类服务,促使人类文明和生活持续上升;另一方面,人类来自自然,是自然进化的一种产物,其一切管理和改造自然的活动都应受到自然界的反馈和约束。

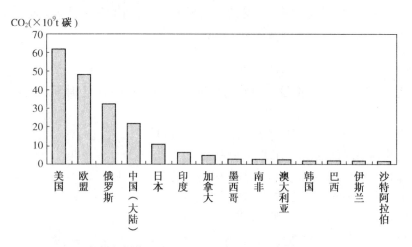

图 7-1　矿物燃料燃烧最多的 38 个国家的累计排放量(1950～2003)

（资料来源:二氧化碳信息分析中心(CDIAC),美国橡树岭国家实验室,2006 年 5 月。
欧盟由法国、联邦德国、意大利、荷兰、比利时、卢森堡、英国、丹麦、爱尔兰、希腊、
葡萄牙、西班牙、奥地利、瑞典、芬兰、马耳他、塞浦路斯、波兰、匈牙利、捷克、斯洛
伐克、斯洛文尼亚、爱沙尼亚、拉脱维亚、立陶宛等 25 国组成。）

　　"可持续发展"作为一种战略思想已被越来越多的国家和人民所接受。然而,迄今为止,没有一个国家级的"可持续发展"模式值得仿效。欧美发达国家和东南亚新兴工业化国家,其所有工业与经济的快速增长,都是以普遍的环境退化与连续的灾难记录为代价的。大量的事实表明,发达国家不但对本国而且对全球的环境退化,都是绝对的主要污染者和责任者(如图 7-1;图 7-2)。为了保护

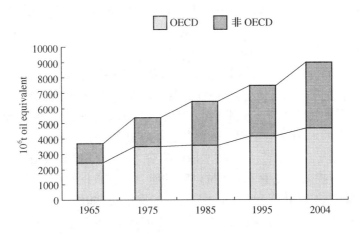

图 7-2　1965～2004 年全球矿物燃料消费

(资料来源：英国石油公司；《BP Statistical Review of World Energy》，2005 年 6 月。OECD，即经济合作与发展组织，目前共有 30 个成员国。)

自身的利益，发达国家也在积极实施"可持续发展"战略。特别是在能源利用方面，他们积极调整能源政策，如提高能源价格和能源税等；提高能源效率，如开发新技术和新产品，减少能耗和能源需求等；以及大力开发可再生能源，如风能、太阳能、水电等。据美国环保局估计，仅在商业建筑物中更换新的高效荧光灯一项措施，就能减少美国用电需求的 10%，每年节约 100 亿美元，并且每年减少 4% 的 CO_2 排放量。80 年代末，美国加州靠风力提供其用电需要的 1%，丹麦靠风力提供其用电需要的 1.5%，二者都计划在 21 世纪末将份额增加到 10%。日本通产省拟定的一份《21 世纪气候变化行动方案》（表 7-1），也反映了日本政府对"可持续发展"战略的积极态度。

表 7-1　21 世纪气候变化行动方案

年　度	方　　案	行　　　　动
截至 2000 年	世界能源保护	加强气候变化研究。加速节能。逐步淘汰氯氟烃
截至 2010 年	加速引进清洁能源	减少使用矿物燃料。增加利用核能。增加利用新能源或可再生能源
截至 2020 年	环境无害技术开发	普及第三代氯氟烃代用品
截至 2030 年	扩大 CO_2 消除能力	重新造林产生的纯收益。通过生物技术改变沙漠化。提高海洋消除能力
截至 2040 年	非矿物燃料先进技术	引进新能源技术，如聚变，轨道太阳能发电厂，岩浆发电以及超导技术的能源应用

资料来源：日本通产省：《"新地球 21"——21 世纪行动方案》，向美日全球变暖会议提交的论文，亚特兰大，1991.6.3。

对于发展中国家来说，决不能走发达国家先污染后治理的经济发展老路，

"可持续发展"是唯一的出路。我国实施"可持续发展"战略,主要解决的三大问题是人口、农业和环保。我国国民经济和社会发展"九五"计划和 2010 年远景目标纲要明确提出了今后 15 年环境保护工作的要求:到 2000 年,力争使环境污染和生态破坏加剧的趋势得到基本控制,部分城市和地区的环境质量有所改善;到 2010 年,基本改变生态环境恶化的状况,城乡环境有比较明显的改善。例如,在开发新能源方面我国政府十分重视。1997 年 11 月 8 日长江三峡截流成功,标志着世界最大的水利水电工程——长江三峡枢纽第一期工程的顺利完工。到 2009 年这一特大工程建成后,三峡水库的库容为 $393×10^8$ m^3,相当于 28 个滇池,将从根本上提高长江中下游的抗洪防洪能力。三峡枢纽水电站的装机容量为 18 200 MW,年发电量为 847 亿度;同等的发电量,如用火力发电,年耗煤量为 $5 000×10^4$ t。大力开发清洁、廉价、可再生的水电确实是一项利在当代,功在千秋的持续发展伟业。我国日照数的高值中心西藏自治区全面实施"阳光计划"取得成效;全区许多农牧民和喇嘛用上了太阳能灶、太阳能灯、住上了太阳能采暖房,包括西藏两大太阳能发电站在内的各类太阳能设施每年产生的综合经济效益达 8 000 万元以上。又如在攻克汽车尾气这一城市污染顽症上,我国政府目标十分明确。我国目前半数以上的汽车仍在使用发达国家早就淘汰的 70 号含铅汽油,针对这一大规模超标准排污的严重状况(城市空气中的铅 60% ～ 90% 来自汽车尾气,汽油中所含的四乙基铅是万恶之首),我国政府的总目标是:2000 年前完全禁止生产、销售和使用含铅汽油。决心之大,速度之快,在世界汽油无铅化进程史上前所未有。

综合国内外的实施经验和研究状况,可持续发展战略在环境保护中的实施应涉及以下几方面:

7.1.3.1 保护自然资源

制定出台一系列自然资源保护政策,如适当的资源定价、提高资源开采税和污染税等;鼓励合理开发利用资源,特别是保护性利用和综合利用等;加强宣传教育和科技开发。

7.1.3.2 大力开发可再生能源(Renewable resource)

在减少能耗和能源需求的同时,大力开发风力、水力和太阳能等可再生能源,减少温室气体和其他污染物的排放。

7.1.3.3 倡导绿色(无污染)工业,建立无(少)废工艺系统

进行工业系统的内环境治理,如新建工厂或工业项目要加强无污染工艺的设计,建立废物再生和利用系统。包括废热源的再利用、工业废渣的资源化、一些工厂废水的净化和再循环利用等。达到无废或少废,亦即无污染或少污染。

7.1.3.4 研究实施分层多级综合利用废物的生态工程

这类生产工艺系统的特点是使每一级生产过程的废物都变为另一级生产过

程的原料,且各环节比例适当,使所有废物均被充分利用,力争达到"零排放"。如粪便发酵产生沼气提供绿色能源,沼液用来无土栽培青绿饲料或蔬菜,沼渣再制混合饲料等多种生产项目及工艺的结合;既分层多级地处理了废物,又可获得可观的综合效益。

7.1.3.5　提倡循环经济

持续农业就是生态农业,要大力提倡农林牧副渔多种经营,避免单一经营;要大力提倡植树造林,避免水土流失;要大力提倡有机肥料和生物防治,避免大面积化学污染等等。

7.1.3.6　保护生物多样性(Biodiversity protection)

关键在于防止自然生境的退化,保持生态系统的平衡、健康状态。注意力不仅要放在保护区和珍稀濒危物种(Rare and declining species)、种子库(Seed pool)上;而且要放在许多人类活动中,要正确评判物种的意义,适度把握人类的需求,建立人与自然的和谐关系,切实保护地球上的生物资源。

7.2　可持续发展战略的操作

生态经济学将资本分为人造资本和自然资本两大类。世界从人造资本缺乏、自然资本充实的时代发展到人造资本充盈、自然资本匮乏的今天,随之而来的全球变化已严重威胁到人类的生存和发展。可持续发展成了世界经济发展的必由之路。但可持续发展究竟该如何操作? 其基本方式是:向自然投资。本节阐述了向自然投资的理由以及向自然投资的几种方法,并讨论了盐土农业这一向自然投资的典型范例。

7.2.1　向自然投资的必要性

现代生态经济学广义地将资本定义为:"能在未来产生有用物质流或服务的储备"。根据此储备是人造的还是自然的,又将其分为人造资本和自然资本。所以,确切地讲,自然资本就是:能在未来产生有用物质流或服务的自然储备。或者说自然资本就是"产生自然资源流的储备"。如产生伐木流的森林;产生原油流的油田;产生捕鱼流的海洋鱼群等。根据是否有人类劳动投入,自然资本又可分为纯自然资本和培育型自然资本(如天然森林和种植型森林)。

自然资本包括自然资源及其自然服务功能。自然资源可以分成两种:可更新资源(如太阳能、风能、全球性的水资源、各种生物资源等)和非可更新资源(如石油、煤等矿物资源、区域性水资源、土壤等)。自然服务功能包括提供人类生活需要的产品和保证人类生活质量的功能(如森林提供木材,水域提供水产品及保持大气组成的平衡,生态系统的分解功能等)。

自然资本与人造资本是基本的互补物。人造资本的积累,一方面促进了自然资本的充分利用,另一方面也意味着自然资本的减少。反过来,自然资本的缩减也会制约人造资本的生产,从而妨碍人类经济的发展。自然资本储量会因使用而减少,也会因投资而增加。向自然投资就是向自然资本投资,亦即投资于自然资本的保持与恢复。为什么要向自然投资?如何向自然投资?就是本文着重要讨论的问题。

7.2.1.1 世界从空乏走向充盈

人类经济的发展过程就是人造资本的积累过程。历史上,我们积累人造资本,是因为我们需要人造资本来有效利用自然资本(互补性)。过去,当人类在生物圈出现的规模较小的时候,经济亚系统中人造资本的数量很少,相对于地球生态系统来说,经济亚系统显得较小,称为相对"空乏的世界"(如图 7-3A 所示),这时人口的增长和生产力发展都很缓慢,对自然资源的需求和对生态环境的影响都很小,所以地球生态系统的自然资本很充实,自然界受到的人为干扰很少,基本保持着其原生面貌。

随着工业革命的开始与发展,生产技术迅速进步,使生产得以突飞猛进的发展,人们得到了愈来愈多的衣食住行等各种生活和享受的物品,为满足人们对更高生活的追求和迅速增长的人口的需要,人类不顾一切地向自然界巧取豪夺,积敛财富,使原来相对"空乏的世界"变成了今天相对"充盈的世界"(如图 7-3B 所示)。此时的经济亚系统中人造资本大量积累,相对于生态系统已很庞大,而生态系统中的自然资本则严重匮乏。同时出现的人口膨胀、环境污染、地球温室效应、臭氧层破坏、生物多样性丧失等全球变化也日趋严峻,生态系统越来越显出其不可持续性,已直接威胁到人类的生存和发展。

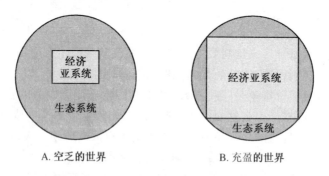

A. 空乏的世界   B. 充盈的世界

图 7-3 空乏的世界和充盈的世界

7.2.1.2 向自然投资是可持续发展的需要

为了人类文明的延续和发展,所提出的可持续发展战略,引起了国际社会的重视与关注,已成为当今世界经济发展的最佳模式。但具体如何操作,却无章可循。H. 戴力明确提出了可持续发展的操作方式:向自然资本投资。

世界从空乏走向充盈,也就意味着人类经济的发展已从人造资本匮乏是经济发展的制约因素的时代走到了自然资本匮乏成了制约因素的时代。经济学逻辑告诉我们:应该使制约因素的生产率最大化,同时努力增加其供应。这意味着可持续发展的经济政策应努力于提高自然资本的生产率及其总数,也就是要向自然资本投资。

根据布伦特兰委员会的报告,所谓可持续发展,就是既要满足当代人的需要,又不对后代满足其需要的能力构成危害的发展。可持续发展不仅要实现当代人之间的公平,而且要实现当代人与未来各代人之间的公平,向所有的人提供实现美好愿望的机会。可目前的现实是:占全球人口 26% 的发达国家消耗的能源、钢铁和纸张等占了全球的 80%。发达国家的经济不可能不增长,而发展中国家的经济更需要增长,这就需要重新审视如何实现经济增长,以保持全球经济的可持续发展。而这必须以自然资本为基础,同环境承载能力相协调。所以,向自然资本投资是实现可持续发展的必由之路。

另外,根据希克斯收入理论,保持全部资本的完整是可持续发展的必要条件。过去,人们通过连续投资,尽力保持完整的资本类型主要是人类创造的有形资本,并没有考虑绝大多数自然资本的完整,因为那时的自然资本并不缺乏,所以,只有有形的人造资本和一些已为私人占有的自然资本储备(如牛群、森林植被等)才引起重视保持了完整无损。但在自然资本严重匮乏的今天,要实现可持续发展,就必须保持总的资本的完整性,尤其是自然资本的完整性,向自然资本投资是一项必要的措施。

7.2.2　可持续发展战略的操作:向自然投资

向自然投资的具体方法很多,归纳起来主要有以下四类:

7.2.2.1　向自然资本直接投资——侍候投资或保值投资

投资于纯自然资本(非市场化的),是通过投资于重建自然资本贮备得以实现的。由于我们真正重造自然资本的能力是有限的,因此,这种投资方式只能是:一方面必须保护保留着的自然资本,另一方面通过降低我们现在的利用水平来促进其自然恢复和增长。换言之,对于现存的非市场化的自然资本,暂时不用或少用它们,任其自然恢复。这种投资方式,被称为侍候投资或保值投资。

戴力还提出了有关自然资本保存与生态可持续性的三条标准:

(1) 对可更新资源,开采(采伐)速度不应超过其再生速度(可持续的生产);

(2) 对非可更新资源,它的消耗要求其可更新替代物有相当的发展;

(3) 工程废物的生产速度不能超过环境的吸收能力(可持续的废物处理)。

7.2.2.2　向培育型自然资本投资——替代投资

介于自然资本和人造资本之间的市场化的自然资本有很多亚类型,我们统称为"培育型自然资本"。诸如种植型森林、农作物、牲畜群、池塘养殖鱼群等等。培育型自然资本在功能上可以替代野生的自然资本,从而可为人造资本补充供应原料。有研究表明,要可持续地获得一定数量的生物产量(H),需要一个占据较多生态空间的很大的野生种群贮备(P1),而获得同样的生物量,所需的栽培种群的贮备就要小得多(P2),且占据的生态空间也少(如图7-4所示)。

所以,投资培育这一类有一定替代作用的自然资本即替代投资,往往能取得较好的经济效益。当然,野生种群除能得到一定产量(H)外,还能提供其他的生态服务,保持大量的生物多样性,费用也只是基本的采收费用;而栽培种群则需要大量的保护、繁殖、饲养等管理费用。但为了使不断萎缩或正在灭绝的自然资本得以休养生息,进行

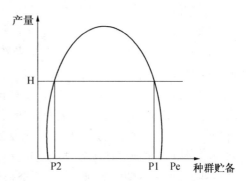

图7-4　野生种群和栽培种群的产量和贮备模式

一些替代投资,是保证其可持续利用的必然之举。当然,培育型自然资本,只能在某些功能上起到替代作用,不能提供作为自然资本特有性质的广泛的自然生态服务,如不能提供给野生动物广阔的栖息地或对生物多样性提供有效保护。所以,在替代投资中,要尽可能地兼顾物种的合理配置,以使培养的自然资本具有更广泛的替代性。当然,人类在生存的压力下,未来可能会更多地投资于新能源的开发和利用,因为新能源既可以节约或替代部分常规能源,缓解化石燃料耗竭的矛盾,又有利于环境保护,减少污染。这样的替代投资更具可持续性。

7.2.2.3　向人造资本投资,使自然资本获益——互补投资

人造资本除了指"生产的已产出部分"外,还包括劳动力、教育、技术、技能等许多人类资本。向人造资本投资,重要的是科技投资。在这个"充盈的世界"的新时代,科技投资必须从人造资本的积累转向自然资本的保持和恢复,技术创新也应更多地瞄准于提高自然资本的生产率。因为生产效率的提高,可以减少对自然资本的消耗,相当于补充了自然资本,如复合有机肥料和微生物肥料的开发投入,既提高了土壤肥力,又回归于土壤大量有机质,增加了土壤的"资本积累",这类投资又称为互补投资。以往人们比较重视在传统技术上的投资,现在则更多地提倡高新技术、生态技术上的投资。在工农业生产中设计开发清洁生产工艺和运用生态工程原理进行废弃物的资源化利用,就能获得经济、生态、社会综合效益的提高。如近年在我国推广使用的秸秆养畜、过腹还田生态技术等,不仅

扩大了畜牧业饲料来源,提高了秸秆的利用价值,增加了农田肥力和有机质含量,促进了农业生产的良性循环,而且引导农民有效地保护了环境,具有明显的生态经济效益。

7.2.2.4　控制产出的投资

在一个"充盈的世界"里,人口数量和每人消耗的资源量都是受约束的,也即对人造资本的产出和人口的产出都必须加以控制。某些方面的低水平盲目重复建设,往往会导致大量的生产能力过剩,如我国前几年的电视机、电冰箱、汽车的生产能力就闲置 1/3~1/2,纺织业的纱锭、炼油、耐火材料、玻璃等生产能力也大大超过需求,产业的供给能力超过市场需求,大量产品积压,造成人力、财力、物力的巨大浪费。这种违背可持续发展要求的现象,对已近耗竭的自然资源无疑是雪上加霜,必须坚决杜绝。我国政府采取的纺织业压锭、产业结构调整等积极政策是控制人造资本盲目产出的有力举措。

生态经济学界还认为人口增长的高速度是地球超载和环境退化的根源。像其他人造资本一样,劳动力的增长也会提高对自然资本的需求,以至超出自然资源可持续供应的能力。所以,限制人口增长速度的投资就成了管理相对已"充盈的世界"中很重要的事。有人认为,这方面的投资也包括向妇女投资。通过普遍提高妇女的受教育水平和社会经济地位,使其认识到个人生育行为对社会造成的影响,从而自觉执行计划生育政策,这对限制人口增长不失为一项重要之举。

改革开放以来,我国政府实施了一系列行之有效的人口政策,投入了巨大的人力、物力、财力控制人口的增长,取得了举世瞩目的成就。在世界人口达到 60亿的今天,中国的人口数量由原来占世界人口总数的四分之一降为五分之一,这不能不令世人惊叹,也为我国可持续发展战略的实施奠定了良好的基础。

以上各种投资类型,在理论上是可以明确区分的,但具体的投资实践往往是多种类型的相互渗透和综合。

7.3　建立无(少)废工艺系统

环境污染要标本兼治,正本清源,就要倡导绿色(无污染)工业,从立项时做起,从治理点源污染抓起,建立无(少)废工艺系统。本节将讨论废弃物及其一般处理,并重点介绍无(少)废工艺系统。

7.3.1　废弃物及废弃物的处理

7.3.1.1　废弃物(Wastes)的定义

一般地说,指某些无价值的应从它原来存在的环境中被抛弃出去的物质;专业地说,指"基于当前法令而抛弃、将要抛弃或不得不抛弃的任何东西"。包括生活垃圾和废水、废气(居民的和公用的)、工业垃圾(和废水、废气)和一些特殊行业(如医院、科研部门等)的废气、废水和丢弃物等。

7.3.1.2　废弃物的处理

现有的方法如海洋倾倒、装池(曝气池)、陆地处置(堆埋)、废矿井存储等。欧洲经济与发展组织(OECD)提出 15 种推荐的处理方法和 13 种可能的回收方法。其中比较好的方法有:

卫生堆埋　优点:简单,相对便宜;缺点:占地,堆埋点不宜于多种用途,有潜在的土壤和地下水污染。

堆肥　优点:再循环,将有关废物转化为土壤改良剂;缺点:仅能转化可被生物降解的,具臭味,堆肥残渣仍须堆埋和焚烧。

焚烧　优点:重要的减容手段,残渣无菌、无毒、不可燃、不腐败;缺点:技术复杂,投资大,烟道气、清洗水和残渣尚需处理。

再利用　优点:开发废物的最高价值;缺点:还有一系列问题,如卫生问题,消费者心理等。

循环再生　优点:回收原材料及其内在能量;缺点:领域较局限。

此外,欧共体(EEC)提出一系列废弃物预防办法有:少消费;少包装;取缔一次性产品;开发长寿产品;提倡易修理;标准化;以及再利用漂白和本色织物。可见,这与我国传统的勤俭节约、开源节流的俭朴民风是一致的。

以下介绍几项行之有效的或具有潜在效益的无(少)废工艺系统。

7.3.2　粉煤灰资源化工艺

7.3.2.1　粉煤灰(Coal ash)资源化背景情况

据统计,我国年排放固体废弃物 6 亿多吨,处理率仅有 50%。未处理的固体废弃物或排入江河湖海(每年有 30% 的排放量),直接污染水体;或长期堆放(现已占用农田约 7×10^4 ha),不仅直接影响农业生产,而且对环境造成二次污染,还耗费了大量的人力、物力和财力用于堆放及管理。这些固体废弃物完全可以作为待开发的二次资源,进行有效的综合利用。如煤电企业排出的粉煤灰、煤矸石等,已广泛应用于建筑材料、道路工程和土壤改良剂等。粉煤灰等固体废弃物用来生产新型墙体材料,代替我国沿用几千年的秦砖汉瓦,意义十分重大。我国现在每年生产砖瓦达 6 000 亿块,损毁农田达数十万亩,而生产此类实心黏土砖的企业约占地 450 万亩。国务院 1992 年"关于加快墙体材料革新和推广节能建筑的通知"指出:目前,我国墙体材料产品 95% 是实心黏土砖,每年墙体材料生产能耗和建筑采暖能耗近 1.5×10^8 t 标煤,约占全年能耗总量的 15%。因此,充分利用粉煤灰等废弃物,大力发展节能、节地、利废、保温、隔热的新型墙体材料,加快墙体材料革新,推进建筑节能工作,刻不容缓,势在必行。

7.3.2.2　粉煤灰加气混凝土砌块生产工艺

国外粉煤灰加气混凝土砌块(或其他工业废渣加气砌块),早已应用和推广。我国现在也已利用进口及国产设备建成不同规模的生产线。

粉煤灰含有很多活性氧化物(SiO_2 和 Al_2O_3 等),它们能和石灰水泥等碱性物质在常温下起化学反应生成稳定的水化硅酸钙和水化铝酸钙,但此过程很长,一般需 28 d。利用蒸压养护可缩短该过程,并使产品凝结、硬化,而且具有很好的强度。工艺流程如图 7-5 所示。

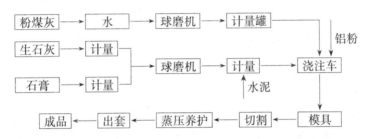

图 7-5　粉煤灰生产加气混凝土砌块的工艺流程(资料来源:赵万智,1996。)

7.3.2.3　粉煤灰加气混凝土砌块综合效益分析

(1) 重量轻

容重 500 kg/m³ 的加气混凝土,其重量只有普通混凝土的 1/4～1/5,因而用于建筑,其墙体重量可以减轻 40%。从总体上说,粉煤灰加气砌块用于建筑,可以减轻工人的劳动强度,减轻建筑物自重,降低墙体造价,扩大建筑使用面积,并减少材料的运输费用。同时,由于建筑物自重轻减小了地震力,有利于抗震。

(2) 耐火性好

粉煤灰加气混凝土和石材一样,是比较理想的不燃材料,在高温下不产生有害气体,能满足高层建筑耐火性能的要求。

(3) 保温性能好

加气混凝土的导热系数仅为普通混凝土的 1/10,保温性能比砖墙高 3～6 倍,从而可以减少室内供热和制冷的能耗和空调费用。

(4) 声学性能好

和其他轻质材料比,加气混凝土具有良好的隔音消音性能。

(5) 可加工性好

加气混凝土不仅可以在工厂内生产出多种规格,还可以像木材一样进行锯、刨、钻、钉,可在现场作业,十分方便。

(6) 生产效率高,能耗消耗少

粉煤灰加气混凝土生产能实现高度机械化、自动化,劳动生产率高,能耗仅为生产同体积黏土砖的 11%。以南京建通墙体材料总公司(引进德国"维汉"80年代水平的设备)生产的粉煤灰加气混凝土砌块(规格为 500 mm × 240 mm × 200 mm) 为例,按其体积计算,一块相当于 16.3 块黏土砖,按墙体面积计算,一块相当于 17.2 块黏土砖,因此砌块的施工效率比黏土砖提高 40%;由于尺寸大,灰缝少,砂浆用量少,比黏土砖节约 50% 以上。

(7) 变废为利,减少二次污染,综合效益显著

如南京建通墙体材料总公司年产 10×10^4 m³ 的加气混凝土砌块等制品是以消化附近一自备电厂的年产 10×10^4 t 粉煤灰为目标的。这一目标的实现可为电厂节约粉煤灰堆放土地近 50 亩,节约粉煤灰堆放费用近 270 万元。

7.3.3 LIFAC 脱硫工艺

7.3.3.1 基本原理

芬兰于 1983 年开始执行有关酸雨的立法,要求所有的烟气脱硫系统的脱硫效率至少为 80%,用湿法石灰石洗涤塔可以达到这样的脱硫率,而只用吸收剂在炉内进行喷射的全干法是达不到的。因而 Tampella 公司开始开发一种新的吸收剂喷射技术,称为 LIFAC 脱硫工艺,英文全称为"Limestone Injection into the Furnace and Activation of Calcium",即石灰石粉炉内喷射和钙活化。

LIFAC 脱硫工艺可分为两个主要工艺阶段:炉内喷射;炉后活化。

(1) 炉内喷射

将磨细至 325 目左右的石灰石粉($CaCO_3$)强力喷射到锅炉炉膛的上部,炉膛温度为 900 ℃~1 250 ℃ 的区域,碳酸钙受热立刻分解成氧化钙和 CO_2:

$$CaCO_3 \longrightarrow CaO + CO_2 \uparrow$$

锅炉烟气中一部分 SO_2 和几乎全部 SO_3 与 CaO 反应生成硫酸钙:

$$CaO + SO_2 + \frac{1}{2}O_2 \longrightarrow CaSO_4$$

$$CaO + SO_3 \longrightarrow CaSO_4$$

(2) 炉后活化

烟气在一个专门设计的活化器中喷水增湿,烟气中未反应的 CaO 与水反应生成在低温下有很高活性的 $Ca(OH)_2$,这些 $Ca(OH)_2$ 与烟气中剩余的 SO_2 反应生成亚硫酸钙,进一步被氧化成硫酸钙,形成稳定的脱硫产物:

$$CaO + H_2O \longrightarrow Ca(OH)_2$$

$$Ca(OH)_2 + SO_2 + H_2O + \frac{1}{2}O_2 \longrightarrow CaSO_4 + 2H_2O$$

7.3.3.2　LIFAC 脱硫工艺的应用(南京下关电厂烟气脱硫示范工程)

下关电厂是一个具有 80 多年历史的老厂,原装有"七机八炉",总容量仅为 105 MW,设备陈旧,能耗大,环境污染严重。经国务院批准,原地改建 2× 125 MW国产燃煤超高压机组。国家环保局和能源部决定,下关电厂在技改的同时,建设一个 LIFAC 烟气脱硫示范工程。根据国家有关大气质量标准及火电厂烟气排放标准,改造后下关电厂全厂烟尘最高允许排放量为924 kg/h,SO_2 最高允许排放量为 630 kg/h;根据这一前提,下关电厂 LIFAC 工艺系统的主要工艺条件和技术指标如下:吸收剂石灰石粉中 $CaCO_3$ 含量≥95%,石灰石粉的细度为 325 目,80%≤40 μ,系统总的脱硫率≥75%(在钙硫摩尔比为 2.5 条件下)。工艺流程如图 7-6 所示。

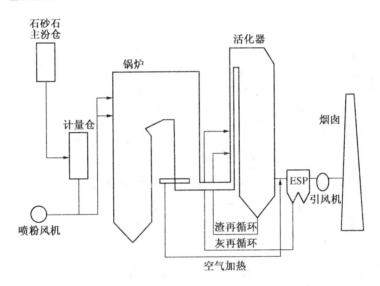

图 7-6　南京下关电厂 LIFAC 脱硫工艺流程

(资料来源:周全、马果骏,未发表,1997。)

7.3.4　石灰法稻草浆黑液沼气发酵工艺

7.3.4.1　基本原理

造纸工业废水是轻工部门三大污染源之一,其中以制浆黑液所占的比重最大。目前处理碱法草浆黑液(除稻草外)已有碱回收等方法,但对石灰法制浆黑液,尤其是稻草浆黑液的处理尚无成功的经验。日本小野英男曾有实验室沼气发酵试验报告,但未见到扩试的报告(小野英男,1978)。本工艺于 1983 年开始小试,1985 年 8 月通过技术鉴定。本工艺以沼气发酵为主体,配以黑液的微生物酸化预处理和消化液二次处理所组成。发酵罐为上流式污泥床与软性填料过滤器相串联,有效容积 32 m³,负荷率 5.0 kg COD/m³·d,全流程 COD 去除率 84%,SS 去除率 92%。沼气发酵罐每去除 1 kg COD 产生 0.5 m³ 沼气。

7.2.4.2　石灰法草浆黑液沼气发酵工艺及效果

工艺流程如图 7-7 所示。发酵罐直径 2.2 m,总高 11 m,有效容积 32 m³。发酵段高 8 m,下部 5 m 为上流式污泥床,上部 3 m 为上流式过滤器,布有 C 型高醛化度维纶软性填料。

从流程中可以看出,本工艺实际上是由微生物处理和物理化学处理两大部分组成。前者包括黑液的微生物酸化、降解和沼气发酵;后者包括混凝、沉降和砂滤。各段的工艺效果见表7-2。可以看出,全流程 COD 去除率 84%,SS 去除率 92%,其中以沼气发酵对 COD 去除的贡献最大,黑液的降解与酸化则能去除大量悬浮物。微生物处理部分是本工艺的主要组成部分。在沼气发酵段,每去除 1 kg COD 可产生 0.5 m³ 沼气。

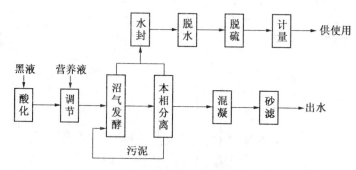

图 7-7　石灰法稻草浆黑液沼气发酵工艺流程图

(资料来源:陆炎培等,1993。)

表 7-2　全流程各段对 COD、SS 去除率的贡献及全流程效果

工　序　名　称		本段 COD 去除率 (%)	本段 SS 去除率 (%)	在全流程中的贡献	
				COD 去除率 (%)	SS 去除率 (%)
微生物 处理	降解、酸化	16.6	46.3	16.6	46.3
	沼气发酵	62.6	51.9	52.2	27.9
物理化学 方法处理	混凝、沉降	29.4	58.2	9.2	15.0
	砂滤	28.6	31.2	6.3	3.4
全流程				84.3	92.6

资料来源:陆炎培等,1993。

7.3.4.3　石灰法稻草浆黑液沼气发酵相关问题的研究

黑液成分如表 7-3 所示。可以看出,和其他制浆方法所产生的黑液相比,石灰法稻草浆黑液的主要特点是钙的含量很高以及总糖含量较多而还原糖含量较

少。这就给黑液的沼气发酵带来一些特殊的问题。黑液中大量的钙离子,在沼气发酵中呈 $CaCO_3$ 积累,发酵罐应有排砂装置,每天将沉积清除。此外,蒸煮药液氢氧化钙的碱性比起其他制浆的蒸煮药液,如氢氧化钠、氢氧化钠加硫酸钠相对较弱,对稻草的作用也较缓和,使黑液中存在较多的 LCC(木素-半纤维素复合体)。由于难降解的 LCC 的存在,可能成为提高沼气发酵工艺指标的限制因素。采用黑液微生物降解酸化的工序,是解决问题的一个办法。实验表明,采用这一办法调节了 pH,可有效地降解 LCC 和总糖,并使沼气发酵 COD 负荷指标提高 $0.5\ kg/m^3 \cdot d$。

表 7-3　黑 液 成 分

项 目 名 称	含　　量	项 目 名 称	含　　量
COD(g/L)	25~83	pH 值	10 左右
BOD/COD	0.3~0.5	总糖(g/L)	6~24
总固体(g/L)	50~83	总糖/还原糖	8/1
灰分(g/L)	4~16	COD/N	100/2
钙含量(g/L)	1.8~5.3	磷	微量
木素(g/L)	1.3~4.4		

资料来源:陆炎培等,1993。

7.4　污水处理和资源化生态工程

7.4.1　水资源与水污染

7.4.1.1　水资源

在所有生活必需品中,水是最重要的。水是唯一以固、液、气三态存在的天然物质。由于它在地球表面的分布很广,在人体中所占的比例很大,因而水对人类的生存是休戚相关的。地球上水的总量为 $1.4 \times 10^{18}\ m^3$,若所有的水均匀分布在地球表面,有 2 700 m 深,如此看来,水似乎不会枯竭。然而根据其类型来划分,海水占 97.4%,冰川 1.9%,淡水只占 0.7%,约 $1.0 \times 10^{16}\ m^3$。而就是这么多淡水,也只有其中的 1% 存在于地球表面的河、湖、池塘,其余的作为地下水隐藏在地表下面。地球上的水以每年 $10^{13}\ m^3$ 的速率进行水循环(如图 7-8),如从陆地蒸发或由河流排泄,水在陆地的平均停留时间只有几小时或几天,而对于深层地下水,则为几千年。

7.4.1.2　水质

所有天然水体都会有来自周围环境的物质(天然的或人为的),这些物质决

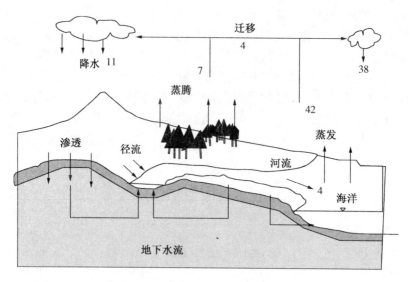

图 7-8　水循环(单位:10^{13} m^3/a)

(资料来源:Nath 著,吕永龙等译:环境管理,1996。)

定着水的质量,也是维系水生动植物生命及饮用水质量的关键,这就称为水质。溶解在水中的物质总量为总溶解固体(TDS);水中天然有机物来源于生物体的腐化,这些化合物的数量常用总有机碳(TOC),可溶性有机碳(DOC)和颗粒状有机碳(POC)来表示。这些有机物在水体自净过程中被微生物降解,同时伴随着溶解氧被微生物或有关(生物)化学反应所消耗,这些分别可用生化需氧量(BOC)或化学需氧量(COD)表示,二者有很好的相关性。天然水体中,N、P 获得量受到限制,一般通过动植物残体和有机营养的输入经物质循环而得,故特别重要。当两元素缺乏时,水体营养不良,过度时称为富营养化(Eutrophication)(见表 7-4)。水质的好坏和人体健康息息相关,为此,世界卫生组织(WHO)有明确规定(见表 7-5)。

表 7-4　天然水体的水质指标典型值

指　标	单　位	数　值	指　标	单　位	数　值
pH		6.5~8.5	DOC	mgC/L	0.1~10
TDS	mg/L	~200	BOD	mgO₂/L	1.5~3.0
EC	mS/cm	~0.3	COD	mgO₂/L	10~20
碱度	mgCaCO₃/L	~100	DO	%	75~125
硬度	mgCaCO₃/L	~50	硝酸盐	mgN/L	1~4
POC	mgC/L	~25	磷酸盐	mgP/L	~0.1

资料来源:Nath 著,吕永龙译:环境管理,1996。

表 7-5 WHO(1984)颁布的饮用水质量指南

参 数	指 南	指南特点	备 注
汞	0.001	HR	a
铅	0.05	HR	a
硒	0.01	HR	a
砷	0.05	HR	a
铬(六价)	0.05	HR	a
氰	0.1	HR	a
镉	0.005	HR	a
钡	—	NAR	—
氟	1.5	HR	a
硝酸根	45	HR	a
多环芳烃	0.000 01	HR	a～2
总固体	1 000	AQ	a
颜色	15	AQ	a～3
浑浊度	5;<1	AQ	a～4
味道	多数人不厌恶	AQ	—
气味	—	—	—
铁	0.3	AQ	a
锰	0.1	AQ	a
铜	1	AQ	a
锌	5	AQ	a
钙	—	NC	—
镁	—	NC	—
硫酸根	400	AQ	a
氯	250	AQ	a
pH 值	6.5～8.5	AQ	a
酚类物质	0.001～0.04	HR～AQ	b～5
EEC(平衡交换容量)	—	NC	—
烷基苯磺酸盐(ABS)	0.2	AQ	a
矿物质	—	NC	—
总硬度	500	AQ	1

资料来源:WHO,1984。

参数分类:HR,指与人体相关的有机或无机成分及化学污染物,它们通过不同形式与人体接触(如急性、延迟或慢性等)能导致严重副反应。NAR,无作用物质。

AQ:影响水域美观或对人体及其器官有影响的物质。

7.4.1.3 水污染

世界上大多数地区的河流都受到严重的环境压力。农业、工业、人类生活都造成了淡水流域的环境污染。发展中国家 95% 以上的城市污水未加任何处理就被排入地表水中,这些水体中携有过量的细菌和病毒,对人类健康构成重大威胁,一些地区污水处理的百分比如下:

欧洲:72;地中海(沿岸 700 个城镇):30;加勒比海:10;东南太平洋、南亚、南太平洋、中西非:几乎为零;美国:74%以上(享有污水处理的人口比例)。

即使像美国这样污水处理水准很高的国家,非点源(间接)污染态势仍是很严峻的,如其城乡的雨水径流将50%的污染物排入到江河中。我国的水体污染情况更为严重,一半以上的淡水水体已被严重污染而不能饮用;80年代末污水的日排放总量为 $9\,960\times10^4$ t,预计到2000年的日排放可达 $27\,000\times10^4$ t。

7.4.2　污水处理生态工程简介

7.4.2.1　污水处理(Wastewater disposal)生态工程的原理

(1)利用生态系统中结构与功能的协调性。在湖泊、池塘等自然水体中,水生植物和环境间的物质迁移变化是通过一定的物理、化学和生物过程进行的,并在结构上有一定的层次。如水生生物的食物链关系,又如水生植物光合作用吸收一些元素呈固定比例(其中浮游植物 $O:C:N:P$ 为 $140:41:7.2:1$)等。

(2)利用生态系统中物种互相依存的和谐机制。如不同物种往往身居不同的生态位,利用不同形态的物质,和睦共处,抵御外界的压力,维系统的平衡。

(3)利用污水处理和利用相结合的原则。建立一个半人工生态系统,充分利用该系统自身的能力,将污水处理和利用相结合,调节被污染打破的水体平衡。

7.4.2.2　几个应用实例简介

(1)加州沼泽地污水处理

美国加州一个1.5万人的沿海小镇阿克塔将当地一个垃圾场变为一个低费用的废水处理厂。污水通过污水管进入沉淀池中,固体被除去后再流入沼泽地。在此,污水既灌溉并营养了沼泽地,又通过沼泽地系统得到过滤和澄清,剩余的水再被泵入海湾,经观测,这片海湾的牡蛎长得很好,周围环境(特别是水体)质量大大提高。

(2)加尔各答污水养殖系统

印度加尔各答有一个世界最大的单一废物(生活污水)供应的水生养殖系统。这一系统是两个 $25\,000$ ha的湖,污水被排放进湖中达到一定水位后,每个月再补充一些污水。当年第一次"藻花"后,投放鱼苗(主要是鲤鱼和罗非鱼)。这一污水养殖系统每年为加尔各答供应 $7\,000$ t鱼(即每年每公顷2.8 t)。他们为消除人们对吃污水鱼的担心,将废水引入鱼池前置于稳定池中放置至少20 d,或在快收获前,将鱼和贝类转入清洁水中。

(3)南京钢铁厂高炉废水循环使用生态工程

南京钢铁厂是一个年产钢、铁各 100×10^4 t的中型钢铁联合企业,原有3座 300 m³ 的高炉,即将投产的1座为 350 m³,4座高炉产生的煤气洗涤废水总量为 $1\,400$ m³/h,冲渣水达 $3\,000$ m³/h。长期以来洗涤水、冲渣水未经处理,直接排放,不仅浪费水资源,而且还由于废水中含有酚、氰等有害物质,污染环境。该厂毅然拿出相当于 1996 年全年利润的 4 500 万元投资兴建了江苏省最大的废水循环利用设施,使废水资源化,得到充分利用;其中洗涤水的循环率达 90%,冲渣水则可以完全循环使用,处理水质达到国家综合排放指标 3 级标准。而且,沉淀下来的污泥返回高炉作烧结配料,使整个系统基本达到“零排放”。整个工艺水平达到国内领先。这项生态工程实施后,仅取水费和排水费两项,每年就可节省 520 余万元;此外,每年 5.3×10^4 t 污泥的循环利用,其经济效益和综合环境效益也是不可低估的。

（4）无锡水厂附近水质改善生态工程

太湖总面积 2 338 km^2,近来富营养化日趋严重,而临近的老城市(如无锡、苏州等)的港湾尤甚。无锡水厂的水源就在一个湖湾,由于大片的“水花”繁殖,不仅由于其特殊的腥味影响了自来水质,而且由于水厂的过滤床被大量的藻类所壅塞而影响了水厂的输水量;由此,明显影响了居民的生活和工农业生产。在日产水为 25 万吨～30 万吨的水厂水源周围水域开辟围场 50 ha,周边用竹子与外部水域隔开,其上绑有一层棉料,起阻隔藻类的作用。围场内植有 14 ha 的凤眼莲等水生植物,设置 14 个网箱,其内养有白鲢鱼及 Tilapia(福寿鱼,又名罗非鱼)等。该工程的实施取得明显效果:(A) 从 7～9 月,每天从围场收获 100 吨的凤眼莲作为其他鱼塘的青饲料,整个生长季,共收获 13 500 吨,计干物质 945 吨;相当于 25 吨氮 4 吨磷和 3 吨硫。水生高等植物的大量生长,大大抑制了浮游藻类的生长及密度。(B) 网箱中的鱼类则以浮游藻类为食,生长很快,从 5～10 月五个月中,平均增重 18～20 倍(由 25 g 到 450 g～500 g)。(C) 围场内的藻类的浓度(叶绿素计)比围场外降低 40%～90%;氨浓度达到饮水标准;并使水厂的输水量增加了 20%;(D) 节省了大量的液体氯剂(原用于处理泵入的湖水,杀藻所用)。

7.4.3　造纸废水的土地处理与利用

7.4.3.1　污水土地处理技术概况

土地处理方法是近几年来受到普遍重视而快速发展起来的一类污水处理技术。它是充分利用农田、草地和森林等所组成的多种类型的土壤系统,不仅可以降解和净化污水中的污染物,而且可以利用这些污染物,生成许多有用的产品。其作用机理是,土壤中的多种微生物可以分解废水中的许多有机物;植物吸收废水中从有机物分解来的无机盐,特别是营养盐,转化生成有用的农产品、饲料和林产品;土壤本身还是天然过滤器,有效地过滤许多污染物,如悬浮固体、可分解的有机污染物,营养盐和某些致病菌。土壤系统对某些污水中物质的清除率和迁移率为:BOD、总 N、悬浮固体和克氏芽孢菌为 90% 以上,总

P,50%～80%。因而,该自然净化系统具有建设投资低、运转费用少、运行管理较为简单的优点。

污水土地处理技术在国外,特别是在美国已是一种相当成熟的污水处理工艺,但是通常主要是用来处理城市生活污水的。造纸行业用水量大,排放污水污染严重,而且其污染物浓度高、碱度大,并且有很深的颜色,这些都是不利于生物同化降解进行的因素,利用土地处理系统进行处理具有相当大的难度。关键技术问题是如何选取最佳的工艺组合形式,充分利用自然净化系统的优势,有针对性地强化某些工艺过程,采用综合处理利用措施,逐级去除,净化废水,即把废水的处理与水源的综合利用结合起来。

7.4.3.2 实验室试验结果分析

稳定塘小试装置由等容的 9 个塘串联而成。每个塘的尺寸为 60 cm × 20 cm ×30 cm(长 × 宽 × 高),单塘容积为 36 L。每天一次性从 1 号塘进水 3.6 L,而由 9 号塘排水 3.6 L。单塘停留时间为 10 d,总停留时间为 90 d。原污水取自碱法造纸蒸球排放黑液。

模拟稳定塘的试验结果见表 7-6。

表 7-6   稳定塘小试结果

	原　水	1 号塘	5 号塘	7 号塘	9 号塘	总去除率(%)
BOD(mg/L)	3 583.4	2 970.0	728.1	317.8	212.0	94.0
COD(mg/L)	13 725.3	12 774.0	7 287.6	5 958.4	4 787.4	65.1
BOD/COD(%)	26.11	23.25	9.99	6.24	4.43	
SS/(mg/L)	2 100	1 650	335	191	170	91.9
TKN(mg/L)	182.4	176.4	130.0	95.5	83.6	54.1
P(mg/L)	22.102	16.462	9.132	8.981	7.252	67.5
$NH_4^+-N(mg/L)$	28.25	38.45	19.60	17.50	10.60	62.5
$NO_3-N(mg/L)$	1.666	0.609	1.066	1.066	1.066	
pH	10	7	7	7	7	

资料来源:田宁宁等,1993。

试验结果表明,稳定塘对这类废水有很好的净化效果,BOD_5 的去除率可达94.0%,COD 的去除率在 65% 以上。根据试验数据绘制的 BOD 降解曲线是一条对数曲线,由此说明要彻底地去除污染物,必须采取更进一步的技术手段,单靠延长稳定塘停留时间就会大大增加塘的容积及占地面积。

稳定塘中的 pH 值的变化是我们所关注的,碱法黑液的 pH 一般为 10～12,而塘中测得的 pH 值都近似地等于 7,除了因为稀释缓冲作用外。1 号塘部分地表现为厌氧状态,底泥发酵、厌氧消化过程会产生一些有机酸类物质对进水中的碱性起到中和作用。强碱性的废水会破坏土壤结构,对土壤微生物的活性也有抑制作用,损害以"土壤-植物-微生物"为主的土地处理系统。稳定塘表现出的对 pH 的调节作用很好地解决了这个难题。

在模拟稳定塘试验的后 4 个塘中分别养殖了水葫芦和红萍。在整个试验过程中,水葫芦和红萍生长良好,它们可以作为优良的饲料和绿肥。稳定塘中的废水净化效果也在一定程度上依赖于这些水生植物的作用。

废水土地滤渗试验的土柱为 $\phi140$ mm×1 050 mm 的有机玻璃柱,从拟定试验场地取回分层土样,经自然风干,碾碎后按照原土层的顺序装填回有机玻璃柱中。采用两个柱子平行试验。试验土壤较为黏重,土壤的滤渗速度仅为 0.5 cm/h。每周灌水量为 700 mL,一次性进水。

从柱子收集的淋出液水质很好,从感官上看,无色,无臭。水质净化效果如表 7-7 所示。

表 7-7　土柱水质净化效果

	进水(mg/L)	出水(mg/L)	去除率(%)
BOD	212	1.50	99.30
COD	4 787.4	16.00	99.70
TKN	83.6	1.17	98.60
NH_4^+—N	6.60	0.09	98.60
NO_3+NO_2—N	1.07	0.12	88.70

资料来源:田宁宁等,1993。

试验结果表明,土柱净化造纸废水中有机物的能力很强。在试验的 BOD 负荷下,滤渗出水中 BOD_5 浓度很低,可以说几乎全部的有机物都在土层中得到降解去除。在这里,由于渗滤速度较低,污水中有机物在下渗过程中得到了与微生物充分接触的时间,持续地被微生物同化代谢,得到了较彻底的净化。从小试可以得出以下结论:

(1) 小试稳定塘系统对造纸废水中 BOD,COD,SS,TN,TP 的去除效果显著,BOD_5 和 SS 的去除率达到了 90% 以上,出水水质较为稳定,可以基本满足土地处理系统对预处理的要求,尤其对 pH 的调节中和作用,使得后续的土地处理系统有一个合适的进水。

(2) 稳定塘系统除了可以作为预处理工艺对造纸工业废水起到部分净化和稳定水质的作用外,由于通常设计留有较大余量,又可以对系统的水量平衡起到调节作用,因而在有条件的地方正是土地处理系统的适宜的预处理手段。

(3) 土柱试验表明,经过 1 m 的土层,各类污染物含量都降到了很低的水平,因此施行土地处理,不会对地下水造成危害,还可以在一定程度上补给地下水。

(4) 水葫芦、红萍对造纸废水有一定的耐受能力,在经过部分处理的末级稳定塘中可以生长,起到进一步净化和稳定水质的作用,因此可以考虑在串联稳定塘的末级采用。

7.4.3.3　现场实验结果分析

为了更全面地考察各种类型的土地处理方式对造纸废水的处理效果,结合实验场地的水质、地质条件,选择了如图 7-9 所示的中试流程。

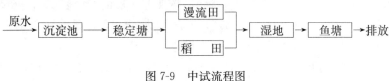

图 7-9　中试流程图

(资料来源:田宁宁等,1993。)

用水泵把造纸厂混合排放的废水通过管道送入采用酸化技术的沉淀池中,水中大部分悬浮物可以在沉淀池中沉降下来,然后送入污泥自然干化场。沉淀池出水进入储存-稳定塘系统,稳定塘出水抽升到土地漫流田中进行处理,在农业生产用水季节,部分稳定塘出水用于水稻的灌溉,漫流田混合水稻田的退水送入芦苇湿地。经湿地处理后,最终出水进入鱼塘用于养鱼试验。试验场地废水处理单元的有关设计参数和规模见表 7-8。

表 7-8　处理单元的设计参数

	设计水量	停留时间	设计水深	单元尺寸
沉淀池	600 m³/d	2.7 h	2.5 m	长×宽=9 m×3 m 设 3 个污泥斗
稳定塘	120 m³/d	90 d	前二级 1.2 m 后二级 1.0 m	四塘串联 单塘尺寸 80 m×32 m

	水力负荷	坡面长度、坡度	有效土地面积	有效水深
漫流田	2 cm/d	40 m,2%	2 400 m²	
芦苇湿地	1 cm/d		6 660 m²	0.1 m

资料来源:田宁宁等,1993。

作为污水利用的重要组成部分,在处理系统的后面设置了总面积为 12 亩的水稻田。田里试种了 4 个品种的水稻,以试验处理出水作为水稻田灌溉用水的可能性及对水稻生长、产量和品质的影响,并对污水种稻进行初步的品种筛选。

在系统的末级设置 4 亩鱼塘,放养鲤鱼 100 kg、鲢鱼 65 kg(每公斤约 22 尾),按常规方式投饵喂料,观察鱼的生长和增重情况。

试验的废水处理系统的水质变化如表 7-9 所示。

表 7-9　处理系统运转结果年平均值

	稳　定　塘	漫　流　田	苇　　地	全　流　程
BOD 进水(mg/L)	449.5	157.7	9.0	449.5
出水(mg/L)	157.7	9.0	5.6	5.6
去除率(%)	64.9	94.3	37.7	98.8
COD 进水(mg/L)	1 562.9	737.3	171.9	1 562.9
出水(mg/L)	737.3	171.9	99.0	99.0
去除率(%)	52.8	76.7	42.4	93.7
SS　进水(mg/L)	247.5	88.2	38.2	247.5
出水(mg/L)	88.2	38.0	6.1	6.1
去除率(%)	64.4	56.9	83.8	97.5

资料来源:田宁宁等,1993。

　　从试验数据看,全流程污染物的去除效果非常理想。尽管废水的进水浓度很大,其中进水 COD 的值变化在 800 mg/L～2 600 mg/L 之间,但由于整个处理系统是由几个单元组成的复式系统,抗冲击负荷能力很强,使得废水处理效果稳定。出水的 COD 值变化幅度很小,稳定保持在 95.6 mg/L～120 mg/L 之间。BOD_5,COD 和 SS 的去除率分别达到了 98.8%,93.7%和97.5%。净化出水水质远远高于使用常规二级处理所能达到的水平。

　　由稳定塘、土地漫流田和芦苇湿地构成的综合废水处理系统,除了有很高水平的污染物去除能力之外,又由于稳定塘中种养了水葫芦、红萍;土地漫流田和湿地中分别种植了牧草和芦苇,还可以另外得到一部分收益。处理系统本身的能源是来自大自然中取之不尽的太阳能,仅有部分电力提升能耗,总体上讲,本系统的运转能耗是非常低的。

　　造纸废水在经过了稳定塘和漫流田的处理后,水质有了极大的改善。选取以农业、渔业利用为水回用的目标,在回用中进一步提高水质,会有更好的经济效益。

　　在水稻生长期间,使用稳定塘出水浇灌作物会吸收一部分水中的有机物和肥分。同时,稻田积水又成为一个类似好氧塘的处理系统,于是水质得到进一步净化,BOD_5 的去除率在 94%以上,SS 的去除率也接近 80%。

　　从生长过程看。试种的 4 个水稻品种差别很大。对污水适应性较强的为"幸实",它在各生长发育阶段均较正常,尤其是有效分蘖率高达 363.4%,成粒率高,瘪粒占总粒的 1.6%,实际稻谷产量比其他品种高,平均亩产达到327.5 kg,也高于邻近河水灌溉的稻田产量。

　　污水种稻,稻的品种变化是人们所关心的。试验中选取有代表性的氨基酸含量,对几个品种收获的水稻都进行了测试。测试结果与普通清灌水稻的各种氨基酸含量对比是较为一致的,也就是说,将处理后的污水用于灌溉并未引起水稻品质的特异性变化。从重金属含量的分析来看,稻谷中的含汞量也都在食品卫生标准内。

总的来说,使用处理过的污水种植水稻有两点好处:污水中的肥分促进了水稻的生长,使产量和品质都有较好的结果;充分的水源保证了水稻生长旺盛,田间杂草减少,降低了田间管理的工作量。但是必须注意土壤中的重金属背景值的水平,有些地区土壤中的重金属含量过高,会在作物果实中有所表现。另外,也要防止盐分积累对水稻生长的影响。

利用水稻田退水浇灌芦苇也取得了理想的结果。芦苇生长旺盛,亩产芦苇超过 1 000 kg(干重)。在芦苇地中同时发生着较好的水质净化过程,经过芦苇湿地的滤渗脱色,污水中色度接近于自然水体的水平。

经过处理的造纸废水,水质情况较好,尤其是结合对照渔业水质标准可以看出,鱼塘中的水质基本上可以满足鱼类生长的水质要求。放养的鱼苗生长正常,6 个月增重平均为 0.45 kg/尾。

对试验进行的经济技术分析表明,该系统具有较好的综合经济效益,其基建投资仅是常规处理方法的 1/5～1/2,单位废水耗电量也可以节省一半,单位废水的处理成本为 0.092 元/m^3。

7.5　分层多级综合利用废物的生态工程

7.5.1　分层多级综合利用废物的生态工程的特点

分层多级综合利用废物的生态工程就是将原工艺(污染)系统中的不同环节因地、因类制宜地优化组合,形成一个新的系统,使之在结构与功能上趋于协调,并且分层多级充分利用系统中的能量和物质,达到既治理了污染,又利用废物形成了新生产力的综合功效。该生态工程有以下几个特点:①其指导原则是整体、协调、再生、循环;②其主要方法为加环,即连接本为相对独立的平行生产环、链或系统形成互利共生网络;③实地治污能力强,避免污染物从一介质转移至另一介质;④通过良性循环,化废为利,不产生新的污染;⑤无须复杂设备,投资小,不耗或少耗电及石化燃料能;⑥工艺简便,易于掌握;⑦生态、经济、社会综合效益显著。

很显然,根据这些特点,分层多级综合利用废物的生态工程特别适用于资金较少、技术力量较为薄弱的我国乡镇工业的污染及废物处理。

7.5.2　缫丝厂有机废水治理和利用的生态工程

自 80 年代以来,随着我国乡镇工业的蓬勃发展,"三废"的种类和数量也在不断增加,乡镇环境污染日趋严重。许多"三废"本来是资源,未加充分利用而任意排放,不仅造成浪费,而且污染环境。如何协调乡镇工业的发展与环境保护的关系,是涉及乡镇工业能否持续、协调、稳定地发展的关键之一。乡镇工业要发展,"三废"要利用,污染要防止,乡镇环境要保护,这些都是迫切需要解决的问题。利用生态工程处理和利用"三废",就是解决上述问题的重要途径之一。江苏省丹阳市行宫乡乡办茅东缫丝厂就是一个乡镇工业分层多级综合利用废水的生态工程实例。

7.5.2.1　背景、方法与特点

江苏省丹阳市行宫乡乡办茅东缫丝厂是 1987 年新建的,主要以本乡所产蚕茧为原料,年产白厂丝 30 余吨。该厂年产值 500 余万元,年纯利 50 万元～60 万元,两项在该乡各企业中均占首位。其污水排放量为 460 余 t/d(或 1.44×10^5 t/a),也居全乡各企业之首,日均排污总量 TTS 达 126.8 kg,COD_{Cr} 约 138 kg,BOD_5 约 78.2 kg,TN 约 14.8 kg(其中 NH_4^+—N 占 1/4),TP 121 kg。按国家"纺织印染工业水污染物排放标准(GB4287-84)"衡量,这些均已超标,少则 2～3 倍,多则 10 倍以上,其中汰头废水 pH 高达 10～12,COD_{Cr} 高达 8 000 mg/L～12 000 mg/L,BOD_5 约 5 000 mg/L,超标数 10 倍。这些废水先流经香草河,再入大运河,加剧了水域污染。

根据生态工程的整体、协调、循环与再生原理,考虑到乡镇工农副业可相互关联的特点,应用加环(生产环、增益环、加工环等),将原相对独立平行的生产链、网或系统相联结,在乡的范围内进行整体优化组合,促进良性循环,分层多级利用各类废物,组成处理与利用该厂污水的一个互利共生网络(如图 7-10),组合成分包括:① 该乡原有与处理利用该厂污水无联系的生产环节或亚系统,如种植蚕桑、作物和蔬菜,养殖鱼、家禽及家畜等。② 在该乡原不具备,但可从外地或国外引进的处理与利用废水的工艺和项目。如利用凤眼莲、细绿萍等水生植物处理与利用废水,并用它们饲鱼、禽、畜等。③ 研究与创新一些可因地、因类制宜的净化与利用废水的项目与工艺,如回收汰头废水;应用污水无土栽培黑麦草等。其目的是通过组合,使该生态工程在整体上发挥各环节生产,包括废物在内的各种物质的生产潜力,提高自净能力,综合利用,化废为利,将污水处理与利用结合起来,促进了全乡范围内的良性循环,同步兼收生态、经济和社会的综合效益。

7.5.2.2　分层多级综合利用缫丝废水的实施效果

该工程的实施实践证明,缫丝废水的分层多级综合利用,确实在整体上开发

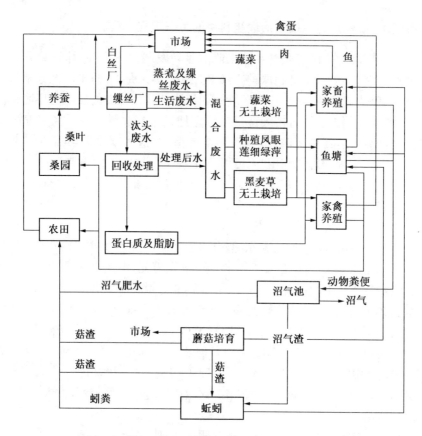

图 7-10　缫丝厂有机废水治理和利用生态工程模式图

(资料来源:颜京松等,1993。)

了各环节的生产潜力,不仅提高了自净能力,而且将污水处理与利用结合起来,促进了全乡范围内物尽其用的良性循环,获得较好的生态、经济和社会效益。主要实施效果有以下 3 方面:

(1) 汰头废水中蛋白质及脂肪的回收与净化

汰头废水是缫丝厂的高浓度有机废水,是主要污染源,前已述及其 pH 值、COD_{Cr} 及 BOD_5 浓度较高,已超过凤眼莲和鱼等的上限,不能直接应用这些生物来处理。浙江制丝厂已采用加药絮凝、充气搅拌、沉淀分离,再经微孔过滤机过滤、清水脱洗等一系列工艺来处理。净化效果明显,COD_{Cr} 从 10 300 mg/L 降至 1 720 mg/L,BOD_5 从 8 125 mg/L 降至 1 350 mg/L,但是投资设备复杂,日处理 30 t 汰头废水装置设备就需要近 11 万元,且运行中耗电较多,操作复杂。这在资金有限的乡镇工业难以采用。经研究,应用物化法,探索出加酸调节 pH 值,使蛋白质及脂肪絮凝和沉淀的工艺,处理效果明显,去除 COD_{Cr} 达 79%～92%,

BOD_5 达 71%～80%，TSS 达 92%～95%。回收的蛋白质及脂肪混合的固形物平均达 30 kg(湿重)/m³，其中含蛋白质 18.5%～26.2%，脂肪 53.5%～62.7%，可作优质饲料添加剂。中和后，分别按 20%，10%，5% 直接添加到饲料中饲鸭，试验结果，一月后平均每只鸭分别比对照组增重 245 g、162 g、100 g，或每公斤此添加剂(干重)饲鸭可增重 1.02 kg～1.62 kg。经数理统计，各组差异显著，增重效果明显。

按日处理汰头废水 3 m³，该项工程基建和投资仅需 1 100 元。处理每立方米汰头废水所耗电能、药品及人工费用为 3.85 元，而回收的蛋白质和脂肪产值约 20～24 元，纯利平均 16 元以上。因而该工程具有投资小、净化废水效果好、耗能低、经济收益大的特点。1989 年仅试验性生产已从汰头废水中回收蛋白质及脂肪 500 余公斤。

(2) 以凤眼莲(*Eichhornia crassipes* Solm)为主的污水资源化系统

利用该厂长约 1.2 km，宽约 4 m～6 m 的排污明沟，分别在 1988 年及 1989 年 5～10 月种植凤眼莲 2.5 亩及 3.0 亩，仅 6～9 月间该厂排到沟内污水共 5 万余立方米。经定期(每月 2 次)、定点(从进水口至出水口的 5 个断面)7 次调查分析结果，仅 4 个月内就去除了 TSS 16 148.5 kg，COD_{Cr} 13 792 kg，BOD_5 7 725 kg，TN 1 196.2 kg(其中 NH_4^+—N 226.9 kg)，TP 99.6 kg，去除率分别为 95.3%～96.4%，90%～93.6%，91.7%～97.2%，68.9%～94.4%(58.7%～97.1%)，83.9%～93.3%。经此亚系统处理后，该厂污水按国家"纺织印染工业水污染物排放标准(GB4287-84)"衡量，TSS，COD_{Cr} 的达标率为 100%。仅 pH 达标率为 85.7%。以地面水标准(GB3838-88)衡量，NO_3^-—N 和 NO_2^-—N 均 100% 达到Ⅲ类水标准，净化效果显著。该亚系统基建投资、种苗、管理及工具费用仅 1 400 余元，能源主要是太阳能，故不耗电及其他化石燃料。按其生长期内处理 5 000 m³ 废水计，则处理每立方米废水仅用 0.028 元。经济效益也远超过成本，仅 1989 年 6～9 月生产的凤眼莲，为该乡大湖渔场收获作养鱼青饲料 114 t，节约商品饲料 2 t，合 800 多元，另节约养鱼打草的劳力 500 多工日，合 2 400 元，还增加鱼产量 1.5 t，合 7 500 元。此外，因该厂所排污水已达标，年免赔款及排污费 8 000 元，增产节约共计 18 700 元。

(3) 废水中无土栽培多花黑麦草等

凤眼莲在华东地区的生长期为 5～11 个月，如单纯用凤眼莲净化废水，难以全年运转，这是其不足之处。为了弥补这一缺陷，探索并试验了既耐寒又有净化能力、且可利用的植物——黑麦草进行轮种(10 月播种，次年 5 月成熟)，接替凤眼莲以保证这一处理塘有较高的净化作用，黑麦草本为陆生，为使它能在污水中栽种采用人工基质无土栽培法。人工基质是利用废旧凤眼莲运袋，其内充废弃的碎聚苯乙烯泡沫塑料(直径 5 mm)或稻草。动态试验在面积 5.6 m²、容积为

4.2 m³ 小水泥池中进行,池中放 8 只栽有黑麦草的人工基质袋(每只表面积为 0.32 m²),废水进出水流速约为 0.42 m³/d,废水停留时间约 10 d。进水中 COD_{Cr} 446.5 mg/L~476.5 mg/L、TN 10.9 mg/L、TP 6.9 mg/L、TSS 300 mg/L;按水中这些物质的浓度结果计算,其去除率分别为 49.9%、52.7%、43.2% 及 50%,净化效果也较显著。其成本按水面的 60% 覆盖人工基质袋计,每亩需人工基质 1 248 只,约 750 元,无土栽培黑麦草产量可达 4 t~6 t,作为鱼饲料可增产鱼 200 kg~300 kg,有一定的直接经济效益。其最主要作用是与凤眼莲轮种,在污水处理塘中可弥补寒冷季节运转净化污水之不足。

用人工基质无土栽培水雍菜,也有净化 COD_{Cr}、TN、TP 的功效,去除率分别达 59.7%~72.9%、37.8%~50% 及 50%。雍菜亩产量可达 6.0 t~7.5 t。其生长期与凤眼莲相似,虽然其净化效果、亩产量均不及凤眼莲,但它可直接作为蔬菜供人食用,产值高,每亩污水塘可产蔬菜 3 600 元。因此,也可按具体情况和要求,将无土栽培雍菜组合到废水处理生态工程中来,取代凤眼莲或与之套种。

7.6　生物质能

能源问题正在成为困扰中国经济发展的一大难题。中国油气供需矛盾突出,据国土资源部预计,中国石油开采年限为 15 年,远远低于世界 51 年的平均水平。2005 年,中国的石油对外依存度达到 43%,有关部门预计,到 2020 年中国石油需求量将高达 4.5 亿吨,其中 2 亿吨自产,2.5 亿吨来自进口。尤其是近年国际油价大幅飙升,对中国经济的影响越来越大。发展生物质能源被认为是替代石油的最佳途径。中国用于发展生物质能源的非粮原料资源潜力很大,而且技术日趋成熟,特别是一些关键技术,如用秸秆制酒精的生物酶,已有突破。2005 年由第十届全国人大第 14 次会议通过的《中华人民共和国可再生能源法》第四章第十六条规定:国家鼓励清洁、高效地开发利用生物质燃料,鼓励发展能源作物。其中明确写道:利用生物质资源生产的燃气和热力,符合城市燃气管网、热力管网的入网技术标准的,经营燃气管网、热力管网的企业应当接收其入网。还写道:国家鼓励生产和利用生物液体燃料。石油销售企业应当按照国务院能源主管部门或者省级人民政府的规定,将符合国家标准的生物液体燃料纳入其燃料销售体系。

我国是农业大国,潜在的生物质资源非常丰富。全国农作物播种面积约 15 亿亩,年产生物质约 7 亿吨,除部分作为造纸原料和畜牧饲料外,可作为燃料的生物质占到生物质总量的 50% 以上。此外,农产品加工废弃物在 2 亿吨以上,包括稻壳、玉米芯、花生壳、甘蔗渣和棉籽壳等,也是重要的生物质资源。我国现有森林面积 1.75 亿公顷,森林覆盖率 18.21%,具有各类林木质资源量 200 亿吨以上。每年通过正常的灌木平茬复壮、森林抚育间伐、果树绿篱修剪以及收集森林采伐、造材、加工剩余物等,可获得生物质量约 8 亿吨~10 亿吨,其中可作为能源的生物量在 3 亿吨以上。全国还有 4 600 多万公顷宜林地,有约 1 亿公顷不宜发展农业的废弃土地资源,可以结合生态建设种植能源植物。今后随着造林面积的扩大和森林覆盖率的提高,生物质资源量将会不断扩大。根据国家有关部门规划和专家研究,到 2020 年,全国可开发生物质资源量至少可相当于 15 亿吨标准煤,其中 30% 来自传统生物质,70% 由农业林业能源植物提供。

将农业和林业方面的生物质能源作为可再生能源的重点应该列入我们的国策。这包括三方面的事:一是继续大力推动农村用能方式的改革。"十一五"期间要继续在农村大力推广以"一池三改"为内容的户用沼气工程和大中型沼气能源工程。同时在不适宜养猪的民族聚居区、不适宜建设户用沼气的墟镇,着力推广新型户用制气炉。这种新型户用制气炉所产生的植物燃气,是利用农作物秸秆、农林废弃物和水通过气化装置转化而来,每个家庭每天只需要 3 kg~5 kg 植物原料,就可解决全天的生活用能,完全可以取代农村传统的柴煤灶,替代液化气。而且每个户用制气炉的投资仅 600 至 800 元,远低于户用沼气的投资额,可谓投资省、节能环保效益高。

二是在秸秆开发利用上大做文章。重点是发展秸秆汽化、秸秆固体燃料生产和秸秆发电。国际能源机构的有关研究表明,秸秆是一种很好的清洁可再生能源,每两吨秸秆的热值就相当于一吨标准煤,而且其平均含硫量只有 3.8‰,而煤的平均含硫量约达 1%。国内外对秸秆利用的研究,主要是集中在秸秆气化及发电、秸秆直燃发电、秸秆致密固化成型和秸秆热解液化生产生物燃油几个方面。利用秸秆气化集中供气,既可以有效地替代燃煤、燃油的使用,减少石化能源的消耗,符合我国的能源发展战略;又能有效避免秸秆随地焚烧对大气环境的污染,有利于环保。目前,国内秸秆气化技术日趋成熟,已进入商品化应用阶段。由山东科学院能源所研发的 XFL 系列型秸秆气化机组及集中供气系统,已在国内推广建设了 500 多个项目,为农村居民供应清洁生活燃料方面开始发挥日益重要的作用。

秸秆致密固化成型燃料可广泛用于家庭炊事、取暖(包括壁炉)、小型热水锅炉、热风炉,也可用于替代燃煤发电。河南省科学院能源所开发的秸秆冷成型燃料技术,每吨秸秆成型燃料成本仅 160 多元,售价不过 240 元,远远低于煤炭的价格。河北富润公司的秸秆颗粒燃料成型机,其年生产能力为 1 000 t、2 000 t、4 000 t,投资额在 13 万元~50 万元,每吨秸秆颗粒燃料的生产成本在 113 元~130 元,出厂价按 250 元计,每吨利润不少于 120 元。北京国能惠远生物质能发展有限公司研发的生物质常温固化成型技术(简称CZSN技术)生产的成型颗粒燃料已在北京市怀柔等区进行试点,受到试点农户的欢迎。这些秸秆成型颗粒燃料技术展现了良好的市场前景。秸秆固化颗粒燃料不仅可以作为替代燃料,而且可以出口创汇。据测算,秸秆固化颗粒燃料批量生产成本不超过250元/t,零售价格按40美元/t～50美元/t,这样的价格在国际市场上的是有竞争力的。如果我们能够实现规模化生产和持续大批量的出口,将给农民增加很大收入,又可开辟新的能源产品出口创汇途径。

秸秆气化发电是先将秸秆等生物质转化为可燃气,再利用可燃气推动燃气发电设备进行发电。目前国内已开发出适宜农村建设的小型秸秆气化发电装置,技术日趋成熟,在示范的基础上应予推广。近年来,秸秆直燃发电在我国有了较快的发展。2004年山东单县龙基生物发电项目开始建设,采用丹麦BWE公司的先进技术,设计规模为2.5万千瓦,年消耗秸秆约20万吨,年发电量达1.56亿千瓦时。项目计划投资2.232 9亿元,机组整组启动定于2006年6月底前完成并移交生产。2005年12月18日和20日,中国节能投资公司投资建设的秸秆直燃发电示范项目在江苏宿迁、句容两市先后开工建设。两个示范项目投资额均为3亿元,项目规模为2.4万千瓦,年秸秆消耗量约20万吨,项目建成后年用于购买当地农民秸秆的资金近6000万元,亩均可增收40元到50元,农民人均受益近140元。秸秆大省河北省计划建设20到30个生物质发电项目。国能生物发电有限公司在山东、河南、河北、安徽、新疆等省区的一批秸秆直燃发电项目先后签约、启动建设。位于山东省枣庄市的十里泉发电厂,总装机容量约130万千瓦,引进了丹麦BWE公司的技术设备,对1台14万千瓦机组的锅炉(400吨/小时)燃烧器进行了秸秆混烧技术改造,已于去年12月竣工投产,标志着我国生物质发电技术取得了新的重大进展。这台秸秆混烧发电机组年消耗秸秆10.5万吨,可使周边地区3万多农户受益,年可增加农民收入约3 000多万元。我国第一个全部采用国产设备,纯燃烧秸秆发电的示范项目2005年3月18日在河北省晋州市开工建设,年燃烧秸秆约17万吨～20万吨,发电量约为1.3亿千瓦时,并能满足100万平方米建筑采暖要求。

三是建立生物燃料油产业。重点是发展燃料乙醇、生物柴油产业化生产和能源植物的规模化种植。生物质是唯一可以直接转换为生物液体燃料的可再生能源。目前,生物液体燃料乙醇、生物柴油已经实现规模化生产和应用。

据国家林业局的资料,目前,我国已查明的油料植物有151科697属1 554种,其中种子含油量在40%以上的植物就有154个种。分布广,适应性强,可用作建立规模化生物质燃料油原料基地的乔灌木树种有30多种,如漆树科的黄连木,无患子科的文冠果,大戟科的小桐子,山茱萸科的光皮树等,这就为我国发展林木生物质能源产业奠定了坚实的基础。

目前,生物柴油的生产在技术上已经基本成熟,主要生产工艺分为化学法、生物酶法和超临界法。生物柴油生产的主要问题是成本高,制备成本的 75% 是原料成本。因此,采用廉价原料及提高转化率,从而降低成本是生物柴油能否实用化的关键。生产生物柴油的原料,美国以大豆为主,德国和其他欧盟国家以油菜籽为主,而日本则以消耗食用油所产生的废油为主要原料。根据我国国情,国家发改委在支持生物质能研发相应的政策中规定:能源植物种植基地不占用、不破坏现有耕地和林地,实现土地资源的合理高效开发和利用;适用于试点示范项目的原料不包括粮食;而且,能源植物种植经营的组织模式和原料来源供应结构合理,具有较高的农户带动作用和示范意义。

各类盐土资源,特别是全国海岸带盐土是开发推广生物柴油产业的重要土地后备资源。近年来,伴随着土地的沙化、恶化进程的加剧,我国土地盐渍化情况也十分严重。我国各种类型的盐渍土总额接近 1 亿 hm^2,其中海滨盐土近 0.2 亿 hm^2,而滩涂盐土面积为 300 万 hm^2 左右。我国的黄河、长江、珠江、辽河、海河等入海河流每年挟带 15 亿 t 泥沙在潮间带淤积,使沿海滩涂不断扩展,每年淤长面积约 2 万 hm^2 ~ 3 万 hm^2。毫无疑问,盐土是我们应该高度关注发展生物质能源的重要土地资源,充分利用盐土和咸水,筛选并引种生物质能源含量高的耐盐植物,研发耐盐经济植物生物质能的转化技术,加大盐土生物质能源开发力度,加长盐土农业产业链,提高盐土复合经营的附加值,是符合我国国家战略利益的重要举措。选育、种植适合盐土环境的高产含油耐盐物种是我国生物柴油发展的重要选择,在这方面,南京大学盐生植物实验室有长期研究的基础,并拥有自主知识产权的研发成果和种质资源。

7.6.1　盐土能源植物的筛选

我国含油脂植物大约 600 余种,但能在盐土上生长并形成生产力的不足十分之一。经我们多年研究,首先筛选了三种耐盐植物可作为盐土生物质能源的开发,其适应的盐土环境、籽粒产量和含油量如下表所示:

表 7-10　盐土生物质能源植物籽粒产量与含油量

种　名	试验地含盐量(%)	试验地总 N(%)	试验地有机质(%)	试验处理	亩产籽粒	籽粒含油量(%)
海滨锦葵	0.5~0.7	0.06~0.15	0.91~1.20	1.5%盐水浇灌	100 kg 左右	>20
油莎豆	0.3~0.5	0.03~0.04	1.07~1.11	盐土旱作	块茎 400 kg 左右	>30
蓖麻	0.3~0.5	0.08~0.16	0.85~1.26	盐土旱作	350 kg 左右	>35

传统的育种方法具有周期长、效率低等弱点。我们利用现代生物技术手段，通过多倍体育种技术、辐射育种等技术、分子育种等技术，结合常规育种技术，快速筛选高含油量和高产新品系，培育或选育出产量高、含油量高、抗性较强的新品种。如对海滨锦葵进行聚合育种的试验（863 项目），大大提高了新品系籽粒的含油量。

表 7-11   盐城试验地海滨锦葵 6 个优选单系 2003 年的品系比较试验

	S01	S02	S12	S30	S35	S36	对照
产量（kg/hm²）	1 555	1 074	1 129	1 035	1 163	948	832
含油量（％）	20.98	23.06	20.14	18.98	19.32	20.02	18.23

7.6.2   盐土能源植物分层多级的研发

表 7-10 所示的盐土生物质能源植物原本就有多种经济用途。如海滨锦葵花朵大、花期长，是美化景观的优良物种；而且海滨锦葵的花、叶、根都可食用，尤其根部含有类黄酮等生物活性物质（表 7-12），兼有很好的保健及药用价值；此外多年生的海滨锦葵每年产生大量的优质纤维秸秆，是制造优质纤维板的上等资源。在发挥原有经济用途的基础上，对上述植物籽粒油进行生物柴油转化的研发，有利于提高盐土能源植物开发利用的附加值，提高盐土农业生态工程的综合效益。

表 7-12   海滨锦葵根部样品光吸收（A）与总黄酮含量（FC）

部位	块根	侧根	须根
样品质量（g）	5.028 6	5.001 1	5.010 4
吸光度（A）	0.400	0.452	0.475
总黄酮含量（μg/100 g）	58.240	66.505	69.889

7.6.3   盐土可再生能源的研发前景

通过综合分析，盐土生物质能源的研发有以下 6 点优越性：

（1）用耐盐植物油为生产原料，不占农田，不冲击食用油市场，是缓解对化石燃料依赖的生态安全之举。

（2）有利于保护海滨生态环境和盐土的修复。

（3）除主产物生物柴油外，生产过程中产生的甘油、油酸、卵磷脂等一些副产品市场前景较好。

（4）发展耐盐油料植物生产生物柴油，并推向产业化，可以走出一条农林产品向工业品转化的富农强农之路，有利于调整盐土农业结构，增加农民收入。

每亩耐盐油料植物种子产量平均以 330 kg 计,产油转化率以 30% 计,则每亩平均产油 100 kg,以每 kg 植物油 3 元计,每亩 100 kg 植物油可获 300 元进项。若以每亩耐盐油料植物种子产量平均以 330 kg 计,每亩可产高蛋白饼粕 200 kg 左右,每 kg 饼粕售价 1.5 元,又可获 300 元进项。另外,每亩耐盐油料植物可生产 2 t 左右的优质纤维秸秆,这笔进项至少在 300 元左右。包括植物油、饼粕和秸秆三项相加,每年每亩可产生 900 元的毛收入,而净经济效益则在 750 元以上。

若在我国 10% 的海滨盐土上栽种耐盐油料植物,我国共有 3 000 万亩盐土可供生物柴油开发,按照我们的研究资料预测,3 000 万亩盐土每年可生产 300 万 t 植物油。按每亩净经济效益为 750 元计,3 000 万亩盐土生物柴油实现产业化,每年总共可产生 225 亿元综合效益。

(5)环保效益显著,使用生物柴油燃烧基本不排放二氧化硫,排出的有害气体比石油柴油减少 70% 左右,且可获得充分降解,有利于生态环境保护。

(6)以植物油为原料,每吨原料可得 0.98 吨生物柴油及相关副产物,按目前的柴油价格每吨 5 000 元以上,则每加工生产 1 吨生物柴油,在生产成本上不计设备、水电、员工、管理和税收等,在销售收入上不计副产物甘油、硫酸钾等(两相抵对),可获利 2 000 元左右。

以秸秆为原料,每 2 吨可转化为 1.5 m³ 的纤维板,按目前的市场价格,每 m³ 的纤维板进项又在 2 000 元左右。

此外由于生物柴油市场竞争力不断提高、政府的扶持和世界范围内汽车车型柴油化的趋势加快而前景更加广阔。因而,只要解决了耐盐油料植物资源问题和通过生态工程技术降低了系统成本,进而建立适宜耐盐植物油脂生产生物柴油的工艺和技术,其产业化前景是切实可行而又十分看好的。

第8章 农林牧复合生态工程

现代农业(以石油和化学品的大量消耗为特征)给人们带来的高产喜悦并不长久,一连串的麻烦和沮丧便接踵而来:污染、土壤变性、灌溉水短缺、物种退化等等。许多人把探索的眼光投向我国:中国何以用占全世界1/15的耕地养活了占全世界1/5以上的人口? 国内外学者对湖南澧县城头山和江苏吴县草鞋山发掘的6 000年前的水稻田很感兴趣,其精耕细作显示了中国人很早就把握了与自然相处的艺术。如今,农林牧复合生态工程把这种人与自然的和谐相处提高到了新的水平,而且可以克服现代农业的一系列弊病,取得很高的综合效益。本章将不仅阐明农林牧复合生态工程的定义、原理,而且将介绍农林牧复合生态工程的研究、实用技术和应用实例。

8.1 农林牧复合生态工程概述

8.1.1 农林牧复合生态工程的定义

农林牧复合生态工程又称为农业包括多种类型林(牧)复合经营系统。在世界各国的古籍和文献中,早已有过零星的记述,但从科学的角度把这些生产方式进行总结和推广却只有半个多世纪的历史。最早提出用混林农业(Agri-silviculture)这一术语来对这种土地利用形式加以概括,并在全世界发生重要影响的是曾经担任过联合国粮农组织总干事和国际农林复合经营研究委员会(ICRAF)的第一任主席King。他在1968年的第一篇关于热带塔翁雅(Taunya)的论文中把Agri-silviculture定义为"在同一土地单元内将农作物生产与林业和畜牧业生产结合起来(它们在时间上可以是同时的,也可以是交替的),使土地总生产力得以提高的持续性土地经营系统。"继而在文献中提出"Agroforestry"这一专门术语并得以广泛应用。1982年,由于《农林复合经营系统》(Agroforestry system)创刊,故人们常用这一名称。

李文华先生等以King的定义为依据,提出准确的中文表述为:"农林(牧)复合经营系统是指在同一土地管理单元之上,人为地把多年生木本植物(如乔木、灌木、棕榈、竹类等)与其他栽培植物(如农作物、药用植物、经济植物以及真菌等)和动物,在空间上或按一定的时序安排在一起而进行管理的土地利用和经营系统的综合。在农林(牧)复合经营系统中,在不同的组分间应具有生态学和经济学上的联系。"

农林(牧)复合经营系统符合生态工程的性质特征,因而也可以定名为农林牧复合生态工程。

8.1.2　农林牧复合生态工程的研究概述

人们对该系统工程的认真总结并建立科学体系开始于 20 世纪中期,1950年 Smith 著的《树木作物:永久的农业》一书是第一部阐述这一系统的专著。1977 年国际农林(牧)复合经营研究委员会(ICRAF)在国际发展研究中心(IDRC)的促进下成立,使该方向的研究兴起热潮。ICRAF 从 1982 年开始在发展中国家进行农林(牧)复合经营实践的普查,取得巨大成果,将该系统划分为三大类 18 个类型 2 000 多种模式,在热带和亚热带地区有一半农村在 2/3 的土地上进行着这类生态工程的实践。

非洲的主要类型包括:改进了的移耕轮作系统;庭院式农林(牧)复合经营系统;塔翁雅系统;条带式混交系统;田间零星植树;农田防护林系统;林牧系统。

北美将农林(牧)复合经营分为 6 个大区:① 美国东南及中南部以饲草、林牧系统为主,其中松—牛模式最为普遍;② 美国中部和中南部有以核桃树为主要经济对象的林粮和林草间作;③ 美国东北部主要以果树和一年生作物间种为特色;④ 美国西北部传统的林牧结合,林内以硬杂木为主要树种;⑤ 加拿大,将农作物和硬杂木间作;⑥ 加拿大,泥炭沼泽上种柳树,既用于畜牧又用于造纸。

南美亚马逊河流域森林破坏严重,在国际有关基金会资助下,巴西成立了农林复合经营网络,提出了有关亚马逊河流域的研究计划 11 个。拉美也成立了类似网络,成员国 18 个。

澳大利亚这方面的研究起步较晚,主要搞防护林和林牧结合类型。

欧洲现有的农林(牧)复合经营系统较简单,主要分布在地中海附近的地区,如法国的矮林和疏林地带,人们通常按"饲料日程"安排放牧,充分利用各类饲源,其中木本(包括灌木)的饲料可达全年饲料的 75% 以上;西班牙民间的"德希萨系统"就是一个把橡实、农地和放牧迁移妥善安排在一起的农牧混合系统。

南亚地区复合经营系统有悠久的历史,近年来发展十分迅速,包括有移耕轮作、塔翁雅系统、多层庭院种植、竹农混作、农林混交系统、防护林、热带经济树种＋粮果经营、林—渔淡水复合系统等 50 余种各国有代表性的模式(不包括中国)。

我国的农林初级庭院经营在 4 000 多年前的夏朝就已初见端倪,而种养结合的庭院经营在春秋战国时期已有较详细的记载。《孟子·尽心上》(公元前 3

世纪)云"五亩之宅,树墙下以桑,匹妇蚕之,则老者足以衣帛矣;五母鸡,二母彘,无失其时,老者足以无失食肉矣。"到了明清,《农政全书》(1639 年)、《蚕桑辑要》(1831 年)为代表的许多复合经营的著述反映了我国这一系统生产力发展的水平。民国时期,战事纷纷,复合经营发展缓慢。新中国成立后则有了迅速发展。特别进入 70 年代,全国平原绿化掀起高潮,截至 1990 年,全国平原农区营造林网的耕地面积已达 3 000 多万公顷。我国 70 年代以来提出的当代 5 大生态工程建设,即三北防护林体系、长江中上游防护林体系、沿海防护林体系、平原绿化工程和治沙工程被列入当今世界规模最大的系统生态工程之中。我国的农林牧复合生态工程将科学技术很好地转化为生产力,保护了环境,减轻了灾害造成的损失,使我国农业连续稳定地得到增产。1996 年 11 月 17 日在罗马结束的世界粮食首脑会议上,我国用占全世界 1/15 的耕地养活了占全世界 1/5 以上的人口的成功经验赢得各国首脑的肯定和联合国粮农组织的赞扬。我国人口每年增长 1%,粮食每年增长 3%,除了政策措施得当以外,靠的是各项科学技术,包括农林牧复合生态工程技术水平的不断提高。

近来,在农林牧复合生态工程及生态农业的研究方面出现了一些新的热点,这些研究包括:① 农林牧复合系统的总体定量化研究;② 农林牧复合系统经营管理及优化调控的研究;③ 农业生态县建设的研究;④ 农业产业化经营的研究;⑤ 农业可持续发展指标体系建立的研究等。

8.1.3　农林牧复合生态工程的原理

8.1.3.1　生态学原理

(1) 农林牧复合经营系统的生物成分必须与环境条件相适应,要因地制宜地进行经营类型的选择和系统的辅助设计。

(2) 农林牧复合经营系统的各生物成分之间,不是孤立的,是互相联系、互相作用的,在引入物种时要谨慎从事,要考虑到该物种对其他物种和整个系统的影响。

(3) 必须保证物流与能流的通畅,通过提高第一性生产力和提高生态效率(能量转化率)来提高整个系统的生产力;又通过多层级地利用物质和能量,减少外流浪费,提高系统的综合效益。为了反映农林牧复合经营的效率,Mead 和 Willey 80 年代提出用"土地等效率"或称"土地利用当量法"来表示。一个农林牧复合经营系统的土地等效率(LER)是其各个组分的土地等效率之和。计算式为:

$$LER = \frac{品种\,A\,的单位面积间作产量}{品种\,A\,的单位面积单作产量} + \frac{品种\,B\,的单位面积间作产量}{品种\,B\,的单位面积单作产量} + \cdots$$

当 LER＞1.0 时,表示该复合系统具较高的效率;当 LER＜1.0 时,表示系统效率较低;当 LER = 1.0 时,表示该系统效率与单种时相当。

8.1.3.2 社会经济学原理

(1)增产与增值原则

打破单一经营,保证生态系统自身的稳定和持续发展;合理有效地人工调控(如桑基鱼塘中鱼环的增加,农牧系统中粪肥先生产沼气再做肥料将生产转化链拉长等)。

(2)供求法则

在提高系统物种多样性的同时,顺应市场供求形成的价格导向,进行不同作物品种的不同时空配置,力争向市场提供丰富多样、适销对路的产品。

(3)充分利用自然资源和劳动力资源

如桐农间作,利用泡桐秋冬的落叶及初夏的开花生叶与小麦基本不争光;合理安排农业劳力(季节性)和农村劳力(多种就业),以提高系统的效益和农民的经济收入。

(4)长效与短效相结合

农林牧复合经营中,农业项目一般周期较短,畜牧业相差较大,从几个月到2~3 年,林业则较长,但若干年后年年会有效益;应长短结合,以短养长地安排多种经营项目,优先发展"短平快"的项目,也积极安排中长期项目,以利于经济综合健康发展。

(5)风险最小原则

农林牧受自然生态环境影响很大,合理配置可以减少灾害带来的损失;另外市场价格和需求对农林牧生产结构影响也很大,因地制宜发展多元化经营,做到产业多样化,产品多样化,结构系列化,分散市场风险,提高系统的竞争性。

(6)发展资源节约型和技术密集型系统

发展立体种植结构(空间上和时间上),使当地的光、热、水气和土地等资源得到充分利用,提高系统的总产出;尽量减少生产转化链中废弃物的排出,将它们解决在重新利用、再生的增值环中;如此要加大科技的参与和投入,使复合经营系统结构更合理、系统效益最佳,保持经济的持续增长。

(7)胜汰原则

系统的资源承载力、环境容纳量在一定时空范围是恒定的,但其分布是不均匀的,差异导致竞争,竞争促进发展,优胜劣汰也是复合经营活动中的普遍法则。

(8)乘补原则

当整体功能失调时系统中某些组分会乘机膨胀为主导成分,因此,系统调控中要特别注意相乘、相补作用。稳定一个系统时,补胜于乘;改变一个系统时,乘强于补。

(9)扩颈原则

复合生态系统的发展初期需要开拓和适应环境,速度较慢;继而稳定后的发展,呈指数式上升;最后因环境容量的限制,速度放慢,接近某一阈值水平,这种"瓶颈效应"使系统呈 S 型增长。然而经人为辅助加工,扩展瓶颈,系统又发展,又会出现新的限制因子或瓶颈,再扩颈,系统就是这样不断呈 S 型增长,实现持续发展的。

(10) 机巧原则

系统发展的风险和机会是均衡的,大的机会往往伴随高风险。要善于抓住一切可以利用甚至对抗性、危害性的力量为系统服务,变害为利;要善于利用中庸思想和有关对策避开风险、减缓危机、化险为夷。

8.2 农业可持续发展指标体系建立的研究

目前,如何建立可持续发展的判别准则、如何建立恰当的可持续发展指标体系(Sustainable development index system),已有很多理论探讨及一些实例研究。比较有影响的评价指标及指标体系有:绿色国民生产总值,弱持续性指标、强持续性指标、持续性谱、可持续发展经济福利指标、人类活动强度指标、人文发展指数、世界银行可持续发展指标体系等。这些已建立的指标体系从各自学科研究角度出发,做出了有益的探讨,但都或多或少带有一定的片面性,在实际应用中没有得到普遍认可。对农业的可持续发展而言,还缺乏完善、实用的指标体系。就我国国情而言,发展农业在国民经济发展中占据首要地位。因此,建立一套评价农业可持续发展的指标体系,是十分重要而迫切的工作。农业可持续发展的指标体系的建立,必须注重其可操作性、可比性和动态性,也就是强调其实用性,而尽量避免片面地给出若干方程式,却很难解决实际问题的倾向。

8.2.1 指标体系建立的基本原则

农业可持续发展指标体系的建立,其基本原则和全社会可持续发展指标体系的建立是相同的。良好的指标体系,必须具备辨识功能、测度功能、评价功能和预警功能。建立农业可持续发展指标体系应遵循的基本原则是:

8.2.1.1 科学性原则

具体指标的选取应建立在充分认识、研究的科学基础之上,能较客观和真实地反映系统发展状态,各个子系统和指标互相联系,并能较好地度量农业可持续发展主要目标实现的程度。

8.2.1.2 可行性(可操作性)原则

指标体系中的各项指标应简单明了,含义确切,每项指标都必须是可度量的,所需数据比较容易获取,每项指标也有与之相对应的评价标准,即具有较强的可测性和可比性。同时要避免指标过多、体系过于庞大。这一原则,也是动态地研究农业系统所必需的。

8.2.1.3　层次性原则

农业系统是一个复杂的巨系统,它可分解为若干个亚系统,每个亚系统可分解为若干子系统;相应地,评价其可持续性的指标体系应具有合理而清晰的层次结构。越往上面层次的指标,越综合;越往下面层次的指标,越具体。本体系的基本层次为 4 层;部分第 4 层指标根据需要再向下分 1～2 层。

8.2.1.4　完备性原则

指标体系作为一个有机整体,要求能全面反映影响农业可持续发展的各要素的特征、状态及各要素之间的关系,并能反映系统的动态变化,体现系统的发展趋势。

8.2.1.5　独立性原则

为降低信息冗余度,各指标之间应保持相互独立,各指标不能由其他指标替代,也不能由其他同级指标换算得来,各指标应尽量避免包含关系。

8.2.1.6　动态性原则

该体系所描述的对象是随时间不断变化的,同时可持续发展的很多指标也要在一定的时间尺度上才能得到准确地反映,因而选择指标时,应充分考虑动态变化特点,以描述与度量未来的发展或发展趋势。另外,本体系的适用对象为我国农业,其空间尺度最大可至整个国家,小可至一个县域或一个特定的经济区域;因此,应根据空间尺度的不同、区域特点的不同,选取具有地方特色的指标。

8.2.2　指标体系建立的方法

8.2.2.1　明确我国农业可持续发展需要解决的问题

要实现我国农业的可持续发展,必须解决目前农业所面临的一系列问题,随着这些问题的改善或解决,农业才可能朝可持续的方向发展,其可持续性才能进一步增强。这些问题包括:

(1) 增加粮食安全(人均粮食占有量)

从新中国成立以来的农业发展历程看,1984 年以前的 35 年中,粮食增长速度大于人口增长速度(人口年均增长 1.51%,粮食年均增长 2.64%),1985 年起的近 10 年中,人口增长接近粮食增长速度(人口年均增长 1.2%,粮食年均增长 1.2%),人均粮食占有量从 1984 年的 390.3 kg,下降到 1995 年的 383.3 kg。(从全球范围看,形势同样不容乐观。有关资料表明,1996 年世界谷物总库存不足 3×10^8 t,年库存水平降低至 14% 以下,已经突破了联合国粮农组织规定的 17% 的最低库存安全线。)

(2) 遏止农业资源数量减少、质量下降的态势

1957~1986 年的 29 年中,平均每年净减少耕地 807 万亩,而以后每年平均减少耕地几百万亩的基本格局不会改变。农业用水占据我国水消费的大部分,但由于各方面对用水需求的增加,农业用水在总量中的比重不断下降;另一方面,农业用水效率低,浪费严重。其他农业资源如草地、林地等也或多或少存在数量减少、质量下降的趋势。

(3) 克服农业上的"两低一少"

即要克服农业劳动生产率低,集约化程度低,资金投入少的不利局面。我国粮食单产相当于发达国家的 40%~60%;劳动生产率则更低,一个农业劳动者生产的粮和肉,如以我国为 1,则美国分别为 97 和 101,法国分别为 38 和 56。全国就业人口中,我国农业劳动人口为 56%。农业生产规模小,经营分散,农民和基层管理者文化科技素质低。农用工业品价格居高不下,农业的比较效益低,农民负担重、生活水平提高缓慢;农民缺乏自我发展的能力和活力。这一形势要求加大农业投入,降低工农业剪刀差;而这也依赖于全面扭转工业效益低下的局面。

(4) 大力推广农业技术,提高科技成果转化率

在我国体制转轨中,对农业科研和教育的特点考虑不够,经费严重不足。农业是从事生物性生产的产业,其区域性和分散性的特点,决定了农业必须有一个强大的技术推广体系。计划经济体制下建立的 4 级科技网在体制转轨中"线断、网破、人散",建立新的技术推广体系是一个相当长的过程。在市场经济发达的国家,企业推动下的农业科技产业在农业科技成果转化中,具有举足轻重的作用。美国的农业劳动者只占全国从业人员的 2%,但有 17% 的劳力,主要以公司形式为他们提供农业科技产品和周到的服务。

(5) 改善农业生态环境

良好的生态环境是农业高产、稳产的必要条件。全国范围的环境改善,主要思路有:推广清洁生产、减少工业污染,加大环境治理投入,增加植被覆盖率(主要是森林),推广节水灌溉,推广生态农业,加快少污染、无污染的农业科学研究和生产规模。

8.2.2.2　指标体系建立步骤

(1) 背景研究　全面收集研究对象的农业历史、现状的材料并进行实地勘测,然后做出分析。在总结现有资料的基础上,确立影响农业可持续发展的主要因素,提出需要解决的问题。

(2) 指标识别　根据建立指标体系的若干原则,确立体系框架,筛选、初步建立若干指标。

(3) 指标测定　根据各指标的特点和意义,进行现状数据测定。

（4）数据处理，并做出解释　对体系进行评价，根据评价结果，调整体系结构，重新审定、确立指标。

（5）重复（3）、（4），直至满意为止。

（6）评价最终确定的指标体系对研究对象的可持续性做出评价，并提出要达到、或维持可持续发展需要解决的具体问题及相应的措施。

8.2.3　指标体系的结构和内涵

根据上述若干原则及指标体系建立的步骤，确定如下指标体系（如图 8-1）。

8.2.3.1　指标体系的结构

本指标体系基本层次为 4 层。为方便起见，分别称为综合指标（A），大类指标（B_1，B_2，B_3），中类指标（C_i，$i=1，2，\cdots，11$），单项指标（d_i，$i=1，2，\cdots，43$）。

整个农业系统作为第 1 层，以农业可持续发展综合指数（A）来衡量农业系统的可持续性。

根据社会-经济-自然复合生态系统理论（SENCE），将农业系统分为 3 个亚系统：资源环境、经济和社会子系统。分别以农业资源环境支持指数（B_1）、农业经济发展指数（B_2）、农业社会进步指数（B_3）衡量，这是体系的第 2 层。

3 个亚系统根据各自的功能和结构，分别划分为若干个子系统，这是第 3 层。其中资源环境亚系统划分为资源、环境污染、环境治理及协调 3 个子系统；经济亚系统划分为农业科技、农业集约化、农业经济效益及农业生产总量 4 个子系统；社会亚系统划分为农产品消费、农业人口、农业人口生活质量、农村社会稳定及社会保障 4 个子系统。各子系统指标以 C_i（$i=1，2，\cdots，11$）表示。

第 4 层次为衡量各子系统的单项指标。共有 43 项指标，分别以 d_i（$i=1，2，\cdots，43$）表示。

8.2.3.2　各指标的内涵

（1）第二、三层指标

第二层的 B_1（农业资源环境支持指数）表示资源环境亚系统对农业生产的支持程度。这个亚系统是整个农业系统的基础结构，它为人类生存和发展提供活动空间、提供各种物质和能量。这个亚系统综合反映农业资源的丰富性、资源的可持续利用性、环境的协调性、环境污染现状及对环境污染进行治理的力度。

B_2（农业经济发展指数）表示经济亚系统发展程度。经济亚系统是生产力和生产关系在一定的地理环境和社会制度下的组合，是各种互相依存、互相制约的经济要素的结合。农业经济亚系统的首要功能是农业再生产，为整个社会提供所需的各种农产品。

B_3（农业社会进步指数）表示社会进步程度。社会亚系统包括各种非经济、

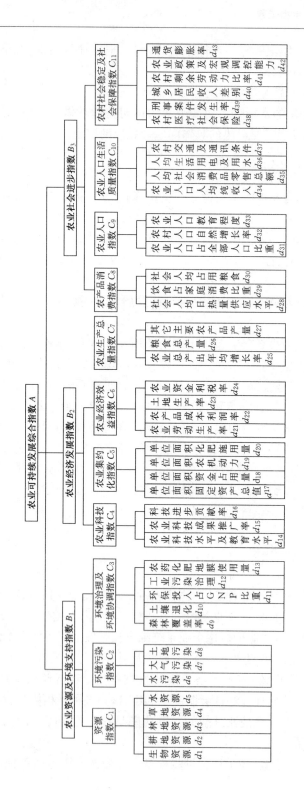

图 8-1　农业可持续发展评价指标体系（资料来源：吕文良、钦佩，1997。）

非自然因素,如体制、法律、科技、教育、文化、卫生等。该亚系统综合反映农业人口基本现状、农业人口素质、生活质量,农村社会稳定及社会保障。

第二层的这 3 个指标由相应的第三层指标加权求得。

第三层的 C_1 是资源指数。自然资源是人类社会持续发展的物质基础,没有资源的持续利用就谈不上持续发展。由于农业生产的特点,这里仅以农业系统中的可更新资源作为资源持续利用的指标。这些指标包括 $d_1 \sim d_5$。

C_2 是环境污染指数。这一指数是农业环境污染现状的综合反映。由于农业环境的污染物的最终承受者是水、气、土,所以用 $d_6 \sim d_8$ 3 个单项指标来衡量。

C_3 环境治理及环境协调指数。环境治理及环境协调指标反映环境得以保护、改善的趋势及环境协调现状。这一指数包括环境治理力度及环境协调性两个方面,即 $d_9 \sim d_{13}$。

C_4 是农业科技进步指数。该指标综合反映农业科技水平及其在农业生产中所发挥的作用。科学技术是第一生产力,现代农业离不开现代科技的支撑。农业科技进步包括科技的研究开发与农业科技成果的推广应用两方面,由 $d_{14} \sim d_{16}$ 等指标来衡量。

C_5 是农业集约化指标。农业集约化是我国农业走向可持续发展的必由之路。我国农业经济发展中要解决的问题之一是农业集约化问题,这里选取 4 个单项指标($d_{17} \sim d_{20}$)来衡量集约化程度。

C_6 是农业经济效益指标。农业经济效益是用价值量表现的农业产出与农业投入之间的对比关系。提高农业经济效益对农业发展有十分重要的意义,由 $d_{21} \sim d_{24}$ 等指标来衡量。

C_7 是农业生产总量指标。农业生产总量这一中度指标反映农业生产的成果,由 $d_{25} \sim d_{27}$ 等指标来衡量。

C_8 是农产品消费指标。农业生产的目的是提供各种农产品以满足人们的消费需求。该指标综合反映对农产品消费的满意程度及农产品消费占全部社会消费的比重,由 $d_{28} \sim d_{30}$ 等指标来衡量。

C_9 是农业人口指标。农业人口指从事农业生产(包括林牧渔业)的劳动者及其供养的人口。农业人口数量及其素质高低直接关系到农业生产的水平。因此,这一指标反映农业人口的数量增减及人口素质的高低,由 $d_{31} \sim d_{33}$ 等指标来衡量。

C_{10} 是农业人口生活质量指标。提高农业人口的生活质量是农业社会亚系统的首要目标。生活质量的提高,意味着人口素质的提高,这样为农业生产力创造了条件,由 $d_{34} \sim d_{38}$ 等指标来衡量。

C_{11} 是农村社会稳定及社会保障指标。农业系统作为人类社会系统的一部分,同样存在着稳定与发展的问题,由 $d_{39} \sim d_{43}$ 等指标来衡量。

第三层指标由对应的单项指标归一化后算术平均或加权平均求得。

（2）单项指标

生物资源（生物多样性指数）d_1；耕地资源 d_2；林地资源 d_3；草地资源 d_4；水资源 d_5；水污染 d_6；大气污染 d_7；土地污染 d_8；森林覆盖率 d_9；土壤退化指数 d_{10}；环保投入占 GNP 比重 d_{11}；工业污染综合治理 d_{12}；农药、化肥及农用地膜的使用 d_{13}；农业科技水平及教育水平 d_{14}；农业科技推广率 d_{15}；科技成果对农业增长的贡献率 d_{16}；单位面积固定资产总值 d_{17}；单位面积资金占用额 d_{18}；单位面积农机动力 d_{19}；单位面积化肥施用量 d_{20}；农业劳动生产率 d_{21}；农产品成本利润率 d_{22}；土地生产率 d_{23}；农业资金利税率 d_{24}；农业总产出年度增长率 d_{25}；粮食总产量 d_{26}；其他主要农产品产量 d_{27}；社会人均日热量供应水平 d_{28}；饮食占家庭总消费的比重 d_{29}；社会人均占有粮食 d_{30}；农业人口占全社会人口比重 d_{31}；农村人口年自然增长率 d_{32}；农村人口教育程度 d_{33}；农业人口人均年纯收入 d_{34}；农村人均社会消费品零售总额 d_{35}；人均生活用电及用水 d_{36}；农村交通及通信条件 d_{37}；农村医疗社会保险 d_{38}；刑事案件发生率 d_{39}；城乡居民收入差别 d_{40}；农村剩余劳动力比率 d_{41}；农业政策及宏观调控能力 d_{42}；通货膨胀率 d_{43}。

8.2.4　指标体系研究实例——江苏省大丰农业发展的持续性评价

8.2.4.1　大丰农业现状

大丰为江苏盐城市所属的一个县，1996 年升格为县级市。全市人口73.926 4万（1995 年，下同），其中农业人口 59.7864 万，占 80.87%，是典型的农业县。人均 GNP 6 202 元，财政收入 20 731 万元，城镇居民人均纯收入 4 459元，农村人均纯收入 2 791 元。

大丰为典型的海积冲积平原，地势平坦辽阔，境内光、热、水资源和土地资源丰富。全县陆地面积 272 万亩，水域面积 82.9 万亩。其中耕地 164 万亩，占陆地面积的 72%，大约有 30% 的耕地完全脱盐。土壤含盐量高和肥力水平低，这两个因素的限制，使中低产田达到耕地总面积的 40%。林木覆盖率 15.7%（1995 年），有 40 多万亩天然荒草地。生态系统的第一性生产包括作物、林果和草地 3 种植被结构。第二性生产包括畜禽、水产养殖、水产捕捞 3 部分。大丰是全国优质棉和优质啤酒大麦生产基地之一，也是蚕茧、生猪和水产品的生产基地。农业形成了粮、棉、滩涂开发和特种经营 4 大区域经济的格局。

80 年代中期着手进行生态农业建设的研究和推广工作，国家环保局 1987年下达《大丰生态县规划研究》课题，并于 1989 年通过鉴定，被列为全国首家生态县和生态农业试点，1992 年，被联合国粮农组织列为持续农业和农业发展研究实验区（中国总共 20 个）。

8.2.4.2　大丰农业发展的持续性评价

根据农业持续发展指标体系,将大丰农业系统各级指标定量化(见表8-1),可以看出:

表8-1　大丰农业发展指标体系的一、二、三类指标数值

指标	A										
数值	0.58										
指标	B_1				B_2				B_3		
数值	0.62				0.52				0.65		
指标	C_1	C_2	C_3	C_4	C_5	C_6	C_7	C_8	C_9	C_{10}	C_{11}
数值	0.58	0.68	0.62	0.47	0.63	0.45	0.65	0.69	0.66	0.60	0.65

资料来源:吕文良、钦佩,1997。

(1) 资源与环境亚系统中,环境污染对大丰农业发展尚未构成大的威胁,但水污染有进一步加剧的趋势,应加强对水环境的治理。虽然在生态县的建设中,大力造林,森林覆盖率仍较低;而农业生产中,单位面积投入的化肥、农药及地膜已相当高,对农业环境造成不小的污染。资源与环境亚系统中,主要由于林、草、水资源不丰富,其指数较低($C_1 = 0.58$)。应该采取的措施是:提高化肥、农药及地膜的使用效率(如改善 N、P、K 的比例,提高施肥的针对性,推广高效低毒农药,推广无害化地膜等),推广无公害农艺,同时大力改善农业生态环境,以减少对农药的需求;继续重视造林,加强对滩涂荒滩的植被覆盖及水草资源的利用。

(2) 经济亚系统中,以农业生产总量指标最高($C_7 = 0.65$);而农业集约化指数也较高($C_5 = 0.63$),主要是单位面积资金占用与单位面积化肥用量高。该亚系统的农业科技指数及经济效益指数均十分低(分别为 $C_4 = 0.47$,$C_6 = 0.45$),极大地制约了农业经济的发展。因此,大丰农业经济的进一步发展,应突破农业科技落后与经济效益低下的瓶颈。可以从以下方面着手:加大农业投入,特别是农田基本建设,农业机械配置投入及智力投入;改善农业投资结构,采取措施制止农用物资物价涨幅过快,缩小工农业剪刀差;调整农业生产结构,增加高价值作物与畜禽水产,提高园艺作物与养殖业比重;提高农民文化技术水平,加快农业科技成果的推广运用,完善市场经济下的农业科技成果推广体系;培育市场体系,使产加销一体化。

(3) 农业社会亚系统中,各子系统指标都较高,反映该系统总体运作良好。主要问题是:农民收入低;农村剩余劳动力多;交通与通信条件需进一步改善;农村医疗及社会保险相当薄弱;农业人口比重大。该系统的问题的解决,关键在于农业经济的发展。

(4) 在国家和地方的共同努力下,大丰生态县建设使得农业资源与环境、农业社会两个亚系统处于良好的状态,为农业经济的综合发展打下了良好的基础

$(A = 0.58)$。因而，可以初步判定，大丰农业基本处于可持续发展状态。

8.3 复合养鱼系统生态工程

8.3.1 复合养鱼系统概述

复合养鱼系统是一个将水产和畜牧业、农业、加工业等产业联系在一起的半人工复合生态系统。这一系统具有很好的物质循环链，以实现多层多级地充分利用各种资源，包括系统中的"废物"。这一系统具有高产、低耗、优质和高效益的特点，可获得生态、经济和社会的综合效益。根据其特点和主要结构，复合养鱼系统可分为 4 大类：① 鱼塘净化、利用污水系统，如某些药剂厂处理有机废水模式；② 物质循环再生系统，如桑基鱼塘模式；③ 多层多级地利用各种资源的系统，如利用饲料、畜禽、食用菌、蚯蚓、蝇蛆、鱼类及其下脚料和排泄物，许多生态县、生态农场都发展类似的模式；④ 多功能的农业-水产-工业相结合的多种经营生产系统，如稻田养殖以及许多县级企业就地取材，因地制宜，将本企业的加工产品或下脚料作原料投入，发展农业、水产，作为企业的延伸，创造出不少多种经营的新模式，系统输出多种产品，高产值，高效益。上述四类系统并非孤立，是相互关联的，你中有我，我中有你，综合各类的特点，发展各个系统的优势，将提供给人们一个更趋经济合理的可持续发展的复合养鱼系统生态工程。

8.3.2 我国养鱼的历史

我国是世界上养鱼最早的国家，大约 3 100 年前的殷商时期就开始池塘养鱼了。公元前 460 年，为了配合越王的"卧薪尝胆"，越国大臣范蠡推行了许多强国之策，养鱼就是其中重要的一项。他的名著《养鱼经》是世界上最早的养鱼专著，总结了我国古代民间养鲤鱼的丰富经验。到了唐代，我国民间养鲤鱼和捕食鲤鱼受阻，这是由于犯了唐皇的名讳。故而，青、鲢、草、鳙 4 大家鱼的养殖就发展并兴旺起来了。经过 1 000 多年的池塘养鱼的实践，到 17 世纪，中国的池塘综合养鱼积累了宝贵的经验。其关键技术有 8 条：① 好水有好鱼；② 鱼苗是第一；③ 喂食很讲究；④ 疏密得相宜；⑤ 多层饲养好；⑥ 防患于未然；⑦ 放捕要交替；⑧ 管理勤精细。近半个世纪来，我国的水产养殖速度发展很快，自然水体、人工水体一齐上，使水产养殖蔚然成风。在养鱼方面，精养鱼塘、大水面高密度网箱的设置，使我国养鱼的规模效益和经济效益产生突破性的进展。据测算，近年来我国网箱养鱼的产量达 5 t/ha·a～10 t/ha·a，而池塘养鱼产量达 6 t/ha·a～20 t/ha·a；据统计，有关产值（以太湖地区为例）：网箱养鱼为 48 207 元/ha·a，池塘养鱼为 46 884 元/ha・a,纯利率约为:网箱养鱼为 20%～30%,池塘养鱼为 30%～40%。

8.3.3　复合养鱼的生态学基本原理

(1) 有机体的相互适应和对其环境适应的原则是设计和实践复合养鱼生态工程的基础。

其中,耐性限制定律(Law of limit tolerance)、Liebig 最小因子定律、物种共生原理等是复合养鱼系统的环境和结构调控的主要理论基础。

(2) 个体和种群的增长是由密度制约因子和非密度制约因子来调控的,这是进行适宜的鱼密度交替变更的基础。

其中,不同鱼种的生长发育条件很重要。如某鱼塘以白鲢和花鲢(鳙)为当家品种,在考虑投放鱼苗的量时,应控制花鲢对白鲢的数量和重量比为 1∶3,这种比例不仅对这两个鱼种群的生长,而且对整个鱼塘的其他鱼种也是健康有利的。在调整养殖结构和密度时,掌握好投放和起捕的交替运作是十分必要的。如在 7～9 月,塘里的白鲢数量要控制较少,因花鲢此时生长较快;而从 10 月至来年 4 月,是白鲢投放生产的较好季节,这时花鲢生长较慢。这样的交替运作,可提高整个鱼塘的产量。

(3) 多层次养殖时必须注重种内和间的互相作用,即竞争、一般共生和互利共生等。

如将草鱼和白鲢、花鲢、鲤鱼混养,是一种有利于所有鱼种的选择。草鱼是一种大量吞食青饲料的鱼种(平均每 kg 草鱼每天要吃 1 kg 青饲料),然而由于它的消化道缺少纤维素酶,故大量的植物碎屑被它排出来。而这些碎屑正好直接供鳊鱼、鲤鱼和非洲鲫鱼为食,同时这些碎屑还营养了浮游生物,间接地对白鲢、花鲢有益。另外,青鱼适量投放到混养塘中对鲢鱼是有好处的,因为它以软体动物为食,以减少对浮游生物的消耗。每公顷鱼塘中如投放 75～150 条青鱼,塘里的螺蛳和河蚌的生长就可得到控制。

(4) 在多级营养结构中的物质的转化、分解和再生在生态系统的动力学过程中起着主导作用。

在复合养鱼系统中的 3 个动力学过程表达了这一原理。如喂食和肥塘这两个过程都是通过池塘食物链结构进行物质的分解和物质、能量的转化;而清(净)塘则体现了物质的分解和转化再生。

(5) 在自体平衡的生态系统中,有机体间不仅确定了多种共生关系,而且养成了各自特有的生活习性,表现在系统中占有不同的生态位,摄取各个层次的物质和能量。

遵循这一原理,我们可以根据鱼塘的肥度、周围环境情况及可能提供的饲喂条件来设计鱼种的投放模式。如鲢-鳙模式：鱼塘较肥，浮游生物较多，当地有机肥资源较丰富；在这一模式中，以鲢、鳙的投放为主，适当混放一些食草性或杂食性的鱼（如草、鳊、鲤、鲫）及少量的青鱼（控制软体动物）。草-鳊模式：水中和周边的草很茂盛，但不是肥塘；这一模式中，以食草性鱼的投放为主，适当混放鲢、鳙、鲤、鲫，再少养些青鱼。青鱼模式：水中有丰富的螺丝、河蚌，草也不多，塘也不肥；这一模式中投放青鱼为主，混放适量的鲢、鳙、鳊、鲤。

8.3.4　研究实例

8.3.4.1　复合混养鱼塘高产模式（颜京松，姚宏禄，1989）

根据主要放养密度可分为 3 种类型：①草食性鱼种为主的草-鳊混养型；②浮游生物食性鱼种为主的鲢-鳙混养型；③深水杂食性鱼种为主的青-鲤混养型。这 3 种类型的混养常见于我国长江三角洲的苏州、南京、扬州等地，可达 15 t/ha·a 以上的高产（见表 8-2,8-3,8-4）。

表 8-2　白鲢和花鲢的一个高产模型中的放养、密度和收获

鱼　种	放　养			存活率（%）	收　获			总产比率（%）	净增长率（倍数）
	大小（g/尾）	数量（尾/ha）	密度（kg/ha）		大小（g/尾）	总产量（kg/ha）	净产量（kg/ha）		
白　鲢	250～350	3 375	975	96	600	1 950	975		
	100～150	3 375	450	96	600	1 950	1 500		
	30	3 750	112.5	92	600	1 875	1 762.5		
	1	4 500	4.5	82	165	600	595.5		
白鲢总计		15 000	1 542			6 375	4 833	31.2	3.1
花　鲢	250～350	1 200	375	98	700	825	450		
	100～150	1 200	150	96	650	730	600		
	1	1 500	1.5	86	175	225	223.5		
花鲢总计		3 900	526.5			1 800	1 273.5	8.2	2.4
罗非鱼	1.5	75 000	112.5		100～150	6 450	6 337.5	40.9	56.3
白　鲫	20	6 000	120		150	525	405	2.6	3.4
鲫　鱼	25～50	3 000	112.5		100～150	525	412.5	2.7	3.7
鲤　鱼	200～300	1 200	300	85	750～1 000	825	525	3.4	1.8
鲳鳊鱼	60	7 500	450	85	150～250	1 200	750	4.8	1.7
草　鱼	400～500	1 200	540	85		1 500	960	6.2	1.8
总　计		112 800	3 703.5			19 200	15 406.5	100	4.2

资料来源：Yan & Yao,1989。

投放起捕交替运作情况：3 种类型的鱼塘第一次放养在 2 月底至 3 月份。第一种类型，混养鱼的生物量增加为：3 月份 2.85 t/ha→5 月份 4.54 t/ha→6 月份 6.0 t/ha。第一次起捕从 6 月份开始，时值花白鲢每条均重达 0.6 kg 以上，符合市售规格。7 月份将这些鱼都捕完，以使鱼塘现存量降至 3.5 t/ha。第二次

表 8-3 草鱼和鲳鳊鱼的一个高产模型中的放养、密度和收获

| 鱼 种 | 放 养 | | | 存活率 (%) | 收 获 | | | 总产比率 (%) | 净增长率 (倍数) |
	大小 (g/尾)	数量 (尾/ha)	密度 (kg/ha)		大小 (g/尾)	总产量 (kg/ha)	净产量 (kg/ha)		
草 鱼	400	1 500	600	90	1 750	2 362.5	1 762.5	14.2	2.9
	50	3 000	150	80	400	960	810	6.5	5.4
	50~400	4 500	337.5	90	375	1 518.8	1 181.3	9.5	3.5
鲳鳊鱼	10	3 000	30	80	150	360	330	2.7	11.0
	200	4 500	900	95	600	2 565	1 665	13.5	1.9
白 鲢	50	1 500	75	95	600	855	780	6.3	10.4
	2	4 500	9		200	882	873	7.1	97.0
	175	1 500	262.5	95	650	926.3	663.8	5.4	2.5
花 鲢	2	1 500	3	95	175	257.3	254.3	2.1	84.8
白 鲫	25	6 000	150		150	540	390	3.1	2.6
鲫 鱼	25~50	3 000	112.5		150	450	337.5	2.7	3.0
鲤 鱼	50	2 250	112.5	95	400	855	742.5	6.0	6.6
青 鱼	500	150	75		2 500	375	300	2.4	4.0
罗非鱼	2	15 000	30		150	2 250	2 200	17.9	74.0
其他鱼种						75	75	0.6	
总 计		5 190	2 847			15 231.9	12 384.9	100.0	4.4

资料来源:Yan & Yao,1989。

表 8-4 青鱼和鲤鱼的一个高产模型中的放养、密度和收获

| 鱼 种 | 放 养 | | | 存活率 (%) | 收 获 | | | 总产比率 (%) | 净增长率 (倍数) |
	大小 (g/尾)	数量 (尾/ha)	密度 (kg/ha)		大小 (g/尾)	总产量 (kg/ha)	净产量 (kg/ha)		
青 鱼	750	1 800	1 350	98	2 500	4 410	3 060	22.0	2.3
	150	4 200	630	85	750	2 677.5	2 047.5	14.7	3.3
鲤 鱼	15	6 000	90	99	425	2 524.5	2 434.5	17.5	27.1
鲳鳊鱼	40	6 000	240	93	290	1 620	1 380	9.9	5.8
	400	450	180	80	1 500	540	360	2.6	2.0
草 鱼	60	750	45	87	450	292.5	247.5	1.8	5.5
白 鲢	50	4 800	240	96	650	2 987.3	2 747.3	19.8	11.4
花鲢鱼	50	1 200	60	100	675	807	747	5.4	12.5
白 鲫	15	6 000	90	64	135	522	432	3.1	4.8
	1	10 500	10.5	47	25	124.5	114	0.8	10.9
鲫 鱼	20	1 500	30	92	195	262.5	232.5	1.7	7.8
其他鱼种						84.8	84.8	0.6	
总 计		43 200	2 965.5			16 852.6	13 887.1	100.0	4.7

资料来源:Yan & Yao,1989。

放养主要为白鲢,时间在 8 月,投放的鱼苗每尾重 2 g,投放量为 4 500 尾。第二次起捕期为 8 月底至 9 月,捕获达到市售规格的草、鳊和花白鲢等,以降低现存

量至 4.0 t/ha。这次起捕对鱼塘中的混养种群的生长增重起着很好的促进作用,现存量从 8 月份的 4.0 t/ha 增至 9 月份的 7~8 t/ha。最后一次起捕在 12 月底至 1 月初。年净产量和总产量分别为 12.38 t/ha•a 和 15.23 t/ha•a。

第二种类型,从 6 月份到 10 月份期间,起捕的交替运作要达到 15~18 次(其中也有一些投放),以达到调整和减少现存量的目的,维持在 5.25 t/ha~7.0 t/ha,低于临界水平。从 6 月至 10 月每个月的净生产为 1.5 t/ha~3.0 t/ha。年底必须清塘,放干水起鱼,移走部分塘泥沉积物,并且于冬季放水肥塘,这对于来年水质的改善、鱼的防病和快速生长都大有益处。

第三种类型,在 8~9 月份的高温季节(28 ℃~32 ℃),鱼塘现存量可接近临界值,为 11.25 t/ha。能量补偿情况:为了获得高产,要很好地把握能量补偿,即投喂各种饲料和管理方面的耗能。

3 种类型的鱼塘总水产能量与总补偿能量比分别为 15.60%,28.11%,14.03%;每吨水产所耗费的能量分别为 29.73,14.00,34.55 GJ/t。

8.3.4.2 桑基鱼塘(钟功甫等,1987)

桑基鱼塘以结构完整、部门协调、生物与环境相适应、经济效益与生态效益高为特色;该系统以桑为基础,桑叶养蚕,蚕沙、蚕蛹喂鱼,塘泥肥基,形成一个良性循环。桑基鱼塘的物质循环:1 ha 地产桑叶 22 500 kg,每 100 kg 桑叶喂蚕可得蚕沙 50 kg,而 22 500 kg 桑叶可得蚕沙 11 250 kg;每 8 kg 蚕沙可养成 1 kg 草鱼,则 11 250 kg 蚕沙可得塘鱼 1 406 kg。当然,养蚕缫丝及蚕蛹的利用以及鱼塘中草鱼排泄物的物质循环另有一本账。总之,这个系统中,桑多、蚕多、蚕沙多、鱼多、塘泥肥又带来基面肥,既而又促进桑多,如此反复(如图 8-2)。

桑基鱼塘的能量交换:① 桑基方面,太阳年辐射总量为 48 157 500 MJ/ha,其中达到桑树群落上空的只有 48%,而达到桑叶(即转化为桑叶)的总量为 147 750MJ/ha。蚕食桑叶浪费 25%,其吸收的能量转化为蚕茧量为 20 775 MJ/ha。② 鱼塘方面,浮游植物是鱼塘的主要初级生产者,鱼塘的光合作用基本集中在水深 0.5 m 内,故浮游植物吸收的太阳能为总辐射的 29.7%,即 14 317 200 MJ/ha,实际净光合产物为 375 300 MJ/ha。加上蚕沙、青饲料、精饲料,鱼塘饲料总能量为 687 120 MJ/ha,而实际鱼产量为 40 830 MJ/ha。

8.3.4.3 太湖湿地养鱼改善水质生态工程(李闻朝等,1995)

该工程在湿地围堤筑塘或设置网箱养鱼,既由鱼丰产而获得经济效益,又改善了湿地的水质和周围环境,综合效益显著。50 年代,东太湖总面积为 24 121ha,其时水生植物的平均生物量为 504 g(fw)/m²,由于生产过度,水质和周围环境都不好。随着人口不断增长,湖区围垦之风盛行,从 1954 年至 1978 年,10 996 ha 的东太湖湿地被开垦;到 1992 年,开垦围成鱼塘的有 3 306 ha。鱼塘养鱼获得高产(7.18 t/ha)和高利润(18 610 元/ha);并由于收获水生植物

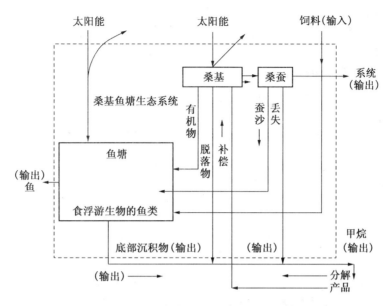

图 8-2　桑基鱼塘模型(资料来源:马世俊,1986)

(520 330 t/a),每年从湖水中迁移走大量的营养物质(1 404 tN 和 221 tP),明显地改善了水质。这一地区也发展了网箱养鱼,但比较起来,综合效益不如鱼塘,当然,比湿地中自然状态下的鱼产量和收益要好得多。

在东太湖地区实施了三种类型的渔业,有关情况比较如下:

(1) 围塘养鱼

主要投放草鱼(占总产量的 58%)、鳊鱼(占总产量的 27%)、鲢和鳙(占总产量的 15%),鲤和鲫是鱼塘中的自生种,数量很少,从未开垦的湿地中收获水生植物以饲喂鱼塘中的鱼。如 1992 年收获沉水植物 520 330 t(其中眼子菜占85.3%,黑藻占 12.6%,苦草占 2.1%),从湖水中向塘水中转移 1 561 t N,237.3 t P;此外,在 2 730 ha 鱼塘周围种了黑麦草等饲料,可向鱼塘每年提供183 974 t 鱼饲料;通过罱泥,从这些鱼塘中移走 400×10^4 m^3 的底泥(含 5 058 t N和 1 657 t P),既肥了塘边的草地,又可防止鱼塘的富营养化。

(2) 网箱养鱼

80 年代开始,1988 年后技术日臻完善,1993 年,在 3 306 ha 的湿地内安置了 946 个网箱,每年投入 59 955 t 水草和 3 842 t 的复合肥料,鱼产量达到7.5 t/ha,单位效益为 12 420 元/ha。

(3) 天然渔业

由于在未开垦的湿地中设置网箱养鱼,自然状况下的鱼产量也大幅度提高。在 1986~1993 年间平均年产量达到 2 395 t,比 70 年代高出 36%。其中主要鱼种是鲤、鳊、草,还有鲫、白鲢和虾。在自然状况下,鲤、鳊、鲫、虾和其他一些小鱼可以繁殖,但草、鲢、鳙是不行的。向东太湖天然水体中也投放些鱼苗,但更多的鱼种及饲料是从网箱中逃逸和散漏出去的。

3 种类型渔业的综合效益评估:

① 生产力　鱼塘生产和网箱生产占东太湖湿地面积的 20％和 2％,然而鱼产量竟达总产的 84％和 7％,分别为自然水体中鱼产量的 37 倍和 3.1 倍。

② 经济效益　3 种类型渔业经济效益分析见表 8-5。

表 8-5　三种类型渔业经济效益分析

渔业类型	鱼　塘	网　箱	天然水体
产投比(％)	1.65	1.35	1.84
总利润(10^4 元)	6 153.39	478.83	702.70
平均利润(元/公顷)	18 610	12 420	563

③ 环境效益　1993 年,由于收获茭白(菰)叶 12 367 t 和沉水植物 567 928 t,从未开垦的东湖湿地中移走 1 795 t N 和 264 t P。网箱养鱼由于投喂的饲料和鱼的排泄物的散漏,倒排入湖中 402 t N 和 49 t P。鱼塘养鱼过程中罱泥迁移走 5 058 t N 和 1 657 t P,但由于排水过程,又有 157 t N 和 15.68 t P 返回湖中。总的湿地养鱼系统每年从湿地中迁移走 1 290 t N 和 209 t P。

④ 水质的改善　湿地中水生植物的收获对水质的改善收到很好的效果,如下表所示。

表 8-6　不同太湖湾区水质的比较(1993 年)

湖　湾	TN	NO_3^-	NH_4^+	TP	COD	BOD
吴蠡湾	4.13	0.65	1.75	0.118	9.45	2.21
无锡湾(91)	1.89	0.43	0.33	0.075	13.03	3.02
西湾(91)	1.54	0.43	0.21	0.066	9.12	2.21
东太湖湾	1.04	0.25	0.20	0.075	5.57	1.99

8.3.4.4　稻田养殖生态技术

稻田旁的沟涵水环境,富含有机碎屑、浮游生物和多种昆虫,这正是鱼、虾、蟹、鳖等水产的美食;而这些水生动物一旦进入稻田水环境,既为自己找到适应生存的栖居地,又能清除稻田害虫,改善水质和土壤质地,而且还为稻田增加了肥力,形成"稻香,鱼跃,水产肥"的和谐局面(如图 8-3 所示)。因而,稻田养殖是利用稻田水环境,使动、植物互利共生,充分利用系统中的物质和能量,达到水稻、水产双丰收的高效生态技术。此外,稻田养殖又可节省大量的土地、水面资源,节省了为数相当的鱼塘开挖费,使有限的水土资源得到充分的利用,在单一的作物田块中创造出立体综合效益。江苏省稻田养殖连续 3 年快速发展，1997 年达到 100 万亩，预计全年稻田养殖可实现水稻总产量 43×10^4 t，鱼、虾、蟹等水产品 5×10^4 t，总产值 27 亿元，亩均利润 1 300 元。高淳区推广的稻田养殖有 3 种类型：一是稻田养蟹，这种类型一

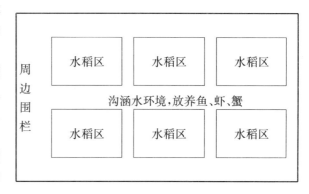

图 8-3　稻田养殖示意图

般栽插中晚稻，在栽插中晚稻前放养蟹种，秋后可获蟹稻双丰收；二是稻田养虾，这种类型宜栽早稻，早稻收割后灌满水放养青虾；三是稻田育蟹种，这种类型是利用稻田放养蟹苗，专门培育蟹种。该县永胜圩 1997 年发展稻田养殖 5 万亩，预期可为农民增加收入 4 000 万元。

8.4　林农综合经营生态工程

我国是世界上水土流失最严重的国家之一。据粗略统计，在 50 年代，土壤侵蚀面积为 150×10^4 km²，占全国总面积的 1/6；土壤侵蚀量为 50×10^8 t，而 N、P、K 损失量约为 $4 000 \times 10^4$ t。据最近全国遥感普查统计，目前我国土壤侵蚀面积为 367×10^4 km²，其中水蚀面积约为 179×10^4 km²。土地沙化在我国也表现得十分突出，据不完全统计，目前我国平均每年约 1 500 km² 土地沙漠化。为此，我国十分重视林业生态工程的研究建设，特别是举世瞩目的中国五大防护林生态工程——三北(华北、西北、东北)防护林体系、平原和太行山两大绿化工程，计划从 1978 年～2050 年，人工造林 948 600 km²。至 1997 年，我国人工造林保存面积已居世界第一，累计达 342 500 km²；森林覆盖率从 50 年代的 8.6% 上升到现在的 13.9%，全国已有 50 亿人次参加了义务植树，有 12 个省区基本消灭了宜林荒山；全国种草保存面积达到 $1 600 \times 10^4$ ha。以上措施对减少径流泥沙，拦洪削减洪峰，防风固沙，改善保护区内农田小气候，促进农业增产及多种经营，已开始显示良好效益。本节介绍江西红色石灰土荒山林农牧生态工程技术和拜泉农林牧复合生态工程的实施情况。

8.4.1　林-农-牧良性循环机制及其技术研究

随着社会经济的不断发展，林业已面临着优化结构和提高效益为核心的变

革。但单纯的林业总是难以克服周期长,稳定性差,竞争力弱的弊病,而唯有摆脱传统林业的桎梏,走林业与农业、牧业有机结合,各业协调,综合发展的道路,才是高效持续发展林业的必然途径。因此寻找一条能联结林、农、牧各业的适宜因子,组建各业协调,有机结合的稳定生态系统和良性循环,是我们林业工作者近年来致力的目标。

江西农大林学院林农复合经营课题组经过多年的研究、探索,发现并证实了籽粒苋可以作为联结林、农、牧业的一个环节和衔接纽带,促成良性循环。将籽粒苋这一优良蛋白饲料作物引入林地或果园种植,可以实现林-农-牧间的最佳结合,从而形成林(果)-苋-畜-沼-林(果)的良性循环,达到生态林业之综合开发,持续发展,经济高效的目标。

8.4.1.1　研究区概况

试验区分设在修水和宁都两县。

(1) 修水宁州生态示范林场

海拔 321.3 m,坡度 15°～30°,年均气温 16.5 ℃,年降雨量 1 630.7 mm,无霜期 248 d,土壤为石灰岩发育的红色石灰土,微酸性,岩石裸露率 50%,地表植被稀少,水土流失严重。于 1994 年在荒山新造 3 年生来木林内实施林-苋-畜-林良性循环模式。林木株行距 2 m×2 m。面积 50 亩。

(2) 宁都县田头林站脐橙果园:

低丘,坡度 2°～10°,年均气温 18.3 ℃,年降雨量 1 588 mm,无霜期 280 d,土壤沙化严重,土壤贫瘠。果树以 3 年生脐橙为主,株行距 3.5 m×3.5 m,面积 200 亩。果园建有 20 m³ 沼气池一个及 14 个猪栏。由于养猪亏本,形成猪栏空栏,猪-沼-果循环中断,沼气无原料,果园缺有机肥的局面。1996 年在果园内实施果-苋-禽、禽-沼-果循环模式。

8.4.1.2　林-农-牧良性循环组建指导思想和设计原则

林-农-牧良性循环研究中的林-苋-畜-禽、畜-沼-果 2 个主要模式,均以生态学和生态经济学原理为指导,以林(果)业建设为主体,充分利用林地(果园)幼林期充裕的自然环境资源(光、热、水、气、肥),并针对试验区现行单一经营、效益低,生态系统不稳定的弊端,人为增加生态链环,添补生态空白位,使林-农-牧各业相结合,形成小区域内多种群、多层次、多功能、多效益的稳定复合生态系统,使林(果)业由原来封闭的生物内循环系统改变成综合农业系统,以及开放地多级利用的经济大循环的良性循环系统。

循环的设计主要依据生态-经济-社会效益兼顾的原则、立体经营多重结构原则及物质循环多级利用等原则。即在改善环境、达到生态平衡的同时,除了十分重视当地经济的发展和群众的收益,使群众能从良性循环中获得直接利益外,还要使所设计的循环具有种群间互补共生的特性,促进和保护林(果)木生长,并实现系统内初级产品向高级产品的转化和物质多级利用,减少污染,提高系统内物质的经济价值,这也是现代复合林业区别于传统林业的主要内容。

8.4.1.3　林-农-牧良性循环基本模式及技术

(1)林-苋-畜-林循环模式

该模式在修水石灰岩荒山新造幼林内实施。即在3年生来木林下间种优良饲料籽粒苋,同时配合抓养殖业,养猪18头,羊40只,鱼6 000尾,采用林下分期播种,分期采收或砍萌多次的方式收获大量籽粒苋鲜茎叶取代部分精饲料喂养猪、羊、鱼等,猪、羊粪肥和塘泥返回林地,肥地促林、促苋。

(2)果-苋-禽、畜-沼-果循环模式

该模式在宁都县林业站脐橙果园内实施。即从早春开始分期在果树行间育苗、栽植籽粒苋,同时配合抓养殖业,养猪18头,山鸡3 000只,贵妃鸡60只,兔12只,鱼6 000尾,自籽粒苋生长40 d开始后约3个月内,每天割取籽粒苋饲喂猪、鸡、兔、鱼等禽畜,禽畜粪便和部分籽粒苋秸秆入沼气池产沼气,供果场4户农户20口人的生活能源和照明,沼液用于喷果树、喂猪、浇籽粒苋,沼渣返回果园肥地,促果树生长并改良土壤。

(3)籽粒苋优良特性及在循环中的生态位

两种模式的共同特点是引入了优良的蛋白饲料作物籽粒苋。这是一种被世界上誉为最有前途和发展潜力的一年生粮、饲、菜兼用的新型作物,具有营养价值高,繁殖系数大,适应性广,产量高的优良特性,已获得国家颁发的蛋白饲料合格证书。在现代农业生产中,农牧业结合的良性循环生态链条上,常常是以家禽、家畜作为第二生产者,通过食入牧草、秸秆、脚料而转化成可供人类食用的肉、蛋、乳。而畜禽排泄的粪便再在腐屑食物链的转化传递中,生成燃气和肥料。这样,就形成了整个农业生态系统中营养元素的物质循环和高效率利用。显然,饲料作为第一生产者,无论在草牧食物链还是腐屑食物链中都充当了重要角色,这一环节的薄弱将导致其他过程和链环的中断。籽粒苋因其营养价值远高于一般农作物,因此,必然成为农牧结合良性循环中优质饲料的首选作物。目前,籽粒苋在我国正得到推广和发展,这也充分说明在上述有关食物链中这个资源的选择是合适的。正是基于这一点,我们将籽粒苋引入林地和果园种植,实际是充当了林-农-牧业有机结合的衔接纽带,充实了其中的有关生态位,也即在林-农-牧生态系统的物质循环中,较好地解决了基础营养级与次级生产的关系,从而弥补了林(果)业目前发展中存在的各种不足。

8.4.1.4　林-农-牧良性循环效益分析及评价

(1)生态效益分析

林-农-牧良性循环的生态效益主要表现在循环中各因子的综合改土、培肥及保持水土和改善林地、果园生态环境等方面。对林地、果园良性循环系统及对照进行各项测定的结果表明(见表 8-7),实行林(果)-苋-畜-沼-林(果)循环模式,能有效改善林地和果园生态环境,系统内土壤有机质及养分值迅速提高,土壤结构改善,容重下降。林地、果园保水能力大大加强。同时,夏季林内平均气温变低,相对湿度增加,气温、地温变幅变小,夏季最高温比对照低 2.3 ℃,为林木、果木生长创造了良好的生态环境,并对周围农区小气候产生一定影响。

表 8-7　修水试验林有关生态因子的检测

林	分	有机质	容重	田间持水量	总孔隙度	土壤通气度	日均气温	相对湿度	地温变幅	地面最低温	地面最高温	地表温度	备　注
来	试验林	3.68	1.29	31.1	56.8	33.97	29.5	73.0	27.1~34.8	23.0	47.8	33.3	调查时间
木	对照	3.39	1.34	23.8	40.5	26.03	30.0	72.0	25.5~34.5	25.0	50.2	34.3	1994.8.17
脐	试验林		1.28	39.73	50.93	21.58	29.8	80.7	28.7~30.9	16.9	45.5	34.0	1996.7.30
橙	对照		1.34	34.56	46.34	7.01	29.9	79.3	29.4~33.0	16.6	47.8	33.5	

　* 注:对照系未间种籽粒苋的林分,小气候测定采用 6∶00~20∶00 每两小时观测数据求平均值。
资料来源:郭晓敏、刘苑秋等,1996。

(2) 经济效益分析

　　由于良性循环中采用立体经营的原则,充分利用了幼林地的光能空间和地力条件,因此,比其他土地利用方式在同样的资源消耗下有更高的产出。同时间种籽粒苋还起到了以耕代抚的作用,促进了林木和果木生长,如修水间种林来木地径和高生长比纯林高 62.2% 和 16.3%。修水养殖业收入见表 8-8。

表 8-8　修水试验林养殖业收入表　　　　　　　　单位:元

品种	饲养头数	投　入				产　出		投产比	备　注
		小计	购进款	精饲料	管理费	毛利	纯利		
山羊	大羊30头	2 229	1 200			4 800	2 571	1∶2.5	大羊以均重20 kg,市场毛价
	小羊10头					743	743		8元/kg 计算
猪	成猪18头	8 454.5	3 805	2 560	2 089.5	15 120	6 665.5	1∶1.8	猪以均重 120 kg,市场毛价7 元/kg 计算

资料来源:郭晓敏、刘苑秋等,1996。

　　表中数据说明,良性循环能带来林木产、畜业发展,经济收益可观。同时,对宁都果园间种籽粒苋及良性循环实施效果的调查表明,籽粒苋间种产量可达亩产 6 000 斤,饲喂猪、禽,可代替 1/3 精料,每头猪可节约成本约 100 元,共计节省投入 1 800 元,另外,饲喂山鸡,使产蛋率增加 20%,利用籽粒苋秸秆和禽、畜粪便作原料的沼气池每日产沼气可供果园四户果农 20 口人的生活能源和照明,既减少了环境污染,又节省了大量开支,据估测,将能源,沼液,沼渣的应用价值计算在内,仅果园沼气池一年的经济效益可达千元以上。加上养殖业出售肉、禽取得的直接经济效益,良性循环使果园收入明显增加,体现了以种促养,林-农-牧结合良性循环的优越性。

(3) 社会效益分析

林-苋-畜-林及果-苋-禽畜-果是结合当地经济发展情况而设计的,模式的运行活跃了农村经济,为生态农业注入了新的活力,林-农-牧结合,取得了大量短期收益,改变了单一运营的传统方法,为社会提供了大量的产品,同时,良性循环促成了劳动密集型经营,增加了林业的资金和劳力投入,形成了各业协调,相互促进的新局面。

分析林-农-牧良性循环的经营状况,可以看出,由两个不同模式组成的长、中、短效益结合,生态、经济、社会效益兼顾的优良循环系统是合理的,有科学依据的,也是可行的(见图 8-4)。籽粒苋的引入,使系统的物流、能流更加合理,食

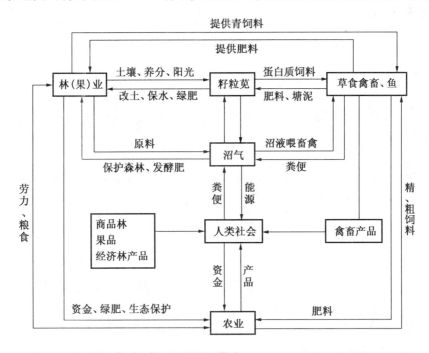

图 8-4　林(果)-苋-禽、畜-沼-果循环模式(资料来源:郭晓敏、刘苑秋等,1996。)

物链节增加,结构趋于优化,在系统内形成物质的多级利用,即充分利用了林地(果园)的光能、养分,又为牧业提供了大量优质的饲料,还起到了以耕代抚、改良土壤、减少流失、改善小气候的作用,促进了林木(果木)生长。同时,还可利用废料,减少污染,提供能源和优质肥料。特别重要的是,由于籽粒苋能替代部分精

饲料,减少养殖成本,且种植简单,成本低,增加了林(果)业需要的有机肥,有效地促进了养殖业的发展,从而带来了林(果)业的兴旺。使系统在生产中获得最大的生物量,部分经过牲畜过腹还林,增加了食物链的中间环节,提高了利用率和转化率,也为市场提供了更多的产品,其资金再投入林、果、农等种植中,可获得更多的产品,获得更大的收益。

8.4.1.5　研究结论

(1) 以籽粒苋为纽带的林-苋-畜-林和果-苋-禽、畜-沼-果循环模式,体现了生态农业良性循环的整体协调性和持续性。改变了林(果)木单一经营的生产结构。形成了林-农-牧结合的稳定复合生态系统,是农业综合利用的优选模式之一。

(2) 林-苋-畜-林及果-苋-禽、畜-沼-果复合生态经济结构模式,促进了林木生长和养殖业发展,改善了林地、果园小气候,发挥了土壤潜能,产生了较好的生态、经济、社会效益,符合生态、经济规律和持续发展要求,具有高效益、少污染、能耗少、利用率高的特点。

8.4.2　拜泉农林牧复合生态工程

8.4.2.1　拜泉自然状况

黑龙江省拜泉县地处小兴安岭余脉与松嫩平原过渡带,年平均气温 1.2 ℃,无霜期 122 d,平均降雨量 482 mm,坡耕地占全部耕地 70%。地下水资源丰富,原属贫困县。

8.4.2.2　复合生态工程的实施

拜泉复合生态工程基本区划为 4 种模式:① 丘陵地区坡水田林路综合开发型生态农业模式;② 漫岗半丘陵地区粮牧企经营立体开发生态农业模式;③ 平原地区林果畜粮综合经营型生态农业模式;④ 沼泽低洼地区鸡、猪、鱼、稻良性循环型生态农业模式。"林、畜、作、科、产、能、人"7 个字(7 方面)干出了特色,抓出了成效:

(1) 植树造林,治沟治坡,强化复合工程的基础建设　通过治沟、修梯田、田边建防护林和山地普遍植树种草等措施,有效地控制了水土流失。1992 年该县被水利部评为全国水土保持先进县,在全国平原县中率先成为 6.6×10^4 ha(百万亩)人工林县。

(2) 大力发展畜牧业,完善农林牧复合经营结构　陡坡退耕还牧,林草间作 4 733 ha,为牧业的大力发展提供了条件,到 1992 年发展为黄牛 4.9 万头,奶牛 1 万头,生猪 17.2 万头和鹅 35.6 万只的六畜兴旺的局面。

(3) 引进培育良种,改善农作技术　引种并筛选适宜本地水、肥、光、热等条件的小麦、玉米、水稻等作物;并采用覆膜玉米和草木樨间作、无土育秧玉米与甜菜间作,充分利用积温,集中时间种植高粱、小麦和甜菜及选用早熟品种,避开汛期,预防洪涝等等因地制宜、科学合理的农作技术。

（4）加大科技含量,建立技术、资金、劳力密集的集约化生态农业结构　如推广水稻寒地旱育稀植新技术 4 267 ha,平均产量 5 250 kg/ha;覆膜玉米 7 333 ha,平均产量 7 687.5 kg/ha,比直播玉米增产 4 537.4 kg/ha;等等。科技的投入,农业结构的变化,使拜泉的农业发生很大的飞跃。

（5）延长产业链,实现多级加工增值,建立多级循环利用的复合生态农业结构　以本地农产品为原料发展起来的糖、乳、麻、油、肉、蛋、烟草和皮革等 9 个种养工贸一条龙系列化企业群,已逐渐形成县域经济的支柱产业。

（6）开源节流,推进能源综合建设,建立以能源为纽带的生态农业结构　建太阳能暖房 84 栋（面积 7 621 m²）,每年节省烧柴 1.5×10⁴ t;建太阳能猪舍,育肥猪比普通猪舍日增重提高 250 g;发展薪炭林 26 000 ha,根茬粉碎和秸秆还田 8 677 ha,有效增加了土壤的有机质,促进了良性循环。

（7）控制人口数量,提高人口素质　生态农业建设中既抓物质的再生利用,又按照生态农业的要求控制人口出生。到 2000 年全县人口自然增长率要控制在 11.7‰～12‰以内。

8.4.2.3　实施效果

该复合工程实施后,森林覆盖率已达 19.7%（年增长 10.3 个百分点）;治理水土流失面积占治理面积的 67.7%,治理后坡耕地减少径流 37%,泥沙流失减少 50%;风速降低 38%;空气湿度提高 10.14%,蒸发量减少 14.6%～17.8%;粮、奶、甜菜商品率分别比 1985 年同期增长 88.9%,630% 和 320%;1993 年该县的农业总产值、总收入和人均收入分别是 1985 年的 2.1 倍、2.44 倍、2.39 倍,促进了该县的脱贫致富。

8.5　农业产业化经营与实用生态农业技术

产业理论的研究表明,在社会经济发展中,农业并不总是表现为只能生产初级产品的初级产业,随其自身产业水平的提高,会愈来愈向高附加值方向发展。事实上,发达国家的农业早已超过了产业发展的初级阶段,农业的效益比其他产业毫不逊色。很显然,推进农业产业化经营是我国农业发展的必然趋势。当然,我们绝不能走西方现代农业的老路,不能用环境污染、资源枯竭去换取粮、肉、奶。我们实施的农业产业化经营,就是复合农业生态工程,就是实施多项生态农业技术的高效生态农业。因而,本节包括农业产业化经营和若干实用的生态农业技术两部分内容。

8.5.1 农业产业化经营

8.5.1.1 农业产业化经营的概念

农业产业化经营,就是以市场为导向,以提高效益为中心,以主导产业、产品为重点,优化组合各种生产要素,把生产、加工、流通紧密结合起来,延长农业产业链,实行贸工农一体化经营。

实现农业产业化经营,可以稳步解决农业和农村经济发展中的几个深层次的矛盾:如千家万户的小生产和千变万化的大市场之间的矛盾;家庭经营与规模集约经营的矛盾;保证农产品有效供给与农业比较效益低的矛盾等。

发展农业产业化经营的总体目标是:以市场为导向,科技为先导,效益为中心,大力发展高产、高质、高效农业,逐步建立稳定的种植业、发达的养殖业、一流的园艺业、先进的加工业、活跃的流通业,使农业环境和农产品质量明显改善,养殖业和农副产品加工业的比重大大提高,外向型农业迅速发展,农业生产水平和农业综合效益取得明显提高。

8.5.1.2 苏北兴化的农业产业化经营

苏北兴化地处里下河腹地,水网纵横,过去以一家一户分散的渔农经济为主。如今,153万兴化人民,已从传统农业的思维定式中走出来,向农业产业化迈进。近年来,集养殖、种植、生产、加工、流通一体化"农型"企业已达480余家,加工额20亿元,占全市工业销售的30%左右。兴化市委农工部的最新调查结果表明,1997年上半年,全市多种经营专业大户达5 941个,纯收入达1.25亿元,户均2.1万元。

李健乡一养殖大户,1996年上市肉猪1 485头,创利20万元,1997年养肉猪可达5 000头。在他的带动下,全村出现了65个饲养生猪百头以上的大户,1997年该村生猪饲养量可达3万头,户均131头,人均35头,人均纯收入可达3 500元。大垛镇管阮村一农户投入资金160万元,办起了机械化养鸡场,1997年饲养蛋鸡5万只,已获利40多万元,全村饲养蛋鸡达到30万只,人均纯收入可达4 000元,成了兴化"养鸡第一村"。一个专业户,带出一个专业村,形成一个支柱产业;兴化农业产业化的实现,正是从一个个点上开始,将粒粒"珍珠"串成集约化经营的"经济链",进而形成了一个个特色化基地。全市养殖河蟹超5 000亩、青虾超1 000亩、甲鱼超500亩的乡镇分别达到14个、11个和3个。海南镇万亩稻田养蟹基地,进入省级高产高效养殖示范区行列。全市1 700多个股份制水产养殖联合体,承包了全市近半数的水面。周奋乡时二村16户农民兴办的股份制特种水产养殖体,人均收入超过2万元,村级集体经济积累150多万元。

兴化人在农副产品主要基地兴办加工企业,对农副产品进行加工增值,形成种养加、产供销一条龙的经营格局。垛田乡有蔬菜面积2.5万亩,年产蔬菜

10×10^4 t 以上,为解决卖菜难,提高产品附加值,该乡进行蔬菜脱水加工,1996年共生产脱水蔬菜 7 000 t,创产值 1.5 亿元,利税逾千万元,农民种菜的亩平均收入可达 5 000 元,比普通菜地增值一倍以上。荡朱乡农民种菜注重品牌意识,已申请注册了"一禾"牌商标,为其无公害优质蔬菜的销售注入了生机和活力。大麦生产啤酒麦芽,麦草制造纸箱,米糠榨油,玉米转化淀粉等等,生态工程技术给产业化经营增添了新葩;周庄镇 1996 年工业利税 2 013 万元,农副产品加工企业占 70% 以上,已形成年消化大麦 $3 500 \times 10^4$ kg、年消化麦草 350×10^4 kg、年转化米糠 9 000 t 的生产规模,走出了一条适合里下河地区工业的新路子。

水乡兴化,河网纵横,精明的兴化人根据这一特点,建起了 51 个水上市场,开拓水上贸易,每天有周边地区的近千条大船在这儿交易,年成交额逾亿元。

8.5.2　秸秆养畜、过腹还田生态技术

我国是农业大国,每年收获季节都造成大量秸秆有待处理。过去生产力和生活水平低下,秸秆被大量用于建筑、薪柴、编织;可现今,许多人已对它不屑一顾,或遗弃在田野里烂掉,或放火烧掉,既浪费了资源,又污染了环境。1996 年国务院转发了农业部关于《1996～2000 年全国秸秆养畜过腹还田项目发展纲要》,这是国家下发的有关生态农业的一个重要政策,是鼓励我国农民学习生态技术,走持续发展致富之路的重要举措。

江苏是典型的农区畜牧业省份,改革开放以来,畜牧业连年稳步增长,1996年肉类总产达 320×10^4 t,人均 47 kg 左右,既丰富了城乡市场供应,也充实了农民的钱袋子。据统计,全省农民纯收入的三分之一来自畜牧业。然而,江苏人多地少,畜牧业的发展是以耗粮型的猪禽生产为主,粮饲矛盾非常突出。大力提倡秸秆养畜、过腹还田,实为明智之举。江苏农区以粮为主,斤粮斤草,秸秆资源丰富。近几年,发展秸秆养畜势头很旺;并且通过青贮(青贮流程如图8-5)、氨化

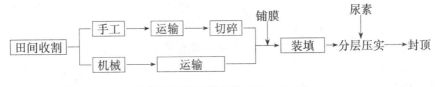

图 8-5　农作物秸秆青贮流程(资料来源:文化,1996。)

(氨化流程如图8-6)等方法,牛羊的采食量和消化率可提高 20%,特别是氨化秸

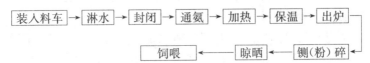

图 8-6　秸秆氨化流程示意图(资料来源:文化,1996)

秆,粗蛋白含量可以增加1倍至2倍。1996年,全省共青贮饲料74×10⁴ t、氨化秆秆56×10⁴ t,若按5.6 kg青贮饲料或3 kg氨化秸秆相当于1 kg玉米的营养价值计算,等于节约饲料粮31.9×10⁴ t,相当于一个中等县的粮食产量。

秸秆养畜、过腹还田,不仅扩大了饲料来源,提高了秸秆的利用价值,而且增加农田肥力和有机质含量,促进了农业生产的良性循环,具有明显的生态经济效益。据测算,每头牛平均每年需饲用秸秆3 000 kg(舍饲),可排粪尿7 250 kg,相当于150 kg硫酸铵、55 kg过磷酸钙、45 kg硫酸钾的肥力;每只羊饲用秸秆300 kg,可排粪尿500 kg,相当于20 kg硫酸铵、10 kg过磷酸钙、8 kg硫酸钾的肥力。江苏开发秸秆资源,发展牛羊,优化畜牧业结构已初见端倪。1996年末,全省出栏肉牛48.07万头,出栏肉羊1 936.31万只,牛羊肉在五肉(猪禽牛羊兔)中的比例由1991年的4.98%上升到8.54%。去年,全省牛羊肉总量分别为7.5×10⁴ t和19.1×10⁴ t,比1991年分别增长2.24倍和1.42倍。由此还带动了皮革加工和第三产业的发展。但是,按1996年江苏粮食总产算,秸秆有3 560×10⁴ t,实际利用秸秆养畜的处理率仅为2.3%,可见开发利用秸秆资源的潜力很大。

8.5.3　生态农业与"稻鸭共作"有机农业模式

生态农业一词最初是由美国土壤学家W. Albreche于1970年提出的,1981年英国农学家M. Worthington将生态农业明确定义为"生态上能自我维持,低输入,经济上有生命力,在环境、伦理和审美方面可接受的小型农业。"在西方,生态农业作为各种替代农业模式之一,中心思想是将农业建立在生态学基础上而不是化学基础上,以避免石油农业带来的危机。其实西方国家的生态农业就是有机农业的另一种叫法,等同于有机农业。

我国生态农业是于20世纪70年代末80年代初提出来的,其基本思想与西方生态农业一样,都是生态学思想,但定义与特征与国外生态农业即有机农业有很大的不同。我国生态农业是因地制宜利用现代科学技术并与传统农业技术相结合,充分发挥地区资源优势,依据经济发展水平及"整体、协调、循环、再生"的原则,运用系统工程方法,全面规划、合理组织农业生产,对中低产地区进行综合治理,对高产地区进行生态功能强化,实现农业高产优质高效持续发展,达到生态与经济两个系统的良性循环和经济、生态、社会三大效益的统一。它有别于国外生态农业的内涵,早于国际流行的"持续农业"提出,又是在中国条件下农业持续发展的最佳实践模式。其主要特点是:

(1)强调以提高第一性生产力作为活化整个农业生态系统的前提,为此不但不排斥,而且积极应用新技术(包括常规增产技术)和合理投入;

(2)强调发挥农业生态系统的整体功能。通过生态规划与生态技术实现扬

长避短和系统优化、"接口"强化,而不仅仅局限于提高单一的作物产量或单一产业;

（3）部分实现稀缺资源的替代和弥补,一方面充分挖掘系统内部资源潜力,另一方面高效利用购买性农业投入;改善各种结构(包括产业结构、投入结构),在不增加其他投入的情况下提高综合效益;通过物质循环、能量多层次综合利用和系列化深加工实现经济增值,实行废弃物资源化利用,提高农业效益,降低成本,为农村大量过剩劳力创造农业内部就业机会,维护农民积极性;改善农村生态环境,提高林草覆盖率,减少水土流失和污染,提高农产品的安全性等。

可见,生态农业是一种生态经济优化的农业体系,它适应当代世界环境与发展的形式,是解决我国农村人口、资源、环境需求与经济发展之间的矛盾的一条带有方向性的途径。

从上可知,我国生态农业就是生态合理的现代化农业,与有机农业相比,对常规农业技术如农药、化肥、基因工程品种等不特意限制,有相对严格(如绿色食品)或适当严格的标准(如无公害食品),但其涉及的内容与范围较有机农业更广,其生产模式更有利于提高系统的整体生产力,并正在朝着生态农业产业化的方向发展,符合我们国家人多地少的国情。此外,在中国进行有机农业生态工程建设,要以生态农业取得的成就为基础,在生态农业的基础上以有机农业生产标准来发展有机农业,从而达到真正优质、高效的目标。

欧洲把有机农业描述为:一种通过使用有机肥料和适当的耕作措施,以达到提高土壤的长效肥力的系统。有机农业生产中仍然可以使用有限的矿物物质,但不允许使用化学肥料。通过自然的方法而不是通过化学物质控制杂草和病虫害。

美国农业部的官员在全面考察了有机农业之后,1980 年给有机农业下了一个比较确切的定义,即有机农业是一种完全不用或基本不用人工合成的肥料、农药、生长调节剂和畜禽饲料添加剂的生产体系。在这一体系中,在最大的可行范围内尽可能地采用作物轮作、作物秸秆、畜禽粪肥、豆科作物、绿肥、农场以外的有机废弃物和生物防治病虫害的方法来保持土壤生产力和耕性,供给作物营养并防止病虫害和杂草的一种农业。尽管该定义还不够全面,但该定义描述了有机农业的主要特征,规定了有机农民不能做什么,应该怎么做。

我国传统农业长盛不衰,以环境安全、生态保护型的农业生产方法,在有限的土地上维持着众多人口的生计,支撑着几千年我国社会的绵延发展,创造了独特的我国农业文明,积累了丰富的农业遗产。"天地人物的和谐与统一"是传统农业的指导思想,精耕细作,用养结合,地力常新,农牧结合多种经营,轮作套种等是传统农业生产的基本技术,可以说我国的传统农业就是一种有机农业生产方式。国际上有机农业概念也正是受我国及日本、韩国等东方国家传统农业的启发而提出的。随着石油农业的普及,传统农业知识被视为一种落后技术而被逐渐遗忘。通过有机农业的推广,人们重新审视传统农业,一些传统农业知识与技术得到重新利用,有机生产基地的农民把搁置多年不用的自制土农药的技术又利用起来了,一些传统农业生产中使用的工具尤其是除草工具在有机生产基地恢复了使用;现在仍然保持传统农业种养模式的生产系统通过有机认证而得到肯定;绿肥曾经是我国农民培肥土壤的重要措施,20世纪70年代中期最高峰时在我国的种植面积达到1 200万 hm^2,但随着化学肥料的使用,绿肥逐渐减少,甚至农民都很难购买到绿肥种子。有机农业的推广,绿肥又被提到一个非常重要的位置,在有机水稻生产基地,绿肥与水稻轮作已是一种常见的轮作模式。以下介绍"稻鸭共作"有机农业模式的研究。

研究地点选在崇明岛西北部的上海市跃进农业管理总站,位于 31°90′N,121°20′E,海拔 3.8 m。全站农业耕地面积 2 600 hm^2,其中粮田面积 2 100 hm^2,地势平坦,土壤 pH 8,有机质 1.5%~2.0%,气候温和湿润,四季分明,日照充足,属亚热带海洋性气候,适合水稻、小麦的生长。平均全年日照数 2 094.2 小时,常年平均气温 15.2℃,最冷月(1 月)均温 3.4℃,最热月(7 月)均温 27.2℃,无霜期 229 d,≥10℃积温为 2 559.6℃,年平均降雨量 1 097.8 mm,其中主要雨季 5~9 月的雨量约占全年的 63%,年均太阳辐射约 482 kJ·cm^{-2}。

在跃进农业管理总站选取典型的"稻鸭共作"有机农业(绿肥与水稻轮作,稻田养鸭)模式(模式Ⅰ)和稻麦轮作常规农业(小麦、水稻轮作)模式(模式Ⅱ),以一个完整的生产年度为界限,对 2003 年度两个生产模式生产过程的各种投入、产出进行详细的记录,并以每 hm^2 为单元进行计算。

8.5.3.1 "稻鸭共作"有机农业模式

模式Ⅰ生产流程为:9 月下旬水稻收割前播种绿肥紫云英,10 月中旬开始收割水稻,翌年 4 月上旬翻耕绿肥,5 月上中旬开始水稻播种育秧,6 月上中旬移栽,移栽 20 天后开始放鸭下田,直至 8 月 20 日左右水稻孕穗期为止,10 月中旬开始收割水稻。生产过程中不使用化学合成的农药、化肥等农用化学品,通过绿肥、有机肥、秸秆还田培肥土壤,通过农艺调整、放鸭,加强农田管理以及使用植物源和生物农药防治病虫草害发生。

8.5.3.2 稻麦轮作常规模式

模式Ⅱ生产流程为:10 月下旬至 11 月上旬播种小麦,翌年 6 月初收割小麦,6 月上旬水稻直播,10 月下旬水稻收割,10 月下旬至 11 月上旬播种小麦。生产过程中使用化肥、农药、除草剂等现代常规农业生产物质,这是跃进农业管理总站多年来从事的农业生产方式。

　　表 8-9 通过经济效益和能值-货币价值对两种模式的生态经济效益进行了分析。结果表明,模式 I 稻鸭共作有机农业系统的投入略低于模式 II 稻麦常规生产系统,但是产出、毛收入和净效益模式 I 分别低于模式 II 15.7%、10.8% 和 35.4%。这是因为模式 I 尽管物质投入较低,但劳力投入较模式 II 高出 60.7%;模式 I 只有水稻和少量鸭子为经济产出,而模式 II 两个生产季节分别产出小麦和水稻;模式 I 水稻的产量 6 660.6 kg·hm^{-2} 低于模式 II 11.3%(模式 II 产量为 7512.8 kg·hm^{-2});尽管有机水稻稻谷的最高价格卖到 3.5 元·kg^{-1},但受市场的制约并非全部能够按照此价售出,部分稻谷只能作为常规产品出售,因此影响了模式 I 的经济效益。稻田养鸭主要目的是作为防治水稻生产的杂草和害虫的手段,养鸭部分的鸭苗、饲料、防疫和劳力成本为 511.6 元·hm^{-2},鸭子的销售收入为 420 元·hm^{-2},因此净利润亏损 91.6 元·hm^{-2}。

　　能值-货币价值分析的结果与经济效益比较的结果相反,即模式 I 的效益高于模式 II。模式 II 的投入远高于模式 I,是其 2.5 倍,尽管模式 II 的产出是模式 I 的 1.7 倍,但是模式 I 的产投比、毛收入和净收入分别高于模式 II 50%、102.6% 和 136.4%。其中一个主要原因是化肥的能值-货币价值是其经济价值的 5 倍,以至模式 II 的成本远高出模式 I。

表 8-9　模式 I、模式 II 生态经济效益比较

	经济效益 US$/hm² Economic benefit		能值-货币价值 Em$	
	模式 I mode I	模式 II mode II	模式 I mode I	模式 II mode II
1. 投入 Input				
种子 Seed	62.7	59.1	33.4	71.7
鸭苗 Duckling	6.5		6.2	
饲料 Feed	43.7		92.7	
肥料 Fertilizer	91.2	288.8	1.7	1444.5
生物农药 Bio-pesticide	97.9		8.7	
化学农药 Chemical pesticide		141.6		10.6
机械作业 Machine	223.5	265.9	223.5	265.9
燃油 Fuel	11.9	12.6	18.6	19.9
用电 Electricity	10.7	13.2	138	171
劳力 Labor	491.9	306.1	338	209
2. 固定成本 Solid cost				
税费合计 Tax	185.0	185.0		
有机认证成本 Organic certification	23.3		23.3	

表 8-9(续)

| | 经济效益 US$/hm² Economic benefit | | 能值-货币价值 Em$ | |
	模式Ⅰ mode Ⅰ	模式Ⅱ mode Ⅱ	模式Ⅰ mode Ⅰ	模式Ⅱ mode Ⅱ
成本合计 Total input	1 251.3	1 272.3	884.1	2 192.6
3. 产出 Output				
水稻 Rice	1 771.9	1 543.0	1 410	1 590
小麦 Wheat		619.1		856
鸭子 Duck	50.8		72.7	
总产出 Total output	1 822.7	2 162.1	1 482.7	2 446
4. 产投比 Output/Input	1.46	1.70	1.68	1.12
5. 毛收入(含劳力) Gross income	1063.3	1195.9	936.6	462.4
6. 净收益 Net income	571.4	889.8	598.6	253.4

（1）系统自身的能值反馈有利于提高整个系统的能值效益

模式Ⅰ绿肥与水稻轮作、水稻与养鸭立体种养结合，是一种农业生态工程的模式，具有良好的系统内部物质循环使用和能值反馈的特性，如绿肥生长和固氮产生的能值 4.89E+14 sej 又全部作为投入用于有机水稻的生产，减少了对外部投入的依赖，提高了系统的能值效益和可持续生产的能力，使系统 EYR、EIR、ELR、ESI 和 FYE 等指标均优于常规的稻麦生产模式。如果常规稻麦生产系统能够同样使小麦和水稻的秸秆就地还田而不是焚烧掉，充分利用其有机能值，则可以减少常规系统的外界工业辅助能的投入，各项能值指标能够得到不同程度的优化。Bastinanoni 等(2001)报道意大利的一个农场由于系统内部的牲畜养殖为作物种植提供有机肥，使系统的环境承载率降低，净能值产出率提高，体现出系统内部的能值反馈有利于提高整个系统的能值效益的作用。陆宏芳等(2003)对基塘农业生态工程模式的能值评估结果同样证明由于畜牧业增益环的引入增强了系统的内部循环和反馈，提高了系统的综合效益和可持续性。Zuo 等(2004)用能值指标 Bec(Bec＝系统产生的非交换能值-消耗的不可再生资源能值)来评估系统的可持续性，系统产生的非交换能值越大（即系统自身的反馈能值)，则可持续发展的潜力越大。因此在农业生态工程体系的设计和运行过程中，应有意识地提高系统产生能值的反馈率，提高 FYE，从而提高系统的自组织能力和生产效率，促进系统的可持续发展。

（2）系统能值效益和经济效益的关系分析

模式Ⅰ、模式Ⅱ的能值效益和实际经济效益正好是一个相反的结果，说明能值效益和经济效益并非直接相关。但经济效益不是一成不变的，会随市场的变化发生波动。有机食品作为一种经过认证的安全、健康、优质的产品,其市场价格受消费者的接受、认知程度和生产者的营销能力等因素的影响,目前跃进农业管理总站有机水稻的价格平均高于常规水稻的 30% 左右,经过计算如果能够高于 52% 以上,则模式 I 的经济效益就可高于模式 II。事实上有机产品的价格通常都高于常规产品价格 50% 以上,甚至 100%,我国目前市场上有机蔬菜的价格是常规的 2~3 倍,如果以能值可持续性指标来衡量产品的价格,则有机大米的价格应该上升到常规大米的 8.7 倍。因此,模式 I 不仅能值效益高于模式 II,经济效益也具有高于模式 II 的潜力。

（3）稻鸭共作农业生态工程设计的功能与效益关系分析

模式 I 稻鸭共作,养鸭的主要目的是发挥其防治有机水稻田的杂草和虫害功能,从而有效地减少人工投入(最有效的地块,除草的人工可降低 90.7%)和生物农药的使用,如稻纵卷叶螟的防治率达到 78.6%。农场采用群养群放的方式,每群鸭子完成一个地块的杂草和虫害防除任务后被赶往下一个地块,是作为有机水稻生产的一项投入,因此养鸭的数量较少(平均每公顷 54 只),即其独立核算的净利润略微亏损;而上一年度的养鸭数量较大(平均每公顷 225 只),其独立核算的净利润略有盈余。因此,如何能够耦合稻田养鸭的功能与效益关系,设计一合适的养殖数量和养殖方式,使其在发挥功能的同时增加系统的经济效益,有待进一步研究。

（4）稻鸭共作有机农业生产系统的优化

稻鸭共作有机农业生产系统中,一年的生产周期有一半用于绿肥生产,以至系统的经济产出能值较少,只有常规稻麦生产系统的 60.5%。从有机农业要生产足够的高质量食品的目标和进一步提高有机生产系统的经济效益出发,如果能够将模式 I 有机生产系统中的绿肥生产用兼顾既固氮培肥土壤又有经济产品的豆科作物如适合冬季种植的豌豆、蚕豆等替代仅作绿肥的紫云英,则可以增加系统的经济产品产出和提高经济效益,使稻鸭共作有机农业生产系统得到进一步的优化。这种替代会增加一些有机肥和人力的投入,但从能值分析可知,有机肥和人力投入都是可更新的有机能,有机肥的能值转换率很低,适量的增加不会对系统的能值收益和可持续性产生影响。

8.5.4　农业循环经济生态工程模式

随着我国畜禽养殖业的迅猛发展,养殖业生产规模的日益扩大,畜禽废弃物的产量剧增,对环境的污染也日趋严重,大量畜禽排泄物的处理已成为一个亟待解决的新问题。据统计,每年由畜禽养殖场排放的废水,其 COD 总量已接近工业废水的 COD 排放总量,N、P 流失量大于化肥流失量,排放的固体物是工业固体废弃物的 4 倍,达 19 亿吨。过去一些地方将规模化畜禽养殖作为产业结构调整、增加农民收入的重要途径加以鼓励,却忽视了污染防治工作,致使畜禽养殖产生的污染已成为中国农村地区污染的主要来源。畜禽场大量的粪便和垫料分解产生的 H_2S、NH_3 等有害气体不仅影响人畜健康,而且污染大气、水和土壤环境。中国畜禽粪便的总体土地负荷警戒值以小于 0.4 为宜,河南省及北京、上海、山东、湖南和广东等地已经超过 0.49,达到较严重的环境压力水平。

河南省地处中原,是农业大省,也是畜禽养殖大省,该产业已占全省农产值的 35%。随着养殖业产业化的快速发展,规模化、集约化生产日趋扩大,由畜禽场产生的大量污水、粪便和废弃物对环境造成的污染也日渐严重。据调查,全省近六千家规模化畜禽养殖场目前多数所排出的粪便和废水,均未经妥善利用与处理,即直接排放,从而对环境造成严重污染。随着人们环境意识的增强,养殖场污染越来越为社会所关注。根据国务院颁发的有关环境保护与治理等方面的指导精神,从保障人民健康和畜牧业可持续发展的长远利益出发,今后畜禽养殖业,特别是规模化、集约化养殖业的发展,必须将畜禽生产、粪尿与污水处理、能源与环境工程,以及种植业、水产业等统一进行考虑,结合起来发展,将由于畜禽养殖生产而导致的环境污染减少或控制到最低限度。

畜禽废弃物既是污染源又是良好的有机肥资源。畜禽粪便中含有氨、胺、硫化氢、吲哚、尿酸盐、致病菌及虫卵等致臭及有害物质,是造成空气污浊度升高、影响人类和牲畜健康的主要因素。同时畜禽粪便也含有大量的碳、氮、磷、钾和多种微量元素等植物营养成分,又是一种宝贵的资源,如何防止环境污染同时又合理地利用这些资源,是我国众多养殖企业都面临而必须解决的一个问题。畜禽粪便的资源化、无害化处理和综合利用是今后畜禽粪便处理利用的方向,将对我国农业可持续发展、提高农产品产量与品质和防止环境污染产生良好的效果。郑州天园农业生态循环有限公司则采用以肉牛养殖为主,沼气发电、淡水养殖为纽带的复合型经济工程模式,将养殖场、沼气工程与无公害农业作为一个整体,实现了废物综合利用,变废为宝;实现环境的协调、生态的循环和再生,使得COD 排放、总氮和总磷排放减少 90%。既改善了周围农村环境、又增加企业了收入。

8.5.4.1 郑州天园农业生态循环工程模式

郑州市天园农业生态循环有限公司成立于 2006 年 6 月,位于河南省郑州市惠济区牛庄村北黄河滩区内,是一个以肉牛养殖为主,以果树蔬菜栽培、食用菌及淡水养殖为延伸生态链条的农牧渔综合企业。公司占地 200 亩,其中建筑面积 6 000 平方米,果树种植面积 50 亩,淡水养殖面积 50 亩,蔬菜种植面积 30亩,蚯蚓养殖及肥料加工厂 20 亩,沼气池 1000 立方,50 千瓦沼气发电机一台,每年发电 432 000 度。生产区建有 18 栋标准牛棚,一套污水处理系统,配备自动喂料系统,自动喷洒消毒系统,定时排风及自动温控系统等现代化管理设施,公司目前肉牛存栏量维持在 1 000 头,年出栏 3 000 头左右,每年可消化秸秆 4 000 吨,产生牛粪(含水率 50%)约 10 000 吨,污水约 4 600 吨。

公司与河南省科学院地理研究所生态环境工程技术研究中心密切合作,以循环经济为理念,以节能减排为途径,采用以沼气和蚯蚓养殖为纽带的复合生态工程模式(其工艺流程如图 8-7),在技术上利用三条生态链实现粪污无害化处理:

工艺流程图

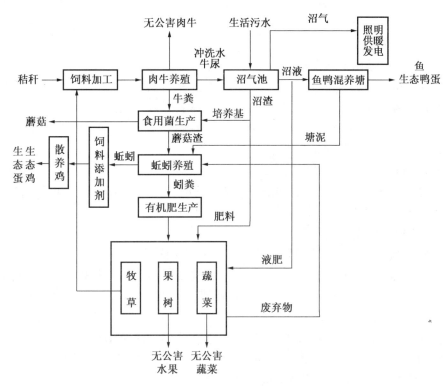

图 8-7　郑州天园农业生态循环工程模式

(资料来源:周文宗,郑州天园农业生态循环工程模式)

(1) 以沼气为纽带的生态链

建立 UASB 高效沼气反应器 4 座,容积为 2 000 m³,年处理牛粪和污水各 4 000 多吨,回收沼气用于生活用能(烧水、煮饭等),沼气发电用于照明和生产用能,沼液用于果树和蔬菜种植、鸭鸭鱼养殖,沼渣作为泥鳅和小龙虾的饲料。

(2) 以蚯蚓养殖为纽带的生态链

蚯蚓养殖 20 亩,利用牛粪 6 000 吨,年产蚯蚓 60 吨,蚯蚓粪 1 200 吨,利用鲜活蚯蚓养殖黄鳝、小龙虾和土鸡,蚯蚓深加工后代替鱼粉,蚯蚓粪作为果树和蔬菜种植的有机肥,将蚯蚓粪制作除臭剂消除养殖场臭味。

（3）以食用菌为纽带的生态链

根据适当比例添加秸秆等农副下脚料,利用 500 t 牛粪可栽培双孢蘑菇 3 亩(温棚 7～8 层),生产鲜蘑菇 100 t 左右,蘑菇渣(含水率 60%)300 t,蘑菇渣用于养殖蚯蚓和黄粉虫以及作为特种水产幼苗培育的最佳培养基。因此,通过污染物的循环利用和资源化利用,变害为利,变废为宝,完全实现了污染的"零排放"。

8.5.4.2　郑州天园农业生态循环工程的技术创新

在工程实践中,充分发挥河南省科学院生态环境工程技术中心多学科的交叉优势,将环境工程、生态工程、生物技术与农业工程技术有机融合,其技术创新主要体现在如下几个方面:

（1）肉牛绿色生态养殖技术

在饲料中添加大麦芽、酵母和中草药等,降低饲料成本,提高肉牛品质,有效防治各种病虫害。天园公司的肉牛不仅出肉率高(1.8 斤毛牛可出 1 斤鲜牛肉,其他牛场为 2.2 斤毛牛出 1 斤鲜牛肉),而且脂肪含量低(公司肉牛脂肪量为 4%,其他牛场的脂肪含量为 11%)。

（2）废水厌氧生物处理技术

建立多种类型的沼气池,通过添加特定的菌株和添加剂,提高不同季节的沼气产出效率;利用沼气发电,提供生活和生产用能。

（3）蚯蚓生物分解处理技术

公司通过生物反应器和高效微生物菌株,采用具有自主知识产权的蚓、粪自动分离技术,提高蚯蚓处理牛粪的效率。实践证明,每天 30 头牛所产的粪可养蚯蚓 667 m^2,每 667 m^2 可年产蚯蚓 3 t,蚯蚓粪 60 t。

（4）独具特色的生态养殖技术

在国内外首次利用蚯蚓粪和沼渣作为泥鳅和小龙虾规模养殖的饲料,将蘑菇渣用于养殖蚯蚓和黄粉虫以及作为特种水产幼苗培育的最佳培养基,极大地降低了养殖成本,提高了产品质量。

（5）功能食品的绿色生产技术

采用食物链操纵技术,对"脑黄金"(DHA)、硒、钙、铁、锌等有效富集,生产适合特定消费者的功能食品,如珍稀蔬菜(如朝鲜蓟,象牙菜,菊花脑,罗勒,藿香等)、水果、柴鸡蛋、鱼虾、食用菌等。

（6）首创"三黄"(即黄牛、黄鳝和黄瓜)经济模式

通过"黄牛—牛粪—蚯蚓—黄鳝—黄瓜"循环种养模式,采用具有自主知识产权的黄鳝静水无土生态养殖技术和网箱养殖,生产高品质的黄鳝,利用塘泥和蚯蚓粪四季生产黄瓜。

（7）将植物操纵技术与生物质能利用有机结合

在水生生物养殖池中建立生物浮岛,利用特定水生植物净化水质,为动物高密度养殖提供空间,节省土地面积,同时将水生植物与牛粪合理搭配,提高沼气产出效率;将蚯蚓生态滤池技术创造性地引入水产养殖中,建立微生物—植物—动物联合修复的生物修复新模式,实现饵料培养和水质净化一体化的高效目标。

（8）环境除臭技术

采用特殊工艺,将蚯蚓粪制作高效除臭剂,有效吸附养殖场异味。

8.5.4.3　郑州天园农业生态循环有限公司所产生的经济、环境和社会效益

郑州天园公司通过沼气建设和生态养殖,利用生物学及生态学方法,综合治理环境污染,这是一种生态工程模式,既对养殖粪便污水进行了无害化处理,又可提供清洁能源,减轻了养殖场周围异味的产生和对周围环境产生的压力,同时借助产业链条的拉长,实现经济效益的最大化,不失为一项解决畜禽养殖企业污染问题,实现企业可持续发展的切实可行的方案。采用这种生态工程模式,不仅能明显减少环境污染,而且能取得良好的生态效益。目前公司黄河滩地肉牛场已成为郑州市示范生态养殖园,农村养殖循环经济发展试点,其运作模式,技术可靠,易于操作,便于推广,对周边农户的发展具有较强的辐射性和示范性。

（1）经济效益

① 沼气池

根据肉牛场发展的需要,建造相应大小的沼气池,每年产气量大约 15 000 m³,可解决牛场全部生活、生产用气。每年发电 432 000 度,利润 50 万元左右。

② 特种水产品

10 亩鱼塘养殖四大家鱼,每年利润为 5 万元;20 亩小龙虾养殖年利润为 20 万元;20 亩泥鳅养殖年利润为 50 万元;10 亩黄鳝养殖年利润为 50 万元。以上合计年利润为 125 万元。

③ 食用菌

栽培 1 m² 双孢蘑菇,投资 10 元左右,一般可产鲜菇 10 kg～12 kg,按每 kg 售价 3 元计算,每平方米可收入 30 元左右。按照食用菌对栽培基料的应用要求,根据适当比例添加秸秆等农副下脚料,利用 500 t 牛粪可栽培双孢蘑菇 3 亩(温棚 7～8 层),生产鲜蘑菇 100 t 左右,年利润 20 万元左右。蘑菇渣(含水率 60%)300 t,用于养殖蚯蚓和黄粉虫以及作为特种水产幼苗培育的培养基,年利润 5 万元。以上合计 25 万元。

④ 蚯蚓和蚓粪

蚯蚓养殖 20 亩,利用牛粪 6 000 t,年产蚯蚓 60 t,年利润 30 万元;蚯蚓粪(作为肥料和进行深加工)1 200 t,年利润 20 万元。以上合计 50 万元。

　⑤ 果树和蔬菜

果树种植面积 50 亩,年利润 20 万元;珍稀蔬菜种植面积 30 亩,年利润 30 万元。以上合计 50 万元。

　⑥ 柴鸡和功能鸡蛋

每年养殖柴鸡 1 万只,生产具有特定营养功能的鸡蛋 10 万 kg,年利润 100 万元左右。

可见,肉牛粪污通过生态链延伸增值,循环利用,以特种水产品和柴鸡蛋为主体,将生物质能利用和生态种养殖相结合,每年利润 400 万元左右,超过肉牛养殖的利润(目前公司养牛利润约 200 万元)

(2) 环境效益分析

肉牛场大型沼气工程的建成运行具有显著的环境效益:

　① 卫生效果　未建沼气工程以前,牛场及其周围粪污横流、蚊蝇乱飞、疾病传播,建成后可有效杀灭病菌、病毒和寄生虫卵,减少人畜病害。据在某畜禽场的调查,建成沼气工程后畜禽的死亡率由 5%~6% 下降到了 0.6%。上述经济分析的例子中,畜禽发病率减少的年损失为 5 万元;当地居民疾病减少避免的损失为 10 万元。

　② 改善水环境　沼气工程的建成运行可降低粪污中的 COD、BOD、NH_3—N、P 等有机质 80% 左右,从而解决了粪污对地下水的污染。根据国家环保部南京环境科学研究所在太湖地区测定定的各种类型畜禽粪便中的 COD、BOD、NH_3—N、总氮及总磷的含量(见下表)。降解 50% 的 TS,存栏 10 000 头的养猪场,将年降低 COD、BOD、NH_3—N 量分别为 140 t、140 t 和 10 t。

表 8-10　畜禽粪便中污染物平均含量表(kg/t)

		COD	BOD	NH_3—N	TP	TN
牛	粪	31.0	24.53	1.71	1.18	4.37
	尿	6.0	4.0	3.47	0.40	8.0
猪	粪	52.0	57.03	3.08	3.41	5.88
	尿	9.0	5.0	1.43	0.52	3.3
羊	粪尿	4.63	4.10	0.80	2.60	7.5
		未计	未计	未计	1.96	14.0
鸡粪		45.0	47.87	4.78	5.37	9.84
鸭粪		46.3	30.0	0.80	6.20	11.0

(资料来源:同图 8-7)

　③ 保护生态　沼气是优质清洁能源,利用沼气替代煤炭,可以减少 SO_2 等污

染物的排放。按照热效率分析,沼气的热效率为 $60\%\sim70\%$,而煤炭的热效率为 $35\%\sim50\%$,按此计算,1 m^3 的沼气可以替代 1.12 kg$\sim$2 kg 的煤炭,可以减排 SO_2 0.018 kg$\sim$1.132 kg,NO_X 0.008 kg$\sim$0.014 kg,烟尘 0.013 kg$\sim$0.024 kg。年产沼气 36 万 m^3,相当于煤炭 40 万 kg$\sim$70 万 kg,年将减排 SO_2 0.648 万 kg$\sim$47 万 kg,NO_x 0.288 万 kg$\sim$0.5 万 kg,烟尘 0.468 万 kg$\sim$0.864 万 kg。年产沼气 36 万 m^3,若全部用于周边农户炊事等生活用能,可供应 800 户,按每户炊事用薪柴可保护林木 1.5 亩计算,猪场大型沼气工程的建成可保护林木 1 200 亩。

④ 减排温室气体　众所周知,影响大气环境的温室气体主要有 CO_2 和 CH_4,由于清洁能源沼气(生物质能被公认为 CO_2 零排放)的使用,可以替代矿物燃料煤炭,按照煤炭产生 CO_2 的量计算,每立方米沼气可以减排 CO_2 2.13 kg$\sim$3.81 kg,年产 36 万 m^3 沼气年可减排 CO_2 72 万 kg$\sim$140 万 kg。同时,大型沼气工程的建成运行,利用沼气技术处理规模化养殖场的粪便,可以减少因粪便的曝弃、堆沤或直接田间施用而产生的甲烷排放。甲烷的温室效应是 CO_2 的 21 倍,每处理 1 头猪(存栏)的粪便可以减排甲烷 4.18 kg,相当于 87.78 kgCO_2,现处理 20 000 头猪(存栏)的粪便共计年可以减排甲烷 9.4 万 kg 或 CO_2 175 万 kg。

(3) 社会效益分析

① 大型沼气工程的建成,规模化养牛场的粪污全部得到处理,不仅使养牛场生产环境明显改善,而且有利于养牛场职工的身心健康。同时,也改善了周边的农村生态环境,因养殖场污染问题所造成的不安定因素得到有效解决。

② 沼气发酵残物(即沼肥)的利用,即沼渣生产生态有机-无机复合肥料,沼液作为液肥使用,变废为宝。沼液含有多种微量元素、氨基酸和活性物质等营养成分,功效独特;生态有机-无机复合肥,可按照农作物、蔬菜、花卉等植物的不同养分需要,进行配方施肥,固肥和液肥的使用既无污染,又肥效显著,还可抑止有些病虫害,可大大提高农产品的产量和品质,增强农产品市场竞争力,促进农业增效、农民增收和生态良性循环。据资料显示,常年施用沼肥(每亩 5 m^3 左右,作基肥和追肥),可提高粮食和瓜果产量 10% 以上,提高蔬菜产量 $20\%\sim30\%$。

③ 产生的沼气用于生活用能,可满足周边群众的优质清洁能源的需求,优化农村用能结构,提高群众的文明用能水平,同时可大大改善烟熏火燎的炊事环境,大大节省炊事强度和时间,使农村妇女从繁重的家务劳动中解放出来。

④ 项目的建成运行可为郑州市 30 余家规模化养殖场治理粪污污染提供借鉴,进一步增强全社会的环境意识、资源意识。

第9章　城镇发展生态工程

　　"城市生态学"的思想最先出现在美国城市社会学芝加哥学派的著作中,60年代日趋严峻的资源、环境问题,促使联合国教科文组织于1971年发起《人与生物圈》计划,倡导国际间合作研究人类活动对整个生物圈的影响,在初期启动的14个研究项目中,第11项即为"城市和工业系统能量利用的生态学前景",明确提出城市生态学研究,并开始了国际间的协作。我国城市化问题的研究始于1980年代("六五"国家重点项目),而典型的城市生态学研究则兴起于1990年代。1994年,国务院公布了《中国21世纪议程——中国21世纪议程人口、环境与发展白皮书》(中国国务院,1994),阐明了中国可持续发展战略和对策,城市可持续发展研究成为研究的重点,并在原有防止城市"三废"污染、城市环境保护研究的基础上,发展至城市生态建设研究。

　　世纪之交,全球工业化、城市化和现代化的步伐在不断加快。城市既是科技进步、经济繁荣的发祥地,也是全球环境变化的重要策源地。当今世界一切环境污染、生态破坏问题无一不与城市化、工业化过程密切相关。到20世纪末,全世界40%以上的人口将住在城市。城市人类活动对城郊、区域及全球生态系统的影响已成为各国政府面临的重大议题。旧城改造、新区开发、工矿发展及重大工程建设中的人口、资源、环境关系及其可持续发展需求使我们认识到城市生态研究的必要性和紧迫性。城市生态的科学问题可以归纳为3个层次:一是认识论层次,即如何去系统辨识城市社会、经济和环境间复杂的耦合关系;二是方法论层次,即如何从体制、行为、技术三方面去调控城市的生产、生活与生态服务功能;三是工程技术层次,即如何将生态工程学原理运用到城市产业、社区及景观设计、规划与建设中去,促进城市及其区域生态支持系统的协调持续发展。本章将在各节的有关内容中介绍城市生态在这三个层次的研究与应用。

　　随着我国经济的快速发展,工业化和现代化的步伐推动着城市化的节奏。农村大批剩余劳动力转向第二、第三产业较为集中的城市,促使我国城市化进程加快。1996年,我国城市人口已超过5亿,占总人口的40%。城市建制数目为666个,而县级城市有2 136个,小城镇(含乡镇)则有5万多个。很显然,大中城市是我国经济发展的主体,城市规划与布局、产业结构与发展、人口与就业、住房与交通、资源配置、环境保护、文化教育等等城市社会、经济、环境复合系统中的方方面面问题需要不断地研究解决,使我国城市步入经济健康发展、人民安居乐业、环境清洁优美的可持续发展的格局。而数量众多的小城镇又是我国实现可持续发展的关键。它们处在城乡融合的交会点,是一种承上启下、兼有城乡两种特点的城市类型。乡镇企业和小城镇的崛起,促进了我国的城市化进程和农业产业化进程,并对我国农业剩余劳动力的转移、解决人口结构性矛盾、协调城乡关系、缩小城乡差别等起到关键作用。然而,由于小城镇的工业结构不合理、技术水平和管理水平低、工艺装备落后、集约性和规模性差等原因造成一系列社会、环境和城镇建设等问题,如资源过度消耗、环境污染、生态失衡等。这些问题的出现和日益严重已成为制约我国可持续发展的瓶颈。因而,用可持续发展的战略思想指导小城镇的建设、生产、消费,建立若干小城镇发展示范生态工程和良性循环系统,是解决这一瓶颈问题的关键所在。本章在分析城镇生态系统的主要特征及阐述其质量调控的基本原理后,将侧重介绍我国城镇可持续发展生态工程;如中国城镇生态环境基本特征;天津可持续发展生态对策的研究;功能区建设模式——江苏扬中生态岛建设以及“全球 500 佳”——浙江夏履生态镇建设和南京市住宅小区的生态健康评价等。

9.1　城镇生态系统的主要特征及质量调控

一个良性的城镇系统需要一个良好的调节机制,这好比一个健康机体离不开正常的免疫机制一样。譬如城镇系统要警惕经济的过热和无序增长,就像机体要防范呈指数增长的“杀手”肿瘤细胞一样。本节在阐明城镇生态系统的主要特征后,将着重介绍该系统质量调控的规则、原理和实例分析。

9.1.1　城镇生态系统的主要特征

城镇生态系统是以人类为中心的自然和社会相结合的生态系统,与自然生态系统相比,其结构和功能已发生了本质的变化。城镇复合生态系统的主要特征为:

9.1.1.1　强烈的人类活动

由于人类对环境的强烈干扰和带来的人工技术产物(建筑物、道路、公用设施等)完全改变了原有的生态系统结构(或称物理结构),人类的经济、社会活动和人类自身再生产成为影响生态系统的决定性因素,因此人是这个系统中最活跃、最积极的因素,可通过人为的调节和干预使系统不断发展。

9.1.1.2　城镇生态系统是一个开放系统

城镇生态系统是一个依靠外部输入能量、物质的生态系统,在系统内部经过生产消费和生活消费所排出的废物,也要依靠人为技术手段处理,或向其他生态系统输出(排放),利用其他生态系统的自净能力,才能消除其不良影响。因此城镇生态系统的能量交换与物质循环是一个开放系统。

9.1.1.3　城镇生态系统功能多样化

城镇生态系统是一个多层级的开放系统,它可分为社会-经济-自然三大亚系统。这3个亚系统又由若干个不同层级的子系统组成,所以各层级内部以及层级子系统之间的关系是复杂繁多的。单就经济亚系统而言,就有生产结构、消费结构、部门结构、行业结构等。城镇生态系统的功能也是多样的,如政治、经济、文化、社会、科学与技术等,也可包括为5种基本功能:生产、生活、还原、自然净化与人口调节功能。

9.1.1.4　系统行为的反直观性

城镇生态系统是大规模、非线性的复杂系统,其因果关系复杂并且不明显。系统目前的症状或问题或许是很久以前由某些原因造成的,若目前采用的治理或发展对策不正确,又可能造成新问题,而且时间延滞可能很长。

9.1.2　中国社会经济发展与城市化

我国从1978年实行改革开放以来,社会经济迅速发展,取得了举世瞩目的成就,提前实现了现代化建设的第一步战略目标。1990年,国民生产总值(GNP)达到了17 686亿元,比1980年(4 470亿元)翻了一番多;1996年超过6万亿元,国民生产总值已上升到世界第7位;与1949年相比,工农业总产值增长了50多倍。

采用现行的小康评价指标体系(包括经济总体水平、物质生活水平、人口素质、精神生活和社会环境5个方面)衡量我国社会经济现状,较为科学合理。从经济总体水平来看,我国1995年已达到小康水平。这主要体现在人均国民生产总值1995年现价达4 754元,按可比价格计算为2 667元,超出人均2 500元的小康值167元;我国经济增长水平与增长质量不断提高,已提前5年完成国民生产总值翻两番的宏伟目标。从物质生活水平看,我国1995年实现小康水平达78.77%。首先,居民收入有了很大程度的提高,消费水平不断增长。1995年城镇居民生活费收入为人均3 892.9元,按可比价格计算,实现人均2 400元小康值的74.44%;农村居民纯收入为人均1 577.7元,按可比价格计算,实现人均1 200元小康值的61.13%。其次,居民居住水平和质量有了很大改善。城镇人均居住面积1995年达到8.1 m²,超过小康值8 m²水平;农村人均钢筋砖木结构住房面积1995年为15 m²,正好达到小康水平。还有,我国居民饮食营养程度有一定改观,人均蛋白质日摄入量1995年为64 g,实现小康水平的56%。此外,我国交通便利程度有了很大提高,1995年城市居民人均拥有铺装道路面积

7.3 m²,已实现小康水平的86.54%,农村通公路的行政村比重达 88.6%,超过小康85%的临界值。从人口素质看,我国 1995 年已实现小康水平的 71.11%。据全国 1‰人口抽样调查资料显示,"八五"期间我国文盲人口大幅度减少,特别是青壮年文盲下降显著,成人识字率为 83.5%,实现小康水平的 91%,婴儿死亡下降到 33‰,实现小康水平的 45.9%。从精神生活看,我国 1995 年已实现小康水平的 63.9%。人们传统的消费观念在支付能力增强和市场冲击下,不断有所改变。人均教育和文化娱乐消费支出比重 1995 年达 8.11%,实现小康水平的 63.88%。从社会环境看,我国 1995 年已实现小康水平的 48.36%。经济的繁荣带动了社会生活、卫生环境的改善,尤其是城市居民生活环境有了较大的改观。我国森林覆盖率 1995 年上升到 13.4%,实现小康水平的 46.67%。县级农村初级卫生保健基本合格率 1995 年提高到64.1%,实现小康水平的 64.1%。

城市是人类社会进步、经济发展和社会文明的结晶,随着我国经济的快速发展,城市化与工业化亦步亦趋地并行发展。农村大批剩余劳动力转向第二、第三产业较为集中的城市,促使我国城市化进程加快。1996 年,我国城市人口已超过 5 亿,占总人口的 40%(1949 年城市人口 5 800 万,占总人口的 10.6%)。城市建制数目从 1949 年的 136 个增加到 1996 年的 666 个,县级城市 2 136 个,中小城镇有 5 万多个。

目前我国城镇的发展和建设速度很快,由于乡镇企业的发展,生产力布局和人口不断地从大城市向周边地区扩展、辐射和分流,形成许多卫星城镇和城市群。这一蓬勃发展的势头在自然条件优越,经济发达的地区尤为突出,向主要水陆交通线集聚,这一集聚趋势导致了一批城市群的出现,如长江三角洲(苏州)、锡(无锡)、常(常州)地区、珠江三角洲、闽南三角洲、辽中南、京津唐、胶东半岛,新兴了一大批各具特色的经济带卫星城镇和城市群。

1989 年 4 月 14 日为中国"11 亿人口日"。1990 年第 4 次全国人口普查为11.6 亿人,自然增长率为 1.4%,自然增长率虽有下降,在某种程度上缓解了人口对环境的压力,但因人口基数大,绝对数量高,中国每年净增人口 1 600 万(相当于澳大利亚人口总数或新疆维吾尔自治区人口总数),未来人口压力仍很大。我国正处于第三次人口出生高峰,要控制人口增长,特别是要控制和扭转农村人口失控局面异常艰难。几年来,包产到户和农村商品经济对劳动力产生的新需求,大大刺激农村人口增长,而由于上述的城市化原因,城镇总人口的比重在逐步加大(见表 9-1)。据估算,2000 年我国人口将突破 14 亿,因此计划生育和控制人口增长,在长时期内仍是我国面临的主要任务。

表 9-1　我国人口变动情况

年份	总人口（万人）	按城乡分（万人）		城镇总人口占全国总人口的比率（%）
		城镇总人口	乡村总人口	
1949	54 167	5 765	48 402	10.6
1957	64 653	9 949	54 704	15.4
1965	72 538	13 045	59 493	18.0
1970	82 992	14 424	68 568	17.4
1975	92 420	16 030	76 390	17.3
1980	98 705	19 140	79 565	19.4
1983	103 008	22 274	80 734	21.6
1985	105 851	25 094	80 757	23.7
1987	109 300	27 674	81 626	25.3
1989	112 704	29 540	83 164	26.2
1991	115 823	31 203	84 620	26.94
1993	118 517	33 173	85 344	27.99
1995	121 121	35 174	85 947	29.04
1997	123 626	39 449	84 177	31.91
2000	126 743	45 906	80 837	36.22
2002	128 453	50 212	78 241	39.09
2004	129 988	54 283	75 705	41.76
2005	130 756	56 212	74 544	42.99

资料来源：《中国经济提要》(1940～1990)，国家统计局，2006 年。

9.1.3　中国城镇生态环境基本特征

城镇生态系统不同于自然生态系统，它是以人的行为为主导，自然环境为依托，资源流动为命脉，社会体制为经络的人工生态系统，称其为社会-经济-自然复合生态系统。城镇生态环境的优劣需要人为地调控。我国经济的快速发展对城镇生态环境造成不同程度的冲击：由于资源的不合理开发利用和浪费，经济的无序和过热增长，环境受到严重污染，使城镇生态系统失衡，畸变乃至遭到破坏；如在某些城市的街头，交警上岗必须戴口罩；而在另一些城镇，居民饮水要靠外运或购买矿泉水。当然，近几年来，随着经济发展，技术进步，污染防治水平的提高，环境保护各项法规和政策的落实，城市生态环境状况局部有所改善，特别是开展城市综合整治，实行污染物总量控制以及排污许可证制度等一系列措施，使我国生态环境恶化的趋势得以控制，污染物排放总量虽逐年上升（某些指标得到遏制,如废气的排放),但其增长比例远低于经济增长比例(见表 9-2)。

表 9-2　我国能源、产值、"三废"排放统计

年份	能源生产总量（万吨标准煤）	能源构成（%）				工农业总产值（亿元）	"三废"排放量		
		原煤	原油	天然气	水电		废水（亿吨）	SO_2（万吨）	固体废弃物（亿吨）
1985	85 546	72.8	20.9	2.0	4.3	9 016	342	1 324	4.80
1989	101 639	74.1	19.3	2.0	4.6	16 992	380	1 924	6.46
1990	103 922	74.2	19.0	2.0	4.8	18 669	384	1 866	6.78
1992	107 256	74.3	18.9	2.0	4.8	26 924	396	2 085	7.18
1994	118 729	74.6	17.6	1.9	5.9	48 198	408	2 252	10.30
1997	132 410	74.1	17.3	2.1	6.5	78 973	416	2 346	10.60
2000	128 978	72.0	18.1	2.8	7.2	99 215	415	1 995	8.20
2003	163 842	75.1	14.8	2.8	7.3	135 823	460	2 159	10.04
2005	206 068	76.4	12.6	3.3	7.7	183 085	524	2 549	13.44

资料来源:国家统计局,1992、1997、2004、2006 年。

9.1.3.1　城镇大气仍以煤烟型污染为主

新中国成立以来,我国能源结构虽有变化,但以煤炭为主的总格局始终未变。我国的能源结构以煤炭为主,煤炭在一次能源的构成中约占 76%,是世界平均值的 2.53 倍,美国的 3.30 倍,日本的 4.30 倍。在近 14 年的能源消耗构成中,煤炭增长了 30 倍,1992 年达到 10×10^8 t。

目前,我国 666 个城市中,大气质量符合国家一级标准的不足 1%,北京和上海均被列入世界十大空气污染最严重的城市。近 10 年来我国大气污染始终是以烟尘、二氧化硫为代表的煤烟型污染,其客观规律有三点:一是北方城镇的污染程度重于南方城镇,尤以冬季最为明显(见表 9-3);二是大城市污染发展趋

表 9-3　三大城市空气污染年际比较表

单位:mg/m³(前 3 个指标)

项　　　目	年份	北京	上海	广州
二氧化硫（SO_2）	2003	0.061	0.043	0.059
	2004	0.061	0.055	0.077
	2005	0.050	0.061	0.053
二氧化氮（NO_2）	2003	0.072	0.057	0.072
	2004	0.071	0.062	0.073
	2005	0.066	0.061	0.068

表 9-3(续)

项　　目	年份	北京	上海	广州
可吸入粉尘(PM10)	2003	0.141	0.097	0.099
	2004	0.149	0.099	0.099
	2005	0.141	0.088	0.088
每年空气质量好于	2003	224	325	314
二级的天数(d)	2004	229	311	304
	2005	234	322	332

资料来源:《国家统计年鉴》,2004~2006 年。

势有所减缓,中小城镇污染恶化势头甚于大城市;三是污染程度与人口、经济、能源密度及交通密度呈正相关。经济过热现象对中小城镇的环境的影响大于大城市。10 年来,大气污染冬季重于夏季,早晚重于中午的时间变化规律基本未变。

由城市大气 SO_2 污染而导致的酸雨污染和危害,近 10 年有逐年扩大趋势。酸雨污染区域由两个发展为 4 个。1983 年,污染严重区域是四川,其次是贵州、江西两省。1984 年,形成两个明显的污染区域,一是以重庆为中心,包括自贡、贵阳、柳州、南宁在内的区域;二是以南昌为中心,包括萍乡、黄石、杭州在内的区域。1985 年形成 4 个明显污染区域,除了上述两个酸雨污染区外,另两个分别是厦门、福州污染区和以青岛为中心的污染区,其中,西南区、南昌污染区和厦门污染区,降水酸度平均低于 pH5,酸雨出现概率均在 90% 左右。

9.1.3.2 水资源短缺是城镇发展的制约因素之一

我国水资源时空分布不均,长江流域以南地区水资源占全国的 82% 以上,而耕地面积仅占 36.3%。我国华北、西北地区水资源严重缺乏。我国是农业大国,在用水总量中,大部分用于农业灌溉。1949 年,我国农业用水量在 $1\,001 \times 10^8\ m^3$,占全国用水量的 97.1%,到 1980 年,农业用水量为 $4\,454 \times 10^8\ m^3$,占总用水量的 87.8%。农业灌溉方式落后,多采用漫灌方式,每亩耗水量高达 $1\,000\ m^3$,比喷灌多耗水约 30%,比滴灌多 70%。近年来北方农区推广集雨节水灌溉技术,耗水量明显下降。

由于城市人口增加和经济发展,城市供水量大幅度增加。例如,天津市年供水量从 1949 年的 $1\,896\ t$ 增加到 1988 年的 $71\,473\ t$,增加了 36.7 倍;济南市供水量同期增加 41 倍,城市地区水的消耗量每年平均增长 10%,而供水建设速度仍保持每年 6%~8%,因此出现了供需矛盾。地表水的不足,又导致地下水的过量开采。多年过量开采地下水,在城市中形成下降漏斗或引起地面沉降,较为严重的城市有 36 个,其中包括上海、天津、苏州等。地下水过量开采的另一个严重后果是海水入侵,特别是沿海和岛屿地区。

全国污水排放总量中,据统计有一半以上是城镇生活污水。城镇生活污水排放量逐年增加而污水处理率低(仅为10%～20%),使城镇水环境(地表水、地下水)又不同程度受到污染。城市饮用水水源地监测结果表明,50%以上的水源地受到不同程度的污染。主要污染物是细菌、化学耗氧量、硬度、氨氮等。主要污染城市是上海、杭州、合肥、成都、重庆、昆明、温州、南通等市。城镇地下水污染中,三氮(氨氮、亚硝酸盐氮、硝酸盐氮)和硬度指标呈加重趋势。1983年时,约1/5的水井水质超过饮用水标准,至1986年已有50%的城镇地下水受污染,1/3的水井水超过饮用水水质标准。城镇水环境污染,水质恶化,降低了水资源的使用价值,加剧了水资源的短缺。许多城镇在处理污水方面也投入了大量财力和物力,如南京市投入近2亿元在江心洲建立了一个日处理量为$26×10^4$ t的污水处理厂,第一期工程日处理量为$8×10^4$ t,三期工程竣工后将使南京的内秦淮河重现清澈。

为解决城镇缺水,近几年修建了许多引水工程,如大连市1988年开始兴建碧流河引水工程,一期工程已竣工,每年可引水$1.7×10^8$ m^3,基本满足目前需要,二期工程建成后还可增加供水能力$3.6×10^8$ m^3,天津引滦入津工程已于1983年通水;青岛引黄济青工程已于1989年11月底完工并通水;沈阳市从大伙房水库引水工程于1991年底完工。这些引水工程基本解决了有关城市水荒的问题,满足了人民生活和生产发展对水的需要。

9.1.3.3　固体废弃物、城市垃圾是城镇环境保护的一大难题

我国的固体废弃物污染控制虽取得了一定成绩,但由于欠账太多,历年积累的废渣量很大。"七五"期间(1986年～1990年),我国固体废弃物已从简单的堆放处置,逐步转向减量化、资源化、无害化综合治理。目前工业废弃物处置率达67.3%,综合利用率为28.2%。据有关部门统计,工业废渣量约为城市固体废弃物排放总量的3/4;另有数量可观的生活废渣,以无机物为主,煤灰渣约占60%～70%,有机成分只占36%。

城镇系统是一个生态系统,它有各种物质和能量的输入,也有各种废弃物和余能的输出。在城镇生态系统中,环境的自然净化能力远远小于城镇的各种废物的总排放。城镇生活垃圾是这些废物的一个重要组成部分,因此,如果不及时对城镇生活垃圾进行控制和处理,势必给城镇生态系统带来严重影响和破坏。据统计,我国有3亿人生活在城镇,城镇生活垃圾年产出量已高达$7000×10^4$ t,并且每年以10%的速度增长,例如,上海市日产生活垃圾8000 t,建筑垃圾3000 t,粪便7500 t,工业垃圾22000 t,4项总和$4×10^4$ t。北京市日产生活垃圾9000 t,占地5000余亩的7个堆放场正接近规划容量极限。目前城市垃圾不能及时清运和消纳成为城市环境保护的一大难题。

目前城市垃圾的处理方式还是以卫生填埋和堆肥为主,有条件的城市,则进

行焚烧处理和资源化利用。如深圳采用焚烧法处理城市垃圾;杭州天子岭垃圾填埋场,已从加拿大引进两台容量为 1.8 MW 的燃气发电机组进行垃圾发电,年平均发电量可达 16 000 MW 左右。而适合我国国情的废弃塑料炼油实用技术"九五"期间将在我国全面推广,废弃塑料炼油(90 号无铅汽油和高标号柴油)出油率可达到 70%～75%。据推算,2000 年,我国垃圾成分中,有机物将达到 70%左右,无机物达 30%左右,这就为焚烧和堆肥提供了可能性。结合我国具体情况,确定今后基本处理方式的比例为:卫生填埋处理率为 40%,堆肥处理率为 25%,焚烧处理率为 25%,在其他方式的处理中,要求有 5%达到卫生无害化。这样,总的无害化处理率在 80%以上,较之发达国家目前垃圾完全处理的水平仍有很大的差距。

9.1.3.4　城市园林绿化需进一步提高

新中国成立以来,我国城市绿化建设效果是显著的。特别是"六五"期间(1980～1985 年),城市公共绿地面积每年以 10%的速度增长,人均公共绿地面积在 3 m² 以上的城市从 1981 年的 45 个发展到 1985 年的 101 个。但是我国城市园林绿化建设速度还是缓慢的,与国外同类城市园林相比,无论在数量上、质量上都处于落后状态(见表 9-4)。据 1997 年统计,我国城市建成区绿化覆盖率由 1981 年的 10%提高到现在的 24.4%;人均公共绿地面积为 5.3 m²(1985 年为 2.8 m²)。人均公共绿地面积最高的是深圳市,为 85.5 m²,全国城市中人均公共绿地面积在 6 m² 以上的城市有 12 个,它们是深圳、珠海、威海、贵阳、拉萨、沈阳、长春、南京、北京、烟台、合肥、厦门;人均公共绿地面积较低的城市(小于 6 m²)有 7 座,它们是上海、重庆、宁波、成都、西安、兰州、西宁。1991 年全国城市公园数为 4 182 个,1985 年城市公园数仅为 1 026 个。

2000 年城市园林绿化的目标是实现城市普遍绿化,绿化率(指占建成区面积的比例)达到 25%～30%。人均公共绿地 7 m²～8 m²,人均公园面积不少于 4.5 m²,同时加强城市防护林带、行道树、居民小区的绿化工作,这样我国的城市生态系统将会有一个大的改善。

表 9-4　2001～2005 年我国城市公共绿地、公园、人均面积情况

年份	公共绿地面积(ha)	人均面积(m²)	公园面积(ha)	人均面积(m²)
2000	143 114.8	3.7	82 090.3	2.1
2002	188 826.0	5.4	100 037.0	2.8
2003	219 514.4	6.5	113 462.0	3.3
2004	252 285.9	7.4	133 846.0	3.9
2005	283 758.1	7.9	157 815.9	4.4

资料来源:中国统计年鉴,2001～2006 年。

9.1.4　城镇生态系统的系统辨识

从生态学的观点来看,城镇是通过连续的物质、能流、人口流来维持其新陈代谢的,如果物质输入过多,输出较少,多数物质、能量将释放到环境中或滞留在生态系统中,形成严重的污染问题;如物质输出过多,而投入较少,将形成严重的生态耗竭(Ecological exhaustion)问题。城镇生态系统功能正常与否的关键在于自我调节能力的强弱。由于人类是城镇生态系统的主体,因而要提高和改善城镇生态环境质量,需通过系统辨识(System recognition)城市社会、经济和环境间复杂的耦合关系(Coupling connection),各子系统信息反馈(Information feedback)及时、准确,从而保证各决策部门和职能部门的指令、决策方法和手段的正确,确保生态系统的自我调节作用。

9.1.4.1　城镇生态系统辨识指标体系

表 9-5 是城镇生态系统辨识指标体系。我们通过这些指标去衡量系统的物质、能量、信息、劳力、资金的利用效率;社会经济和环境效益及竞争、共生、自生的活力,去发现城镇生态系统的优势与劣势,问题与潜力,机会与风险。

表 9-5　城市生态系统辨识的指标体系

过程	指　　标				控制论标尺	目的
组分辨别	类别	人　口	资　源	环　境	空载 ↑ ↓ 超载	辨识优势(利导因子)与劣势(限制因子)
	内容	人口总数、密度、结构动态、科技水平、管理水平、文化水平、道德水平、居住密度、建筑密度、交通密度、产值密度、投资密度	水源供给能力、能源供给能力、物资供给能力、土地供给能力、矿产供给能力、交通运输量、食品生产能力	地形、地貌、气候、植被、地质、水文、市场、政策、土地		
	综合指标	人类活动强度	资源承载能力	环境容量		
功效辨识	类别	生　活	生　产	环境质量	高序 ↑ ↓ 低序	辨识效益与损失
	内容	收入水平、供应水平、住房水平、服务水平、健康水平、教育质量、文娱水平、安全水平、交通便利度、设施便利度、闲暇时间	固定资产产出率、劳动生产率、资金周转率、产值利税率、能源消耗系数、物耗系数、水资源消耗系数	水体污染物超标率、大气污染物超标率、噪音强度、植被覆盖率、鸟类栖息率、景观适宜度、自然灾害频率		
	综合指标	生活质量	经济效益	环境有序度		

表 9-5(续)

过程	指标				控制论标尺	目的
过程辨识	类别	物理	事理	情理	良性循环 ↑ ↓ 恶性循环	辨识机会与风险
	内容	物质投入产出比、能量投入产出比、水循环利用率	土地利用比例、基础设施比例、产业结构比例、城乡关系比例、多样性指数	生活吸引力、生产吸引力、依赖性指数、反馈灵敏度、生态意识		
	综合指标	生态滞竭指数	生态协调指数	自我调控能力		

资料来源:高林,1996。

9.1.4.2 城镇生态系统辨识评价实例

利用神经元网络(Nerve net)来评价城市生活质量。

城镇生态系统不仅是一个自然地理实体,也是一个社会事理实体,其边界包括空间边界、时间边界和事理边界,它既是具体的,又是抽象的;既是明确的,又是模糊的;既是连续的,又是离散的。

我们采用模糊辨识(Blurred recognition)的方法来处理城市生态系统问题,而神经元网络正是模糊辨识方法的一种。

神经元网络评价方法的特征是建立在人们评价城市生态系统实例的基础上,计算机模拟人的思维,并建立城市生态系统的评价模型。它把整个评价的推理过程放在一个黑箱中,通过某些典型的"症状-结果"实例,最终获得一个总的评价模型。对于综合性的、多种属性的评价,用户可利用这种模型,并能得到适当的回答。神经元网络方法适用于模拟人们模糊的决策,特别适合于生态系统的评价。

城镇生活质量评价系统可以表达成下述网络,具体指标如下:

(1) 人口指数

① 自然增长率;② 机械增长率;③ 流动人口比例;④ 平均寿命;⑤ 老化指数;⑥ 负担系数;⑦ 受教育水平。

(2) 人类活动强度

① 人口密度;② 产值密度;③ 能耗密度;④ 耗水密度;⑤ 生产用地比例;⑥ 固定资产密度;⑦ 道路密度;⑧ 非农业人口比例。

9.1.4.3 物质生活指数

① 收入水平;② 储蓄水平;③ 耗电水平;④ 耗水量;⑤ 服务水平;⑥ 消费水平。

9.1.4.4 居住适宜程度

① 人均居住面积;② 缺房户比例;③ 人均绿化;④ 气候适宜度;⑤ 油气普

及率;⑥ 自来水普及率;⑦ 上班平均行走时间。

9.1.4.5　教育服务能力

① 高校密度;② 中专密度;③ 中小学密度;④ 幼儿园密度;⑤ 高校服务水平;⑥ 中专服务水平;⑦ 中学服务水平;⑧ 小学服务水平;⑨ 幼儿园服务水平。

9.1.4.6　医疗服务能力

① 病床服务能力;② 医生服务能力;③ 医院门诊所服务能力;④ 卫生人员密度;⑤ 发病率;⑥ 死亡率。

9.1.4.7　交通便利程度

① 人均道路占有量;② 电话服务能力;③ 公共交通服务能力;④ 邮局密度;⑤ 公交服务水平;⑥ 出租车比例;⑦ 自行车密度。

9.1.4.8　文娱便利程度

① 影剧院密度;② 图书馆服务能力;③ 影剧院观众人次;④ 人均公园面积;⑤ 文艺团体密度。

9.1.4.9　环境污染程度

① 水污染程度;② 人均废渣;③ 大气污染程度;④ 噪音状况。

9.1.4.10　社会安全状况

① 交通事故率;② 水灾发生率;③ 犯罪率。

上面所表达的是一个"城市社会生活质量"评价系统。在这个评价树中,输入节点是一个城市关于生活质量的原始数据,输出节点则是评价结果。这里我们只将其中的一个分指标"城市医疗服务能力"作为一个例子,来说明使用神经元网络的方法。

对于"城市医疗服务能力",我们选择 6 个方面作为它的输入,它们是:① 医院病床数;② 医生数;③ 门诊所数;④ 卫生工作人员数;⑤ 发病率;⑥ 死亡率。而它的输出中则包括 4 个级别:① 非常好 vg;② 好 g;③ 可接受 a;④ 差 b。

9.1.5　城镇生态系统质量调控的基本规则和原理

利用来自自然系统的生物控制论,是研究城镇系统自我调控和反馈机制的有力工具。以下介绍利用生物控制论进行城镇系统的数据综合和系统调控的基本规则和原理。

9.1.5.1　数据收集和综合

数据收集和综合的主要原则是:即使只有少量数据或者只有模糊的、经验估计的甚至残缺不全的数据,只要这些数据符合理解系统相互作用模式的标准,有关模型就能对系统行为进行有益的描述。其关键就是对重要的系统控制变量等数据加以综合。

实际上这种综合是可能的,例如在分析某污水处理系统时,只要利用吸收污染物的植物种群动力学特征和不同群体大小比例就得出了一个指示变量。这个变量能够清楚地描述该系统的其他特征。这与非系统的确定性模型相反,它取决于变量之间的相互依赖特征而不是这些变量本身。

进行这种变量综合的有用工具是标准矩阵。利用这种矩阵可以减少变量的个数,而不会丢失它们同系统之间相互关系的信息。利用这个矩阵,我们可以检查并综合城镇系统的如下 7 个特征 :

(1) 经济(工业、农业和林业、原材料和能量、服务资金、工作地);

(2) 人口(出生率和死亡率、结构、迁移和劳动力);

(3) 土地利用(空闲地、农业和林业用地、沼泽地、住宅、商业、工业和交通);

(4) 人类生态学(生活质量、福利、自我实现、社区生活、安全、教育、信息);

(5) 自然平衡(空气-水-土壤-生物界,生态学,稳定性,输出);

(6) 基础设施(交通、旅游、通讯、媒介、供应和废物处理);

(7) 公共生活(地区和部门预算、税收、公共服务和措施、法规)。

对开放的动态系统的干扰会产生复杂的影响,这些影响只有一小部分可以用直接的因果关系表示出来,而且现实生活中没有一个是直接的线性关系。人们常常把许多观测到的资料如旅游、汽车销售、能源利用方面的变化应用到规划中,却没有认识到它们仅仅代表复杂的系统变化的一部分。起初,问题中的相互关系可能呈线性或者成比例关系,但由于它们同整个系统的相互作用而使其发展很快达到了一个阈值或极限,这个以前没有觉察到的阈值会突然中断它们原先均匀的发展过程。

这种关系类似于弓和箭的关系。在某一张力阈值到达之前,对弓弦的拉力越大,箭飞出越远,几乎是成一种正比例的关系。当超过这一阈值时,如果还继续拉弦,就可能事与愿违:弓折了,箭也没有射出。在自然界中,系统在达到阈值之前通常是依靠负反馈作用使其自身达到稳定状态。然而常常由于人类的干扰而使系统丧失了这种自我调节的机制。例如在经济建设中通过人为努力使经济过热增长而引起了超载,随之而来的就是需要外部补贴或者加强对自然资源的掠夺式开发,结果是人类的活动超出了系统的极限值,进而使系统其他部分或更大的系统超出其承载而崩溃。

决定性的预测工具似乎可以很好地用来预测。所掌握的信息越多,越能够进行很好的规划。而外在影响、时滞和负反馈未被考虑。但是当超过某一时间界限时,其真实的特征逐渐表现出来,这时即使是最复杂的决定性预测方法也不起什么作用了。在欧洲中部的天气预报就是一个人们熟知的例子。以前依靠落后的设备和较少的气象站,所能预测的时间是几个小时,也可能是一天。现在气象站的数目增加了上千倍,还有卫星图片和数以百万的数据,所能预报的时间范围几乎没有任何增加。同以前一样超过 24 h 的预报仍然只是一种猜测。但是在这个时间范围内,大量的数据使得预报变得更为准确,然而也没有超出原有的确定水平。这似乎是这个系统的特征。同样在其他的系统中也可以观测到类似的情况。

9.1.5.2　生物控制论调控

为更好地评估调控城镇系统的结构、动态组分、发展风险和稳定性等其他特性,可引用生物控制论的调控规则。生物控制论的八条规则不仅可以评估调控其他生态系统,而且也可以为评估调控城镇复合系统(如运输或能源,工业生产等)提供一套科学的原则。

(1) 负反馈(Negative feedback)

在一定的阈值范围内,一个反馈控制系统通过负反馈达到系统的稳定。为了事物的发展,正反馈也是必要的。它是系统内部的驱动力。然而,一个正反馈占优势的亚系统中会由此形成一个恶性循环;它会造成事物单一地向某个方向或相反方向发展,或者会快速膨胀,或者会急剧收缩。在任何一种情况下它都会导致自身的毁灭。因此,任何一个正反馈循环都需要由负反馈控制,使之返回到一个自身调节的平衡中。这是管理一个系统,特别是环境管理的最经济的方法。

(2) 系统功能独立于增长

一个系统的稳定平衡和其连续增长是不相容的。这就是在系统的发展过程中,要么增长(不稳定,临时),要么其功能最优(稳定持久)的原因(以人脑细胞为例:它们的生长在出生几个月后即停止,接着脑功能逐渐完善)。

因此,应当仔细地检查各系统,从而确定它们是主要实现功能性发展还是主要实现增长。当然,并不是所有的增长对系统都有害,而是失控的增长有害,就像在企业和国民经济的崩溃中展示出的一样。

(3) 系统功能独立于某一特定产品的生产

系统内产品之间的互不依赖性,使得系统在外部干扰的反应中具有更大的灵活性,对资源的依赖减少到最小。当市场波动时,产品单一所产生的危机也就可以避免。产品在不断变化着,只有功能是不变的。只有着眼于强化功能的系统才能长期生存。

采用这种观点后,汽车厂的经理就不会把自己看作一个单纯的汽车制造者,而是为交通服务的企业,电气公司也不会认为他们自己仅仅是发电商,而是能源管理者,也就有义务减少能源的消耗,像越来越多的美国发电商开始意识到一样,他们开始寻找其他替代能源来减少电力消耗。

(4) 用"太极推手功夫"代替对抗式"拳击"方法

这条原则能够使我们向着意想的方向,巧妙利用各种现成的合作性或对抗性力量或能量,而不是愚蠢地使尽全身的力量去同对手拼搏,甚至两败俱伤。这很像我国的"太极推手功夫",仅用很少的力气去将对方的力量转向,因势利导将其变为系统操作者的支持力量。借助于这条原则,如在能量梯度、能量链、催化剂和能量链接中,系统获得了一种无可比拟的高能量效率,从而在进化过程中越来越少(而不是越来越多)地依赖于能源。

(5)多重利用原则(Multiple use principle)

生命系统有一种"一石二鸟(甚至多鸟)"的生存策略去设计自己的产品和发展工程,这也是前述"太极功夫"策略的体现。即我们所生产的东西或做的事情一次应满足不止一个目标。多利用也意味着用几种局部的方法来解决问题,而不是用单一的一揽子方法解决问题(同时意味着一次失败即全局皆输)。例如在生态屋的建设中,由来自地面的环境热量、来自废物的沼气、水的净化、堆肥和一个有群落生境的屋顶组成一个复杂的系统。万一一个子系统失败了,其余的仍在运行,这种系统即展示了多重稳定性。

(6)再生循环原则(Recycling principle)

这条原则是前面讲到的规则的一个更高层次的体现,它要求将"废弃物"(自然界没有真正的废弃物)重新回收到复杂系统的循环利用过程中。这就需要抛弃传统僵化的线性的、均衡的因果链思维模式,即一种只知道始端和末端、有限的原因和结果的思维模式。

(7)共生原则(Symbiosis principle)

共生的生物学含义是指不同种生物基于互惠关系而共同生活在一起。社会系统的共生则指有关系统的成分通过小范围耦合、互联、交流交换所达到的互惠共存关系。共生导致原材料、能源和运输成本的大大节约,因此产生多重利益。

一个系统内多样性程度越高,共生的可能性也就越大。小尺度空间结构的镶嵌常导致共生。大的单一结构,集中供热,工业区域和农业中的单一经济,单一居住用地的城镇等的管理缺乏共生机制及相应的稳定效应。因此,它们代价较高,最终倾向崩溃。

为了获得共生的好处,系统必须着眼于创造小空间单位,并确保它们之间的相互耦合与镶嵌。例如在废物管理中,可用超出仅仅是"废物交换"的模式,构想一种工业生态系统:金属生产企业与纸厂或酿造厂合作,建材工业与煤炭的脱硫化过程连接,食品工业与废水净化和废物利用结合等。老工业也可用与适当选择出的新工厂结合,以补充链接中缺失的部分。

共生机制的建立首先需要软的规划与组分间的充分交流与耦合,其次需要发展新的技术。

(8)基础生物学设计

这里讲到的最后一条规则是关于创造性的生物技术设计。这与组织的调整和规划不同。每种产品,每项功能和组织都应当与人和大自然在生物学上相容。设计与规划必须受环境的反馈所控制。例如,在社会环境中,通过社区公众的参与控制。

这 8 条规则适应于单细胞和多细胞有机体以及全部群落和全部生态系统。它们有助于保护生物圈并促进可持续发展。它以这样的一种方式存在:我们居住的地球村是一个能控制和调整自身的超级工厂,它经受了所有的外部干扰,在经历了几十亿年岁月以后,已达到了高峰。因此,我们和大自然和睦相处,而不是对立,并从中汲取营养和借鉴,是十分有益的。

9.2　天津城市发展生态对策的研究

天津市是中国仅次于上海、北京的第三大城市,华北地区最大的工业基地和经济、贸易、交通中心。天津,顾名思义即通"天"之"津",确实,800 多年来,天津一直是首都北京的门户和华北地区经济的进出口通道。40 多年来,特别是 1978 年我国实行改革开放以来,天津市得到迅速发展,全市常住人口从 1949 年的 402.6 万人增长到 1993 年的 928.02 万人,市区面积由 80 km² 增加到 173 km²,国民生产总值 1993 年达到 503 亿元。天津的迅速发展带来了人口膨胀,资源紧缺,住房、交通、绿地等基础设施不足,城市布局不合理,环境污染等严重的城市问题。这些城市问题的加剧与迫切的发展需求之间形成尖锐的矛盾,严重阻碍了天津城市的进一步发展和城市居民生活质量的改善与提高,同时也给城市决策、规划与管理部门造成了越来越大的压力。

为此,王如松等主持的天津市可持续发展生态对策中德合作研究项目,运用复合生态系统及生态建设理论、灵敏度模型(Sensitivity model)、泛目标生态规划(Pan-objective ecological programme procedue)等理论与方法对天津城市生态系统结构、功能、动力学机制及控制论方法进行了系统的研究,以探讨挖掘系统潜力,增强自身调控能力,为开拓天津的持续发展提供综合对策。

9.2.1　天津市生态系统可持续性评价

在天津城市结构、功能与生态流综合分析的基础上,运用如下 5 个方面的指标综合评价天津的可持续发展能力:

(1) 生产效益　主要包括经济增长速度,生产力(人均国民生产总值、利税率等),资源利用效益(水、能、资金及其他原材料),废弃物排放(废气、废水、固体废弃物),资源潜力发挥率等指标。

(2) 生活质量　主要包括居民对收入、住房、交通、食物、教育、娱乐及其他基础设施与生活条件的满意程度,期望寿命及健康状况等方面(见表 9-6)。

(3) 体制和谐度　包括主导工业及产品的优势及各种机会的多样性的关

系,自力更生与对外开放程度的关系,以及社会调控能力与个人创造性的关系等构成。

(4)决策能力　即决策者(政策制订者、信息反馈的敏感性、生态责任性)、企业(活力与创造性)及公民(文化程度、价值观等)的决策能力。

(5)生态序　包括社会序(社会风尚、安全性与社会道德等),经济序(资源持续供给能力,通货膨胀率、失业率等)及自然序(景观、水体、大气及生物多样性)。

表 9-6　城市生活质量指标及分级标准

子系统		环境要素	环境因子	单位	第一级	第二级	第三级	第四级
城市生活环境	自然环境	大气	SO₂	mg/m³	0.05	0.15	0.25	0.50
			NOₓ	mg/m³	0.05	0.10	0.15	0.30
			TSP	mg/m³	0.15	0.30	0.50	1.0
		水	DO	mg/m³	6.0	4.0	3.0	2.0
			COD	mg/L	4.0	12.0	16.0	20.0
			N₄H-N	mg/L	0.30	0.50	1.0	2.0
		气候	最低气温	℃/月	10	5	—5	—10
			最高气温	℃/月	20	25	27	29
	社会环境	噪声	交通噪声	dB	65	70	75	80
		人口	人口密度	人/km²	10 000	25 000	30 000	40 000
		商业服务与交通	商业服务网点	个/万人	160	140	120	100
			公共交通车辆	辆/万人	11.0	6.0	4.0	2.0
			交通道路面积	m²/人	11.0	6.0	4.0	2.0
		居住	居住面积	m²/人	8.0	6.0	5.0	4.0
		生活设施	生活用水	L/人·日	300	200	150	100
			生活用电	度/人·年	300	200	170	120
			气化率	%	60	35	20	10
		卫生状况	住院病床数	张/万人	80	60	40	20
			医生数	人/万人	80	60	40	20
		绿化	城市绿地	m²/人	7.0	5.0	3.0	1.0
		文化教育与娱乐	高校在学人数	人/万人	300	200	150	100
			中学在学人数	人/万人	1 000	800	600	500
			科技人员数	人/万人	1 000	800	600	500
		经济状况	职工工资收入	元/人·年	600	500	400	200

资料来源:王如松,1996。

一个城市的发展可以是经济上高效的,而同时又是生态上破坏的;也可能是环境合理的,而社会上是不可行的。本项目的评价指标主要强调生产效益,过程稳定性,及人们发挥潜力的能力。比较分析天津 1978～1991 年可持续发展能力的结果表明,生产效益、生活质量、体制和谐度、决策能力及生态序每年增长

2.9％,8.3％,2.6％,4.0％,3.5％,其中生活质量改善最快,而体制和谐度提高最慢。与全国其他省市比较,天津的社会序低于北京和上海,而高于其他省市,这表明天津在社会生活方面相对保守与稳定,其经济发展速度则低于其他沿海城市;这一现象从持续发展的观点来看,也许并不是坏事,但较低的决策能力与缺乏活力将阻碍天津的可持续发展。

9.2.2　城市生态调控决策支持系统

天津城市调控决策支持系统是以城市生态学,系统科学,管理科学以及计算机技术为基础而研制的人机交换系统。这一研究把人作为社会-经济-自然复合生态系统的核心,探讨人口与其他子系统的协调发展以及调控的机理与方法,这一系统提供城市生态信息以及描述、诊断、评价、模拟与规划模型,研究运用人工智能方法来诊断、评价城市生态协调中元素间的模糊关系,以支持决策过程。

9.2.2.1　系统设计

为了使人机交换更具灵活性,天津城市生态调控决策支持系统设计了基于人工智能技术的前景分析方法。首先,系统可提供一系列用户所关心的数据,然后,通过人机交换可产生新的数据和情景,最后,可根据模拟及计算机提供的信息进行决策分析。在 PC 机上,管理软件用 C 语言写成,数据库用 DBASE Ⅲ PLUS,图形部分采用地理信息系统,模型允许用 C、FORTRAN 或 BASIC 写成。专家系统允许用 C、LISP 或 PROLOG 编写,描述性知识用字符输入。

9.2.2.2　信息支持

天津城市生态调控决策支持系统可以提供以下几方面的信息:

数据库:包括人口、经济、自然资源、城市生活质量等。

图形库:包括行政与地理要素图、人口分布图、交通图、土地利用图、植被图、水系、污染物分布、环境状况等。

9.2.2.3　方法支持

(1) 描述　给用户提供天津人口、经济、自然资源、城市生活质量等方面的数据与信息。

(2) 评价　建立基于神经元网络的多准则系统评价方法。

(3) 模拟　以灵敏度模型为基础的动态模拟分析方法。

(4) 规划　采用泛目标生态规划方法,其主要特点是通过政策实验来了解系统的风险与机会,以寻求满意解而不是获得最优的规划方案。

9.2.2.4　智能支持

(1) 描述性知识　包括说明性介绍、系统使用帮助;基于情景分析的人机对话。

(2) 专家诊断系统　用于分析系统的关键因子及二元关系,以支持模拟规划。

9.2.3　天津城市发展的生态对策

天津市土地等自然资源丰富,交通发达,地理位置优越,有良好的经济技术基础。这些主导天津城市发展的因子使天津成为一个充满希望和生机的发展中城市。但其发展同时也受到各种生态因子如水资源、资金、管理体制及政策的约束和限制,使其部分潜力未得到应有的发挥。我们对全国十大城市生态系统功能的综合研究发现,天津市生产效益位居第四,生活质量位居第七(见表 9-7)。天津城市生态系统发展的主要战略是:通过和谐的资金、权力、能量和精神的综合建设,提高生态建设的管理水平。关键是要提高城市的生态活力,而提高活力的关键则是领导群众的生态意识。天津城市发展的生态对策可归纳为以下 10 条:

表 9-7　中国十大城市生产功能比较(经济效益分类指标指数及综合效益平均指数)

比较	人均 GNP	生产效率	利　税		单位 GNP 废水排放	单位 GNP 固体废弃物	单位土地产出率
			人均	万元产值			
上海	1.00	1.00	1.00	1.00	0.81	1.00	1.00
(排序)	1	1	1	1	6	8	1
北京	0.75	0.49	0.59	0.77	0.92	0.33	0.01
(排序)	3	3	4	4	9	2	7
沈阳	0.07	0.01	0.01	0.30	0.69	0.67	0.00
(排序)	9	8	8	8	5	7	10
武汉	0.37	0.23	0.23	0.63	0.00	0.00	0.03
(排序)	7	7	6	6	1	1	4
广州	0.76	0.70	0.70	0.83	0.68	1.00	0.04
(排序)	2	2	2	2	3	8	3
哈尔滨	0.08	0.00	0.01	0.07	0.86	0.67	0.00
(排序)	8	10	9	9	8	5	9
南京	0.41	0.36	0.36	0.59	0.55	0.33	0.05
(排序)	6	6	7	7	2	3	2
西安	—	0.01	0.01	—	0.84	0.67	0.02
(排序)	10	9	10	10	7	6	6
大连	0.66	0.36	0.36	0.78	0.66	0.67	—
(排序)	4	5	3	3	3	4	8
天津	0.52	0.48	0.48	0.74	1.00	1.00	0.02
(排序)	5	4	5	5	10	8	5

资料来源:王如松,1996。

(1)天津城市生态潜力未能充分发挥的控制论原因在于外部依赖性过大,内部灵活性较低,外部竞争力不强。面对当前世界经济的资源、技术、资金、市场,面对国内各省市开放改革的巨大机会,当前急需调整战略部署,松绑放活,实行全方位开放,发展外向型经济。否则面临当前急剧变化的世界形势,天津将可能在国外或境外(如韩国、中国台湾、俄国等)丢失合作机会,在国内丢失腹地,在沿海城市中屈居队末。比如天津投资环境在 19 个沿海开放城市中是唯一享有 2A 级信度的开放城市,但其外资投资额在 19 个开放城市中却位居中下,如不采取措施,地位还可能继续下降。

(2) 严重的水资源短缺和水环境污染是困扰天津城市发展的首要生态问题,单靠外地引水和污水处理在经济上和生态上都是不可行的。通过生态工程(污水土地处理系统与人工处理相结合、污灌、污水回用、死水活用等),生态规划(调整产业结构、产品结构、水资源的优化调配,流域水资源综合开发的生态规划等)及生态管理(建立全市统一的水生态管理机构,完善水平衡测试手段和节水措施,建立健全水生态法规,合理调整水价等)等措施,水将可能不会成为未来城市发展的主要限制因子。

(3) 针对天津市丰富的土地资源和低的绿地覆盖率的矛盾(1989 年 29 个省会城市建城区园林绿地覆盖率,天津为倒数第二),要积极研制和引进适合本地水文气候条件的植被,要充分利用丰富的污水资源发展绿地。外环绿带建设要将农民的经济效益、区域的生态效益和城市的社会效益相结合,诱导农民自觉进行生态建设。

(4) 城区生态位势成向心分布,离市中心越近,吸引力越大,这种趋势在今后若干年内不会改变。为减缓市中心过分拥挤的压力,搬迁不合适的企业和改善旧城落后的基础设施,要依据国家有关的法规政策尽快实施土地、环境和基础设施的有偿使用政策,以开拓旧城改造的资金渠道,促进城市自养的良性循环。旧城改造中应特别注意系统观、生态观和发展观,传统的线性因果关系修补法只是治表不治里,必然会引起新的问题。例如旧区改造过程中所建立起来的部分新区,由于缺乏合理的生态规划和相适应的生态管理,很快又变成了需要改造的新的"旧区"。因此,必须运用生态控制论的方法进行系统的规划、管理和建设,使城市具备较强的自我调节能力和活力。

(5) 天津市自成为开放城市以来,已批准 500 多家合资企业,但其中仅 20% 在塘沽经济开发区,50% 在市内。究其原因,主要是塘沽的吸引力低,城市基础设施水平差,管理体制不合理的缘故。研究结果表明,21 世纪末之前,土地开发重点仍应放在市区,特别是中外环线之间待开发的 70 多平方公里内,工业企业技术改造的重点也应在中外环线之间,努力提高这一地区工业产值密度,积累资金。同时加强塘沽区的基础设施建设和管理体制改革,以及"八五"、"九五"期间的滨海地区骨干企业的建设,为下世纪初的工业发展重心东移创造条件。

(6) 天津市具有丰富的油气、地热、风能资源,应通过各种途径合理开发利用各种可再生能源;矿物能源的利用应积极开拓资金渠道,国家、个人、集体一起上,尽早实现集中供热,从而从根本上改善大气环境质量,改善居民生活质量。

（7）现有的市政管理体制对资源、环境和人类生态实行分散多头管理，许多环节无人问津，缺乏系统的生态管理功能。建议市长办公室下设城市生态管理委员会，负责综合协调全市的资源生态（物质、能量、水、土地等）、环境生态（景观、自然生态系统、环境质量等）和人类生态（生活质量、信息反馈、时间效用等）。保证城市生态系统的生产、生活、还原和调控功能的正常运行，及时向市领导反馈城市生态系统功能发展变化的综合信息。如对环境污染的监督，可以组织环保与生产、物质管理部门从了解工厂的工艺流程入手，建立原材料物料平衡测定和管理办法，引导工厂通过工艺改革循环利用或多途径利用工业废弃物，提高生态经济效益。

（8）北京、天津同处海河流域，具有密切的社会经济和自然的联系，随着京津唐高速公路的建设和地区交通网络的完善，这种联系将更加紧密。但多年来京津双核式的经济体系严重抑制了天津市的经济发展和生态建设，也影响了首都功能的正常发挥，建议将京津两市及海河流域的有关地区组合在一起成立京津特别行政区，以利区域经济和自然生态的自我调节和持续发展。

（9）比较京津地区和沪宁地区的城镇体系和社会经济发展的现状，可以发现沪宁地区由于大中小城镇比例适当，布局合理，区域优势和潜力得到较好的发挥，单位面积的经济效益远远大于京津地区，京津地区缺少承上启下的中等城市，30 多个建制镇的城市设施很不完善，影响区域社会经济组合协调发展。应积极发展像塘沽这样的中等城市，将其升格为市（其城镇人口 35 万，按城市规划法，已达到中等城市规模，在全国城市中属前 100 名）。

（10）津、沪两市的经济效益对比研究表明，解放初期两市水平大致相当，后来，天津逐渐落后于上海，1988 年天津各项指标仅为上海的 70%～80%，究其原因，主要有四：一是天津对国内外的开放程度远小于上海（如 1988 年国外旅游人数上海为天津的 26 倍，收入为天津的 53 倍）；二是上海的相对投资强度和对外资的吸引力要高于天津；三是天津的科技信息流通量要低于上海（如中国科学院在上海设有分院，下属十几个研究所，天津一个直属研究所也没有）；四是上海职工业余教育远比天津发达（万人平均在职学习人数为天津的 1.5 倍），因此，平均技术水平要高于天津。如果天津不采取积极措施，未来这些差距还会越来越大。

9.3　功能区建设模式——江苏扬中生态岛建设

扬中市位于江苏中南部，全境由长江主航道以南的太平洋、中心沙、雷公岛、西沙 4 个沙洲组成。扬中成洲始于东晋，1904 年开始独立设置，称为"太平厅"，1914 年改称为扬中县，1994 年撤县建市。全市辖 11 个镇，总面积 332 km²，人口 27.8 万。1993 年扬中名列全国农村综合实力百强县第 27 位，成为全国首批步入小康的 80 县(市)之一。1995 年,全市工农业总产值 101 亿元,农民人均收入 3 459 元,城乡居民人均储蓄 6 500 元,全市 60%的农民住上了造型别致、装潢华丽的乡间别墅。1995 年 6 月,国家环保局下文将扬中列为第一个"全国生态示范区试点市"。

9.3.1　扬中的生态岛特点

9.3.1.1　自然环境条件

万里长江生态岛的扬中,地处东经 119°42′～119°58′,北纬 32°～32°19′,位于丹徒区东侧的扬子江中,由长江主航道以南的雷公岛等四个沙洲组成,为长江三角洲冲积平原的一部分。市境呈西北～东南走向,南北大约 40 km,东西宽 7 km 左右,东北与泰兴、江都、邗江区隔江相望,西南与丹徒、丹阳、武进区依夹江为邻。全境总面积 332 km²,除水域外,实际陆地面积为 228.7 km²,其中耕地面积为 16.66 万亩。扬中市为江中沙洲,属冲积平原,全市无沙丘,地势低平,海拔 4 m～4.5 m,全境由西北向东南微倾。全市共有大小港道 273 条,总长 221 km,通江港口 84 个,港道弯曲,河沟稠密,形成富有特色的江岛自然生境。

9.3.1.2　社会经济概况

(1) 人口、收入及生活水平

扬中市辖 11 镇,176 个行政村,1993 年拥有 9.6 万户,27 万人,人口自然增长率为 5.48‰。扬中虽然开发历史较短,但社会经济发展很快,1994 年国内生产总值 28 亿元,人均 10 072 元,是全国平均 3 670 元的 2.7 倍。1993 年城镇职工人均工资 3 012 元,农民人均纯收入 1 869 元。年末全市人均住房面积 33.62 m²,一半以上农民住上新建住宅楼,全市自来水普及率达到 100%。

(2) 文、教、卫事业

扬中市是江苏省基础教育先进地区,1993 年学龄儿童入学率达 99.97%,有小学 118 所,普通中学 24 所,职业中学 3 所。文化、艺术、医疗保健事业发展很快,有电视转播台 1 个,广播站 13 个,文化馆 12 个,影剧院 13 个,图书馆总藏书 17.12 万册。全市共有卫生机构 52 个,卫生技术人员 1 125 人。

(3) 产业结构

工业化水平较高,产业结构相对合理。1993 年三大产业产值结构比为 11∶63.6∶25.4。扬中市 1993 年工业企业 4 207 个,总产值 47.7 亿元,主要以电子、机械、轻纺和化工(无污染或少污染化工)为主,形成了示波器、开关柜、桥架、阀门等一批技术层次较高的优势产品。扬中市乡镇企业发达,1993 年乡村两级企业创造产值 37.28 亿元,占全市工业总产值的 78.1%。以传统手工业为主的个体企业发展很快,形成一批"木刷村"、"铜匠村"等富有特色的专业村。扬中农业资源丰富,江洲三宝"芦、柳、竹"和江上三鲜"刀鱼、鲥鱼、河豚"在江南家喻户晓。1993 年农业总产值 3.59 亿元,其中种植业占 29.1%,多种经营占 70%。扬中市人多地少,但农田水利基础设施发达,机械化水平较高,土地生产率高,粮食单产达 750 kg/亩。

(4) 能源结构

根据 1990 年的统计,扬中生产用能总量为 22.5×10⁴ t 标煤,社会总产值 22.04 亿元,万元产值能耗 1.02 t 标煤,工农业万元产值能耗均低于全省和全国的平均水平(见表 9-8)。扬中生活用能总量为 8.93×10⁴ t 标煤,其中生物质能(如秸秆、薪柴、沼气等)占主导地位,占全部生活用能的 62.65%,而商品能源只占 37.35%(如图 9-1)。

表 9-8　扬中市生产能耗与江苏平均水平对照

能耗项目	扬中市	江苏省
每万元社会总产值能耗	1.02	2.4
每万元农业总产值能耗	0.46	1.36
每万元工业总产值能耗	1.06	2.6
每万元其他产业总产值能耗	1.09	—

资料来源:扬中市政府,1995。

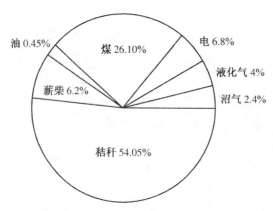

图 9-1　扬中市生活用能构成(资料来源:扬中市政府,1995。)

(5) 交通与通讯

扬中市交通、通讯发展迅速。1994 年自筹资金建成了一座总长 1 172 m,宽 15 m 的扬中长江大桥,通车 3 年后,又一重大基础工程——"扬中大道"(218 省道)一期工程(全长 7.4 km)正式建成通车。该大道全长 22 km,预算总投入 2.2 亿元。1993 年全市实现货运量 38×10⁴ t,当年末拥有电话5 382部,传真机用户 64 户,移动电话 191 户。

(6) 商贸与财政

扬中市的商贸发展势头很好。1993 年实现商品零售总额 4.97 亿元,外贸出口商品总额 16.9 亿元。财政收入 1.06 亿元,比上年上涨 46.2%。

　　综上所述,扬中的产业结构合理,能源结构适当,环境污染得到有效的控制和防治,经济获得全面发展,人民生活水平逐步提高。以生态岛为特色的扬中社会经济正沿着健康发展的轨道不断前进。

9.3.2　扬中的功能区建设模式

9.3.2.1　功能区建设的宗旨与目标

　　随着扬中市经济发展规模的不断扩大,区域布局中存在的不足日益显露出来;这就是城镇和产业规模小,布局分散,缺乏明显的功能分区,产业布局和城市建设呈现出比较混乱的迹象。这些不足对江岛环境的综合整治和社会经济的持续发展带来不利影响。因而,扬中功能区的规划建设势在必行。生态岛功能区划旨在以充分认识岛情为基础,通过对江岛的分区划片,把工业、农业、城镇、旅游、交通和环岛保护开发规划在最适宜发展的地区,最终求得经济、社会和生态环境之间在发展中最大限度的和谐与统一。生态岛功能区划的目标是对江岛进行功能区的划分,指出各功能区的发展方向与目标;制订不同类型功能区的发展规划,以便最大限度地利用江岛资源,各系统之间相互协调,以求最大的经济效益、社会效益和环境效益。

9.3.2.2　功能区建设模式

　　功能区的规划建设将根据扬中市土地利用总体规划的最佳方案(见表 9-9)实施。这一方案符合中央关于进一步加快改革开放步伐的指示精神,既适当放宽非农业建设用地的规划指标(其中城镇建设、交通和工业用地占用耕地数量增加比重较大),但也充分保证了农业的稳步发展,农田保护率为 94.7%,其综合效益相当好(见表 9-10)。

表 9-9　扬中市土地利用规划

土 地 利 用类 型	1990 年（亩）	2000 年	
		数量(亩)	占总面积(%)
水　　　田	173 048	165 339	45.7
旱　　　地	28 505	25 325	7.0
园　　　地	1 934	2 171	0.6
林　　　地	12 729	10 854	3.0
城　镇　村	43 110	52 098	14.4
工　业　用　地	5 106	6 512	1.8
交　通　用　地	23 500	24 964	6.9
水　　　域	73 860	74 529	20.6
合　　　计	361 792	361 792	100

资料来源:扬中市政府,1995。

表 9-10　扬中功能区建设前后的效益对比

效益类型	项　　目	单　位	1990 年	2000 年
经济效益	土地利用率	%	95	98
	土地垦殖率	%	55.7	52.7
	滩涂开发利用率	%	1.4	55
	粮食单产	kg/亩	623	676
	粮食总产	万 kg	12 233.1	12 899.9
	工业总产值	亿元	16.8	130
	农业总产值	亿元	2.8	5.5
社会效益评价	人均耕地	亩/人	0.74(0.61)	0.66(0.54)
	人均占用粮食	kg/人	448	460
	人均居民点用地	m²/人	105	85
	城市化水平	%	31	40
	人均交通用地	m²/人	57.2	59.5
	人口自然增长率	‰	6.32	6
生态效益	耕地有效灌溉率	%	86	96
	绿化覆盖率	%	18	25
	农作物光能利用率	%	1.01	1.21
	工业废水治理率	%	50	85~90

资料来源：扬中市政府，1995。

（1）城镇居民区

根据中外城镇体系发展的一般规律，结合扬中岛情及其发展规划，在"扬中大道"两侧原有城镇的基础上建设和发展以扬中城为中心的重点城镇群；从而，建设以重点城镇为核心的综合经济区和居民区。为此，拟投资 3.51 亿元，实施热、电、煤气联产工程，采用热、电、煤气联产工艺，提高全市供电、供热水平，实现全市煤气化。该工程将在下世纪初完成，对优化能源结构，提高能源利用率，减少"三废"排放，提高城市建设的现代化水平，将起到十分重要的作用。

（2）工业区

在重点城镇群的综合经济区划的大框架下，进行工业区建设的细化。仍然以"扬中大道"两侧有关城镇的重点企业为主体，规划建设全市工业区。要大力发展具扬中特色的电子、机械为主导的加工工业，并进一步向深加工化和技术密集化发展，规划各工业区的性质、规模和发展方向，确保在良好的生态环境下工业经济取得最大限度的发展。

（3）农业区

根据江岛农业资源的分布利用情况和农业发展条件的区域差异，进行岛内农业区的划分，规划种植业、林业、畜牧水产的最佳发展区域。建立农田保护区，在种植业适宜区选择农业生产条件好、潜力大的地区建立永久性农田保护区,保证农业持续稳定的发展。同时发展"菜篮子"工程,在相应区域内,建立蔬菜、禽蛋、奶牛、肉类和水产基地。

(4) 交通规划

在建成二墩子港码头和扬中大桥,实现"南桥北渡"的基础上,完成扬中大道二期工程,建成环岛公路;建设开发区港口、丰收坝港口和石城万吨级以上的港口码头;利用紧靠高港、大港等国际港口的地理优势综合开发,配套建设,使水陆交通的优势充分得到发挥。

(5) 旅游区

以万里长江生态岛的自然风貌为基础,大力开发江岛的自然景观和人文景观等旅游资源,规划建设扬中的旅游区景点(包括陆上游乐和水上游乐);在此基础上,进行度假区的规划建设;实施旅游观光、休闲疗养的多种功能,以江岛美吸引观光客,以观光旅游带动整个三产的发展,促进全市经济的腾飞。

(6) 环岛综合开发保护区

环岛综合开发保护区的建设是扬中的一个特色,同时具备护堤、观光、交通、经济四大功能。扬中市为此拟投资 1.2 亿元,实施"绿色环岛工程"。该工程包括环岛 120 km 江堤的建设,达到防洪屏障和环岛公路的双重标准;在堤内外种草植树,建设经济林带和牧草基地;利用江滨资源建设畜禽和水产养殖基地;建设沿江果园、公园、水上乐园等,开辟沿江旅游景区。该工程的完成将不仅为扬中这一"水上花园城市"增色,而且为环岛综合开发保护区生态、经济、社会三大效益的提高起着积极的作用。

9.4　"全球 500 佳"——浙江夏履生态镇建设

以"天蓝、地绿、水清、山碧"著称的浙江绍兴市夏履镇荣获联合国环境署命名的 1996 年度"全球 500 佳"称号,这是我国本年度获此殊荣的唯一一家单位。"全球 500 佳"是联合国环境署在全球范围内对环境保护、生态保护建设做出突出成绩的单位和地方授予的最高荣誉和奖赏,评选活动每两年进行一次,我国的"三北防护林生态工程"和浙江奉化藤头村等也曾获此殊荣。

夏履镇,相传是大禹治水时在这儿不慎掉了一只草鞋,后人在此建了一座"夏履桥"以资纪念,因此而得名。这是一个人口近 2 万,丘陵山地占全镇面积 75% 的绍兴市最小的一个镇。过去,这儿也曾走过滥伐山林的弯路,"柴杠两头尖,甩出现铜钿"就是当时的一句顺口溜。如今的夏履人,为发展经济,也为子孙后代,做出了漂亮的"山水文章"。在采取了封(封山)、管(管理)、造(造林)、保

(保护)等措施后,该镇每年封山 8 000 亩,抚育林木 1.5 万亩,现在全镇山地森林覆盖率达 70.3%。夏履人发展经济决不以污染环境为代价,只要是污染型企业,不论经济效益如何,一律关停并转。生活污染也得到有效的治理,社会环境综合整治也不断跃上新台阶。因而,夏履的地面水水质很好,大部分区域的主要指标均符合国家一类水标准。此外,夏履人狠抓生态环境教育,自编了乡土教材《生态教育读本》,在全镇 10 多所中小学开设生态课,起到"教育一代人,带动两代人"的积极作用。

9.4.1 生态镇建设的基本情况

9.4.1.1 自然环境条件及其评价

夏履镇位于浙江绍兴市西北山区,镇域地形南北狭长,总面积 52 km²。平原面积 12.5 km²,占总面积的 24%,是居住、农业和工业等社会经济活动的主要地域;山地丘陵面积为 39 km²,占总面积的 75%,森林覆盖率为 70.3%,其中竹园面积 1.2 万亩,茶园面积 3 500 亩,水果面积 1 000 多亩;水域面积 0.5 km²,占总面积的 1%,主要有东江、西江等。该镇域内水资源非常丰富,共有水库 13 座,山塘 36 个,可蓄水 150 万方以上,地下水储量也较大。水力发电站 5 座,装机容量 300 kW。所有地面水水质均符合 GB 3838-88 二类水标准,大部分区域的水质主要指标符合国家一类水标准。大气环境质量符合 GB 3095-82 二级标准,其中二氧化硫、氮氧化物符合国家大气环境质量一级标准。区域环境噪声符合 GB 3096-93 二类标准,昼夜间 50 dB,居住、商业、工业混杂区昼夜间 60 dB(见表 9-11)。

9.4.1.2 社会经济状况及评价

(1) 人口及劳动力情况

1995 年,夏履镇人口为 18 045 人,年均增长率为 0.95%。其中劳动力总数 9 845 人,农业劳力占 22%,工业劳力占 53%,建筑劳力占 3%,其他劳力占 2%。

(2) 教育与科技

夏履镇是绍兴市首批实施的试点,九年制义务教育普及率已达 98.2%。全镇中小学广泛开设生态课,用生态学知识教育子孙后代,是夏履建设生态镇重要的一环。科技兴镇战略的实施造就了该镇一支村、厂科技网络队伍。目前,全镇共有各类科技人员 286 人,并积极加强与大专院校、科研机构的合作或联系,建立了集人才、技术、信息的多专业、多层次的科技网络。1995 年该镇用于科技的投入达 1.8 亿元。

(3) 交通与通讯

镇内交通以公路为主,水运为辅。钱(钱清镇)夏公路路面已全部硬化,104 国道复线横穿钱夏公路,村级道路硬化率已达 85%,全镇每个村都通有公路,交通十分方便。镇内邮电局装机总容量为 3 000 门,到 1996 年底,全镇 50% 的农户安装了电话,全镇有线广播入户率达 100%,有线电视入户率 93%。

（4）能源结构

在镇工业开发区已建好并运行 11 万伏变电所一个，全年用电 3 995 万度，其中工业用电 3 179 万度，农业用电 49 万度，生活用电 567 万度，农村电气化率达 98％。居民普遍使用石油液化气，使用率在 90％以上。太阳能和沼气开发正逐步走向实用化。

（5）产业结构

全镇有 45 家村镇以上的企业，其中，国家和省市级集团 4 家，国家大型企业 2 家，国家中型企业 5 家，外商独资企业 1 家，中外合资企业 13 家，初步形成了以纺织为主体，服装、针织、建筑、建材和五金加工为一体的工业产业结构，全镇拥有有梭织机 2 010 台，无梭织机 1 100 台。至 1996 年止，全镇已有固定资产 4.5 亿元，当年实现工农业总产值 13.3 亿元，销售收入 7 亿元，税利 7 000 万元。农业以粮食生产为基础，积极发展多种经营，推进产业化进程；全镇基本实现水利化，有效灌溉面积达 95％，全镇良种覆盖率达 93％，粮食产量达 4 778t；初步形成竹木制品、茶叶、干鲜果和食用笋四大产加销联合体；村民的总收入中 25％来源于第一产业，60％来源于第二产业，15％来源于第三产业。

（6）人均收入及生活水平

1995 年全镇人均收入 4 000 元，人均居住面积 22 m^2，年人均生活用电量 315 度，家电、摩托车等高档消费品普及率较高。

（7）经济发展水平评价

全镇 1995 年工业企业产值 12.8 亿元，农业产值 4 944 万元，分别占工农业总产值的 96％和 4％。在经济收入中，科技进步贡献份额占 35％以上。可见，夏履镇的经济发展已步入以科技为先导，以教育作支撑，以农业为基础，以工业为龙头，大力发展三产，结构合理的、可持续发展的轨道（见表 9-11）。

表 9-11　夏履镇社会经济发展和生态环境规划

	指标名称	1995 年	2000 年	2010 年
经济发展目标	人均收入（元）	4 000	6 442	16 708
	人均收入增长率	9.1％	10％	10％
	经济产投比	2.5	3.1	4.8
	第三产业占总产值比值	15.5％	23％	32％
社会发展目标	人口自然增长率	9.5‰	8‰	7‰
	文盲、半文盲占人口总数	9％	7％	3％
	初中以上文化程度占总人口比例	46.8％	52.3％	61.2％
	全镇人均住房面积（m^2）	22	24	26
	自来水普及率	90％	100％	100％

表 9-11(续)

指标名称	1995 年	2000 年	2010 年
森林覆盖率	70.3%	73.6%	78%
土地退化治理率	90%	95%	100%
新能源在农村能源中占比例	70%	92%	98%
化肥农药使用递减率	30%	47%	55%
农用薄膜回收率	85%	90%	95%
畜禽粪便处理率	75%	92%	97.5%
生物防治推广率	40%	70%	95%
乡镇企业污染治理率	90%	95%	99%
大气环境质量	国家一级标准	一级标准	一级标准
地面水环境质量	国家二级标准	一级	一级
固体废物处理率	85%	91%	98%
噪声状况	国家二级标准	一级	一级
人均绿地面积(m²)	3.53	3.56	3.6

左侧纵列标注：生态环境目标

资料来源:夏履镇政府,1997。

9.4.2 夏履镇可持续发展的模式

荣获"全球 500 佳",建设了著名生态镇后,如何发展,才能尽快将夏履建成一个"经济繁荣、科技发展、生活富裕、环境优美、社会文明"的现代化集镇? 走可持续发展的道路,夏履镇的社会、经济、自然环境可持续发展模式是:

9.4.2.1 合理规划产业结构,确保经济持续稳定增长

合理规划布局工业、农业和三产的产业结构,确保全镇经济持续稳定增长;力争到 2010 年工农业总产值达 85 亿元,年人均收入 16 708 元。

9.4.2.2 确保农业生产稳定增长和农林牧副渔全面发展

大力开展水利建设和农田基础设施的建设;积极调整农村产业结构,加快农业集约化和产业化进程;大力推广生态农业技术,科学使用化肥农药,增施有机肥,保护地力,全面实施废弃物的无害化处理和综合利用,开发生物能源,保护农田生态,形成良性循环。

9.4.2.3 大兴植树造林之风,合理开发利用自然资源

号召全社会植树造林,争取 2000 年达到村庄园林化,农田林网化,工厂花园化,道路林荫化,森林覆盖率 73.6%,全镇绿地覆盖率 30%。全镇建成规模较大的水库、电站、风景旅游点为一体的自然景观。

9.4.2.4 严格控制污染,切实保护环境

全镇工业污染要得到严格控制,生活污染要得到有效制止,1997 年全镇主

要河道水质保持一类水标准,大气质量达到一级标准,集镇规划区建成烟尘控制区,噪声达标区,饮用水源标准区。

9.4.2.5　坚持不懈地保护耕地

牢固树立保护耕地是我国基本国策的观念,正确处理好发展经济与保护耕地的关系;为此,特制订以下具体措施:

(1) 全镇 21 个行政村划定基本农田保护区(到 2000 年必保的"吃饭田"面积)6 288 亩;其中一级基本农田 5 446 亩,二级基本农田 600 亩,三级建设留用地 242 亩;规划到 2010 年全镇必须保持耕地 6 046 亩,基本农田保护率在96.1%。

(2) 工业用地集中规划安排,规划到 2010 年工业发展用地为 131 亩,集中在工业园区,建立起优势明显的现代化工业格局。

(3) 为适应城乡一体化建设需要,到 2010 年集镇规划用地面积增至 45 亩,从而满足集镇新区建设,为最终形成一定规格的政治、经济、文化中心奠定基础。

9.4.2.6　坚持计划生育,不断提高人口素质

抓紧计划生育,有效控制人口增长,同时逐步完善各项指标,切实加强对流动人口的管理,搞好计划生育优质服务。

9.4.2.7　积极发展社会公益设施和文化福利事业

通过各种渠道兴办社会公益和文化娱乐设施,大力加强文化福利事业的建设,促进全镇群众文化素质的普遍提高。

9.4.2.8　加强殡葬管理,促进社会主义两个文明的建设

积极倡导火葬,引导深埋,破除丧葬陋习,同时严格控制和节约殡葬用地。

9.4.2.9　建立农村社会保障基金,切实保障人民群众基本生活权益

为促进农村社会保障事业的发展,建立农村社会保障基金;同时对基金的筹集、使用和管理,制订一系列政策。

为保证可持续发展,夏履镇规划并正在建设近期 15 项重点项目,大约共耗资 4 880 万元(见表 9-12)。

表 9-12　夏履镇 1996~1998 年重点建设项目[*]

项目名称	规　　　模	起止年限	总投资(万元)
钱夏公路拓宽延伸工程	全长 12 km,拓宽至 10~20 m	1996 年完工	500
夏履镇汽车站	占地面积 2 000 m²	1996~1997	100
夏履农贸市场	占地面积 6 670 m²,摊位 100 个	1996 年完工	180
新建寄宿制小学	占地 25 亩,建筑面积 8 800 m²	1996~1998	1 000
镇中学教学楼	占地 6 000 m²,建筑面积 4 000 m²	1997~1998	250
第四期东江治理工程	河长 350 m,宽 30 m,总石方 1.5×10^4 m³	1996~1997	120
镇敬老院重建工程	占地面积 3 000 m²,建筑面积 1 500 m²	1996~1998	200

表 9-12(续)

项目名称	规　　模	起止年限	总投资(万元)
生活污水和垃圾无害化处理站	日处理污水 50 t,垃圾 2 t	1996～1997	100
生态厕所	在镇区主要地段及有关村、厂建造生态厕所	1996～1997	100
农业现代化园区建设	初步规划农业现代化园区建设	1996～1997	200
绿化建设	新增防护林、公路绿化林 $6×10^4$ m^2,森林覆盖率达 75%,绿地覆盖率达 30%	1996～2010	150
果木园区建设	林木蓄积量增加到 $8.5×10^4$ m^3,毛竹立竹量增加到 190 万支,建立速生用材林 1 500 亩,开发经济林 1 200 亩	1996～1998	100
越王峥旅游开发	开发越王峥风景区度假村	1996～1998	1 500
建造全镇公益性公墓	公墓占地 5 000 m^2	1997～2000	300
建立蔬菜基地	开发蔬菜基地 100 亩	1997～1998	80
合计 15 个项目			4 880

　*仅公益性公墓和绿化建设两个项目完成年限分别为 2000 年和 2010 年,项目经费共 450 万元。

　资料来源:夏履镇政府,1997。

9.5　南京市住宅小区的生态健康评价

　　南京市作为长江下游的特大城市,长三角经济圈中的副中心和南京经济区中的核心,提出沿江开发计划是新时期发展中的关键之举,腾飞之举,实施可持续发展战略,进行城市生态建设,是南京沿江开发的必由之路。"九五"以来,南京新城区建设如火如荼,住宅小区如雨后春笋蓬勃兴起。南京市,特别是新城区住宅小区的布局和建设,是沿江开发的重要组成部分,必须按城市生态建设的要求实施。

9.5.1　南京沿江开发中的新城区建设

　　近年来,南京新城区建设的成绩有目共睹。以生态可持续性为标志,生态平衡与生态健康日益被关注。城市建设到哪里,绿化就跟进到哪里。5 年前,以"浓荫蔽日、风格浑厚"为其鲜明特色的南京市获得"国家园林城市"称号。5 年来,南京经济发展和城市建设加快,城市绿化发展也加快。如江北新城区,住宅面积占 12.5%,而绿化面积就占 51.6%;河西新城区,住宅面积占 30%,而绿化面积占 39%;仙林新城区,住宅面积占 19.3%,而绿化面积占 37.9%;东山新城区,住宅面积占 15.2%,而绿化面积占 37%。全市各部门齐心协力,在新建、新拓的江东路、建邺路等 70 多条道路旁,栽植各类行道树 20 万株;

188 个小区在出新中,种植草坪 58 万多 m²、树木 50 多万株;老城环境整治,两年新增绿地 70 万 m²。每年城郊大环境绿化植树 2 万余亩,建成区每年新增绿地 200 万 m² 以上。目前,市区园林绿地 17 115 公顷,绿地率 39%,绿化覆盖率 43%,人均公共绿地 9.51 m²,在全国直辖市、省会城市中位排前列。

2002 年,南京市进一步做出建设"绿色南京"重大决策:2005 年,建成区绿地率达到 41%,绿化覆盖率 45%,人均公共绿地 12 平方米;2010 年,建成区绿地率 43%,绿化覆盖率 46%,人均公共绿地 15 平方米,争创中国首批"人居环境优良城市"。3 年内,重点实施滨河景观带、河西及滨江绿地、城市生态防护林、城市中心区绿地等 10 大工程,总投资超过 60 亿元。

9.5.2　新城区生态健康水平评价

"人居环境优良城市"的建设,和小区建设息息相关,环环相扣。住宅小区,作为人们日常活动的起点和终点,它的规划和建设的方向,也从原来的单纯追求经济、美观转向绿色、环保。生态健康型小区的建设已成为小区建设的主流方向。

生态小区的建设既已成为衡量南京人民居住水平和城市社会文明的重要标准之一,为了促进生态小区的建设,便于操作,制定一个生态小区的评估体系已经刻不容缓。我们以城市生态学基本理论(宋永昌等,1921)为基础,在建设部文件《绿色生态住宅小区建设要点与技术导则(试行)》(简称《导则》)的基础上,制定了一套生态小区的评价指标体系。我们以南京市河西新城区中的龙江小区阳光广场为例,用生态小区指标体系对其生态健康水平进行调查和评价,用以折射南京市新城区小区建设的水平和差距,以利于南京市进一步整改,最终实现城市生态建设的有关目标。

龙江小区是南京市河西新城区建设中的一个亮点,10 幢 32 层高楼矗立在秦淮河西,草场门大桥之下,分为阳光广场(南片)和月光广场(北片),是全国著名的高教公寓区,最有条件建成生态健康小区。为此,以龙江小区阳光广场为例,进行生态健康水平的评价,十分必要。我们以《导则》为主要依据,在16 项三级指标的基础上制定了四级单项指标(共 75 项),结合有关专家意见,对指标体系进行了量化工作,即制定了各单项指标的赋分标准。量化时考虑到各亚系统的相对重要程度,确定总分 100 分,各部分权重为:环境亚系统 30分,住宅亚系统 28 分,物业管理 24 分,社会文化亚系统 18 分。通过问卷调查和与住户,业主座谈,与居民私下接触等多种形式,我们对龙江小区阳光广场的实际情况做了详细调查,在此基础上,得出对龙江小区阳光广场生态健康水平评价的总分。其一、二、三级指标结构如图 9-2,四级单项指标及其详细说明如后。

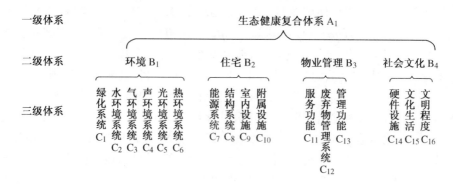

图 9-2　城镇生态健康小区指标体系示意图

9.5.2.1　四级单项指标及其赋分标准（见附件 1、2）

按照以上城镇生态健康指标体系的评估，我们得出南京市龙江小区（阳光广场）生态健康水平的具体数值如表 9-13 所示（综合得分 55 分，即占总分的 0.55）。

表 9-13　南京市龙江小区（阳光广场）生态健康小区指标体系一、二、三级指标数值

指标	A							
数值	0.55							
指标	B_1		B_2		B_3		B_4	
数值	0.48		0.48		0.69		0.61	
指标	C_1	C_2	C_3	C_4	C_5	C_6	C_7	C_8
数值	0.54	0.50	0.50	0.21	0.68	0.75	0.50	0.60
指标	C_9	C_{10}	C_{11}	C_{12}	C_{13}	C_{14}	C_{15}	C_{16}
数值	0.50	0.25	0.75	0.68	0.63	0.64	0.60	0.60

注：① 由本体系评分获总分达 80 以上者，即 A 为 0.8，便可称为生态健康小区；A 为 0.6～0.8 者，与生态健康标准有一定差距；A 为 0.5～0.6 者，与生态健康标准有相当差距；A 为 0.5 以下者，为生态健康水平低下。② 表中 A、B、C 的含义与图 1 各级指标按顺序一一对应。

9.5.2.2　评估结果分析

根据以上数据分析，龙江小区阳光广场生态健康水平只有 55 分，基本满足居民的日常生活需要，居民常有不适感，距离生态健康小区的水平还有相当差距。这是由于环境亚系统和住宅亚系统得分较低所致。确实，龙江小区阳光广场在小区规划，环境保护等方面存在较大的问题，距离生态健康小区来讲，龙江小区还远未达标。南京市龙江小区是在国务院、教育部和江苏省政府的关心和支持下建设的高教公寓，是国家和地方政府关心知识分子，为他们办实事的标志工程；也是鼓楼区把社区建设当作全区工作永恒主题的一个社区建设范例。这个小区的生态健康水平如不能切实提高，其他小区的困难就更大。为此，我们在与业主委员会、物业管理公司及街道讨论协商的基础上提出一系列整改意见，摘其要点罗列如下：

9.5.2.3　关于南京市建设生态城区的建议

为支持南京市将沿江开发纳入生态建设的轨道,我们建立了生态小区指标体系,并应用于河西新城区的龙江小区阳光广场的生态健康水平评价,发现了问题和差距,也明确了整改与进一步建设的目标。很显然,生态小区的建设一定要科学规划,以人为本,生态与经济效益兼顾,这样才能符合沿江开发的总目标。为此,建议如下:

(1) 城市小区建设要融入沿江开发的大格局,进行科学规划

南京市的小区建设决不能条块分割,各行其是;而是要按照江苏省、南京市沿江开发的总体战略,甚至纳入长三角区域发展的大格局去部署实施,这样才能整体协调,有章有法,彻底告别盲目和凌乱,步入现代化城市的发展轨道。只有科学规划才拥有真正的美学价值,才富有永恒的生命力。龙江小区,原本是 6 幢设计,南北各 3 幢;然而为了片面提高居住率,竟然由行政干预代替了科学设计,由 6 幢改为 10 幢,这不仅使"阳光"、"月光"有失光彩,而且造成了两个小区居民的严重"超载";开发商为了降低成本,追逐利润,又给小区带来一系列麻烦,如下水管网不畅、道路拥堵、开发项目扰民污染等;龙江小区的规划不当还波及草场门外河西地区的交通、生活、教育、娱乐和治安等诸多方面。

(2) 以人为本,进行小区建设

城市建设要"以人为本",特别在小区建设中更要体现人与周边环境和谐共处的原则。南京市沿江开发的总目标和总规划是十分重视这一原则的,但深入到小区建设中却走了样,面对基本群众,忽视群众利益。我们不能要求有关领导去过问小区内道路上每块松动的地砖;但龙江小区阳光广场建成后,每逢中雨,小区内的主干道(尤其在 4 幢和 5 幢的出口)便积水 30cm 以上,媒体曾多次曝光,然而至今没人过问,下雨后居民依然出行艰难。作为美国柏克利的一位市长,非常清楚"市民是实现生态城市的关键",为此,他建立了一个有效的系统,节约金钱,并为市民提供服务,于是生态城市运转良好,他在市民中的信任度也赢得提高(Richard Register,1987)。我们相信,深谙"群众利益无小事"的真谛,就能将"人本"思想、"民本"思想贯彻到城市建设中,人与周边环境的和谐共处就能得到保障。

(3) 生态与经济发生矛盾时,生态利益优先

世界可持续发展战略提出,当生态与经济发展发生矛盾时,生态利益优先(世界环境与发展委员会编著,1989)。近年来,面向生态化的产品和服务体系已经成为欧盟经济发展的一个十分重要的方面,在其城市建设与发展中,生态和经济不再是誓不两立的"冤家",而是相互融合,互相补充(Paulussen, 2003)。可如今我们的城市发展却十分看重经济指标,当生态与经济发展发生矛盾时,优先考虑的是经济利益。如龙江小区阳光广场的开发商选择开发项目只追求经济利益,将小区综合楼中原来设计的利民项目(如社区医院等)撤换掉,与居民发生多起矛盾。很显然,要解决建设与发展中生态与经济的矛盾,需要政府部门出台相

关政策,在城市建设中加强产业生态管理,让商家认识到,生态环境破坏了,自己也无利可图,要对群众百姓负责、对子孙后代负责,从而把可持续发展逐步转变为商家的自觉行动。

(4)加强城市绿地建设,避免河西荒漠化倾向

龙江小区阳光广场目前人均绿化面积小得可怜,不足3平方米,大大低于全市人均公共绿地面积(9.51平方米)。这完全是和河西新城区的建筑密度太大有关。河西本来是农田菜地,缺乏大型绿色植被,房地产的过度开发营造了成片成片的水泥森林,如此发展下去,河西新城区已呈现出城市荒漠化的危险倾向。建议市政府下决心将滨江大道建成绿色长廊(两侧的林带各留足30m宽),同时多开发一些市民广场和休闲绿地,并出台相关政策,规定开发商建设小区时人均绿化面积不得低于全市人均标准。

(5)系统整合,全方位建设生态健康小区

城市生态建设是一个复杂的系统工程,生态小区的建设也是如此。本文所建立的生态健康评价指标体系所涉及的就是4个亚系统(二级)和16个子系统(三级)。因此,要进行生态小区建设,并不意味着只盖好漂亮的房舍,也不只是搞好一定面积的绿化和室内的美化装修,而是要按照系统生态学的原则,进行自然环境、社会和经济复合系统的整合(钦佩等,2002)。从规划设计开始,就要有生态建设和系统整合的意识,然后贯串到建设的每一个环节和居民入住、物业管理的始终。一旦哪个环节出现问题,要用生态修复的方法进行修复重建。如龙江小区阳光广场的地下管网的修复和综合楼的重新布局就要从有利于整个系统协调发展的层面上进行处理,而不是头痛医头,脚痛医脚。

(6)建立生态小区建设与管理的地方法规

在欧洲的许多国家进行城市生态建设的成功实践表明,发展生态城市是一个长期的可持续发展战略,必须建立在被社会大众广泛接受的基础上(Paulussen,2003)。他们的生态化法规逐步健全,全社会有关生态建设的科学知识、工程技术、政府管理和公众行为都达到了有关相对较高的层次。这是值得我们借鉴的。建议南京市政府有关部门在城市生态建设中首先尝试建立"生态小区建设与管理"的地方法规,如将"住宅建设规划的生态化"、"小区人均绿化面积"、"综合配套设施的利民化"等纳入法规管理,从而促进南京各阶层及社会大众生态建设与可持续发展观念与素质的不断提高,高标准建设我们美丽的家园。

附件1:四级单项指标及对其详细说明

9.5.1　环境亚系统单项指标(总分30分)

环境亚系统为生态小区阳光广场生态健康程度最重要的体现,所以我们对

其重点考察,赋予其 30 分的权重,具体区分如表 9-14 所示。

表 9-14　生态健康小区环境亚系统四级指标

	单项指标	满分	实得分	参考标准
绿化系统	绿地覆盖率	1	1	35%
	公共绿地占地面积	1	0.4	≥70%
	复层种植群落占绿地面积	1	0	≥20%
	立体和垂直绿化	1	0.5	充分利用垂直空间进行绿化
	绿地视觉效果及休闲功能	2	1	从视觉感官和心理上消除精神疲劳
	植物种类	1	0.1	华东地区木本植物种类≥50 种
	绿地养护管理	1	1	种植保存率≥98%
水环境系统	管道饮水质量	1	1	达到《饮用净水水质标准》规定
	排水情况	1	0	畅通,不同性质排水系统相分离
	水景设计	2	1	美观多样
气环境系统	氯氟烃类产品的使用	1	0	保证无此类产品使用
	可吸入颗粒	1	0.5	0.125 mg/Nm³（国家二级标准）
	SO_2 浓度	0.5	0.5	0.06 mg/Nm³（国家二级标准）
	NO_2 浓度	0.5	0.5	0.08 mg/Nm³（国家二级标准）
声环境系统	室内日最高噪音	1	0	小于 35 分贝,
	室内夜最高噪音	1	0	小于 30 分贝
	室外日最高噪音	1	0	小于 50 分贝
	室外夜最高噪音	1	0	小于 40 分贝
	隔声降噪措施	1	0.5	室内外有必要的隔声降噪材料和隔音屏等
	噪声对居民生活影响	2	0	不影响生活
光系统	道路照明强度	1	1	15 - 20LX
	光污染	1	0.7	室内外均无光污染
	室外照明系统的设计	2	1	有丰富多彩,温馨宜人的室外立体照明系统
热环境系统	室内全年平均温度	1	1	17℃~27℃
	室外全年平均温度	1	0	与小区外有一定温度差
	对空调依赖程度	2	2	依赖程度应较低

9.5.1.1　绿化系统　生态小区的绿化系统应具备生态环境功能,为此,

生态小区绿化建设要贯彻以乔木为主的方针,强调绿化覆盖率和植物配置的丰实度,使其具备防晒、防尘、降温、降噪及保持小区湿度、利于水土涵养等生态环境功能。本系统总分8分。各单项指标详细说明及其赋分标准见附件(以下各系统均同)。

9.5.1.2 水环境系统 水环境系统总的要求是"节水"和"美观"。《导则》规定,生态小区给水子系统宜采用智能化管理,管道饮水应达到《饮用净水水质标准》(CJ94~1999)规定的水质标准,排水应雨水、污水分流,生活污水如淋浴排水,洗衣排水,厨房排水,厕所排水等经收集、处理后,达到规定的水质标准,应在一定范围内重复使用。生态小区的屋面雨水应收集,地面雨水宜根据实际情况进行收集。景观用水子系统,即池水、流水、跌水、喷水、涌水等水景,其用水应循环,宜充分利用地形、地物和自然景色,营造优美的小区水景环境。此处采用以下指标(水的循环使用在住宅和物业管理亚系统中考虑):本系统4分。

9.5.1.3 气环境系统 生态小区的空气质量应达到国家二级标准,房间应自然通风,并且限制使用对臭氧层有破坏的氯氟烃等制品。本系统总分3分。

9.5.1.4 声环境系统 《导则》认为,生态小区项目开发前期在选址及场地设计中应使居住区远离噪声源。生态小区在规划设计时,应对周边噪声源进行测试分析,使小区声环境系统符合本《导则》规定的标准。当规划设计不能满足本《导则》对小区声环境的要求时,应采用人工降噪措施(如建隔声屏或种植树木等)减少外部噪声对生态小区声环境的影响。本系统总分7分。

9.5.1.5 光环境系统 小区室外公共照明宜采用绿色照明。宜用反光指标牌,反光道钉,反光门牌等,建立区内道路识别系统。通过高、中、低、远、近、虚、实等不同照明形式,在不同地区按不同的要求,合理配置路灯、庭院灯、草坪灯、地灯等,形成丰富多彩,温馨宜人的室外立体照明系统。住区内不得采用霓虹灯或强烈灯光做广告,小区内居住建筑不得采用玻璃幕墙。小区道路、停车场上的车灯应避免车灯直射室内,不可避免时,应采取挡光措施。有关室内光系统在住宅亚系统中考虑。本系统总分4分。

9.5.1.6 热环境系统 生态小区应尽量使用绿色能源供热,小区温度应适宜,尽量减少对空调的依赖。有关其节能性在住宅亚系统中考虑。本系统总分4分。

9.5.2 住宅亚系统单项指标(总分28分)

住宅亚系统也是生态健康小区的重要组成部分。一个生态小区的住宅系统应能体现生态小区"节能"的特点,必须提供住户舒适的居住条件,应能够与周边自然环境融为一体,具体区分如表9-15所示。

表 9-15　生态健康小区住宅亚系统四级指标

	单项指标	满分	实得分	参考标准
能源系统	供水系统节能性	2	1	生活废水的再利用,节水器具使用
	供电系统节能性	1	0.5	全部使用节能灯具和节能家电
	供热系统节能性	1	0	热环境技术;余热回收利用
	建筑材料节能性	2	2	3R 率 30%
	绿色能源利用状况	2	0	使用新能源且使用量达到小区总能耗的 10%
	能源及资源收费	1	1	分户计量收费
市内环境	建筑材料无毒无害无污染性	2	2	100%无毒无害无污染
	宅内绿化	2	0	一定的宅内绿化,巧妙布置
	人均居住面积	1	1	适中,不过大也不过小
结构系统	自然采光	2	1	80%的房间能自然采光
	雨水收集,污水处理设施	1	0	有雨水收集和必要污水处理设施
	保温隔热性	1	0	住宅外窗采用双层玻璃;保温性和气密性好
	抗灾性能	1	1	抗灾设施齐全,建筑结构稳固
	老弱残通道	1	1	有人性化的老弱残通道
	小区整体规划合理性	1	0	节地,布局合理
	小区选地合理性	2	0	远离污染源,选地环境优美,交通便捷
	自然通风状况	2	2	80%以上的房间能自然通风
附属设施	停车位	1	0	停车场架空或入地,人均停车位 1/3
	商场及市场	1	0.4	有,且方便居民生活,不影响居民生活
	违章建筑	1	0	无违章建筑

9.5.2.1　能源系统　根本要求是"节能"(本系统总分 9 分)

9.5.2.2　室内环境　应选用无毒、无害、无放射性、无挥发性有机物、对环境污染小、有益于人体健康的建筑材料和产品。应进行一定的室内绿化,改善室内居住环境(本系统总分 5 分)。

9.5.2.3　结构系统　住宅结构设计应能与自然融为一体,布局适宜,选地环境优美,远离污染源。此外还应体现"人性化"的特点。(本系统总分 10 分)

9.5.2.4　附属设施(本系统总分 4 分)

9.5.3　物业管理亚系统单项指标(总分 24 分)

在一个生态小区中,住户是主人,物业管理公司则是"大管家"。"大管家"一切工作应以方便和服务于住户为宗旨,其所涉及的服务范围是很广泛的,诸如,每天对小区环境进行养护,保持花草树木常年茂盛,营造小区美丽的环境;定期为小区内的房屋设备和设施进行养护,对管道进行疏通,发现问题及时修理,保证正常使用;替住户代发信件、报纸,替住户灌煤气,替各专业单位代收各种费用;开设各种便民措施,如便民服务部、小区医务室、花草托管所等。此外它还承担着一定的管理功能,如对小区的人员进出,宠物饲养,车辆停放等进行管理,对破坏环境行为予以惩处,具体区分如表 9-16 所示。

表 9-16　生态健康小区物业管理亚系统四级指标

	单项指标	满分	实得分	参考标准
服务功能	环境养护	3	2	能保持区内环境的整洁、卫生、美观
	管道疏理等处理及时性	2.5	2.5	及时迅速有效地住户问题
	一般服务机构	3.5	2	便民服务部,医务室,托儿所等机构齐全
	装修服务	1	0.5	统一装修,迅速及时,住户满意
固体废物处理	生活垃圾分类率	2	0.8	70%
	生活垃圾回收利用率	1	0.2	50%
	生活垃圾收集率	1	1	100%
	生活垃圾收运密闭率	1	1	100%
	生活垃圾处理与处置率	1	0.5	100%
一般管理功能	对制造污染者的处理	2	1	依法予以惩处,维护小区的美好环境
	宠物管理	1	0.5	严格按照有关法规,保证小区卫生状况
	安全管理	1	1	安全管理制度严格,失窃率、犯罪行为为零
	车辆管理	1	0	车辆有固定停放地点,区内交通畅通安全
	对小区住户熟悉程度	1	1	熟悉全部住户或至少绝大部分住户
	外来人员管理	1	1	处理恰当,不影响居民的社交为标准
	突发事件及时处理能力	1	1	能及时,迅速,有效地处理突发事件

9.5.3.1　服务功能:这是物业管理最主要的功能(本系统总分 10 分)

9.5.3.2　固体废弃物处理(总分 6 分)

9.5.3.3　一般管理功能(总分 8 分)

一般管理功能的主要含义为:制止个别主人的违章现象和不文明行为;提供安全管理,维护小区内的公共秩序,及时发现处理各种小区内突发事件,保证小区内无重大治安事件发生;对车辆进行管理,对车辆停放,进出进行控制和管理等等。

9.5.4　社会文化亚系统单项指标(总分 18 分)

小区是一个以人为主体的,经济、社会、环境统一的物质实体。在良好的生态环境基础上,精神文明和物质文明应同步协调发展。安定的政治局面、良好的社会风气、普及的科学文化、崇高的个人素质等都是一个生态小区的社会文化体系所应具有,具体区分如表 9-17 所示。

表 9-17　生态健康小区社会文化亚系统四级指标

	单项指标	满分	实得分	参考标准
硬件设施	区内公园、广场	1	1	为居民提供充足的活动空间
	社区文化宣传栏	1	0.5	有且美观,内容丰富多样
	教育机构	1	1	靠近或具有教育机构
	健身中心	1	0	有且设施齐全
	活动中心	1	0.5	有且条件好
文化生活	文艺活动举办	1.5	0.7	有自发的或统一组织的文艺活动
	电话普及率	1	1	>90%
	宽带普及率	1.5	1	>50%
	有线电视推广率	1	1	>90%
文明程度	集体的文化卫生环保宣传	1	1	宣传力度大,收效好
	邻里关系,小区氛围	2	1	邻里和睦,交往频繁,小区气氛融洽
	居民环保意识	2	1	无破坏环境行为
	居民公共道德	3	2	无不文明行为

9.5.4.1　硬件设施　生态小区的居民应具有较高的受教育程度,较强的身体素质以及较丰富的文化生活等,硬件设施为保证这一切的基础。完备的硬件设施不仅反映了小区的整体文化氛围,同时也从一定程度上反映了物业管理水平。本系统占 5 分。

9.5.4.2　文化生活　文化生活是社区文化系统的核心组成部分,体现了居民对的生活的高层次追求,是生态小区不可缺少的指标。现代社会,信息化程度越来越高,人们获取信息的手段如电话,有线电视,宽带网等,为反映其文化生活水平的重要指标。作为生态小区,同样需要考虑电话,有线电视,宽带网等作为评价其文化生活的重要指标。该系统占 5 分。

9.5.4.3　文明程度　人是生态小区的核心,人的素质对生态小区来说至关重要。不可设想,一个居民素质低下的小区能成为生态小区。因此,生态小区文明程度是一个比较重要的指标,它包括:居民的素质,个人修养,公共道德,居民环保意识等。从某种角度讲,生态小区文明程度综合反映了小区的健康程度。本系统占 8 分。

附件 2:各单项指标赋分标准

(1) 绿化系统(8 分):

公共绿地占地面积——为了保证生态小区居民有充足的户外自然休憩空间,小区应设置集中公共绿地。所谓公共绿地,是与宅旁绿地相对而言,是供居民公共休憩之用。公共绿地中应设置健身设施与儿童游戏设施。集中公共绿地中的绿化用地面积≥70%,绿地中的铺地与道路面积以 15%～30%为宜。

大于 70%————1 分

50%～60%————0.7 分★

30%～50%————0.5 分

20%～30%————0.4 分

小于 20%————0 分

绿地覆盖率——必须达到 35%。

合格————1 分★

20%～30%————0.5 分

小于 10%————0 分

复层种植群落占绿地面积——即应在自然土草地上复植乔木、灌木、花木及藤木等植物群,尽量加大植物丰实度。复层种植群落占绿地面积应不低于20%。

合格————1 分

5%～15%————0.5 分

低于 5%————0 分 ★

绿地视觉效果及休闲功能——生态小区的绿化系统应能为小区居民提供"卫生整洁、适用安全、景色优美、设施安全"的户外活动交往场所,应能从视觉感官和心理上消除居民精神疲劳。

能很好满足以上要求————2 分

不能完全满足以上要求,视觉效果一般————1 分★

绿地形式单调,完全不能满足以上要求————0 分

垂直绿化——建筑设计中应充分利用屋顶、阳台和错层布置等进行空中绿化,利用墙面、围墙和自行车棚架等进行垂直绿化,增大立体绿化覆盖率。

有且大量————1 分

有,但仅有少量————0.5 分★

无————0 分

植物种类————应以乔木为绿化骨架,乔、灌、草互相结合。华东地区木本植物种类≥50 种。

合格————1 分

15～40 种————0.5 分

少于 15 种————0.1 分★

绿地养护管理————种植保存率≥98%,优良率≥90%。此处仅考虑种植保存率。

达标————1 分★

50%～98%————0.5 分

低于 50%————0 分

(2) 水环境系统(4 分):

管道饮水质量————达到《饮用净水水质标准》(CJ94～1999)规定的水质标准

合格————1 分★

不合格————0 分

排水情况————考虑畅通与否,及雨水和污水是否分流

排水系统畅通,雨水和污水排水系统分开————1 分

仅排水畅通————0.7 分

排水不畅通————0 分★

水景设计————小区内应有多样且美观的水景,如喷泉,池水等,能满足休闲需要。

有多处水景且美观,能满足休闲需要————2 分

有少数但多于一处水景且美观,能满足休闲需要————1.5 分

仅有一处较大水景,但美观————1 分★

无水景————0 分

(3) 气环境系统(3 分):

氯氟烃类产品的使用————小区内冰箱,空调等电器应限制使用此类产品

小区内几乎无使用此类产品现象————1 分

仅有部分冰箱、空调不使用————0.5 分

全部或几乎全部使用含氯氟烃制品————0 分★

SO_2 浓度, NO_2 浓度————指示小区空气质量是否达到国家二级标准,两者浓度分别不能超过

SO_2 　　　　0.06 mg/Nm^3,

符合————————0.5 分★,

处于 0.06～0.12————————0.2 分,

大于 0.12————————0 分,

NO₂   0.08 mg/Nm³

符合————————0.5 分★

处于 0.08～0.16————————0.2 分

大于 0.16————————0 分,

悬浮颗粒浓度————————————达到国家二级标准(不大于 0.10)

小于 0.10————————1 分

0.10～0.15————————0.5 分★

(4) 声环境系统(7 分):

室内日最高噪音————35 分贝。符合—1 分★,超过 50dB～0 分,两者之间—0.5 分

室内夜最高噪音————30 分贝。符合—1 分,超过 40dB～0 分★,两者之间—0.5 分

室外日最高噪音————50 分贝。符合—1 分,超过 60dB～0 分★,两者之间—0.5 分

室外夜最高噪音————40 分贝。符合—1 分,超过 50dB～0 分★,两者之间—0.5 分

噪声对居民生活影响————————必须不影响居民生活

符合————2 分

影响居民生活,但在大部分居民可忍受限度内————————1 分

严重影响居民生活,大部分居民无法忍受————————0 分★

隔声降噪措施————————室内应该采用隔声材料,室外应采取建隔声屏或种植树木等措施降声措施

符合————1 分

仅室内采用隔声材料————————0.5 分★

室内外都无隔声措施————————0 分

(5) 光环境系统(4 分):

道路照明强度————————衡量室外公共照明节能性,部分反映光污染程度。应处于 15～20LX 间。

符合————1 分★

超过所需亮度————————0.5 分

太过强烈耀眼————————0 分

光污染————————室内外均无光污染。

符合————1 分

偶尔有使人不快的强光直射进居民室内————————0.7 分 ★

建筑采用玻璃幕墙,有霓虹灯或使用强烈灯光的广告,严重影响居民生活————————0 分

室外照明系统的设计————————应达到温馨,美观,多样的效果。

美观,温馨,多样————————2 分

效果一般————1 分★

效果极差,使人烦躁————————0 分

(6) **热环境系统**(4 分):

室内全年平均温度————————在 17～27℃间。

符合————1 分★

偏高或偏低————0.7 分

太高或太低,使人无法忍受————————0 分

室外全年平均温度————————应与小区之外的环境温度有一定差别

与小区外有一定区别————————1 分

与小区外无区别————————0 分★

对空调依赖程度————————生态小区对空调的依赖程度应比较低

冬夏两季有较大部分时间可以不使用空调————————2 分★

冬夏两季有部分时间可以不使用空调————————1.5 分

冬夏两季几乎全部时间必须使用空调————————0 分

(7) **能源系统**(9 分):

供水系统节能性————————节水器具的使用率应达到 100%,应建立中水系统和雨水收集与利用系统,其使用量宜达到小区用水量的 30%,小区绿化、景观、洗车、道路喷洒、公共卫生等用水宜使用中水或雨水。《导则》所指的中水子系统,是指住宅内的生活污水经收集、处理后,达到规定的水质标准,在一定范围内重复使用的非饮用水系统。

全部使用节水器具,有中水系统————————2 分

小区内全部使用节水器具,但无中水系统————————1 分★

无节水器具使用,也没有中水系统————————0 分

供电系统节能性————————室内外应全部使用节能灯具和家电

符合————1 分

部分使用————————0.5 分★

使用较少————0.2

无节能灯具————————0 分

供热系统节能性————————小区内应使用采暖、空调、生活热水三联供的热环境技术;余热回收利用。

使用采暖、空调、生活热水三联供的热环境技术,且余热能够回收利用——1分

仅使用采暖、空调、生活热水三联供的热环境技术而无余热利用————0.5分

根本无节热措施————0分★

建筑材料节能性————————建筑材料尽量使用可重复利用材料、可循环利用材料和再生材料(3R材料应占30%)。

符合————2分★

15%~30%————1.5分

低于10%————0分

绿色能源利用状况————————使用太阳能,或风能,地热能,废热资源等发电和供热;绿色能源使用量宜达到小区总能耗的10%(折合为电能)。

能使用以上所列各种能源之一种,且使用量较大————2分

能使用以上所列各种能源之一种,但使用量很小————1分

几乎不使用以上所列各种能源任何一种————0分★

能源及资源收费————应分户计量收费,避免过去的"大锅饭"现象,减少能量浪费。

所有能源均按户计费————1分★

部分能源按户计费————0.5分

全不按户计费————0分

(8)室内环境(5分):

建筑材料无毒无害无污染性————————必须全部采用无毒无害无污染材料。

符合————2分★

有污染材料使用,但较少,对居民健康无影响————1分

有毒有害有污染材料使用较多,能产生使人不快的气味————0分

宅内绿化————充分利用室内可利用空间进行绿化,如摆设盆景等,达到与室外环境相辉映的效果。

普遍有充分宅内绿化,能很好美化室内环境————2分

较少宅内绿化————1分

几乎无宅内绿化————0分★

人均居住面积————保证每个人都有适当的居住面积

人均居住面积适中,不过大也不过小————1分★

人均居住面积过大,室内有较多剩余空间————0.5 分

人均居住面积过小,室内拥挤————0 分

(9) 结构系统(10 分):

自然采光————住宅 80% 的房间应能自然采光,能保证一定日照时间。

完全符合————2 分

部分房间不满足以上条件————1 分★

较多房间不能自然采光,日照时间极少————0 分

自然通风状况————住宅中 80% 以上的房间应能自然通风。

完全符合————2 分★

部分房间不满足以上条件————1 分

较多房间不能自然通风————0 分

雨水收集,污水处理设施————住宅设计应为节能而设计。应有一定雨水收集和污水处理设施。

有雨水收集设施和污水处理设施————1 分

有雨水收集设施,无污水处理设施或无雨水收集设施有污水处理设施————0.5

无雨水收集设施和污水处理设施————0 分★

保温隔热性————体现节能性的设计。住宅外窗应采用双层玻璃,外窗的保温性能应符合《建筑外窗保温性能等级分级及其检测办法》的规定,保温性能等级Ⅳ级。外窗的气密性应符合《建筑外窗空气渗透性能分析及检测办法》中的规定,其气密性等级不低于Ⅱ级。

采用双层玻璃,且气密性好————1 分

虽采用但保温性差,冬夏对空调极度依赖————0.5 分

未采用双层玻璃————0 分★

抗灾性能,老弱残通道————体现人性化的设计。

抗灾性能强,设施齐全————1 分;★

抗灾性能较差,设施不齐全————0.2 分;

有标准的老弱残通道————1 分;★

老弱残通道较差————0.2 分;

无老弱残通道————0 分;

小区整体规划合理性————小区设计应使建筑物布局合理,密度适宜,建筑物不互相影响,以使所有住户享受同样美好的环境条件,使小区受到最小的外界干扰

符合以上条件————1 分

虽有以上现象,尚能忍受————0.5

分建筑物密度过大,相互遮光,挡风,或小区内有机动车辆道,机动车辆和路人可以随意通行,设计极不合理————————————0分★

小区选地合理性————————————应选择环境优美,远离污染(指各种污染包括光,气,水,土,声等的污染)的土地。

小区所选地环境优美————————————1分

虽然所选地环境一般,但能远离污染源————————————0.8分

所选地环境环境恶劣,靠近污染源————————————0分★

(10) 附属设施(4分):

停车位————————————小区内应有停车位以供汽车停放,并且停车场应架空或入地,以节约土地

符合条件————————————1分

有停车位,但规划不合理,占用大量土地————————————0.5分★

无停车位————————————0分

商场和市场————————————为方便居民购物,小区应具有或靠近商场和市场,但商场和市场

不能对小区正常生活构成影响

有商场和市场,且服务质量高,不影响小区居民正常生活————————————1分

有商场和市场,但影响小区居民正常生活————————————0.5分★

无商场和市场————————————0分

违章建筑————————————绝对禁止违章建筑的存在

无违章建筑————————————2分

有违章建筑,但未对居民生活造成严重影响————————————1分

违章建筑存在,且对居民生活造成严重影响————————————0分★

(11) 服务功能(10分):

环境养护————————————保持小区内环境的整洁、卫生、美观,定期对小区内硬件设施进行检测维护。

符合————————————3分

基本保持环境整洁美观,基本能做到定期的整体养护————————————2.5分

基本保持环境的整洁,但没有美感,定期整体养护————————————2分△

没有专门养护工人,必要时才对小区进行打扫————————————0.5

从不进行环境养护————————————0分

管道疏理等处理及时性————————————应能及时有效地处理小区硬件的突发问题,迅速妥善解决住户反应的问题

符合————————————2.5分△

住户基本满意————————————————————1.5 分

能处理但做不到及时————————————————1 分

处理能力差住户有意见—————————————————0 分

一般服务机构————————————————便民服务部,小区医务室,托儿所,其工作是替发信件报纸及代收费用,照管幼儿,医疗护理等

服务机构齐全,且发挥很好作用,住户十分满意,物管因此受到住户普遍好评————————————3.5 分

不十分齐全,但尚能提供基本服务,能起到方便住户作用,节约住户时间,住户比较满意——————————2.5 分△

服务机构很不完善,住户根本不能享受到比在小区外优越的服务,未能体现物业管理的工作效率,住户不满———————————————1 分

根本没有这些机构————————————————————

——0 分

装修服务

统一装修并对装修过程进行管理,住户十分满意————————

——————————1 分

有服务及相关管理,但不能尽如人意—————————0.5 分△

服务很差,住户很不满意———————————————

————0 分

(12) 固体废弃物处理(6 分):

生活垃圾分类率————————————————垃圾分类是其回收利用的前提,而垃圾的回收利用体现了生态小区的"节能"性原则。考虑到目前城市垃圾的处理是在小区外进行,所以小区的主要功能是垃圾分类。分类率必须达到 70%。

符合————————————————————2 分

60%～50%—————————————————1.4 分

50%～30%———————————————0.8 分△

15%～25%———————————————0.2 分

小于 10%—————————————————0 分

生活垃圾回收利用率————————————————达到 50%

符合—————————————————————1 分

25%～40%——————————————0.7 分

10%～20%——————————————0.3 分△

小于 5%———————————————————0 分

生活垃圾收集率——————————————————必须 100%

符合————————————1分△
95%～100%————————0.5分
小于90%————————0分

生活垃圾收运密闭率————————必须达到100%
符合————————————1分△
95%～100%————————0.5分
小于90%————————0分

生活垃圾处理与处置率————————必须达到100%
符合————————————1分△
95%～100%————————0.5分
小于90%————————0分

(13) 一般管理功能(8分):

对制造污染者的处理————————必须对制造污染者依法予以惩处
管理力度够大,使污染制造者很少————————2分
虽有管理,但制造污染的现象屡禁不止,力度不够————————1分△
物管对制造污染现象不闻不问,避免与肇事者发生矛盾————————0分

宠物管理————————严格按照有关法规,保证小区卫生状况,防止传染病的发生
管理严格,住户放心————————1分
管理不够严格,部分住户可以将违法宠物带进住宅————————0.5分△
基本无有效管理,一些住户可以随意蓄养各种宠物————————0分

突发事件及时处理能力————————反映物业管理的高效性
能及时迅速地处理突发事件,得到住户的赞誉————————1分
对突发事件的及时处理能力一般————————0.5分△
对突发事件的及时处理能力很差,住户很不满意————————0分

安全管理————————能保证住户的财产,生命安全
有严格的安全管理措施,小区失窃率,犯罪率等几乎为零————————1分△
有相对严格的安全管理措施,但偶有失窃现象和刑事案件发生————————0.5分
管理松散,居民生命和财产安全得不到保证————————0分

车辆管理————————应对进出车辆进行有效管理,保证小区内道路畅通,最低限度的降低小区内交通事故的发生率,保证车辆不对居民生活造成影响。
对进出小区的车辆都有严格的管理,如必须出示通行证,限速缓行,有固定停放地点等————————1分

管理不十分有效,但有一定管理措施————————0.5分

管理很差,车辆随意进出,无固定停放地点————————0分△

对小区住户熟悉程度————————————为了提供优质服务,物管应对住户比较熟悉

对每一住户都很熟悉,或正在努力熟悉中————————1分△

只对部分住户比较熟悉,但没有采取有效措施熟悉住户————

————0.4分

对住户很不熟悉,也没有采取任何措施熟悉住户————————0分

外来人员管理————————为了保证小区的安全,同时又不影响居民的社交活动,物业管理必须恰当对待外来人员的来访,做到礼貌,热情,处理恰当。

能很好地对待来访人员,帮助他们联系住户,能提供相关信息,同时能考虑到住户的财产安全等问题,处理恰当,来访者和住户都很满意————

————1分△

对来访者比较冷淡,始终加以提防,使来访者很不满意;或对来访丝毫不加提防,提供过多信息————————0.5分

对来访者不加过问————————0分

(14) 硬件设施(5分):

区内公园、广场

有,条件较好————————1分△

有,条件不好————————0.5分

无————————0分

社区文化宣传栏

有,并起到较好的宣传作用————————1分

有,但效果一般————————0.5分

有,但宣传效果差————————0.2分△

无————————0分

教育机构

有————————2分

无,但附近有————————1.5分△

无,离小区较远处有————————0分

健身活动中心

有,条件较好————————2分

有,条件不好————————1分

无,但附近有————————0.5分△

无————————————————————————0 分

(15) 文化生活(5 分):

文艺活动的举办

经常————————————————————1.5 分

有,很少——————————————0.8 分

几乎无————————————————————0 分△

电话普及率

大于90%————————————————1 分△

60%～80%——————————————0.5 分

小于50%————————————————0 分

宽带普及率

大于50%————————————————1.5 分

10%～50%—————————————————1 分△

小于5%—————————————————0 分

有线电视普及率

大于90%————————————————1 分△

60%～80%——————————————0.5 分

小于50%————————————————0 分

(16) 文明程度(8 分):

集体文化卫生环保宣传

经常————————————————1 分△

偶尔——————————————0.5 分

无——————————————0 分

邻里关系和小区氛围

和睦相处、相互交流————2 分

邻居偶尔来往或仅熟识者相往来—————————————0.8 分△

老死不相往来————0 分

居民环保意识

很强,很少有破坏环境的行为,并能主动参与环境的维护————2 分

一般,仅能做到不破坏环境————————1 分△

很低,常有随手丢垃圾等现象严重————0 分

居民公共道德

很高,有很高素质——3 分

素质较高,但偶有不文明现象————2 分△

较低,经常有不文明行为————0 分

第10章 海滨生态系统与生态工程

面对当前全球性的人口、资源和环境危机,人类越来越认识到开发利用海洋资源将成为自身生存发展的需要。最新统计资料表明,世界大约 1/3 的城市人口居住在离海岸 60km 以内的范围。然而,随着城市、工业和娱乐业及水产养殖的发展,沿海生境严重恶化,特别是红树林(Mangrove)、盐沼(Salt marsh)和海草区(Sea grass zone)已大面积被破坏乃至消亡;污染物、来自上游的流沙和淤泥、用炸药和毒饵捕鱼以及开采建筑材料等行为已使许多珊瑚礁(Coral reef)中毒被毁,赤潮(Red tide)频频发生。人类对沿海生境造成的压力越来越大。人类的不良行为,往往通过沿海的食物链又使自身遭受惩罚。为了保护我们美丽的家园,保护海岸带的环境,加强海岸带的管理;研究并实施海岸或海滩生态工程,促进海岸带的可持续发展,十分迫切,势在必行。

10.1 海滨生态系统及其管理

海洋覆盖了地球表面 70% 以上,因而全面认识了解海洋是很重要的,特别是与各国或各地区的领海和大陆架海洋有关的近海海洋以及人类频繁活动的海岸带。本节将首先介绍近海海洋与海岸、海滨生态系统的有关概念,然后介绍近海与海洋资源及其开发情况,以及海滨生态系统的管理。

10.1.1 近海海洋与海岸

10.1.1.1 定义

海底可简单地根据其深度或地壳结构分为两个主要部分:即大陆边缘(Continental margin)和海盆(Sea basin)。大陆边缘占海洋总面积的 21%,约 $7\,450 \times 10^4\ km^2$。由沿岸区、大陆架、大陆坡、大陆隆(陆基,边缘地槽)组成(如图 10-1)。

(1) 沿岸区(Coastal zone)

是大陆紧邻海洋的部分,显然受到海洋重要的影响;它包括海岸和海滨线、海滩、河口、泻湖、沼泽和三角洲。人们通常称的海岸(带)是广义的海岸,即沿岸区。对海洋环境和人类来说,它是最重要的一个部分。

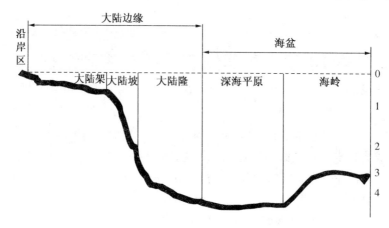

图 10-1　大陆边缘和海盆主要地貌示意图

（2）大陆架（Continental shelf）

直接毗邻和环绕大陆的海底较浅的部分（根据联合国 1957 年的文件规定，大陆架的极限深度为 548.6 m），为较平滑的平地，伸向海洋的一侧其斜度突然变化，成为陆架转折或陆架外缘与大陆坡相连。著名美国海洋地质学家 Shepard，F. P. 1963 年提出有关大陆架的测量统计数字：大陆架平均宽度为 64 km；平均坡度为 0°07′（肉眼无法感觉到的坡度）；当今最大坡度变化的平均深度为 132 m。大陆架的划定事关重要，船只的通航、矿藏所有权、渔业权、军事管辖权都取决于大陆架的位置。我国是陆地大国，又是海洋大国，有 1.8×10^4 km 长的海岸线，6 500 多个岛屿，十分广阔的海域。根据《联合国海洋公约》，我国的领海面积为 38×10^4 km²，可管海域为 300×10^4 km²。

（3）大陆坡和大陆隆（Continental slope and Continental rise）

大陆坡从大陆架的外部向下伸展到深海底；大陆坡变平的地区称大陆隆。大陆坡的平均坡度约 4°（比降为 7：100），平均宽度 20 km，大陆坡斜度变缓处平均深度为 1 400～3 000 m。大陆隆斜度小于 0°30′，比降小于 1：100；平均宽度为 100～1 000 km，深度一般在 3 000～4 000 m。

10.1.1.2　海洋沉积（Ocean sediments）

主要介绍陆架海的沉积，其类型划分为：

（1）自生沉积　主要指现代海洋环境中的沉积物，如黄铁矿、海绿石、磷灰石等矿物。

（2）风化剥蚀沉积　波浪、潮流、地面径流冲蚀海岸形成该沉积环境的地貌组合。

（3）三角洲及浅海碎屑沉积　由流入陆架海的河流从大陆上带来大量泥沙沉积于河口、三角洲及广阔的浅海地带，构成很多类型的地貌组合。这是我国浅海沉积的重要物质来源(见表 10-1)。

表 10-1　我国主要河流的年径流量(Runoff)和输沙量(River load)

河流名称	流域面积(km²)	年径流量(×10⁸ m³)	年输沙量(×10⁶ t)
黄　河	745 100	482	1 200
海　河	265 000	154	6
辽　河	219 000	165	20~50
长　江	1 808 500	9 847	480
钱塘江	49 930	320	5.4
闽　江	60 800	600	8

资料来源:赵松龄、秦蕴珊,1986。

(4) 现代海洋生物沉积　在海底沉积物中,含大量多种底栖生物(主要由软体动物壳、管栖多毛类、珊瑚和苔藓虫等),如东海海底有多达 1 700 种以上;此外,还有 30 种以上的浮游有孔虫和 200 种以上的底栖有孔虫,每克样品生物数量可达 1 000 个以上;南海还有珊瑚礁及其碎屑沉积;这些都是我国陆架海的重要物质来源。

(5) 其他沉积　还有火山灰沉积、海洋化学沉积(如锰结核等)及人类活动所形成的多种沉积。

10.1.1.3　海侵与海平面上升

世界气候的急剧转暖,造成两极的冰川与山地冰川迅速后退,大量的冰川融化逐渐回归海洋,引起世界海面的升高,发生了各地陆架海滨线向岸移动变化的过程称为海侵。赵松龄、秦蕴珊研究了我国沿海近 30 万年的海面变动史指出,引起海平面变化,从而发生海侵(或海退)的主导因素为地球轨道的变化(如地轴与地球轨道平面间的倾角,现在是 23.5°,它变化于22.1°~24.5°之间,每 41 000 年形成一个周期;地球轨道的椭圆率的变化周期为 105 000 年)和地磁场的周期变化(磁场方向每 3~4 万年倒转一次),是它们的变化引起冰期—间冰期的变化,从而造成全球性的气候变化,引发了陆架海侵海退的周期性变化。

10.1.2　海滨生态系统

海洋是生命的摇篮。在地球上的生命由海洋向陆地、由水生向陆生、由单细胞向多细胞的漫长演化过程中,作为大洋和大陆相互作用最强烈的海岸带地区,起着至关重要的作用。人们对海洋科学的研究由来已久。古希腊的泰勒斯早在公元前 7—6 世纪就认为大地是漂浮在茫茫大海之中的。亚里士多德于公元前4 世纪在《动物志》中已描述和记载了爱琴海的 170 余种动物。但人们认识到海岸带的重要性并真正开始对海滨系统的研究却始于 20 世纪早期。

　　D. W. Johnson 最早诠释了海岸(Coast)和海滨(Shore)的定义(1919),堪称对海滨系统研究的里程碑,以后欧美学者基本上沿袭这一概念。随后,C. A. M. King 在 Johnson 的海岸概念的基础上,对不同海岸剖面做了进一步的分类(1972)。F. Shepard 进一步修正了海岸概念并提出海岸是海滨直接毗连陆上的宽广地带(1978)。王颖等(1994)进一步继承并发展了这一概念,认为海岸是现代海洋与大陆相互作用的两栖地带,是海岸水动力和海岸带相互作用的产物。海岸包括三部分:沿岸陆地、潮间带和水下岸坡。因沿岸基质的不同,沿岸陆地又可分为海蚀崖、海岸沙丘、泻湖洼地、港湾等;潮间带包括海滩、岩滩、潮滩等。

　　海岸的三个部分是一个有机复杂的统一整体。它们之间有着成因上的联系,又由于潮汐运动、生物变迁、人类活动等特征而相互影响、相互制约。该系统作为海陆相互作用的过渡带,是地球上最活跃、最敏感并与全球变化联系最紧密、最复杂的一个系统,需要地质学、地貌学、地理学、水文学、气象学、生物学(动物和植物)、生态学、环境科学、物理学、化学、社会学、甚至环境考古学等诸多学科的贯穿和渗透,测绘学、管理科学和法学等也与其有着极为密切的关系。

　　有关海岸带的定义很多。LOICZ(the International Programme on Land—Ocean Interactions in Coastal Zones)定义海岸带为向陆 200m 高程的陆地区域和向海 200m 水深的陆架区域(Pernetta et al,1995)。Leah et al(1999)定义为自 0m 高程线向海 200m 水深的陆架区域。1971 年 Ramsar《湿地公约》中定义了海岸湿地的范围:包括沿海岸线分布的低潮时水深不超过 6m 的滨海浅水区和受海洋影响的陆域过饱和低地,海陆双重作用,河流、海岸地貌、波浪、潮汐和海水盐度等都对海岸湿地的形成和发育有重要影响(William et al,2000)。我国学者定义海岸带是海陆交互作用的两栖地带,包括沿岸陆地和水下岸坡(王颖等,1994;冯士筰等,1999)。其上界定义为现代波浪作用的上限,下界为波浪开始扰动海底泥沙之处,一般来说,是在水深相当于波浪长度的 1/2 或 1/3 处。我国在海岸带调查中,统一在滨线向海 15 m 等深线处;向陆延伸 10 km 的宽阔带状范围,基本上包括沿海开放城市和重要港口。

　　本文作者在充分考虑前人有关海岸及海滨定义的基础上,特从生态系统科学的角度对海滨生态系统做了进一步的界定。首先,区分了有关海岸与海滨的概念,把海岸(Coast)和海岸带(Coast zone)看作海滨生态系统的一个有机组成部分,是地理意义上海滨生态系统研究的载体,并分别向陆地和海域扩展了其研究区域的上下限。把海滨(Seashore)看作一个生态系统进行研究,考虑到海滨湿地的统一性和人类活动的影响,从土壤层面上界定了海滨生态系统的上限。考虑到生态系统内生物与环境的不可分割性,分别从广义和狭义两个层面定义了海滨生态系统的下限。

　　海滨生态系统的研究是以海岸带为研究载体,用生态系统的理论和方法来研究分析其生态过程和演化机制的分支学科,有利于更好地认识与保护该系统的服务功能与生物多样性,促进海滨资源的可持续利用。由于海滨生态系统的物质循环和能量流动更多地涉及近海水域(主要是浅海区)和陆域的海滨湿地生态系统,所以我们从生态系统的角度扩大了海滨的研究范围(见图 10-2)。

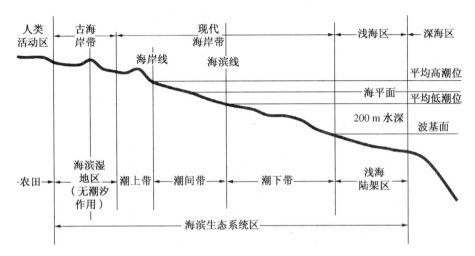

图 10-2　海滨生态系统分带及其组成部分(钦佩、左平,2004)

海滨生态系统的上限定于海岸带熟化土壤耕作层的出现,即农业可耕作区和海滨湿地相连接的边缘。因为该区域的海滨湿地生态系统是众多鸟类等珍稀动物的乐园,在全球变化、动植物保护、缓解环境压力、调节气候等诸多方面具有重要的价值,被称为"地球之肾"(Mitsch,2000);而且,海滨湿地生态系统在形成与发育过程中又与近海水域的风暴潮等极端天气有着千丝万缕的联系。

海滨生态系统的下限广义上定于自潮下带向下至陆架浅海(Neritic)区,即200 m 水深处。这是因为浅海区向外即为大洋区,是海洋科学的主要研究领域。其次,200 m 水深是海洋上层,也称透光层,再加上该区域有着丰富的陆源有机沉积物和悬浮物,是各类生物生长的最佳区域。同时,这里也是远洋波浪在大陆架区受阻开始破浪的地方,动力作用相对强烈。狭义上的下限定于传统的潮下带的最大潮的低潮线,属浅海海域。海滨生态系统的广义下限与狭义下限之间的区域定义为海滨海洋生态系统。

总之,海滨生态系统是介于陆地和海洋生态系统之间复杂的自然综合体,是生物多样性最丰富、生产力最高、最具价值的湿地生态系统之一。这一系统会受到海陆双重作用,河流、海岸地貌、波浪、潮汐和海水盐度、人类活动等多种作用的相互影响。它的研究区域主要是占地球近71%的海洋的边缘地区,包括海湾、泻湖、河口三角洲等区域,简称海洋侧边界或海岸带(图 10-3)。它的研究内容主要是大气圈、水圈、生物圈的物质运移、能量转换;生物区系和生物多样性研究;陆海相互作用;海洋生物地球化学的过程对全球气候变化的影响;日趋增加的人类活动对海岸带的影响;以及他们之间的相互作用及其作用机理的研究。

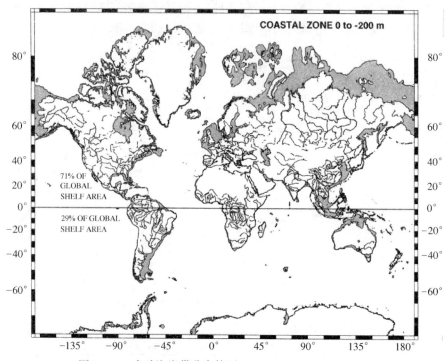

图 10-3　全球海岸带分布简图(深色部分)(Leah et al,1999)

10.1.3　海洋资源及其开发概况

10.1.3.1　海洋资源的种类情况

海洋资源可分为海洋自然资源、海洋能源资源、海洋空间资源三大类。

(1)海洋自然资源　基本归纳成 3 类。水产:通过光合作用年产有机碳 240×10^8 t;自然的加上养殖,蛋白质生产能力相当于世界耕地生产能力的 1 300 倍左右;南极一地磷虾蕴藏达 65×10^8 t 以上,不破坏生态平衡,每年可捕 $6 000 \times 10^4$ t。矿产:如除海水中含有 $3 100 \times 10^8$ t 镁、170×10^8 t 铁及钼、43×10^8 t 锡和铜、29×10^8 t 镍及锰、8×10^8 t 钴、5×10^8 t 银、800×10^4 t 黄金等,海底还沉积着 5×10^{12} t 以上的锰结核,每年在以 $1 300 \times 10^4$ t 的速度增长着,其内含锰、铜、镍、钴等 30 多种元素。此外还有水资源。

(2)海洋能源资源　包括海底(主要分布在大陆架和大陆隆的沉积物中)石油及天然气共 $1 800 \times 10^8$ t 及 60×10^8 t 铀(为大陆铀储量的 2 000 倍);另外还含 250×10^8 t 重水资源;海洋再生资源如溯汐能、海浪能、海流能、温差能、盐差能都可用来发电,据统计,总储量为 $1 700 \times 10^8$ kW。

（3）海洋空间资源　包括水上、水中及海底空间,不少国家正在考虑建设海上工厂、海上机场、海上城市及海底隧道、海底城市等。

10.1.3.2　世界海洋经济的发展

人类利用海洋已经有几千年的历史,但到了 20 世纪中叶,人类才拥有大规模开发海洋的实力。60 年代以来,人类对各种资源的需求量日渐增加,许多国家开始向海洋索取财富,并加紧研究海洋开发的新技术,海洋开发事业迅速发展。1961 年,法国总统戴高乐曾发出号召:"向海洋进军",随后形成了由总理为主席的"海洋研究委员会"及"国家海洋开发中心",并制定了《海洋事业规划》;1970 年,法国海洋研究的预算为 5 000 万法郎,1975 年以后,猛增至 3.8 亿法郎。1961 年,美国总统肯尼迪郑重宣布"海洋与宇宙同等重要",1966 年,美国政府通过一项法令,规定总统是海洋科技的最高决策者和领导人,并立即成立了一个以副总统为主席的"美国海洋资源与工程发展委员会",大量增加海洋科研经费。常有一个大项目上千万美元,一个海洋学院几千万、上亿美元的科研经费,使其海洋科研在很短时间内走在世界前面。日本 1961 年颁布了自己的"海洋科技令",1969 年提出"海洋科技总规划",1977 年开始执行"研究和开发大陆架资源 10 年计划";日本 1968 年海洋科研经费为 18 亿日元,1977 年增至 210 亿日元,1981 年增加到 370 亿日元,并计划于 9 年内另外投资约 200 亿日元研究开采锰结核技术。

1994 年 11 月 16 日在全世界范围内开始实施《联合国海洋公约》,指出"国家不分大小,都有权享受国际海底资源。"海洋开发热潮空前高涨。1982 年世界海洋经济产值为 3 400 亿美元,1992 年已跃为 6 700 亿美元,预计到 2000 年将上升到 3 万亿美元。

我国改革开放以来加大了海洋研究开发的力度,除了远洋考察、南极考察外,全国性的海岸带和海涂资源的综合调查取得了丰硕成果。1996 年提出的"海洋 863"计划已启动实施。在"九五"期间我国海洋产业年增长将保持在11%～13%,高于全国经济增长速度。到下世纪我国海洋经济可望取得迅猛发展(见表 10-2)。

表 10-2　中国及部分省区近年来海洋经济产值和未来规划产值

地　区	年　份	亿元(人民币)	地　区	年　份	亿元(人民币)
全国	1990	483	广东	2010	3 700
全国	1991	531	浙江	2000	＞200
全国	1992	616	海南	1990	15.7
全国	1994	1 400	海南	2000	150
全国	2000	3 000	江苏	1994	90
山东	1991	195	江苏	2000	300
山东	1993	300	江苏	2010	1 500
广东	2000	920			

资料来源:王志雄、朱晓东,1996。

10.1.4 海滨生态系统管理

世界环境与发展委员会(WCED,1987)在《我们共同的未来》指出:"展望下一个世纪,可持续发展,如果不是生存本身,取决于海洋管理的重大发展。我们的机构和政策需要进行重大调整,对海洋管理必须拨出更多资金"(世界环境与发展委员会,1986)。海洋管理成为海岸带能否持续发展的关键所在。在海岸带开发过程中,从经济的角度,仅凭常规的财务和经济准则项目也许可以通过;但从环境的角度来看,任何项目都要消耗大量的自然资源和环境功能(如水体、空气的自净能力),它又是不可持续的。所以许多环境学家开始从经济的角度来分析环境,把环境视为一种自然资本,破坏环境相当于耗用资本。从而在一定意义上,一定程度地利用环境是可持续的,所以海岸带可持续发展应该使海岸带地区的全部财物,包括自然资源资本,不随时间的流逝而消失。我们应该留给后代同样的"资本",提供他们享受潜在福利的机会(左平等,2000)。

10.1.4.1 海岸带综合管理

海岸带综合管理(Coastal zone mangement,CZM),也有人称海岸带一体化管理(Integrated coastal zone management,ICZM)。1972 年,美国政府首次颁布了海岸带管理法案(即 CZMA,Coastal Zone Management Act)。标志着政府间海岸带管理活动的开始。到 20 世纪 70 年代末 80 年代初,许多国家开始进行海岸带管理(CZM)、海岸带资源管理(CRM)、海岸带区域管理(CAM)等。但这些管理仅限于单个因子,面向整体的海岸带综合管理还没有出现。80 年代中期,这种管理模式已不适应处理错综复杂的海岸带问题,此时开始出现 ICZM 的概念。ICZM 与以前的 CZM 最大的不同点就是它用更综合的多因子方法来考虑海岸带及其资源开发利用中的各种问题,它不仅包括自然及社会经济因素,而且包括环境生态要素。其目的是协调各类活动,使海岸带的社会、经济、环境效益达到最大化。目前几乎所有的沿海国家都在组织 ICZM 计划,但只有少数国家(如 USA、Sri Lanka)的计划已全面付诸实施。其他国家(如 Philippines、Australian、Costa Rica)也正在进行 ICZM 计划。

根据 Chua Thia-Eng(1999)的解释,ICZM 可理解为"ICZM 要求在海岸带管理中强调资源利用的冲突,控制人类对环境的干扰活动。它提供了一个管理制度和立法的框架,重点是环境规划与管理,并协调各类相关机构为共同的目标而合作。局部的规划和管理仍要在整个 ICZM 框架中应用起来。保护物种栖息地和各类自然资源基地,强调过程管理(FAO,1992)。"需要注意的是海岸带的界限划分通常与行政界限不一致。ICZM 有时会横跨几个行政区或几个国家,有时它又是行政区内的一部分,这在具体的操作过程中必然会产生不同部门和行政区之间的相互协调问题。在很大程度上,管理的成功与否取决于这些部门

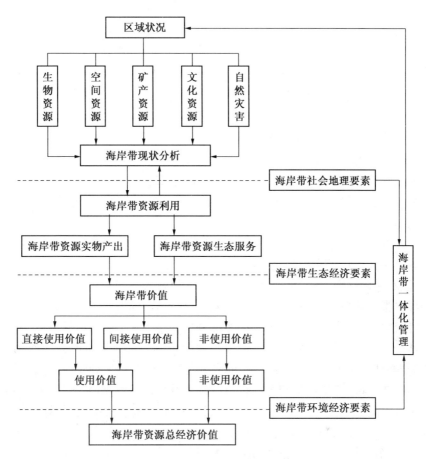

图 10-4　海岸带综合管理框架体系

间的相互协调程度。这就要求依据各种资源管理者、环境规划师、决策制定者及政府工作人员等依据海岸带的自然特点,把它作为一个开放的区域系统来进行海岸带规划和管理。

　　在海岸带综合管理中,针对以上所提到的三要素,首先应该做"需要做的事",即进行资料的收集与整理工作。在自然要素中,针对其地理位置、地貌等特征等进行管理界线的重新划分。这是进行 ICZM 的基本前提。然后查明海岸带资源的类型,弄清海岸带内的潜在影响因素。进行海岸带管理内容的划分时,要按照逻辑学的分类原则,具有全面性、系统性和互斥性。本框架体系(图 10-4)分别从生态、空间、矿产、文化四个角度对资源进行了划分,同时指出海岸带中存在的自然灾害类型及其危害程度,并要求寻找相应的防灾减灾措施使自然灾害的危害程度达到最小。因为从海岸带可持续发展的层次来说,海岸带的防灾减灾规划是海岸带综合管理中的一个非常重要的组成部分,不可忽视。生态上主要考虑动植物区系,空间上主要考虑区域内的各类用地方式,文化上主要考虑文化景观及人力资源现状等,矿产及能源资源的开发利用现状等。

根据其资源的划分,我们可以比较合理地确定海岸带各类资源的利用方式。并据此划分为实物产出功能和生态服务功能两大类。前者是人类直接从对海岸带的利用过程中获得的各类实物,如农产品、海产品、矿产品、居住空间、各类用地等。后者可分为生态平衡、环境自净、海岸带修复、国际运输媒介、生物多样性和研究价值、旅游与美学价值等功能。

在 ICZM 的具体操作中,对海岸带资源的定性描述并不能满足需要。这时就需要用环境经济学的观点对其进行定量描述。在环境经济学中,把资本分为三大类,即人造资本,关键自然资本和其他自然资本,其中关键自然资本是极为重要的,具有不可替代性(OECD,1996)。由于自然资本的市场外部性不明显。所谓外部性即个人(包括自然人和法人)的经济活动对他人造成的影响,但又没将这些影响计入市场交易的成本价格中(张坤民等,1997)。因而当其受到破坏时,一般不易被察觉;一旦被破坏,恢复又极为缓慢,甚至具有不可恢复性。大多数的海岸带资源属于这种类型,所以我们在进行 ICZM 时,需要对其进行正确的定价,使整个管理体系建立在正确的经济分析的基础之上。

基于海岸带的两种利用方式,可以把海岸带的各种资源价值分为使用价值(UV)和非使用价值(NUV)两大类,前者分为直接使用价值和间接使用价值,后者包括存在价值、遗传价值和选择价值。针对其价值特性,分别采用不同的方法进行定价,如生产函数法、享乐价格法、防御费用法、旅行费用法、条件价值评估法等。海岸带资源的总经济价值即为各类资源的经济价值之和。当然,海岸带作为一个综合的生态系统,其实际价值应大于计算价值,其目的是基于这种定价,为海岸带管理提供一个定量指标,以便进行海岸带综合评价和管理。

在 ICZM 体系中,根据前面对社会地理要素、生态经济要素和环境经济要素的分析,我们可以运用相应的软硬件措施来进行实时的规划管理协调,建立相应的监督和激励措施,如运用激励机制,法规政策等实施手段,把信息及时反馈到管理区域中去,以寻求最优化的管理模式。

ICZM 在具体操作过程中,需要相应的综合评价体系支撑。这种评价体系可以提供与政策相关的信息,即双重的综合模型:地理生态模型和社会经济模型(Rotmans & Van Asset,1996)。结合环境质量评价的定义,海岸带综合评价(ICZA)可以定义为是对海岸带社会地理要素(自然、社会、文化、灾害等)价值的综合性评价,其立足点是海岸带环境质量与人类生存发展需要之间的相互协调关系(图10-5)。

在任何给定的海岸带地区,都存在社会——经济活动及相关的土地利用方式和空间配置问题。现存人类活动的空间配置方式就是人们不同需求的最终反映,需求的对象来自环境实物产出和生态服务功能。当然这种需求是不断变化

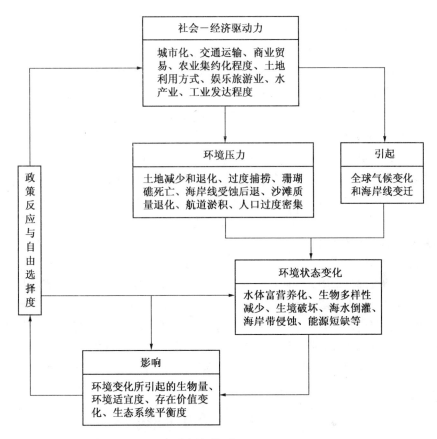

图 10-5　PSIR 概念框架体系(引自 Turner R. K., 1998)

的,相关经济活动的深度和广度也将随之发生变化,这样就会给海岸带的资源利用方式产生潜在的压力,即 Pressure。

在人类的生产活动过程中,会产生不同类型和数量的废弃物。一旦它们被排入到环境中,将会经历一个或长或短的生命降解周期,甚至有的污染物将会长期存在(如 DDT 等)。海岸带本身也将受到自然变化和气候变化的影响,如海平面上升等。这种现有的存在状态和未来的发展趋向,即 State,是我们在 ICZM 中必须要考虑的环境经济因素。也就是生产过程中外部性成本的计算问题。

环境变化反过来又会影响人类的各项活动,影响程度的大小主要与环境适宜度和生活安逸度有关。在人类的感知层次上,主要反映为环境适宜度和生活安逸度的变化;在经济层面上,可以通过费用—效益分析反映出来。人们对环境适宜度要求的高低也随经济发展水平的不同而不同,从而引起管理措施的变化。如在发展占第一位的发展中国家,环境要求可能低一点;而在发达国家,经济发展水平高,环境意识相对很强,相应的环境管理措施也会很严格。这就是影响

(Impact)。环境变化所引起的反馈信息主要集中到海岸带综合管理部门。这就要求海岸带管理部门的管理措施要首先从海岸带的实物及服务功能系统、文化价值系统、对释缺性资源的竞争性需求出发,依据"零影响原则"(Zero Net Loss即允许现有经济合理增长的同时,使其在开发过程中对环境造成的损失为零或最小),协调现有开发方式中不利于可持续发展的方面,即 Response,人们对环境状况响应措施的正确与否是判断海岸事地区能否达到可持续发展的关键因素(Rio Conference,1992)。

在 ICZM 中,PSIR 是信息流通与反馈的媒介,它可以为管理者提供实时信息,掌握海岸带资源及其变化发展趋势,从而调整资源使用者的行为,使海岸带各类资源达到最优配置。同时在海岸带综合评价中全面协调各项政策法规、经济活动、生态环境、社会效益等诸多方面的活动,实时调整管理系统中的不利因素,具有很强的可操作性。

ICZM 计划在使整个海岸带及其附近地区的居民和团体获得大部分利益的同时,也将承担大部分费用。因而在规划过程中,要尽量把外部典型因素的影响加到项目分析过程中,最大限度地解决代表私人利益的措施和海岸带持续利用的自然规律之间的冲突,制定合理的海岸带开发与实施计划,解决可能存在的制度障碍及传统的单因子开发利用的弊端,并协调好从事海岸带管理的各部门间的权责范围,使之形成一个完善的海岸带系统,使海岸带的各类资源达到最大程度的可持续利用。

10. 2   海滨生态工程概述

利用海滨生态系统的第一性生产力(自然的或人工的)为主要成分组建的海滨生态系统,具有保滩护堤、减轻污染、保护海滨环境、保护生物多样性、低投入高产出和可持续发展的功能,这就是海滨生态工程。根据现在广布于世界主要海滨地区的两大重要植物类群,红树林和米草,是建设和发展海滩生态工程的最佳物种。本节主要介绍利用红树林为第一性生产力的有关生态工程。

10. 2. 1   红树林生态及其研究概述

红树是分布在热带和亚热带海滩的一种木本植物群落。全世界红树植物种类有 24 科,30 属,83 种(和变种)。其中东方类群(非洲东岸、亚洲沿岸和东太平洋群岛、大洋洲沿岸)72 种,西方类群(美洲西岸、美洲东岸、非洲西岸)14 种。红树林最高可达 20~30 m,它是天然的海防林,有很好的保滩护堤作用。近年来,对红树林的抗污染和净化作用研究相当活跃,如 Thomas(1980)等的研究证明,红茄冬和海榄雌(马鞭草科)的幼苗就具有较强的抗铅和锌的作用;香港科大的黄玉山等和深圳绿委、中山大学的有关学者合作,对红树林吸收转化有机生活污水中的营养进行了研究,取得了具应用价值的成果。红树林地自然凋落物很多,林鹏等测出福建九龙江口秋茄林地的凋落物达 $7.5\ kg(dw)/ha\cdot a\sim 9\ kg(dw)/ha\cdot a$。故国内外学者对这一类群的植物在河口海岸系统的作用研究十分感兴趣,应用其有机碎屑为虾塘提供饵料的生态工程设计在泰国、香港等地也不在少数。此外,利用其木材的经营也颇具有规模。如马来西亚的林场以 $40\sim 50$ 年为采伐期,每英亩可得 134 t 木材(红树属)。菲律宾栽培红茄冬 10 年可成小矿柱材。南美一些国家以 25 年作一轮伐期,每英亩可得 57 t 木材(使君子科,假红树属)。

我国红树林的组成种类主要有 16 科、20 属、29 种,分布面积共 4×10^4 ha;海南岛有 27 种,广东大陆有 13 种,香港 6 种,广西 12 种,台湾 14 种,福建 7 种。国内以中山大学、厦门大学等校张宏达、林鹏先生等人为代表的红树林研究主要进行区系、分类、物流、能流等方面的研究,对抗污染的研究和对红树的某些有效成分的应用开发也开始兴起。

10.2.2　生物圈 2 号红树林系统的设计、建立及研究结果(Matt Finn. 1994,1996)

10.2.2.1　研究概况

生物圈 2 号(以下简称"2 号")是设在美国亚利桑那州的一个占地 1.25 ha 密封的地球生物圈模型(实际上是一个人工温室—Greenhouse)。其体积为 $170\ 000\ m^3\sim 190\ 000\ m^3$(体积变化是内部气体热胀冷缩所致),能量是半开放的,如接受太阳能和通过传导、辐射损失部分能量。此外,每年需向"2 号"提供 1.4 MW 人工能源的补贴,以维持其机械运转、信息系统和热交换。"2 号"的基部完全用不锈钢衬套起来,上部用的是不锈钢骨架和玻璃包装。在这样的密封条件下,每年在"2 号"与外界之间仍有 10% 的空气交换。在"2 号"内建立了珊瑚礁、雨林、沙漠、草原、红树林、集约化农业区等 6 个子系统和一个人类居住区。各区之间在空气和水文上是相通的。

10.2.2.2　红树林系统的设计

红树林系统的设计目的不仅在于为"2 号"提供氧,吸收大量的 CO_2;还在于通过该系统与其野外对应体(佛罗里达大沼泽)3 年中结构的对比,获知该系统在"2 号"的密闭条件下持续其功能的能力;而且还研究长期高浓度 CO_2 的压力对红树林及其他有关群落的影响。

"2 号"的红树林系统包括两个主要的湿地类型:小面积的禾草(米草、鼠尾粟、盐草为主)沼泽和大面积(占 80%)的林地沼泽(以红树林为主)。整个系统包括 557 棵树(含 542 棵红树和 15 棵淡水树种),占地 441.2 m^2。整个红树林系统又分为 6 个小区:① 淡水沼泽,以圆柏和其他湿地草本为主要植被;② 低盐沼泽(盐度不超过 3‰),以蕨类、米草、灌丛和白红树(假红树,*Laguncularia race-mosa*)等为主要植被;③ 盐沼(盐度为 25‰~35‰),以假红树、大红树(*Rhizo-phora mangle*)和米草为主要植被;④ 黑红树沼泽(盐度为 25‰~35‰),以黑红树(亮叶白骨壤,*Avicennia germinans*,马鞭草科)、大红树和假红树等为主要植被;⑤ 牡蛎沼泽和⑥ 边缘岛大红树沼泽(盐度为 25％~35％)都是以大红树为主要植被。这些小区间也用不锈钢支架构筑的围墙间隔着,每两个小区间留有"V"型槽口互通水和营养物(其中淡水沼泽地势最高),并让动物活动其间。这一系统所需的植物、动物及土壤均采自佛罗里达西南部,位于大沼泽国家公园的西北边界。主要物种共 187 个,用 204 个容积为 1.8 m³ 的聚酯膜胶合板箱采集、装箱,每箱重 2 t。所有箱体都是水文上相通的,保持着潮水流动的状态。这样的箱体运到亚利桑那州"2 号",按小区一一安装好。

共有 1 500 个传感器在该系统中工作,监控其中的光、气、水、温,以及水和土中的 pH、营养物的动态。最成问题的是潮水,由于红树林系统的机械装置每两天进行 24 t 水的潮汐模拟,给邻近的珊瑚礁系统造成不少丹宁等有机酸污染,因而只得让潮水装置停止运转,由此很快带来富营养化,产生很多藻花,这样就更不能启动潮水装置了,因而红树林系统从 1990~1993 年是处在无潮水动态的运转之中。

10.2.2.3　研究结果

从 1990 年 11 月到 1993 年 12 月,3 种红树的高度增长幅度都在 250％上下,树冠面积伸展的幅度为:大红树,374％,白骨壤 533％,假红树 647％。凋落物 1992 年的对比数字(总凋落物,当年凋落物):"2 号":大红树,1 281.1 g/m² · a,178.3 g/m² · a,白骨壤,635.2 g/m² · a,64.6 g/m² · a;假红树,645.8 g/m² · a,67.6 g/m² · a;佛罗里达大沼泽:大红树,948.3 g/m² · a,89.2 g/m² · a;白骨壤,461.7 g/m² · a,16.3 g/m² · a;假红树,766.3 g/m² · a,215.9 g/m² · a。由于缺乏潮水,许多海滨动物从 1991 年至 1993 年消失了,如招潮蟹、滨螺、咖啡螺等,1994 年又补充了一批。

但这一试验失败了,其中 CO_2 的过度增长,气体成分失衡是主要原因。1991~1993 年,CO_2,$1\,000\times10^{-6} \sim 4\,400\times10^{-6}$;NO,$0\sim70\times10^{-6}$;$H_2S$,$0\sim0.1\times10^{-6}$,$O_2$,20.5％~14.5％。采用化学涤气法进行减压降低 CO_2 的浓度,外部增加 O_2 的供应(其他微量气体则未采用化学措施)都没有扭转失衡的势头。可见,进行一项生态工程的设计,必须依据其原理办事,人为过多地替代、干涉都会招致失败。

10.2.3　香港米埔沼泽及基围虾塘(米埔沼泽自然保护区,1996)

10.2.3.1　自然概况

米埔沼泽是香港最大的也是最重要的一块天然湿地,位于香港(实际上是九龙西北部深水湾又称后海湾)的边缘,珍珠河口以东,深圳河以南,占地 380 ha。它包括潮滩、矮红树林、基围虾塘和鱼塘。米埔于 1975 年被划定保护区范围,1995 年 9 月,由于其作为水鸟栖息地的优美生境而被列入"世界重要湿地公约"的保护区。现在该保护区由香港农渔署和香港世界野生动物基金会共管。米埔的红树林共 130 ha,共有 6 个种:即老鼠勒、桐花树、白骨壤、木榄、海漆和秋茄。红树林具相当高的生产力,支持着整个林区的生物多样性,如招潮蟹、藤壶和一些螺在红树林区是很常见的。

　　10.2.3.2　基围塘的辅助设计

　　基围塘即围绕在红树、芦苇、菖蒲等植被的四周开设的大的长方形鱼虾塘。鱼虾塘中间部分较浅,四周较深,有排灌水作用,周围的塘堤在临潮水来的一侧开设一闸口,其中设网届时捕鱼虾。基围塘的鱼虾苗不用人工培育,靠涨潮时深水湾供应;塘内鱼虾的吃食就靠红树等植物的枯枝落叶和有机碎屑。所以这是一个自我维持、自给自足程度很高的生态工程。这类基围塘在东南亚和香港历史很久,无须多少投入就可获益。如图 10-6 所示。

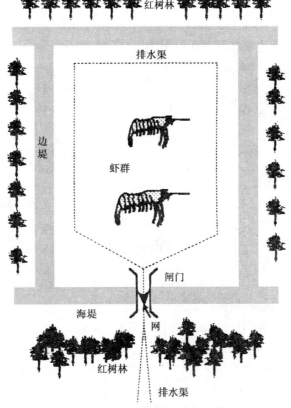

图 10-6　米埔红树林沼泽基围塘结构示意

10.2.3.3　米埔沼泽基围塘的收益

该沼泽基围塘是整个自然保护区的一个重要组成部分,因而它的重要作用之一是为水鸟的栖息提供水面和食物,特别是冬季,当其他鱼虾塘都排干水时,其作用格外显著。此外,作为自然保护区的组成部分,每年要吸引许多人前来游览参观,同时也是进行自然保护教育的良好场所。当然,它也用来提供一定的市售虾,为自然保护区增加一定的经济效益。

延伸阅读

论文:Emergy evaluation of Mai Po mangrove marshes.

微信扫码

10.3　米草生态工程

10.3.1　米草生态学及其研究概述

米草属(*Spartina*)又称为绳草属,属于禾本科虎尾草族。该属种类不多,我国仲崇信、卓荣宗、钦佩等引种并做过研究的有 4 个种:大米草(*S. anglica*)、互花米草(*S. alterniflora*)、狐米草(*S. patens*)和大绳草(*S. cynosuroides*)。这儿主要介绍在我国引种有较大面积并产生相当大效益的大米草和互花米草。大米草的地理分布仅限于欧、澳、美、亚四洲的温带地区,热带地区虽曾引种,但未成功。欧洲分布幅从最北的苏格兰到西班牙(58°～42°N)。大洋洲分布幅自 34°40′—46°S。美洲仅见于西海岸的华盛顿州(48°)。在亚洲我国首先引种成功(1963 年),分布幅北自辽宁省盘山县(40°53′N),南至广东省电白区(21°30′N)。互花米草原产北美大西洋沿岸,从加拿大的纽芬兰到美国的佛罗里达州,以及墨西哥沿岸都有分布。1979 年我国仲崇信、卓荣宗等从美国引入该种并获成功。我国大米草的发展面积在 50 万亩左右,互花米草面积在 20 万亩以上。米草的生态功效及有关研究利用简述如下:

10.3.1.1　保滩护堤、促淤造陆作用明显

英国海岸的侵蚀相当严重,80 年代为防止海水倒灌所修筑的泰晤士河防浪坝花了 5 亿英镑,其海岸侵蚀委员会通过在某些岸线试种大米草效果很好,取消了一些地段要继续筑石护坡的计划。荷兰曾利用种大米草促淤造出世界第一块新陆,面积 490 ha。英国东海岸的 Wash 湾的大米草过去 1 000 年中已围出113 000英亩的肥沃

耕地。我国利用大米草、互花米草护坡护岸成效显著。如据射阳水利局的资料,射阳北部沿海互花米草保滩护岸生态工程 9 年(1986~1995 年)来,在射阳河以北的侵蚀性潮滩上,互花米草占滩面积达 1 610 ha,受益海岸线共 22.47 km,取代了块石护岸设施,节省护岸工程投资、防汛修理费和人工等共计 320 余万元。浙江温岭等地在沿海种植互花米草保护塘堤收效很大,据调查,1994 年的 17 号台风和 1997 年的 11 号台风肆虐浙江沿岸时,凡种植互花米草的岸段,塘堤完好无损或损失很小。

延伸阅读

论文:互花米草在江苏省滩涂开发中的作用

微信扫码

10.3.1.2　米草的饲用

由于大米草营养成分较高,在英国,在较坚实的海滩或粉沙滩上进行放牧(牛、马、驴、绵羊、猪等),已有 50 余年的历史。我国启东市的兴垦农场,70 年代末办起了我国第一个海滩羊场,即用大米草场放牧绵羊,获得成功,取得一定的经济效益。此外,大米草、互花米草也可用来喂鱼和作配合饲料。

10.3.1.3　野生动物栖息地

利用米草滩作为栖息地的常有大种群候鸟,如英国最大的海鸥群(4 000 对左右)栖息于大米草滩中;我国初冬以后,射阳县新港至大丰中路港一带宽阔的芦苇和互花米草滩地引来数千只丹顶鹤、天鹅等大鸟栖息。英国大米草滩上还发现兔、鼠等动物的活动,我国大丰、射阳一带的互花米草草场中发现有獐子出没。英国东海岸还发现吃大米草的玉黍螺、跗线螨等,美国东海岸则发现吃互花米草的一种方壳蟹(*Sesarma reticulatum*)和一种蚱蜢(*Orchelimum fidi-cinim*)。我国温岭一带的互花米草草滩有许多青蟹活动其中,为当地群众增加不少效益;我国苏北(大丰到射阳)的大米草滩中发现大量与之偏利共生的沙蚕,当地居民挖捕沙蚕创汇不少。

10.3.1.4　航道减淤

英国西南部的海峡岸边 250 英亩的大米草滩每年拦淤 10 000 m³,保证了航道的畅通。据温岭新塘试验区的观测,沿河两侧种植互花米草拦淤效果很好,其拦淤速率是对照的 2~3 倍。

10.3.1.5　控制污染

英国大米草盐沼可吸收污水中 80%~90% 的 N 和 P。此外,米草吸收富集重金属的能力很强,如钦佩等的试验表明,大米草地上部分吸收富集汞是环境中汞的 10~56 倍,而根部达到 250~2 500 倍;互花米草根部富集汞(4 个月的污水灌溉)为环境汞的 10 倍左右。

10.3.2 米草生态工程的设计

80 年代末仲崇信教授提出米草生态工程,其主要内容是总结了利用米草生态系统自组织的功能,在自然条件下所发挥的生态功效及产生的综合效益;如米草的保滩护堤,抵御台风和巨浪对海堤的侵蚀作用;促淤造陆,从而有利围垦增加耕地的作用;增加土壤有机质,对盐渍土的改良作用;以及就地取材被用作饲料、燃料和绿肥等。

自 80 年代开始,钦佩等对米草的有效成分及其保健作用进行了系统的研究和开发,发现海滨区的动植物由于获取了来自海、陆两相的元素和能量,形成多种高产的动植物种群;而又由于海洋与海滨这一特殊环境使这些物种在生存和适应中产生了特殊而重要的次生物质,如在高盐环境中产生的磺酸酯类物质(磺酸胺、磺酸黄酮等)。米草就是在这种海滨条件下生存的种群之一,所以如何更好地利用米草具有的天作地合的对人体有益的有效成分,就是米草生态工程的重要内容。90 年代初,钦佩正式提出了"米草绿色食品生态工程"并建立了完整的米草生态工程的有关内容:利用我国引种的大米草和互花米草进行海滩生态工程的研究和设计,保护和利用相结合,合理开发资源,充分利用米草人工湿地的生物量和系统的能量,既发挥其保滩护堤的功效,又不失时机地进行绿色食品的开发和综合利用,促进生态系统的良性循环,做到对人类社会和自然环境都有益无害,有利于海滨地区的可持续发展。

10.3.2.1 人工米草带的建立

我国东部沿海地区位于太平洋季风带,每年 6～8 月都会遭到热带风暴和台风的频繁袭击。经多年的试验和观测,人工种植的米草带是沿海水利工程的极好补充(某些地段优于水利工程)。种植米草应因地制宜,严格选择好有关地段,以免与当地的滩涂养殖发生矛盾。宜选择在春季种植,采用先育苗后移栽(亦可取海滩植株直接移栽)的方法,保持种植的米草带向海宽度在 100 m 以上为好。种植两年后米草繁殖连片,便可发挥其抗风防浪的作用。如浙江省水利厅闵龙佑等在浙江省苍南县实施的互花米草保滩护堤生态工程也有力地说明了米草的这种作用(见表 10-3)。苍南县东塘海堤(长 15 km 左右)种植 100 m 宽(株行距1 m)的互花米草,3 年后发育成茂密的草滩,发挥了很好的抗风防浪作用。

表 10-3 互花米草的消浪效果(消浪%)

草带宽度 B	水体总高度						
	5 m	6 m	7 m	8 m	9 m	10 m	11 m
0 m	0	0	0	0	0	0	0
10 m	7	0	0	0	0	0	0
20 m	15	6	0	0	0	0	0

表 10-3(续)

草带宽度 B	水体总高度						
	5 m	6 m	7 m	8 m	9 m	10 m	11 m
30 m	24	13	5	0	0	0	0
40 m	34	21	11	4	0	0	0
50 m	45	30	18	9	3	0	0
60 m	57	40	26	15	7	2	0
70 m	70	51	35	22	12	5	1
80 m	81	63	45	30	18	9	3
90 m	90	73	56	39	25	14	6
100 m	97	81	65	49	33	20	10
110 m	100	87	72	57	42	27	15
120 m	100	91	77	63	49	35	21
130 m	100	93	80	67	54	41	28
140 m	100	95	81	69	57	45	33
150 m	100	96	81	70	58	47	36
160 m	100	96	82	70	58	48	37
170 m	100	97	82	71	59	48	38
180 m	100	97	83	71	59	49	38
190 m	100	97	83	71	59	49	39
200 m	100	98	84	72	60	49	39

资料来源:闵龙佑等,米草生态工程的应用,1996。

10.3.2.2 米草绿色食品的研制

(1) 海滨绿色食品(功能食品)的保健机理

① 海水和人血化学元素的相似性 据英国地球生物化学家 E. I. Hamliton 对海水、地壳岩石和人血中的化学元素进行对比分析后指出,海水中的绝大部分化学元素含量明显更接近人血和人体中元素含量水平。这一研究结果不仅从化学成分上证明生命起源于海洋,而且为开发海洋食品有益于人类健康提供了依据。

② 陆、海两相来源的营养和能量 海滨区域海岸带的动植物由于处于陆、海毗邻处,因而具有来自两相的营养物质和能量,形成许多高产的动植物种群,如有 20 m～30 m 高的红树林、2 m～3 m 高的米草和能形成海滩宏伟"白堤"的许多贝类群等。这些物种的开发必能为人类的健康发育和成长提供来自陆、海两相的营养与能量物质。

③ 海洋与海滨环境营造重要次生代谢物质 由于海洋与海滨特殊的环境使物种在生存和适应中产生了一些特殊而重要的次生代谢物质。如在高盐度环境中产生了磺酸酯类物质(有磺酸胺、磺酸黄酮等);在低氧环境中产生了许多不饱和脂肪酸(尤其是 EPA、DHA 等多双键不饱和脂肪酸);时速在为陆上 1.35 倍的海底风暴的侵袭下以及密度为空气 1 000 倍的海水的压力下,产生了高密度脂蛋白、凝集素等物质。这些次生代谢物质不仅为海洋或海滨的物种适应生

存所必需,也是对人类健康有益和宝贵的生物活性物质。

(2) 米草绿色食品的研制工艺路线

每年 9～10 月份,我国东部沿海地区遭受热带风暴和台风袭击的主要季节已过,时值互花米草地上部分黄熟,其有效成分和营养成分积累最丰富(见表 10-4),这是进行提取利用的最佳季节。故每年的秋冬季节(通过工艺控制可延至 12 月下旬)对米草的地上部分进行采收,在绿色食品工艺条件下,提取精制生

表 10-4　1992～1995 年互花米草提取液中生物活性物质含量的季节变化

月　份 months	VB$_1$ (mg/100 g)	VB$_2$ (mg/100 g)	VB$_6$ (mg/100 g)	VPP (mg/100 g)	VC (mg/100 g)	TFS (mg/g)	多酚类 (Polyphenols) (mg/g)
8	5.19	0.28	1.23	32.65	22.32	4.67	21.9
9	6.04	0.39	1.26	33.58	27.04	5.86	23.2
10	6.36	0.39	1.30	38.56	26.67	6.26	23.6
11	6.32	0.36	1.27	35.92	23.54	5.33	23.1
12	5.39	0.29	1.25	34.21	22.41	4.87	22.4
1	3.52	0.21	1.11	32.99	13.54	4.52	21.8

资料来源:钦佩等,1996。

物矿质液(BML)和米草总黄酮(TFS)(如图 10-7)。由于 BML 和 TFS 的生产加工无污染、保质期长、且具有一系列很好的保健功能,米草加工的绿色食品能很快赢得市场。

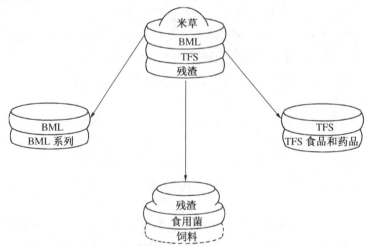

图 10-7　米草绿色食品研制工艺示意(资料来源:钦佩等,1997。)

10.3.2.3　米草渣的开发利用

互花米草经过提取 BML 以后,产生了大量的草渣,利用其中含有丰富的纤维素和其他多糖,用作食用菌的培养料,既利用和处理了残渣,避免了污染,又提

高了系统的输出效益。当然收获过食用菌的残渣,富含菌丝蛋白和其他营养(见表 10-5),仍可利用作饲料。这样的系列增环举措提高了该系统内资源和能量的利用率,也提高了米草生态工程的综合效益。

表 10-5　互花米草残渣的营养成分分析(%)

残渣 Residues	粗蛋白 Crude protein	纤维素 Cellulose	其他多糖 Other polysaccharide
提取后残渣	1.16 ± 0.24	29.86 ± 0.34	21.44 ± 1.24
最后残渣*	19.28 ± 0.89	33.46 ± 1.62	18.84 ± 0.16

* 最后残渣即收获了食用菌以后的残渣。　　　资料来源:钦佩等,1997。

10.3.3　米草生态工程绿色食品功能的测试

钦佩等的多年试验证明,BML 具有显著的增强机体免疫功能、强心、抗炎、耐缺氧等生理作用;而 TFS 则具有显著的纤溶活性、较强的抗脑血栓作用等生理功能。以下各举两例加以说明。

10.3.3.1　BML 提高免疫力的测试

用水提法生产的生物矿质液(BML)含有两大类有效成分,一类是矿物质(包含有必需矿物质和 14 种必需微量元素),另一类是生物活性物质(如黄酮、多酚类等)。由于生物矿质液水溶性好,上述有效成分很容易被机体所吸收。将 BML 以 1:400 稀释,制成生物矿质饮料。

随机安排 60 个运动员分成 4 组,第 1 组饮用普通水,第 2 组饮用某种运动饮料,第 3、4 组饮用两种 BML 饮料。一个月后,测定他们唾液溶菌酶含量的变化和嗜中性粒细胞体外对金黄色葡萄球菌的吞噬率。试验证明,BML 能显著提高唾液溶菌酶的活性和嗜中性粒细胞的吞噬率(如图 10-8)。

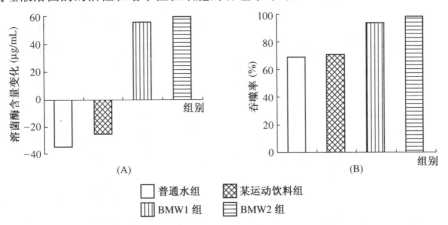

图 10-8　饮用 4 种饮料水对人体溶菌酶含量和吞噬率影响的比较(资料来源:钦佩等,1997。)

10.3.3.2 BML 的强心功能

随机选取雄性和雌性昆明小鼠各 40 只分为 2 组。对照组服用正常水,实验组服用 BML (1∶400),4 周后取出小鼠离体心脏,置入正常生理盐水,计算心脏的搏动次数并测定小鼠离体心脏的延续搏动时间。试验证明,BML 能显著延长小鼠离体心脏的搏动时间(见表 10-6)。

表 10-6　小鼠离体心脏搏动比较

组　别	对照组		BML 组	
	雄　性	雌　性	雄　性	雌　性
平均搏动次数	226.6±82.20	323.3±101.37	418.0±92.71	438.0±115.91
平均搏动时间(分)	8.4±3.13	7.8±3.50	18.6±2.18	17.6±2.24
平均每分钟搏动次数	26.98	41.51	22.47	24.89

经 t 检验,BML 延长心搏时间较对照组有显著作用。　　　　资料来源:钦佩等,1997。

10.3.3.3 TFS 的纤溶活性

在制取生物矿质液的同时,可从固性分离物中提取米草总黄酮(TFS)。像其他黄酮类化合物一样,TFS 也具有保护心脑血管的作用。

取雄性大白鼠(重量 270 g±15 g),取出眼静脉处血液制成草酸盐血浆(血液∶抗凝固剂＝9∶1),每试管中加入 0.1 mL 草酸盐血浆与大白鼠脑浆液体,待其凝固后,分别将 TFS 稀释 2 倍、4 倍、8 倍、16 倍、32 倍和对照(0.15 mol NaClHCl 缓冲溶液,pH ＝ 7.3)加入各试管中,于 37 ℃培养 24 h,观察凝固物的溶解性。试验证明,TFS 具有良好的纤溶活性(见表 10-7)。

表 10-7　TFS 的纤溶活性(Fibrillolysis activity)

组别	稀释倍数	药物浓度(%)	动物数量(n)	纤溶活性
对照		0	10	无反应
TFS	2	0.6	10	全部反应
TFS	4	0.3	10	全部反应
TFS	8	0.15	10	全部反应
TFS	16	0.075	10	全部反应
TFS	32	0.0375	10	全部反应

资料来源:钦佩等,1997。

10.3.3.4 TFS 的抗脑血栓(Encephalon thrombus)测试

取 120 只小鼠(重量 25 g±1.0 g)随机分成 6 组,分别于静脉处注射 TFS1 (60 mg/kg),TFS2(15 mg/kg)、阿司匹林(2.0 mg/kg)和正常生理盐水,处理 5 min 后注射血栓诱导液(含明胶蛋白 1.4 mg/mL,肾上腺素 60 μg/mL),检查小鼠存活率。试验证明,TFS 具有较强的抗脑血栓作用(见表 10-8)。

表 10-8　TFS 对小鼠的抗脑血栓作用

组　　别	试验途径	剂量(mg/kg)	动物数量(n)	存活个数(n)	有效率(%)
对　　照	iv		25	3	16.7
阿司匹林	iv	2.0	25	5	27.8*
低剂量 TFS	iv	15	25	6	33.3*
高剂量 TFS	iv	60	25	12	66.7**

* 与对照组相比 F 检验,$P<0.01$;* * 与阿司匹林组相比 F 检验,$P<0.01$.资料来源:钦佩等,1997。

延伸阅读

报道:科技先锋特辑——痴迷于解风草的科学家

微信扫码

10.3.4　米草生态工程的三级效益的评估

米草生态工程的三级效益是指:一级效益:主要指米草在天然条件下的保滩护堤作用;二级效益:BML 和 TFS 绿色食品的开发;三级效益:草渣的综合利用。

10.3.4.1　一级效益

从 1985 年开始,卓荣宗等和钦佩等对在苏北的双洋河口和废黄河口的两块实验用地进行了米草的种植和研究。这两块实验用地的互花米草均为 500 m 宽,其中废黄河口的米草带长为 3 000 m,而双洋河口的米草带长为 6 000 m。在 1985 年以前,地方政府每年都要花费近 500 万元的费用维修由于台风和风暴的袭击而遭到破坏的海堤。种植互花米草以后,修理费用逐年减少;故米草的一级效益(保滩护堤)相当于种植互花米草所节省的修理海堤的净费用。如以下关系式:

$$B_1 = (T_i \times E_f - F_p) \times Ms$$

式中:T_i 表示台风损害系数;E_f 表示环境因子系数;F_p 表示种植互花米草的费用系数;Ms 表示通过种植米草每公顷节省的修堤费用。

表 10-9　　1984～1988 年两河口海堤修理费用和互花米草生物量的变化

年份		受损长度（米）	修理岸堤的费用（万元）	米草生物量（g/m², dw）	台风等级
1984	P_1 *	3 000	160	0	9
	P_2 *	6 000	320	0	9
1985	P_1	1 500	80	421	10
	P_2	2 500	133	458	10
1986	P_1	600	32	2 302	9
	P_2	1 000	53	2 618	9
1987	P_1	200	11	3 180	9
	P_2	300	16	3 365	9
1988	P_1	0	0	5 241	10
	P_2	0	0	5 416	10

　* P_1 和 P_2 分别表示位于苏北废黄河口和双洋河口的米草植被。　　资料来源：钦佩，1997。

从表 10-9 中可以看出，每 50 ha 互花米草（1 000 m × 500 m）可以保护 1 000 m 的海堤，节省修理费用 530 000 元；根据多年经验总结，互花米草抵御台风损害系数 T_i 为 0.5；环境因子系数 E_f 为 0.5；种植互花米草的费用系数 F_p 为 0.1；种植米草每公顷节省的修理费用 Ms 为 10 000 元。因此，米草生态工程的一级效益应是：

$$B_1 = (T_i \times E_f - F_p) \times Ms = 1\,500 \text{ 元 / 公顷 · 年} \tag{1}$$

10.3.4.2　二级效益

通过对 BML 和 TFS 的开发和生产，米草的二级经济效益体现为产品的市场价格与生产成本的差额，即生产中的净利润（其中 TFS 为正在研制开发中的产品，经济效益暂未估算），可以如下计算：

$$B_2 = W \times C_g \times P_n;$$

式中：W 表示每年每公顷米草地上部分的生物量；C_g 表示米草转化为 BML 的系数；P_n 表示 BML 的净收益。

从现已开发的 BML 生产效益来估算，每年每公顷米草地上部分的生物量 W 为 30 000 kg/ha；米草转化为 BML 的系数 C_g（即每生产 1 kg 的 BML 占所用的互花米草重量的比率）为 0.1；BML 的净收益 P_n（根据实际生产和销售情况）为 30 元/kg。因此，米草生态工程的二级效益应是：

$$B_2 = W \times C_g \times P_n = 30,000 \times 0.1 \times 30 = 90\,000 \text{ 元 / 公顷 · 年} \tag{2}$$

10.3.4.3　三级效益

提取 BML 和 TFS 后的草渣由于其营养价值很高，可用于食用菌的培养，培养食用菌后的残渣可作为饲料。其经济效益即为生产过程中的利润。故米草生态工程的三级效益为：

$$B_3 = R_u \times W \times (1—C_g)(P_{r1} + P_{r2})$$

式中：R_u 表示草渣利用比率；P_{r1} 表示生产平菇产生的净收益；P_{r2} 表示作为配合饲料所产生的净收益；C_g 表示米草转化为 BML 的系数。

从草渣的综合利用（包括食用菌生产和饲用）效益来估算，草渣利用比率 R_u 为 0.5；生产平菇产生的净收益 P_{r1} 为 5 元/公斤；作为配合饲料所产生的净收益 P_{r2} 为 1 元/公斤；C_g 仍为 0.1。因此，米草生态工程的三级效益应是：

$$B_3 = R_u \times W \times (1—C_g)(P_{r1} + P_{r2}) = 81\,000 \text{ 元／公顷·年} \qquad (3)$$

将上述 3 式相加：　　　　$B_1 + B_2 + B_3 = 1\,500 + 90\,000 + 81\,000$
$$= 172\,500 \text{ 元／公顷·年}$$

10.3.5　米草生态工程的生态学意义

10.3.5.1　有利于资源的保护和持续利用

互花米草是多年生海滩盐沼植物，每年秋季，台风和风暴潮的主要季节过去，地上部分逐步黄熟，走向枯萎。如年复一年让其自生自灭，一则大量的枯茎落叶会污染滩面；二则，未凋落的枯黄茎秆在翌年春季遮挡阳光，影响分蘖苗光合作用和萌发生长，有可能造成米草种群的矮化和退化。而在秋冬季刈割互花米草地上部分加以利用，既不对其地下部造成丝毫损害，还可使来年分蘖更为茁壮，是保护和持续利用该物种的最佳选择。因此，该生态工程对环境和物种都有益，不失为海滩生态系统持续发展和利用的一项重要对策，也是我国沿海地区社会经济发展的一项重要选择。

10.3.5.2　营养成分和有效成分的季节动力学

互花米草植被在台风季节抗风防浪，保滩护堤，也正是在风暴潮中积蓄能量、积累有关物质；至 9 月份、10 月份，其地上部分的营养成分和有效成分积累最丰富；而且至 12 月份其有关成分下降势头不是很明显，只有到翌年 1 月份才明显下降。因而我们利用开发米草的采收季节最好确定在每年的 9～12 月。

10.3.5.3　多层分级地充分利用米草的生物量和能量

通过米草的三级利用，可以看到米草的综合效益获得明显的提高（如图 10-9），这说明在该生态工程的设计中，资源植物的保护和利用得到了统一，自然系统的自组织和人工调控得到了统一。这项工程的开展和运作，最大限度地体现了物质分层多级利用的原则，使米草的生物量和系统的能量得以充分利用，从而使系统输出率得以充分提高。在开发利用米草茎叶提取物时，不仅考虑提取物的充分利用,而且对提取过的草渣进行研究利用,该利用有两种方向:一是草渣纤维的完全利用,用来造纸(包装纸);二是用以做食用菌培养基,食用菌收获后的培养渣再用来做饲料。

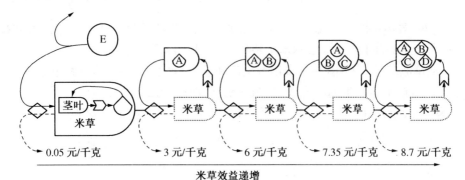

图 10-9　米草绿色食品生态工程效益递增趋势图
A. BML；B. TFS；C. 草渣种植食用菌；D. 饲料；E. 外来能源

10.3.5.4　无污染绿色工艺

该项工程的特点是生产工艺中无废渣废液排出,而且在生产过程中没有添加任何有害的化学化工原料,所以整个生产工艺完全符合绿色食品工艺标准的规范要求,是一项地地道道的无污染绿色工艺。

10.3.6　运用生态工程对互花米草实施生态控制

> **延伸阅读**
>
> 论文:
> 1. The positive and negative effects of exotic Spartina alterniflora in China.
> 2. Spartina alterniflora invasions in the Yangtze River estuary.
> 3. Maximizing empower on a human—dominated planet—the role of exotic Spartina.

微信扫码

10.3.6.1　外来种入侵及其控制方法

外来种入侵往往伴随着病虫害爆发等严重的环境问题,成为生物安全中的一大痼疾。这些灾害是生态系统简单化和外来物种引入的结果。健康的生态系统应该拥有多种多样的物种,而每个物种受到相互制约,从而保持数量和系统平衡。有的外来物种具有很强竞争性,没有天敌制约而大肆蔓延,成为入侵种危害当地物种系统和生态系统。每年生物灾害防治的费用难以精确计算,据估计至少相当于全国农业生产价值的 5%～10%,即数百亿元。由于海滨生态系统的脆弱性和开放性,其严重程度更为突出。我国于 1960 年代初由南京大学的仲崇信教授等引进大米草(*Spartina anglica*),在 80 年带初又引进互花米草(*S. alterniflora*),随之广泛推广到广东、福建、浙江、江苏和山东等沿海滩涂上种植。互花米草是禾本科米草属的多年生草本植物,茎干粗壮、坚韧、直立,其地下部分由短而细的须根和长而粗的地下茎所组成,在茎基部和根茎的节上常有胚芽生长出土,长出新的植株。种子在 10～11 月成熟,种子脱落随水漂浮,耐盐耐淹能力强,适宜在高潮带下部至中潮带上部的潮间带生长。现在互花米草取代大米草在我国滩涂上已有了广泛的分布,据不完全统计,我国互花米草面积在 5×10^4 hm² 以上,形成了可观的盐沼植被。

互花米草草带具有较强的消浪能力,5 m 高的风浪通过 100 m 宽草带时,草带消浪能力为 97%;6 m 高的风浪通过 100 m 宽草带时,其消浪能力为 81%,7 m 高的风浪通过 100 m 宽草带时,其消浪能力为 65%(见表 10.3)。米草还可加速海滩的淤积。浙江温岭海滩种植 267 hm² 大米草,8 年后即达可围垦的高程,围滩面积达 400 hm²,这是我国利用大米草从海中取得的第一块陆地(田星星,1996)。1993 年,珠海南水大基进行的比较实验表明,草滩的促淤造陆效果比同等高程的光滩淤积一般要快 2.0～2.5 倍。海湾连片的互花米草带淤积速率每年达 500 m²(宋连清,1997)。浙江省利用种植米草促淤造陆,计划实施半岛工程计划,围垦海涂陆连灵昆、霓屿、浅门、深门、状元,可新增土地 11 333.33 hm²(李植斌,1998)。

但是,互花米草的繁殖与扩张能力很强,移栽 3 个月后,株高能从 10 cm～20 cm 增长到 150 cm～190 cm,株数从 2～3 株发展到 220～350 株,草丛向外扩展 0.8 m～1.2 m。加上其植株高而密,很快改变了淤泥质光滩的景观与原有生态系统物种的栖息环境,带来盐沼生物多样性降低等一系列生态问题,如米草侵占滩涂贝类养殖的场所,导致贝类在密集的米草草滩中无法自由活动、健康生长,甚至会窒息死亡。此外对紫菜、海带等大型海藻养殖亦存在一定影响,这在福建等地区表现得较为严重。针对互花米草对我国盐沼生态系统的入侵,研究对其生态控制十分必要。

对繁殖和入侵能力强的外来种的根除是十分困难的,除非在入侵早期,入侵规模相对较小的时候。国际上成功的例子甚少。而抑制其扩张,将其种群控制在一定的水平上比较现实。综合起来,对米草的控制,国际上大约有以下四类方法:

(1) 物理控制

通过各种物理手段,直接或间接抑制米草种群扩张(Washington Sea Grant Program. 2000)。大致可分为动力消除法、物理间接致死法、抑制米草生长促进竞争替代等三种形式。

物理控制方法的优点是,如果应用得当,对环境友好,效果良好。但往往成本巨大,一般只适合于小面积控制。

（2）化学控制

化学药剂也很早就被用于大米草的控制，目前常用化学药剂主要有两类：除草剂（包括敌草晴和氟消草等）和硫化物。

化学控制，特别是应用除草剂，快速有效，可以大大扩大控制面积，但通常有一定残留，可能污染环境，从而间接影响人体健康。因此，在有些国家和地区是禁用的。

（3）生物控制

生物控制，主要是利用原产地的米草的原有天敌，如昆虫等，来控制米草。

生物控制在理论上是应用前景最为广阔的措施，但目前的引种、实验结果并不如意，尚没有成功范例。另外，生物控制措施的应用容易引起外来种二次生态入侵，这种生态风险也是必须注意的。

（4）生态监控与管理

要实施生态控制措施就必须了解米草入侵的历史和现状，预测其近期和长期的可能发展趋势。建立米草生态系统模型是一种有效手段，可以预测多种因素对米草沼泽的影响，为米草沼泽的长期有效管理提供科学依据。

另外，米草生态系统的管理方案也非常重要。目标确定后的首要任务是确定技术措施，即在什么地段、应用什么样的技术，以及怎样实施等。目前国际上不同区域已经在实施不同的管理控制措施，但一直没有可供参考的具体实施方案。

综上所述，国际上尚未找出广泛认可的大面积控制互花米草的成功方法。南京大学盐生植物实验室已有对苏北互花米草盐沼近 30 年的研究积累，我们的观点是：对抗逆性很强的盐沼先锋种，要想彻底根除之，既没有这个可能，也没有这个必要。基于其发展动态，对其实施生态控制，以免其在有些区域过度疯长，危害贝类养殖，是必要和可行的。我们创立并总结出"地貌水文饰变促进芦苇对米草的生物替代"的一整套技术方案，有利于恢复芦苇湿地和盐沼生物多样性，有效控制互花米草。此外，对互花米草生物质进行综合利用（除了米草生态工程所述的 BML 和 TFS 系列开发外，还有直接利用互花米草秸秆做奶牛粗饲料、研发天然着色剂、特种水产饲用添加剂和复合米草降脂胶囊等生物矿质系列产品）是每年大面积消化高产互花米草生物质的行之有效的方法，不仅是对其生态控制的重要补充，而且新建了互花米草兴利除弊、促进海滨地区经济发展的特有技术体系。本研究的核心技术"地貌水文饰变促进芦苇替代互花米草的生态工程"简述如下：

10.3.6.2　地貌水文饰变促进芦苇替代互花米草的生态工程

通过改变水文地貌条件来恢复原生植被、改善生态系统功能，已经广泛应用在多个盐沼生态系统的修复中。例如，著名的佛罗里达大沼泽（Everglades）的生态恢复就是基于对历史水流的充分和广泛的模拟。法国地中海地区的 Vistre 工程和罗马尼亚多瑙河三角洲湿地的恢复也是水文特征恢复后导致物种恢复和系统功能改善的明显例证。

美国东部典型海滨盐沼生态系统中,水文和微地貌要素的改变导致了芦苇的进入。Meyerson 等(2000)特别推荐需要研究水文地貌和盐分如何影响芦苇的入侵和扩展,这对苏北受损盐沼的恢复具有重要借鉴意义。

多年来,南京大学盐生植物实验室在苏北盐沼的修复方面具有大量的研究积累,如重建两种人工湿地,并对其进行功能分析和能值评估,研究重建人工湿地的生态影响和对功能群的保护作用等。尤其是 2001 年与苏北大丰滩涂开发公司在当地通过圈围 50 hm^2 互花米草滩涂生态工程,实现了水文地貌饰变,为芦苇侵入互花米草滩涂并最终实现对后者的生物替代提供了可行性。该生态工程阻断了海水的进入,并由地貌改变所形成的沟壑积蓄淡水,降低了基质的盐度,促进了芦苇植被优于米草的快速形成和演替,芦苇成为群落优势种后,通过竞争,有效抑制了互花米草的光合作用,4 年后最终实现了芦苇对互花米草的生物替代。这是具有我国自主知识产权的运用芦苇替代互花米草,修复盐沼湿地的第一个 50 hm^2 示范。本项技术已申请我国发明专利(专利申请号:200510094602.9)。目前国内外尚没有该研究的相关报道。具体技术方案如下:

(1) 微地貌饰变:2001 年秋,选择苏北大丰王港以南川东港南侧滩涂潮间带上部的受损盐沼(由于围垦,大片芦苇群落已消亡,植被以互花米草为主,芦苇点缀其中,见图 10-10),采取就地挖土筑堰,长(与海堤平行方向)约 1 000 m,宽(向海方向)约 500 m,做成高 2 米、顶面宽 2～3 米的简易堰坝,以阻挡海水进入;形成一个 50 hm^2 左右面积的互花米草圈围工程(见图 10-11)。

(2) 水文饰变:在向海一侧的堰坝上开筑两个涵洞,主要起向外排水的作用,以控制堰内的水位;同时在围堰内侧开挖 2 m 宽 1 m 深的网状蓄水沟壑,以供围堰内积蓄淡水,如果降雨不足,可通过附近养殖塘抽水进行适量人工淡水补给。蓄积的淡水要达到蓄水沟满,地面有水,特别是芦苇的生长季节更要如此。

(3) 秸秆还涂:围堰完成后,清除围堰内的地表互花米草、芦苇等植物地上部分残体(深秋和冬季最好用火烧除地表植物残体),起到秸秆还涂和杀灭致病害虫和病菌的双重作用,为春天芦苇生长准备良好条件。

(4) 补植芦苇:在 2002 年春季进行人工补种芦苇(株行距为:1 m×1 m),以增加芦苇繁殖体,促进芦苇的优势生长和对互花米草的生物替代作准备。

(5) 后期管理:主要是调控水量和注意堤坝安全,防止溃堤。

(6) 芦苇生物替代观测:根据观测,2002 年秋,芦苇对互花米草替代比率为 30%左右;2003 年秋,芦苇对互花米草替代比率为 50%左右;2004 年秋,芦苇对互花米草替代比率为 70%左右;2005 年秋,芦苇对互花米草替代比率为 90%

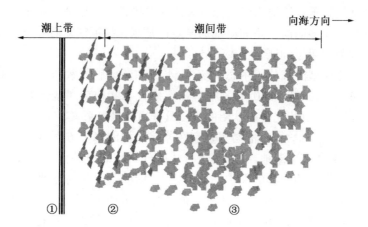

图 10-10　苏北大丰互花米草滩涂水文地貌饰变生态工程示意（饰变前）

① 海堤；② 互花米草-芦苇混交带；③ 互花米草带；⬡ 互花米草；🌿 芦苇

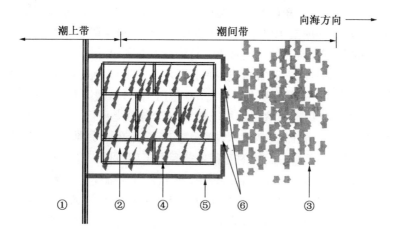

图 10-11　苏北大丰互花米草滩涂水文地貌饰变生态工程示意（饰变后）

① 海堤；② 围堰内恢复的芦苇带；③ 互花米草带；④ 围堰内水系网；⑤ 围堰　⑥ 进排水涵洞；⬡ 互花米草；🌿 芦苇

以上。

　　（7）芦苇湿地恢复的生态经济效益：2004 年，芦苇恢复生态工程区内水禽数目明显增加，水沟内鱼虾也增多，麋鹿和獐的活动明显增加，当年芦苇的年产量达 3.75 t/hm² 以上，以净效益单价 500 元/t 计，芦苇收获净经济效益达 9.37 万元以上；2005 年，芦苇的年产量达 7.5 t/hm² 以上，年净经济效益 18.74 万元以上；预计 2006 年，芦苇的年产量可达 15 t/hm² 以上，年净经济效益可达 37 万元以上。

（8）芦苇/互花米草生物替代工程的示范作用：50 hm² 芦苇—互花米草生物替代工程的成功引起地方政府与有关生态旅游投资方的兴趣，预计 2006～2007 年秋，大丰将在 50 hm² 示范工程的南侧，完成 100 hm²～200 hm² 的新建芦苇/互花米草生物替代工程，为本项技术的推广提供一个必要的实施平台。

互花米草引入我国后经过 40 年的发展，有逐步归化和融入本土生态系统的趋势。在大丰麋鹿保护区的自然生态系统中，野放麋鹿充分利用米草作为食源和庇护所，形成麋鹿和米草共生共荣的态势，就是很好的例子。

10.3.6.3　互花米草与野放麋鹿（资料来源：纪一帆等，2011）

大丰麋鹿保护区 1998 年、2002 年、2003 年和 2006 年先后挑选了 4 批麋鹿，共 53 头（♂17，♀36），放归大自然，在大丰滩涂上恢复麋鹿野生种群。野放麋鹿的主要活动区域是保护区的第三核心区，该区域东临大海，西南两面是人工海堤公路，北面是川东河和风车带，整个区域面积约 1 000 hm²，主要植被是互花米草和芦苇，是野放麋鹿的理想场所。

大丰麋鹿保护区工作人员研究发现，麋鹿在这片土地上生息繁衍，虽然不如圈养麋鹿膘肥体壮，但是完全不用人员进行投料和管理，缓解了保护区内的密度压力和生境压力。

在大丰滩涂大面积生长着的芦苇和互花米草中，野放麋鹿选择了互花米草，其原因除了互花米草距离水源近、人为干扰区较远、冬季可以提供较好的庇护所之外，在作为动物食源的质量方面来说，互花米草似乎比芦苇更佳。在全年的研究中，我们从两种植物的物理指标（地上生物量、植株高度和植株密度）、土壤养分的供应情况（土壤铵态氮、速效钾、速效磷和有机质等）和植物营养成分等方面进行对比研究，从而判断野放麋鹿对互花米草的选择趋势。

（1）互花米草和芦苇的物理指标比较

在地上生物量方面，1 月、3 月互花米草明显高于芦苇，而 5 月、7 月芦苇明显高于互花米草，其他月份芦苇和互花米草地上生物量差异不大（图 10-12）。互花米草的生物量在 11 月到 1 月之间达到全年的峰值，而芦苇的生物量在 9 月到 11 月份之间达到全年的峰值，且两个植被的地上生物量全年变化曲线为单峰。

植株高度方面，1 月和 3 月互花米草植被高度明显高于芦苇，而在 5 月和 7 月芦苇高于互花米草；其他月份芦苇和互花米草大致相当（图 10-13）。互花米草高度在 11 月和 1 月之间达到峰值，而芦苇在 11 月已经达到全年最高值，在 1 月则由于收割，植株地上部分消失。两者的全年变化曲线都是单峰的。

植株密度方面，全年的研究发现只有在 2009 年 5 月和 7 月，由于互花米草草滩刚刚被当地居民烧荒，所以每平方米植株数比芦苇少，在其他月份都远远大

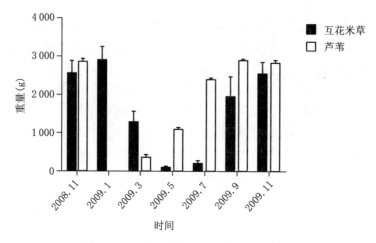

图 10-12　互花米草和芦苇地上生物量比较

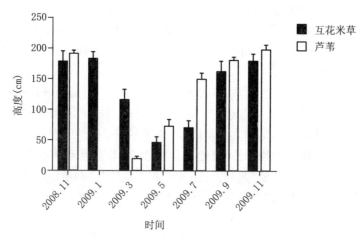

图 10-13　互花米草和芦苇植株高度比较

于芦苇(图 10-14)。互花米草植株密度在 11 月和 1 月间达到峰值,芦苇则在 9 月份达到峰值。

(2) 互花米草和芦苇群落土壤养分指标比较

结果显示,一年中两个群落土壤中铵态氮含量的差别不大,没有明显的季节性的规律(图 10-15)。互花米草群落土壤中的速效钾含量全年都明显高于芦苇群落土壤中的速效钾含量(图 10-16)。互花米草群落土壤中的速效磷含量冬春季节高于芦苇群落,夏秋两个季节却低于芦苇群落(图 10-17)。土壤有机质含量冬春季节互花米草和芦苇群落没有很大的差异,而夏季芦苇群落土壤有机质含量高于互花米草群落,秋季则相反(图 10-18)。

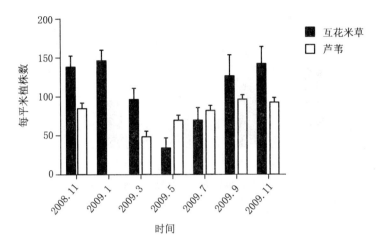

图 10-14　互花米草和芦苇植株密度比较

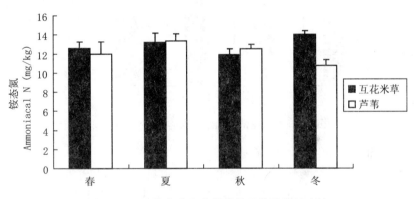

图 10-15　互花米草和芦苇群落土壤铵态氮比较

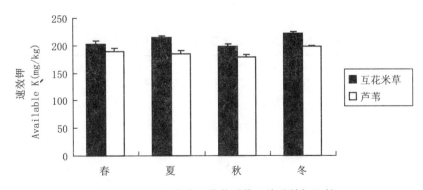

图 10-16　互花米草和芦苇群落土壤速效钾比较

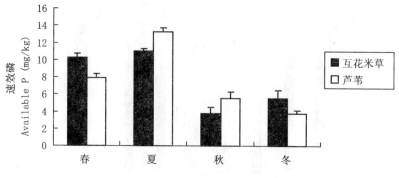

图 10-17 互花米草和芦苇群落土壤速效磷比较

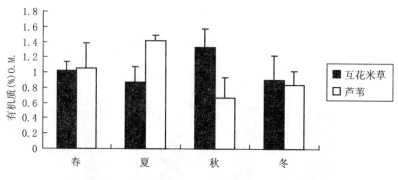

图 10-18 互花米草和芦苇群落土壤有机质比较

（3）互花米草和芦苇的营养成分比较

由于江苏大丰的滩涂上野放麋鹿的生境中只有芦苇和互花米草 2 种食源植物，而没有别的可采食植物，本研究的芦苇和互花米草年度的营养成分动态分析指出，在一年的任何季节，芦苇的饲用价值都远低于互花米草（表 10-10），麋鹿喜食互花米草。

表 10-10 芦苇和互花米草年度营养成分含量（%）*

营养成分	芦苇	互花米草
粗蛋白	2.84	8.09**
酸性洗涤纤维	45.95	36.34**
中性洗涤纤维	77.78	69.82**
粗脂肪	1.44	1.48

* 数值为平均值，** $P < 0.05$，表明差异显著。

据两种植物年度营养成分测试表显示，互花米草的粗蛋白含量年平均值为 8.09%，明显高于芦苇的 2.84%，而互花米草的酸性洗涤纤维含量（36.34%）明显低于芦苇(45.95％)，这说明互花米草的茎秆较芦苇具较高的消化率，有较高的饲用价值；互花米草的中性洗涤纤维含量（69.82％)也明显低于芦苇(77.78％)，这说明互花米草的适口性比芦苇要好，更适于麋鹿的采食。

　　据丁玉华 2009 年报道，野放麋鹿的体质状况相当好，多为 8 成膘(采用十级评膘法评估)。根据本研究，互花米草的主要营养成分含量与白玉龙等 2007年所做的常用禾本科饲料作物主要营养成分含量相比，互花米草粗蛋白含量为8.09％，略低于常用禾本科饲料作物 9.39％；互花米草酸性洗涤纤维含量为36.34％，略高于常用禾本科饲料作物的 34.80％；互花米草中性洗涤纤维含量为 69.82％，较高于常用禾本科饲料作物的 58.42％。虽然在各指标上互花米草都劣于常用的禾本科饲料作物，但是蛋白质和酸性洗涤纤维含量这 2 个指标已经相当接近，所以互花米草对野放麋鹿营养的提供基本上是合适的。

延伸阅读

论文：The annual habitat selection of released Père David's Deer in Dafeng Milu National Nature Reserve.

微信扫码

10.4　海滨盐土农业生态工程

　　我国拥有耕地 14.4 亿亩，稳产高产田不足 10％。我国土地的盐化、恶化情况已十分严重。现代盐渍化地就接近 6 亿亩(各类盐渍土为 15 亿亩左右)。经济的发展使全国耕地还在不断缩减。

　　针对这一严峻形势一要控制人口，二要节约耕地，三要提高土地产出，四要开发新的土地资源。各类盐土资源，特别是全国 4 000 多万亩的海岸滩涂盐土是我国重要的土地后备资源。要开发这一土地后备资源不能局限在"围垦-淡水洗盐-实施传统农业"的圈子里做文章，那是一条费工、费时、费钱和耗费大量淡水资源的老路子(仅围垦 1 亩田的费用就达 2 000 元)，不仅与我国的国情国力均不相符，而且也不符合国际上倡导的适合第三世界国家盐土利用的政策和方法。最好的办法是提倡盐土农业，即在海滨重盐土(特别是堤外潮滩)上直接种植耐盐性极强(可用海水浇灌)的经济作物，充分利用海滨盐土的光、温、咸水资源，在海涂不毛之地上直接、快速地获得第一性生产；在此基础上以有关盐土经济农作物为原料进行加工开发，逐步实现五业并举的盐土农业产业化经营。本节将就盐土的定义及盐土资源、盐土农业以及海滨盐土农业生态工程逐一进行介绍。

10.4.1　盐土的定义及盐土资源

一系列受土体盐碱成分作用的、包括各种盐土及碱土以及其他不同程度盐化和碱化的各种类型土壤的总称，称为盐渍土，也有称其为盐碱土的。当土壤表层或亚表层（耕作层，一般厚度为 20 cm～30 cm）中，水溶性盐类的累积含量超过0.1%或 0.2%时（即 100 g 风干土中含0.1 g水溶性盐类，或富含石膏情况下，含 0.2 g 水溶性盐类），或土壤碱化层的碱化度（交换性钠占整个交换性阳离子总量的百分数）超过 5%，就属盐渍土范畴。

世界上除南极洲尚待调查研究外，其余五大洲及其大多数主要岛屿的滨海地区和干旱、半干旱地带，涉及 100 多个国家和地区，都有各种类型的盐渍土分布。据联合国教科文组织（UNESCO）和粮农组织（FAO）不完全统计，全世界盐渍土面积约有 $9.554\,38\times10^8$ ha；根据中科院南京土壤所的最新研究，我国各种类型的盐渍土总额为 14.87 亿亩（约合 $9\,913\times10^4$ ha）；其中现代（活性）盐渍化土壤约 5.54 亿亩；残余盐渍化土壤（包括残余盐土和绝大部分含显量水溶性盐类的漠境土壤，如石膏棕漠土、盐化灰漠土、盐化寒漠土等）约 6.73 亿亩；潜在盐渍化土壤（包括一旦发展灌溉，由于采取的水利措施不当，导致地下水位上升，而有可能发生次生盐化和次生碱化的各种土壤，即一些心底土体中存在积盐层的土壤，如低层盐化淡栗钙土、淡灰钙土、棕钙土等）为 2.6 亿亩左右。

10.4.2　盐土农业

10.4.2.1　盐度与耐盐植物

盐度即溶液系统中的含盐量或可溶性固体的含量。盐度单位可用%、‰、10^{-6}等来表示。灌溉水或土壤水提物的盐度也常用电导率（EC）来表示，盐分越高，电导率越大。一些具有代表性的水资源盐度如表10-11所示。

表 10-11　一些代表性水资源的盐度

盐度的测定	灌溉水的质量 （好的）	（临界）	美国西部 科罗拉多河	以色列 尼捷乌地下水	太平洋
电导率(dS/m)*	0～1	1～3	1.3	0～7.0	46
可溶性固体(10^{-6})	0～500	500～1 500	850	3 000～4 500	35 000

* 1 dS/m=1 mS/cm=0.06% NaCl=0.01 mol/L NaCl。

资料来源：Epstein，1983.

广义的耐盐植物是指所有在盐环境中能不同程度地耐受、拮抗和生活的植物。严格地说，耐盐植物和盐生植物是不同的。在一般的盐度（如 5‰左右）下能正常生长，但盐度稍高生长发育即受到明显抑制的植物称为耐盐植物（Salt-tolerant plants)。在较高盐度(如海水盐度)下仍能正常生长甚至增产的植物称为盐生植物(Halophytes)。盐土农业所需要的是可作为粮食、油料、蔬菜、饲料、药材等开发的有经济价值的耐盐植物和盐生植物,我们通常称为耐盐经济植物。

10.4.2.2　耐盐经济植物及盐土农业的研究

多年来,耐盐经济植物的开发和盐土农业的发展引起国际学术界和多国政府的重视。50 年代联合国教科文组织出版干旱地区生态学研究专著,就提出耐盐经济植物的开发研究,引起学术界和各国政府的重视。50 年代末,以色列学者在蒙特利尔召开的国际植物学会上报告用稀释海水浇灌 183 种植物的试验结果,推进了耐盐经济植物的研究。近年来这方面研究活跃的国家有美国、以色列、巴基斯坦、印度、埃及等。1990 年美国国家研究委员会国际事务办国际科技开发部(BOSTID)组织多国专家小组正式提出了"盐土农业"的研究开发方向。为了适合发展中国家的盐土农业,许多国家的科学家做出很大努力,筛选出一系列宝贵的耐盐经济植物种质资源。如耐盐植物盐角草(*Salicornia bigelovii*)就是美国亚利桑那大学科学家从 70 年中期开始,积 18 年的时间,投入经费 2 000万美元,从 800 种耐盐植物中筛选出来的。其中最好的一个品种,筛选花了 10年时间,因而定名为 SOS-10(意为 *Salicornia Oil Seed* 10 号)。据研究分析,SOS-10 的种子含油量高达 30%,和红花种子相当,约为大豆的两倍;而且,其种子油中的亚油酸酯含量高达 72%,具优良的抗氧化抗衰老功能。除此而外,SOS-10 的种子中含蛋白质约 40%,与大豆相仿,是很好的食品蛋白和饲料蛋白资源。美国科学家的这一成果已在中东许多国家得到富有成效的推广,如沙特、阿联酋、科威特、埃及、叙利亚、伊朗等。沙特打算在其两边海岸发展耐盐植物种植面积到 200 000 ha;而印度也已完成一系列盐土作物的引种,打算未来实现100 000 ha 的面积。

过去,特别是"八五"期间,全国滩涂开发取得了可喜的成绩,许多省的滩涂开发社会年总产值已超过百亿元。在滩涂农业方面也有所作为,如江苏的"养鱼改土"、"田箐旱改"等技术已日臻成熟,为盐碱地改良走出一条可行的路子;江苏射阳县沿海滩涂农业综合开发实验区,采用优良品种和较成熟的水稻种植技术,使万亩滩涂水稻产量 4 年增加 6.6 倍。然而,这些滩涂农业项目仅限于堤内,而且没有用海水灌溉。

从 1994 年开始,钦佩等在江苏大丰进行耐盐经济作物的引种探索,并实施用咸水浇灌,取得一定的进展。1997 年江苏大丰在竹川海堤外引种成功美国尼帕公司的盐草(*Distichlis palmeri*)达 100 亩。然而,海涂咸水灌溉农作区的构建实非易事,相关农业技术的研究利用难度也很大,急需国家组织大力攻关,开创一条我国咸水灌溉农业的新路。

10.4.3 海滨盐土农业生态工程

10.4.3.1 盐土农业生态工程

盐土农业生态工程，一句话，就是利用盐土和咸水，以引种耐盐植物为龙头所发展的农、林、牧复合经营。在盐土农业生态工程中尤其要注重发挥耐盐经济植物的作用；向不毛之地引进第一性生产，既利用了贫瘠土地资源获得了实在的经济效益，又可以综合经营、扩大效益，而且使土壤逐步积累有机质和养分获得改良；这是切实可行的"一石三鸟"之举。

10.4.3.2 海滨盐土农业生态工程的研究概述

（1）苏北盐城新洋农业试验站"水、肥、林、种、管"综合治理改良滨海盐渍土

该地区为北亚热带季风气候，具春、秋两季蒸发大于降水和夏季降水大于蒸发的干湿交替的特点，形成了春季土壤返盐和夏季土壤脱盐的季节性水盐动态特征；采取抓"盐与薄"的主要矛盾，综合运用"水利、农业、生物"改良措施，因地制宜采用"水、肥、林结合、种管跟上"的综合治理方法，收到了明显效果。

（2）辽宁盘锦地区灌排结合种稻改良滨海盐渍土

该地区为半湿润-半干旱温带季风气候，以5月份蒸发量为最大，蒸降比为2~3倍，对旱季土壤返盐影响较大；积极发展引、蓄、灌、排相结合的提水自流灌溉，种稻改良滨海盐渍土。在稻改淹灌过程中，地下水得到一定程度的淡化，土壤表层逐步向脱盐熟化方向发展，改良效果明显。

（3）以色列尼捷乌（Negev）试验站直接利用地下半咸水浇灌作物

以色列紧靠地中海，为典型的亚热带地中海气候，境内淡水资源稀缺。以色列在利用地下咸水或海水直接灌溉耐盐农作方面积累了丰富的经验；如尼捷乌试验站利用地下半咸水浇灌（滴灌或喷灌）蔬菜和谷物（共17种）获得成功（见表10-12），灌溉水较高的盐度对西红柿、甜瓜、卷心菜等的口味没有不良影响。

表 10-12　以色列尼捷乌试验站蔬菜和谷物的试验产量(t/ha)

作物	灌溉系统	不同电导率的灌溉水					种名及备注
		1.2	3.5～5.5	6～8	8～10	10～15	
蔬菜类							
芦笋	d*	6.6	6.6	—	—	—	*Asparagus officinalis*,4 年生
花椰菜	s*	23.4	21.8	—	19.0	14.3	*Brassica oleracea*
甜菜	d	55.5	52.7	—	—	—	*Beta vulgaris*
胡萝卜	s	45.8	41.2	33.8	—	—	*Daucus carota*
芹菜	d	151.0	171.0	—	—	—	*Apium graveolens*
大白菜	d	135.0	118.0	108.0	109.0	—	*Brassica pekinensis*
青菜	d	58.0	58.0	55.0	65.0	—	*B. chinensis*
甘蓝	d	30.0	20.3	17.4	11.7	—	*B. caulorapa*
卷心菜	d	67.7	64.5	52.8	58.3	—	*Lactuca sativa*
甜瓜	d	27.0	24.0	24.0	22.0	—	*Cucumis melo*
洋葱	d	50.1	28.4	4.1	0.4	—	*Allium cepa*
洋葱	d	50.1	34.0	27.0	22.4	—	栽后 64 天用咸水浇灌
西红柿	d	86.5	72.9	—	62.7	53.0	*Lycopersicon esculentum*
谷物类							
玉米	d	7.1	4.6	3.1	1.3	—	*Zea mays*
玉米	d	7.0	6.7	7.0	5.2	—	萌发后 21 天用咸水浇灌
高粱	s	10.0	8.4	—	—	—	*Sorghum vulgare*
小麦	s	6.8	6.7	—	—	—	*Triticum vulgare*

* d. 表示滴灌；s. 表示喷灌。

资料来源：Pasternak 和 De Malach，1987。

10.4.3.3　海水养殖生态工程

以江苏大丰海水养殖生态工程为例。该海水养殖系统位于四卯酉闸北，斗龙闸以南，海北垦区新海堤外互花米草盐沼带，海堤于 1999～2000 年完成。此岸段属于淤长型淤泥质海岸，地质为第四纪和第三纪沉积物，沉积物质为灰黄色亚黏土、黏土、淤泥质亚黏土及细沙层，具海陆交互沉积特征。斗龙港闸平均高潮位 1.69 米，四卯酉闸平均高潮位 1.80 米。海水养殖区位于挡潮堤外侧的互花米草(Spartina alterniflora)盐沼带，在米草盐沼中，沿潮水沟两侧筑起简易围堤，框围成养殖塘。海水养殖系统，养殖模式为缢蛏(Sinonovacula constricta)辅以对虾（Penaeus chinensis）。

缢蛏俗称蛏(福建)、蛏子(浙江)或蚬(北方)，是我国四大养殖贝类之一，已有很久的养殖历史。营穴居生活，蛏洞与滩面约垂直成 90 度，洞穴深度为体长的 5～8 倍。涨潮时依靠足的伸缩弹压和壳的闭合，外套腔内海水从足孔喷射出，从而上升至穴顶，伸出进出水管至穴口，摄食食物和排泄废物。退潮或遇敌害生物袭击时,缢蛏收缩闭壳肌,两壳闭合,或靠足的收缩,贝体迅速下降。缢蛏体长为两孔距离的 2.5～3 倍。随着缢蛏的长大,洞穴也扩大、加深。一般情况下缢蛏不离开自己的洞穴,但在不适宜的环境条件下,也会离穴。喜栖息在中、低潮区砂泥底的海滩上,在埕面稳定的泥砂质、砂泥质和软泥质的滩涂上均能生活。缢蛏属于广温性贝类,生活在北方的缢蛏,冬季能忍受 3℃～5℃ 的低温;生活在南方的缢蛏,在温度 39℃ 条件下仍能生活一段时间。生长适温为 8℃～30℃。缢蛏属广盐性种类,海水相对密度在 1.005～1.020 时缢蛏活动能力强,海水相对密度在 1.003 以下和 1.022 以上时对缢蛏活动都产生不利影响。从适盐的情况看,海淡水交接处的缢蛏生长快、产量高。缢蛏的摄食属滤食性,对食物无严格的选择性,只要颗粒大小适宜即可。

缢蛏冬季不长,春季开始生长,夏季生长最快,秋季渐慢。5～7 月份贝壳生长最快,7～9 月份软体部生长最快。饵料和水温是缢蛏生长的主要决定因素,食料种类以骨条藻为最多,占饵料生物的 91.5%;其次为舟形藻、圆筛藻、摄氏藻、重轮藻。除了活饵料外,缢蛏还摄食有机碎屑、泥沙颗粒等。

缢蛏播种后经 5～8 个月的养殖,规格达 5 厘米左右即可收获,这时收获的蛏子为 1 年蛏,称为"新蛏";2 年蛏称为"旧蛏"。1 年蛏的收获从小暑开始到秋分结束,历时 2 个月;2 年蛏的收获一般从清明开始到立夏结束。

每口养殖塘平均面积 4 公顷,水深 0.5 米,结构如图 10-19。根据潮汐规律,每个月在朔望大潮涨潮时开闸将潮水沟中的海水引入蓄水沟,退潮时闭闸,可将海水截流在蓄水沟中。废水沟和蓄水沟均可在涨潮时纳水,在退潮后向草滩潮沟排水。每口塘可以根据水质状况调节水质,通过出水口将养殖废水排入废水沟,通过进水口从蓄水沟中引入海水,一般每半个月在大潮时蓄水沟纳水后换一次水,野外试验采样时间选择在大潮之前进行。

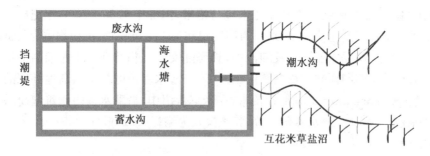

图 10-19 海水养殖塘示意图

实践证明,该生态工程利用滩涂大型植被互花米草作为生态防护带,既获得很好的经济效益,又收到较好的生态效益。

附录 生态系统能值分析中能量原始数据计算方法

① 太阳能

能量＝(面积)×(太阳光平均辐射量)＝(5E＋05 m²)×(3.49E＋09 J/m²/y)＝1.75E＋15 J/y. (Odum,1996)

② 风能

能量＝ 3.88E＋11 J/y.

③ 雨水势能

能量＝(面积)×(平均海拔)×(降雨量)×(重力加速度)＝(5E＋05 m²)×(0.211 m)×(0.979 m/y)×(1 000 kg/m³)×(9.8 m/s²)＝1.01E＋10 J/y. (Odum,1996)

④ 雨水化学能

降雨量＝0.979 m/y.

能量＝(面积)×(降雨量)×(雨水吉布斯自由能)×1 000＝2.42E＋12 J/y. (Odum,1996;Brown and McClanahan,1996)

在自然界投入的无偿可更新能值中,笔者仅取其中数值最大的雨水化学能一项作为总和,避免对可更新环境投入的重复计算.

⑤ 潮汐能

能量＝ 4.58E＋11 J/y.

⑥ 表层土损失

平均土壤损失＝1.26E＋04 g/m²/y;有机物平均含量＝0.3%.

能量＝(面积)×(平均土壤损失)×(有机物平均含量)×(5.4 kcal/g)×(4 186 J/kcal)＝(5E＋05 m²)×(1.26E＋04 g/m²/y)×0.3%×(5.4 kcal/g)×(4 186 J/kcal)＝4.27E＋11 J/y.

⑦ 植被

能量＝(面积)×(植被净生物量)×(7 623 cal/g)×(4 186 J/kcal)＝(5E+05 m²)×(1 060.17 g/ m²)×(7 623 cal/g)×(4 186 J/kcal)＝1.69E+12 J/y.

⑧ 大型底栖动物多样性

生物多样性能值的计算公式为：

$Emergy_{div} = Area \times Biomass \times F_d \times T_r$

式中 Area 为研究系统面积(平方米)；Biomass 为系统内某一生物类群的平均生物量(g/平方米)；F_d 为多样性系数，$F_d＝(H+J+M+D_{1-d})\times S＝6.516$；$T_r$ 为能值转换率.

能量＝(面积)×(生物量)×(F_d)＝(5E+05 m²)×(20 104 g/ y·m²)×(6.516 J)＝6.55E+10 J/y.

⑨ 有机质

能量＝(面积)×(沉积速率)×(土壤容重)×(有机质平均含量)×(5.4 kcal/g)×(4 186 J/kcal)＝(5E+05 m²)×(0.043 m/y)×(1.53E+06 g/m³)×(3.98E−03 g/g)×(5.4 kcal/g)×(4 186 J/kcal)＝2.94E+12J/y.

⑩ 总磷

能量＝(面积)×(沉积速率)×(土壤容重)×(总磷平均含量)＝(5E+05 m²)×(0.043 m/y)×(1.53E+06 g/m³)×(1.31E−03 g/g)＝4.28E+07 J/y.

⑪ 总氮

能量＝(面积)×(沉积速率)×(土壤容重)×(有机质平均含量)＝(5E+05 m²)×(0.043 m/y)×(1.53E+06 g/m³)×(0.345E−03 g/g)＝1.13E+07 J/y.

⑫ CO_2 吸收

能量＝(面积)×(净初级生产力/0.614)×(P_c)＝(5E+05 m²)×(1 060.17/0.614 g/m²/y)×(0.15E−03 \$/g)＝1.30E+05 \$/y. (Liu et al.，2009)

⑬ O_2 释放

能量＝(面积)×(净初级生产力/0.614)×(32/44)×(P_o)＝(5E+05 m²)

$\times$(1 060.17/0.614 g/m^2/y)$\times$(32/44)$\times$(4.83E$-$05 \$/g)$=$3.04E$+$04 \$/y.(Liu et al.,2009)

⑭ 大型底栖动物多样性

计算方法同⑧. F$_d$=6.892.

能量=(面积)$\times$(生物量)$\times$(F$_d$)=(5E$+$05 m^2)$\times$(19 733 g/ y·m^2)$\times$(6.892 J)=6.80E$+$10 J/y.

⑮ 有机质

能量=(面积)$\times$(沉积速率)$\times$(土壤容重)$\times$(有机质平均含量)$\times$(5.4 kcal/g)$\times$(4 186 J/kcal)=(5E$+$05 m^2)$\times$(0.014 m/y)$\times$(1.75E$+$06 g/m^3)$\times$(2.11E$-$03 g/g)$\times$(5.4 kcal/g)$\times$(4 186 J/kcal)=5.85 E$+$11 J/y.

⑯ 总氮

能量=(面积)$\times$(沉积速率)$\times$(土壤容重)$\times$(有机质平均含量)=(5E$+$05 m^2)$\times$(0.014 m/y)$\times$(1.75E$+$06 g/m^3)$\times$(0.17E$-$03 g/g)=2.09E$+$06 J/y.

⑰ 总磷

能量=(面积)$\times$(沉积速率)$\times$(土壤容重)$\times$(总磷平均含量)=(5E$+$05 m^2)$\times$(0.014 m/y)$\times$(1.75E$+$06 g/m^3)$\times$(1.15E$-$03 g/g)=1.41E$+$07 J/y.

参 考 文 献

第1章 概论

［1］马世骏. 中国的生态工程 2000 年. 北京：科学出版社，1984.

［2］马世骏. 生态工程. 北京农业科学，1984，4：1～2.

［3］颜京松. 污水资源化生态工程原理及类型. 农村生态环境，1986，(4)：19～23.

［4］孙鸿良等. 农业生态工程的产生、研究进展及我们的任务. 农村生态环境，1992，2：23～30.

［5］云正明，高福存. 生态工程在林业上的应用——低山丘陵立体林业工程实验研究. 农村生态环境，1993，1：18～22.

［6］Barnthouse L. W. Book review of "Mitsch and Jorgesen(Eds) Ecological Engineering. An Introduction to Ecotechnology", Ecology, 1990, 71：411～412.

［7］Etnier, C. & B. Guterstam. Proceeding of the International Conference of Ecological Engineering for Wastewater Treatment, March, 1991, 24～28, Torsa, Sweden.

［8］Jorgensen S. E. Removal of heavy metals from compost and soil by ecotechnological methods. Eco Eng. 1993, 2(2)：89～100.

［9］Mitsch W. J. Ecological engineering and ecotechnology with wetlands：application of systems appproaches. In：Marani, A. (Ed.) Advances in Enviromental Modelling, Elsevier, Amsterdam, 1988, 565～580.

［10］Mitsch W. J. Ecological engineeering, approaches to sustainability and biodiversity in the U. S. and China. In：Costaza, R. (Ed), Ecological Economics：The Science and Management of Sustainability. Columbia University Press, New York. ,1991, 428～448.

［11］Sinicrope T. L. R. M. Gersberg, M. J. Bunsnardo & J. B. Z. Zedler. Metal removal by wetland. mesocosms subjected to different hydroperiods. Ecol Eng, 1992, 1(4)：309～322.

［12］Straskraba M. Simulation Models as Tools in Ecotechnology Systems. Analysis and Simulation, 1985, (2)：Academic Verlag/Berlin.

［13］Yan J. Y. Zhang & X. Wu. Advances of ecological engineering in China. Ecol Eng, 1993, 2(3)：193～275.

第2章 生态工程学原理

［1］马世骏. 经济生态学原则在工农业建设中的应用. 生态学报，1983，3(1)：1～4.

［2］马世骏. 中国的农业生态工程. 北京：科学出版社，1989.

［3］云正明，毕绪岱. 中国林业生态工程. 北京：中国林业出版社，1990.

［4］Jorgensen S. E. & W. J. Mitdch. Principles of ecological engineering. In：Mitsch W. J. Ecological Engineering. J. Wiley & Sons. New York, 1989, 21～37.

［5］Mitsch W. J. & Jorgensen S. E. Ecological Engineering, An Introduction to Ecotechnology. J. Wiley & Sons, New York. 1989.

［6］Mitsch W. J., J. Yan & J. K. Cornk. Special Issue of Ecological Engineering in China. Ecol Eng. 1993, 2(3):177～309.

第3章　生态工程模型

［1］蓝盛芳译. HT Odum 著. 能量、环境与经济——系统分析导引. 北京:东方出版社,1989.

［2］明道绪,生物统计附试验设计(第三版). 中国农业出版社,2001.

［3］董时富,生物统计学. 科学出版社,2002.

［4］杜荣骞,生物统计学(第二版). 高等教育出版社,2003.

［5］Jorgensen, S. E. Integration of Ecosystem Theories: A Pattern. Kluwer Academic Publishers: Dredcht, 1992.

［6］Odum H. T. Enviroment, Power and Society. Willy, New York, 1971.

［7］Richter A. F. Biomanipulation and its feasibility fir water quality management in shalow eutrophic water bodies in the Netherlands. Hydribiol Bull, 1986, 20(1/2):165～172.

［8］Strakraba M. & A. H. Gnauck. Freshwater Ecosystems Modelling and Simulation. Elsevier, Amsterdam, 1985.

第4章　生态工程设计

［1］Brown M. T., R. E. Tighe, T R Mc Clanahan & R W Wolfe. Landscape reclamation at a central Florida phosphatemine. Ecol Eng. 1992, 1(4):323～354.

［2］Busnardo M. J., R. M. Gersberg, R Langis, T L Sinicrope & J B Zedler. Nitrogen and phosphorus removal by wetland mesocosm subjected to different hydroperiods, Ecol. Eng. 1992, 1(4):287～308.

［3］Gumbricht T., Nutrient removal capacity in submersed macrophyte pond system in a temperate, Ecol Eng,1993, 2(1):49～62.

［4］Ma S., J. Yan. Ecological Engineering for treatment utilization of wastwater. In: Mitsch W. J. Ecological Engineering. J. Wiley & Sons, New York, 1989, 185～218.

［5］Odum H. T. Ecological engineering and self-orgnization. In: Mitsch W. J. Ecological Engineering. J. Wiley & Sons, New York, 1989, 57～78.

［6］Richter A. F. Biomanipulation and its feasibility fir water quality management in shalow eutrophic water bodies in the Netherlands. Hydribiol Bull, 1986, 20(1/2):165～172.

［7］Sinicrope T. L. R. M. Gersberg, M. J. Bunsnardo & J. B. Zedler. Metal removal by wetland mesocosms subjected to different hydroperiods. Ecol Eng,1992, 1(4):309～322.

［8］Straskraba M. New Ways of eutrophication abatement. In: M. Straskaba, Z. Brandl and P. Proclalova eds. Hydrobiology and Water Quality of Reservoirs. Acad Sci, Ceske Budejovice, Czecholslovakia, 1984, 37～45.

［9］Yan J. & Y. Zhang. Ecological techniques and their application with some case studies in China. Ecol Eng，1992，1(4)：261～285.

第5章 生态系统能值分析

［1］万树文,钦佩,朱洪光等.盐城自然保护区两种人工湿地模式评价.生态学报,2000, 20(5):759～765.

［2］张晟途,钦佩,万树文.互花米草生态工程能值分析.南京大学学报,2000,36(5):591～ 597.

［3］张晟途,钦佩,万树文.从能值效益角度研究互花米草生态工程资源配置.生态学报, 2000,20(6):1045～1049.

［4］朱洪光,钦佩,万树文等.江苏海涂两种水生利用模式的能值分析.生态学杂志,2001, 20(1):38～34.

［5］蓝盛芳,钦佩,陆宏芳.生态经济系统能值分析.北京:化学工业出版社,2002,404～ 410.

［6］朱洪光,钦佩,谢民等.海涂草基渔塘模式研究.生态学报,2002,22(8):1333～1338.

［7］李加林,张忍顺.互花米草海滩生态系统服务功能及其生态经济价值的评估——以江 苏为例,海洋科学,2003,27(10):68～72.

［8］陆宏芳,彭绍麟,蓝盛芳等.基塘农业生态工程模式的能值评估.应用生态学报,2003, 14(10):1622～1626.

［9］刘金娥,钦佩,周虹霞.•米草生态工程加环效益能值分析.应用生态学报,2004,15(4): 673～677.

［10］李加林,许继琴,张殿发.杭州湾南岸互花米草盐沼生态系统服务价值评估.地域研究 与开发,2005,24(5):58～62.

［11］王金丽,李卓然,钦佩.互花米草群落功率最大化倾向.应用生态学报,2010,21(4): 843～848.

［12］Odum, H. T. 1988. Self Organization, Transtormity, and Information. Science, 242: 1132～1139.

［13］Ulgiati S. , Odum H. T. 1994. Emergy Use, Environmental Loading and Sustainability: An Emergy Analysis of Italy. Ecological Modeling, 73(3～4): 215～268.

［14］Jorgensen, S. E. , Nielsen, S. N. and Mejer, H. , 1995. Emergy, environ, exergy and ecological modeling, ecological modeling, 77: 99～109.

［15］Odum, H. T. , 1995a. Energy-systems concepts and self-organization: a rebuttal. Oecologia 104 (4), 518～522.

［16］Odum, H. T. , 1995b. Self-organization and maximum empower. In: Hall, C. A. S. (Ed.), Maximum Power The Ideas and Applications of H. T. Odum. University Press of Colorado, Niwot, 393 pp.

［17］Brown, M. T. , Herendeen, R. , 1996. Embodied energy analysis and EMERGY analysis: a comparative view. Ecol. Econ. 19, 219～236.

[18] Odum，H. T.，1996. Environmental Accounting：EMERGY and Environmental Decision Making .

[19] Brown M. T.，Mc Clanahan T. R. Emergy Analysis Perspectives of Thailand Mekong River Dam Proposals. Ecological Modeling，91：104～132.

[20] Qin P. et al. 1997. Estimation of the ecological-economics benefits of two Spartina alterniflora plantations in North Jiangsu，China. Ecological Engineering，8：5～17.

[21] Ulgiati，S.，1999. Energy，emergy and embodied exergy：diverging or converging approaches. In：Proceedings of the First Biennial Emergy Analysis Conference，Gainesville，Florida.

[22] Qin P.，Y. S. Wong，N. F. Y. Tam. 2000. Emergy evaluation of Mai Po mangrove marshes. Ecological Engineering 16：271～280.

[23] Brown，M. T.，Ulgiati，S.，2002. Emergy evaluations and environmental loading of electricity production systems. J. Clean. Prod. 10，321～334.

[24] Edward Lefroy，Torbj. rn Rydberg. 2003. Emergy evaluation of three cropping systems in southwestern Australia. Ecological Modeling 161：195～211.

[25] Hau J. L.，Baksh B. R. i. 2004. Promise and problems of emergy analysis. Ecological Modeling 178：215～225 .

[26] Robert A. Herendeen. 2004. Energy analysis and EMERGY analysis-a comparison. Ecological Modeling 178：227～237.

[27] Zuo Ping，Wan Shuwen，Pei Qin et al. 2004. A comparison of the sustainability of original and constructed wetlands in Yancheng Biosphere Reserve，China：implications from emergy evaluation. Environmental Science & Policy，(7)：329～343.

[28] Lu H. F.，Yuan Y. G.，Campbell D. E.，Qin Pei，2014. Integrated water quality，emergy and economic evaluation of three bioremediation treatment systems for eutrophic water，Ecological Engineering，69：244～254.

第6章 生态系统恢复

[1] 李博等. 草地生态学的发展. 中国生态学发展战略研究(马世骏主编). 北京：中国经济出版社，1991，370～404.

[2] 刘建国主编. 当代生态学博论. 北京：中国科学技术出版社，1992.

[3] 王遵亲等著. 中国盐渍土. 北京：科学出版社，1993.

[4] 李玉臣，吉日格拉. 矿区废弃地的生态恢复研究. 生态学报，1995，15(3)：339～343.

[5] 云正明，刘全铜等. 山地林业生态工程的"双效协同"发展研究. 林业生态工程研究文集(云正明，刘全铜主编). 北京：气象出版社，1996，1～14.

[6] 钦佩、周春霖、安树青、尹金来编著，2002.海滨盐土农业生态工程(30万字). 化学工业出版社，北京.

[7] 沈永明，刘咏梅，陈全站. 江苏沿海互花米草盐沼扩展过程的遥感分析. 植物资源与环境学报，2002，11(2)：33～38.

〔8〕朱洪光、钦佩、谢民等,2002.海涂的草基鱼塘模式研究,生态学报,22(8):1333~1338.

〔9〕钦佩,左平,何祯祥编著.海滨系统生态学,北京:化学工业出版社,2004.

〔10〕刘金娥,周虹霞,钦佩.苏北滨海湿地海水、咸水养殖系统复合效益评价.云南农业大学学报,2006,21(3A):75~82.

〔11〕Donald, L. H. , Cardamone, M. A. et al. , Restoration of rivering wetlands: the DES Plaines river wetlands demonstration project, in Mistch, W. J. and S. E. Jogensen (eds), Ecological engineering. J. Wiley & Sons, New York, 1989, p. 159~183.

〔12〕Hammer, D. E. and R. H. Kadlec, Design principles for wetland treatment systems. Environmental Protection Agency Report, EPA-600/2~83/026, Ada, OK, 1983.

〔13〕IUCN, UNEP, WWF, World Conservation Strategy: Living Resource Conservation for Sustainable Development, 1980.

〔14〕Mitsch, W. J. and J. G. Gosselink, Wetlands. Van Nostrand Reinhold, New York, 1986.

〔15〕Mitsch, W. J. , Reeder, B. C. and D. M. Klarer, The role of wetlands in the control of nutrients with a case study of western lake Erie, in: Mistch, W. J. and S. E. Jogensen(eds), Ecological Engineering, J. Wiley & Sons, New York, 1989, p. 129~157.

〔16〕Odum, H. T. , Joint Editorials: Ecological engineering: the necessary use of ecological self-design. Ecological Engineering, 1994, 3(2): 115~118.

〔17〕Odum, H. T. , Environmental Accounting-Emergy and Decision Making. J. Wiley & Sons, New York, 1996.

〔18〕Tos, S. , Odum, H. T. and J. J. Delfino, Ecological economic evaluation of alternative wetland management, International Conference on Ecological Engineering, Beijing, China, 1996, October 7~11.

〔19〕Wong, Y. S. , Lan C. Y. et al. , Effect of wastewater discherge on nutrient contamination of mangrove forest, Hidrobiologia, 1995, 295:149~158.

〔20〕Zai, Xueming Qin, Pei, Shuwen Wan, et al. , 2007. Effects of arbuscular mycorrhizal fungi on the rooting and growth of beach plum (Prunus maritima) cuttings, The Journal of Horticultural Science & Biotechnology, 82 (6): 863~866.

第7章　污染物处理生态工程与循环经济

〔1〕世界环境与发展委员会编著. 国家环保局外事办公室译. 夏堃堡校. 我们共同的未来. 北京:世界知识出版社,1989.

〔2〕刘厚田. 污染生态学发展战略研究. 中国生态学发展战略研究(马世骏主编). 北京:中国经济出版社,1991,347~359.

〔3〕吴宝铃,李永祺. 水生生态系统的研究及发展趋势. 中国生态学发展战略研究(马世骏主编). 北京:中国经济出版社,1991,203~231.

〔4〕金鉴明主编. 水污染防治及城市污水资源化技术. 北京:科学出版社,1993.

［5］Nath，B. 等著.吕永龙等译.环境管理.北京:中国环境科学出版社,1996.

［6］Baumol，W. J. and A. S. Blinder，Economics：principles and policy，3rd ed. Harcount Brace Jovanovich，Publishers，New York，1985 .

［7］Daily，G. C. and P. R. Ehrlich，Population，sustainability and earth's carring capacity，Bioscience，1992，42(10)：11～24.

［8］Daily，G. C. ，et al. ，1997. Ecosystem services：benefits supplied to human societies by natural ecosystems. Issues in Ecology 2，1～16.

［9］Daly，H. E. ，Ecological economics and sustainable development，in Rossi，C. and E. Tiezzi(eds.)，Ecological Physical Chemistry，Elseiver，Amsterdam，1991，57～78.

［10］Lubchenco，J. ，Alson，A. M. ，et al，The sustainable biosphere initiative，Ecology，1991，72(2)：371～412.

第8章 农林牧复合生态工程

［1］周纪伦等.渔牧农综合经营持续发展模式研究.农村生态环境,1986,1,1～5.

［2］熊文愈主编.林农复合生态系统学术讨论会论文集.哈尔滨:东北林业大学出版社,1988.

［3］过维钧,华允庥编著.农村生态经济理论与实践.北京:中国科学技术出版社,1990.

［4］张一等.吉林省中西部沙地林草田复合生态系统建设的研究.生态学杂志,1990,9(3):27～31.

［5］周纪伦.经济生态学的发展战略研究.中国生态学发展战略研究(马世骏主编).北京:中国经济出版社,1991,360～378.

［6］韩纯儒.我国农业生态学的发展与展望.中国生态学发展战略研究(马世骏主编).北京:中国经济出版社,1991,262～288.

［7］蒋有绪,陈丙浩.我国森林生态学发展的战略研究.中国生态学发展战略研究(马世骏主编).北京:中国经济出版社,1991,289～314.

［8］钟功甫等.基塘系统的水陆相互作用.北京:科学出版社,1993.

［9］李文华,赖世登等主编.中国农林牧复合经营.北京:科学出版社,1994.

［10］李文华.持续发展与资源对策.自然资源学报,1994,9(2):97～106.

［11］云正明.林业生态工程的概念与基本原理.林业生态工程研究文集(云正明,刘全铜主编).北京:气象出版社,1996,15～30.

［12］李宝庆,马瑞等.农田生态试验研究.北京:气象出版社,1996.

［13］郭晓敏,刘苑秋等.林-农-牧良性循环机制及技术研究.1996 年北京国际生态工程学术会议.

［14］吕文良,钦佩.大丰农业可持续发展体系建立的研究.南京大学学报(研究生论文专集),1998,196～201.

［15］胡火金.中国传统农业生态思想与农业持续发展.中国农史,2002,21(4):48～52.

［16］陆宏芳,彭少麟,蓝盛芳.基塘农业生态工程模式的能值评估,应用生态学报,2003,14(10):1622～1626.

［17］席运官，钦佩，宗良纲．有机水稻病虫害防治技术与经济效益分析．南京农业大学学报，2004，27(3):46～49．

［18］Bastianoni S, Marchettini N, Panzieri M et al. 2001. Sustainability assessment of a farm in the Chianti area(Italy). Journal of Cleaner Production，9：365～373 ．

［19］FAO,Sustainable Development and the Environment：FAO Policies and Actions，1992．

［20］Steppler，H. A. and P. K. Nair，Agroforestry — a decade of development，ICRAF，1987．

［21］Yan，J. and H. Yao，Integrated fish culture management in China，in：Mistch，W. J. and S. E. Jogensen(eds)，Ecological engineering. J. Wiley & Sons，New York，1989，p. 375～408．

［22］Zuo Ping，Wan Shuwen，Qin Pei，2004. Sustainability of original and constructed wetlands in Yancheng Biosphere Reserve，China：implications from emergy evaluation，Environmental Science and Policy，(7)：329～343．

第 9 章　城镇发展生态工程

［ 1 ］梁方仲．中国历代人口．田亩．上海：上海人民出版社,1980．

［ 2 ］胡焕庸．论中国人口之分布．上海：华东师范大学出版社,1985．

［ 3 ］张家诚．中国气候总论．北京：气象出版社．1991．

［ 4 ］赵景柱．持续发展的理论分析．生态经济,1991,5(3):6～10．

［ 5 ］赵景柱．社会—经济—自然复合生态系统持续发展评价指标的理论研究．生态学报，1991,15(3)：327～329．

［ 6 ］王铮．中国地理导论．北京：高等教育出版社,1993．

［ 7 ］邬伦,任伏虎等．地理信息系统教程．北京：北京大学出版社,1994．

［ 8 ］中国国务院,中国 21 世纪议程——中国 21 世纪议程人口、环境与发展白皮书,1994,北京．

［ 9 ］高林．中国城市生态环境基本特征及城市生态系统质量研究．王如松．方精云等主编：当代生态学研究热点．北京：中国科技出版社,1996,61～69．

［10］陈光伟．建设城市规划和管理信息系统若干问题．出处同上,1996,70～73．

［11］Krause，J.，Wang，R.，et al.，Towards a Sustainable City，UNESCO，Paris,1996．

［12］Richard Register,1987. Ecocity Berkeley：Building Cities For a Healthy Future，Berkeley：North Atlantic Books．

［13］Vester，F.，The biocybernetic approach as a basis for planning，in：Krause，J.，Wang，R.，et al.，Towards a Sustainable City，UNESCO，Paris，1996，29～35．

第 10 章　海滨生态系统与生态工程.

［ 1 ］仲崇信．大米草简史及国内外研究概况．南京大学学报专辑,1985,1～16．

［ 2 ］徐国万,卓荣宗．我国引种互花米草的初步研究．南京大学学报专辑,1985,212～218．

［ 3 ］国际地质对比计划第 200 号项目中国工作组．中国海平面变化．北京：海洋出版社,

1986.

[4] 赵松龄,秦蕴珊. 我国沿海近 30 万年海面变化的研究. 国际地质对比计划第 200 号项目中国工作组. 中国海平面变化. 北京:海洋出版社,1986,3~11.

[5] 张康宣,钦佩等. 互花米草总黄酮对小鼠免疫功能的影响. 海洋科学,1989,6,23~27.

[6] 林鹏. 红树林研究论文集. 厦门:厦门大学出版社,1990.

[7] 姜允申. 钦佩等. 生物矿质饮料对动物及人体运动和免疫功能的影响. 中华运动医学杂志,1990,9(4):230~231.

[8] 钦佩,谢民等. 互花米草的初级生产与类黄酮的生成. 生态学报,1991,11(4):226~227.

[9] 季之源,钦佩等. 生物矿质液用于珍珠培育的效果. 淡水渔业,1991,5,30~33.

[10] 钦佩,仲崇信主编. 米草的应用研究. 北京:海洋出版社,1992.

[11] 王遵亲等著. 中国盐渍土. 北京:科学出版社,1993.

[12] 钦佩,安树青译. 盐土农业(美国国家研究委员会国际事务办国际科技开发部专门小组的报告). 北京:海洋出版社,1993.

[13] 钦佩,马连琨等. Fe,Cu,Mn,Zn 在互花米草初级生产中的动态研究. 生态学报,1993,13(1):67~74.

[14] 钦佩,谢民等. 苏北滨海废黄河口互花米草人工植被贮能动态. 南京大学学报,1994,30(3):488~493.

[15] 钦佩,谢民等. 互花米草盐沼矿质元素的迁移变化. 南京大学学报. 1995,31(1):90~97.

[16] 宋长铣. 仲崇信等. 碱谷的营养成分分析及其开发的研究. 南京大学学报,1995,31(3):430~435.

[17] 徐国万,钦佩等. 海滨锦葵的引种生态学研究. 南京大学学报,1996,32(2):268~274.

[18] 宋连清. 互花米草及其对海岸的防护作用. 东海海洋,1997,15(1):11~19.

[19] 杨晓梅,钦佩. 不同盐度对水培互花米草总黄酮等次生代谢物积累的影响. 生态学杂志,1997,3,7~11.

[20] 杨晓梅,钦佩. 互花米草总黄酮的化学及其抗肿瘤活性的研究. 南京大学学报(研究生论文专集),1998,202~208.

[21] 冯士筰,李凤岐,李少菁主编. 海洋科学导论. 北京:高等教育出版社,1999.

[22] 左平,邹欣庆,朱大奎. 海岸带综合管理框架体系研究. 海洋通报,2000,19(5):55~61.

[23] 朱晓佳,钦佩. 外来种互花米草及米草生态工程,海洋科学. 2003,27(12):14~19.

[24] 钦佩,左平编著. 海滨系统生态学,化学工业出版社,北京,2004.

[25] 白玉龙,姜永,刘亚娟. 禾本科饲料作物主要营养成分含量变量分析. 当代畜牧,2007,2:38~40.

[26] 丁玉华. 大丰野生麋鹿采食互花米草的发现与研究. 野生动物,2009,30(3):118~120.

[27] 纪一帆,吴宝镨,钦佩. 大丰野放麋鹿生境中芦苇和互花米草的营养对比分析. 生态学杂志,2011,30(10):2240~2244.

[28] Chua T. E., 1999. Marine pollution prevention and management in the east Asian seas: a paradigm shift in concept, approach and methodology, Marine Pollution Bulletin, 39(1~12): 80~88.

[29] Chung, C. H., Twenty five years of introduced *Spartina anglica* in China. Gray, A. G. and P. E. M. Benham(Eds.) *Spartina angilica*: A Research Review. ITE Res. Publ. No. 2, HMSO, London, 1990, 72~76.

[30] Dai, T. and R. G. Wiegert, Estimation of the primary productivity of *Spartina alterniflora* using a canopy model, Ecography, 1996, 19:410~423.

[31] Finn, M., The mangrove mesocosm of Biosphere 2:Design, establishment and preliminary results, Ecological engineering, 1996, 6(1~3):21~56.

[32] Gallagher, J. L., Halophytic crops for cultivation at sea water salinity, Palnt and Soil, 1985, 89:323~336.

[33] Kloor, K. 2000. Everglades restoration plan hits rough waters, Science, 288: 1166~1167.

[34] Leah M. B. Ver, Fred T. M., Abraham L. 1999. Carbon cycle in the coastal zone: effects of global perturbations and change in the past three centuries. Chemical Geology (159): 283~304.

[35] Pernetta J. C., Milliman J. D., Eds., 1995. Land-Ocean Interactions in the Coastal Zone, Implementation Plan. IGBP Report No. 33, Stockholm. LOICZ Office, Netherlands Institute of Sea Research, Den Burg, Texel, The Netherlands, PP. 215.

[36] Posternak, D., 1987. Salt tolerance and crop production-a comprehensive approach. Annual Review of Phytopathology, 25: 271~291.

[37] Qin Pei, et al. Estimation of ecological economic benefits of *Spartina alterniflora* plantations in North Jiangsu, China. Ecological engineering, 1997, 8(1):5~17.

[38] Washington Sea Grant Program., 2000. Bio-invasions: breaching natural barriers. Seattle: University of Washington.

[39] Wong, Y. S. and Tam, N. F. Y., Mangrove Ecosystems of Hong Kong and Pearl River Delta, The Hong Kong University of Science and Technology, 1994.

[40] Wan Shuwen, Qin Pei et al. 2001. Wetland creation for rare waterfowl conservation: A project designed according to the principles of ecological succession. Ecological engineering, 18(1): 115~120.

[41] Wang Guang, Qin Pei, Wan Shuwen, Zhou Wenzong, Zai Xueming, Yan Daoliang, 2008. Ecological control and integral utilization of Spartina alterniflora, Ecological Engineering, 32(3): 249~255.

[42] Zhu Hongguang, Qin Pei and Wang Hui, 2004. Functional group classification and target species selection for Yancheng Nature Reserve, China, Biodiversity and Conservation, 13 (7): 1335~1353.